科学出版社"十四五"普通高等教育本科规划教材

江苏省高等学校重点教材
（NO. 2021-1-073）

高 等 数 学

（上册）

（第二版）

主　编　马树建　施庆生
副主编　焦军彩　赵　剑　张小平

科学出版社
北　京

内 容 简 介

本书是根据最新的《工科类本科数学基础课程教学基本要求》编写的高等学校教材,是江苏省高等学校重点教材.

本书分上、下两册出版,上册包括一元函数微积分和常微分方程,下册包括空间解析几何、多元函数微积分和无穷级数等. 为使读者尽早接触数学软件并了解其应用,本书附录还编写了 Mathematica 简介及其简单应用.

本书选材力求少而精,注重微积分的数学思想及其实际背景的介绍,注意与目前中学课程改革的衔接;为适应分层次教学的需要,对有关内容和习题进行了分类处理;在每一章的结尾附有小结和复习练习题,帮助读者进一步复习巩固所学知识. 本书配有丰富的数字化教学资源,内容涵盖电子课件、微视频、习题课和自测题等资源,起到对纸质教材内容巩固、补充和拓展的作用. 读者扫描二维码即可学习各个知识点的重难点讲解的视频.

本书说理浅显、通俗易懂,并有较好的系统性与完整性,可作为高等院校理(非数学专业)、工、农各类本科专业学生学习高等数学课程的教材,也可供社会读者阅读.

图书在版编目(CIP)数据

高等数学. 上册/马树建,施庆生主编. —2 版. —北京:科学出版社,2023.8

科学出版社"十四五"普通高等教育本科规划教材
江苏省高等学校重点教材
ISBN 978-7-03-076071-5

Ⅰ. ①高… Ⅱ. ①马… ②施… Ⅲ. ①高等数学-高等学校-教材 Ⅳ. ①O13

中国国家版本馆 CIP 数据核字(2023)第 141198 号

责任编辑:张中兴　梁　清/责任校对:杨聪敏
责任印制:师艳茹/封面设计:无极书装

科学出版社 出版
北京东黄城根北街 16 号
邮政编码:100717
http://www.sciencep.com

三河市骏杰印刷有限公司印刷
科学出版社发行　各地新华书店经销

*

2017 年 6 月第　一　版　开本:720×1000　1/16
2023 年 8 月第　二　版　印张:47 1/2
2024 年 8 月第十次印刷　字数:958 000

定价:129.00 元(上下册)
(如有印装质量问题,我社负责调换)

《高等数学》编委会

主　编　马树建　施庆生　陈晓龙
副主编　焦军彩　赵　剑　张小平
　　　　吕学斌　刘　浩　许丙胜

前 言

当前,新一轮科技革命和产业变革正在创造历史性机遇,学科交叉融合加速,新兴学科不断涌现,前沿领域持续延伸.基础研究的重大突破往往催生颠覆性创新,推动生产力跨越式发展,改变人类社会经济面貌.党的二十大报告指出:"加强基础研究,突出原创,鼓励自由探索."基础研究是整个科学体系的源头,是所有技术问题的总机关.而数学作为一门基础学科,是理工科的基础,是新工科建设的推进器,是促进学科深度融合的加速器.

高等数学是高等学校相关专业的学生进行专业学习和研究必不可少的数学工具,为使读者在今后的工作中更新数学知识,学习现代数学方法奠定良好的基础,本书选材力求少而精,并注意与目前中学课程改革的衔接,注重微积分的数学思想及其实际背景的介绍,渗透现代数学思想,加强应用能力的培养.在一元函数微积分部分对不定积分进行了弱化处理,使得内容精炼简洁,在多元函数微积分部分注意利用向量知识来表述分析中的有关内容,这样处理既符合现代数学的发展趋势,也有利于培养学生综合应用数学知识的能力.为使读者尽早接触数学软件并了解其应用,本书尝试将微积分内容与现代计算机功能的有机结合,在附录中编写了Mathematica简介及其简单应用,为读者今后进一步深入学习开启了窗口.

本书内容包括一元函数微积分和多元函数微积分、常微分方程、空间解析几何和无穷级数.可作为高等学校非数学专业的各专业学生学习高等数学的教材.

本书分上、下两册,上册包含一元函数微积分与常微分方程,下册包含空间解析几何、多元函数微积分和无穷级数等,部分带 * 号的内容供选学.习题配置是教材的重要组成部分,是实现教学要求、提高教学质量的重要环节,本书习题题型全面,分有(A)(B)两个层次,以适应不同教学层次的学生选用,在每一章的结尾有小结和复习练习题,帮助读者进一步复习巩固所学知识.在书末给出了全部习题的答案,以便于教师和学生参考.本书配有丰富的数字化教学资源,内容涵盖电子课件、微视频、习题课和自测题等资源,起到对纸质教材内容巩固、补充和拓展的作用,读者扫描文中相关二维码即可阅读.

本书上册由施庆生(第0、1章)、张小平(第2章)、焦军彩(第3章)、马树建(第

4~6章)和赵剑(第7章)编写；下册由吕学斌(第8章)、刘浩(第9章)、陈晓龙(第10、11章)和许丙胜(第12章)编写；附录由张维荣编写. 本书的数字化资源还有李金凤和王刚参与建设. 感谢许志成和朱耀亮老师对教材编写的大力支持. 本书上册由马树建、施庆生统稿，下册由陈晓龙、马树建统稿，全书最后由施庆生和陈晓龙定稿. 本书的编写得到"十二五""十三五"江苏省高等学校重点教材建设项目支持，也得到江苏省教育科学"十三五"规划专项课题(C-a/2016/01/21)和南京工业大学重点教材建设基金的资助与支持，科学出版社高教数理分社的领导和编辑们对本教材的编辑出版工作给予了精心指导和大力支持，在此一并表示感谢.

由于编者水平有限，如有不妥与错误之处，恳请专家、同行和读者不吝指正.

编　者

2023年4月于南京

目 录

前言
第0章 预备知识 ·· 1
  0.1 集合 ·· 1
    一、集合概念 ·· 1
    二、集合的运算 ··· 2
    三、区间和邻域 ··· 3
  0.2 函数 ·· 4
    一、函数定义 ·· 4
    二、函数的几种特性 ··· 8
    三、反函数 ·· 10
    四、复合函数 ··· 11
    五、基本初等函数 ·· 11
    六、初等函数 ··· 16
  0.3 常用基础知识简介 ·· 17
    一、极坐标 ·· 17
    二、行列式简介 ·· 20
  复习练习题 ··· 23
第1章 极限与连续函数 ·· 26
  1.1 数列的极限 ··· 26
    一、引例 ··· 26
    二、数列极限的概念 ··· 27
    三、收敛数列的性质 ··· 31
  1.2 函数的极限 ··· 33
    一、函数极限的概念 ··· 33
    二、函数极限的性质 ··· 37
    三、无穷小与无穷大 ··· 39
  1.3 极限的运算法则 ·· 41
  1.4 极限存在准则 两个重要极限 ··· 47

1.5 无穷小的比较 ·················· 56
    一、无穷小的阶 ·················· 56
    二、等价无穷小的代换定理 ·········· 58
1.6 函数的连续性 ·················· 59
    一、函数的连续性与性质 ············ 59
    二、函数的间断点及其分类 ·········· 63
    三、闭区间上连续函数的性质 ········ 65
小结 ···························· 70
复习练习题 1 ······················ 71

第 2 章　导数与微分 ·············· 73

2.1 导数的概念 ···················· 73
    一、导数的定义 ·················· 73
    二、函数的可导性与连续性的关系 ···· 78
    三、变化率——导数的实际应用 ······ 78
2.2 函数的求导法则 ················ 80
    一、导数的四则运算法则 ············ 80
    二、反函数的导数 ················ 83
    三、复合函数的求导法则 ············ 84
    四、初等函数的导数 ················ 89
2.3 高阶导数 ······················ 92
    一、高阶导数的概念 ················ 92
    二、高阶导数运算法则 ·············· 94
2.4 隐函数及由参数方程所确定的函数的导数 ·· 95
    一、隐函数求导法则 ················ 95
    二、由参数方程确定的函数的求导法则 ·· 99
2.5 微分及其应用 ·················· 103
    一、微分的概念 ·················· 103
    二、微分的几何意义与应用 ·········· 106
    三、微分的运算法则 ················ 108
*2.6 相关变化率问题 ················ 110
小结 ···························· 112
复习练习题 2 ······················ 113

第 3 章　微分中值定理与导数应用 ···· 115

3.1 微分中值定理 ·················· 115
    一、罗尔中值定理 ················ 115

二、拉格朗日中值定理 …………………………………………… 117

　　三、柯西中值定理 ………………………………………………… 119

　　四、中值定理应用举例 …………………………………………… 121

3.2　洛必达法则 ………………………………………………………… 124

　　一、$\dfrac{0}{0}$ 型不定式 …………………………………………………… 124

　　二、$\dfrac{\infty}{\infty}$ 型不定式 …………………………………………………… 125

　　三、用洛必达法则求极限 ………………………………………… 126

　　四、其他类型的不定式 …………………………………………… 128

3.3　泰勒公式 …………………………………………………………… 132

3.4　函数的单调性与曲线的凹凸性 …………………………………… 139

　　一、函数单调性判别法 …………………………………………… 140

　　二、曲线的凹凸性及其判别法 …………………………………… 143

3.5　函数的极值与最大值最小值 ……………………………………… 148

　　一、函数的极值和最值及其求法 ………………………………… 148

　　二、函数最值的应用问题 ………………………………………… 152

3.6　函数图形的描绘与曲率 …………………………………………… 157

　　一、曲线的渐近线 ………………………………………………… 157

　　二、函数图形的描绘 ……………………………………………… 159

　　三、平面曲线的曲率 ……………………………………………… 163

小结 ………………………………………………………………………… 170

复习练习题3 ……………………………………………………………… 172

第4章　不定积分 …………………………………………………………… 174

4.1　不定积分的概念与性质 …………………………………………… 174

　　一、不定积分的概念与性质 ……………………………………… 174

　　二、基本积分表 …………………………………………………… 177

　　三、直接积分法 …………………………………………………… 178

4.2　换元积分法 ………………………………………………………… 181

　　一、第一类换元法（凑微分法） …………………………………… 182

　　二、第二类换元法 ………………………………………………… 188

4.3　分部积分法 ………………………………………………………… 194

4.4　有理函数的积分 …………………………………………………… 200

　　一、有理函数的积分 ……………………………………………… 200

　　二、三角函数有理式的积分 ……………………………………… 206

　　三、初等函数的积分 ……………………………………………… 208

小结 …………………………………………………………………… 209
复习练习题 4 ………………………………………………………… 210

第 5 章　定积分 …………………………………………………… 212

5.1　定积分的概念及性质 ………………………………………… 212
一、定积分问题举例 …………………………………………… 212
二、定积分的定义 ……………………………………………… 214
三、定积分的几何意义 ………………………………………… 216

5.2　微积分基本公式 ……………………………………………… 222
一、变速直线运动中位移函数与速度函数之间的联系 ……… 223
二、变上限函数及其导数 ……………………………………… 223
三、牛顿-莱布尼茨公式 ………………………………………… 226

5.3　定积分的换元法和分部积分法 ……………………………… 229
一、定积分的第一类换元法 …………………………………… 229
二、定积分的第二类换元法 …………………………………… 230
三、定积分的分部积分 ………………………………………… 234

5.4　反常积分与 Γ 函数 …………………………………………… 239
一、无穷区间上的反常积分 …………………………………… 239
二、无界函数的反常积分(瑕积分) …………………………… 241
*三、Γ 函数简介 ………………………………………………… 243

小结 …………………………………………………………………… 245
复习练习题 5 ………………………………………………………… 247

第 6 章　定积分的应用 …………………………………………… 249

6.1　定积分的微元法 ……………………………………………… 249

6.2　定积分在几何上的应用 ……………………………………… 250
一、平面图形的面积 …………………………………………… 250
二、立体的体积 ………………………………………………… 255
三、平面曲线的弧长 …………………………………………… 259

6.3　定积分在物理上的应用 ……………………………………… 264
一、变力沿直线所做的功 ……………………………………… 264
二、液体对侧面的压力 ………………………………………… 266
三、引力 ………………………………………………………… 267

小结 …………………………………………………………………… 269
复习练习题 6 ………………………………………………………… 269

第 7 章　常微分方程 ……………………………………………… 271

7.1　微分方程的基本概念 ………………………………………… 271

7.2 可分离变量的微分方程 ···················· 275
　一、可分离变量的微分方程 ·················· 276
　二、齐次方程 ························ 277
7.3 一阶线性微分方程 ····················· 281
　一、线性方程 ························ 281
　二、伯努利方程 ······················· 283
7.4 一阶微分方程应用举例 ··················· 285
7.5 可降阶的高阶微分方程 ··················· 291
　一、$y^{(n)}=f(x)$ 型的微分方程 ················ 291
　二、$y''=f(x,y')$ 型的微分方程 ················ 292
　三、$y''=f(y,y')$ 型的微分方程 ················ 292
7.6 高阶线性微分方程 ····················· 294
　一、二阶线性齐次方程的解的结构 ··············· 295
　二、二阶线性非齐次方程的解的结构 ·············· 296
7.7 常系数线性齐次微分方程 ·················· 298
7.8 常系数线性非齐次微分方程 ················· 302
　一、$f(x)=e^{\lambda x}P_m(x)$ 型 ················· 302
　二、$f(x)=e^{\lambda x}[P_l(x)\cos\omega x+P_n(x)\sin\omega x]$ 型 ········ 304
7.9 二阶微分方程应用举例 ··················· 307
7.10 欧拉方程 ························ 311
小结 ····························· 313
复习练习题 7 ························· 314
附录 1　Mathematica 数学软件简介(上) ············· 317
附录 2　常用的数学公式 ···················· 333
附录 3　几种常用的曲线 ···················· 335
附录 4　积分表 ························ 340
习题解答与提示 ························ 351

第 0 章 预备知识

为帮助读者顺利学习高等数学,我们在本章介绍一些学习高等数学的预备知识,如集合、函数、极坐标和行列式等内容,这些知识虽然有些在中学学过,但有必要进一步复习巩固,为学好高等数学奠定坚实的基础.

0.1 集 合

集合是数学中的最基本概念之一,面对大千世界,人们总是把林林总总的客观事物按其某一方面的特性进行适当划分,再分门别类地加以研究.集合的概念正是这一原则最基本的体现.

一、集合概念

什么是**集合**,就人们的日常生活而言这几乎是不言自明的概念,它是指具有某种特定性质的对象组成的总体,这些对象就称为该集合的**元素**.例如,一个班级里的全体同学就构成一个集合,每一个同学都是该集合中的一个元素.通常用大写字母 $A,B,X,Y,\cdots$ 表示集合,用小写字母 $a,b,x,y,\cdots$ 表示元素.

若 x 是集合 A 的元素,则称 x 属于 A,记为 $x\in A$;若 y 不是集合 B 的元素,则称 y 不属于 B,记为 $y\overline{\in} B$(或 $y\notin B$).

自然数的集合,正整数的集合,整数的集合,有理数的集合,实数的集合是我们常用的集合,习惯上分别用字母 $\mathbf{N},\mathbf{N}^+,\mathbf{Z},\mathbf{Q}$ 和 $\mathbf{R}$ 表示.

表示集合的方式通常有两种.一种是列举法,就是把集合的元素逐一列举出来.如由 a,b,c 三个字母组成的集合 A 可表示为 $A=\{a,b,c\}$.有些集合的元素无法一一列举出来,但如果能将它们的变化规律表示出来,也可用列举法表示,如自然数集合 $\mathbf{N}=\{0,1,2,\cdots,n,\cdots\}$.另一种方法是描述法.设集合 A 是由具有某种性质 P 的元素构成的,则 A 可表示为 $A=\{x\,|\,x$ 具有性质 $P\}$.如 $x^2-1=0$ 的解集 X 可表为 $X=\{x\,|\,x^2-1=0\}$.平面上单位圆上点的集合 M 可表示为 $M=\{(x,y)\,|\,x^2+$

$y^2=1\}$.

注意 集合中的元素之间没有次序关系,且同一元素的重复出现不具有任何意义. 如 $\{a,b\}$,$\{b,a\}$ 与 $\{a,b,a\}$ 表示同一集合.

有一类特殊的集合,它不包含任何元素,如 $\{x\mid x\in \mathbf{R}, x^2+1=0\}$,我们称之为**空集**,记为 $\varnothing$.

若集合 A 由有限个元素组成,则称集合 A 是**有限集**. 不是有限集的集合称为**无限集**,如前面说的 $\mathbf{N},\mathbf{N}^+,\mathbf{Z},\mathbf{Q},\mathbf{R}$ 都是无限集.

如果一个无限集中的元素可以按某种规律排成一个序列,即这个集合可以表示为

$$\{a_1,a_2,\cdots,a_n,\cdots\},$$

则称其为**可列集**(或**可数集**),如 $\mathbf{N},\mathbf{N}^+,\mathbf{Z},\mathbf{Q}$ 是可列集,$\{x\mid \sin x=0\}$ 是可列集,而 $\{x\mid 0\leqslant x\leqslant 1\}$ 不是可列集.

设 A,B 是两个集合,如果 A 的所有元素都属于 B,则称 A 是 B 的**子集**,记为 $A\subseteq B$(或 $B\supseteq A$). 我们规定对任一集合 A,$\varnothing\subseteq A$. 显然,对任一集合 A,$A\subseteq A$. 如果 A 是 B 的一个子集,即 $A\subseteq B$,且 B 中至少存在一个元素 $x\notin A$,则称 A 是 B 的一个**真子集**. 如 $A=\{a,b,c\}$,则 A 有 2^3 个子集:$\varnothing$,$\{a\}$,$\{b\}$,$\{c\}$,$\{a,b\}$,$\{a,c\}$,$\{b,c\}$,$\{a,b,c\}$,真子集有 2^3-1 个.

如果 $A\subseteq B$,$B\subseteq A$,则称**集合 A 与 B 相等**,记为 $A=B$.

二、集合的运算

集合的基本运算有并、交、差、补四种.

设 A、B 为两个集合,我们定义并、交、差如下:
$$A\cup B=\{x\mid x\in A \text{ 或 } x\in B\};$$
$$A\cap B=\{x\mid x\in A \text{ 且 } x\in B\};$$
$$A\backslash B=\{x\mid x\in A \text{ 且 } x\notin B\}.$$

设我们在集合 X 中讨论问题,$A\subseteq X$,则集合 A 关于 X 的补集 A_X^C 定义为 $A_X^C=X\backslash A$. 在不会发生混淆的情况下,通常将 A_X^C 简记为 A^C.

集合的上述四种运算具有下列性质:

(1) **交换律** $A\cup B=B\cup A$,$A\cap B=B\cap A$.

(2) **结合律** $A\cup(B\cup C)=(A\cup B)\cup C$,
$A\cap(B\cap C)=(A\cap B)\cap C$.

(3) **分配律** $A\cap(B\cup C)=(A\cap B)\cup(A\cap C)$,
$A\cup(B\cap C)=(A\cup B)\cap(A\cup C)$.

(4) $A\cup A_X^C=X$, $A\cap A_X^C=\varnothing$.

(5) $A\backslash B = A \cap B^c$.

(6) **对偶律** $(A \cup B)^c = A^c \cap B^c$, $(A \cap B)^c = A^c \cup B^c$.

三、区间和邻域

设 $a, b \in \mathbf{R}(a<b)$ 是两个实数,称满足不等式 $a<x<b$ 的所有实数 x 构成的集合为以 a, b 为端点的开区间,记为 $(a,b) = \{x | a < x < b\}$;类似定义以 a, b 为端点的闭区间和半开半闭区间如下(图 0.1):

$$[a,b] = \{x | a \leqslant x \leqslant b\};$$
$$(a,b] = \{x | a < x \leqslant b\};$$
$$[a,b) = \{x | a \leqslant x < b\}.$$

上述几类区间长度是有限的,称为有限区间,$b-a$ 叫做区间的长度.

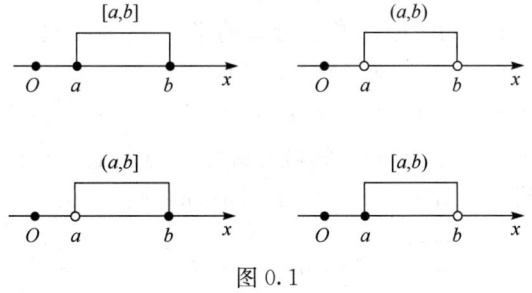

图 0.1

除此之外,还有下列几类无限区间.引进记号 $+\infty$(读作正无穷大)及 $-\infty$(读作负无穷大),则这几类无限区间表示如下:

$$(a, +\infty) = \{x | x > a\};$$
$$[a, +\infty) = \{x | x \geqslant a\};$$
$$(-\infty, b) = \{x | x < b\};$$
$$(-\infty, b] = \{x | x \leqslant b\}.$$

这些区间在数轴上表现为长度为无限的半直线(图 0.2).

全体实数构成的集合 $\mathbf{R}$ 可记作 $(-\infty, +\infty)$,它也是无限开区间.这里要注意的是,记号 $\infty, -\infty, +\infty$ 仅是表示无限性的一种记号,不表示某个确定的数,因此不能像数一样运算.$(-\infty, +\infty)$ 表示如下:

$$(-\infty, +\infty) = \{x | x \in \mathbf{R}\} = \mathbf{R}.$$

以后在不需要指明所论区间是否包含端点,以及是有限区间还是无限区间的场合,我们就简单地称它为"区间 I".

邻域也是经常用到的另一个重要概念.

设 δ 是任一正数,则称开区间 $(a-\delta, a+\delta)$ 为点 a 的 δ **邻域**,记为 $U(a, \delta)$,即

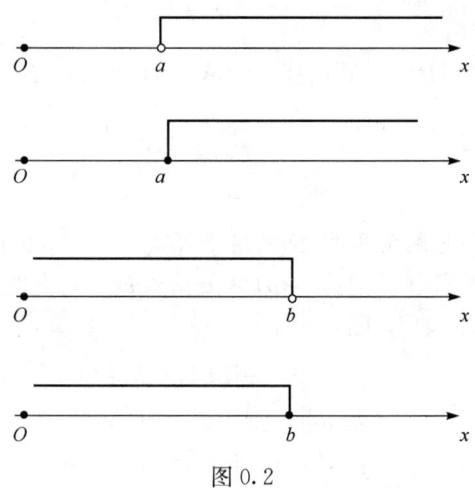

图 0.2

$$U(a,\delta)=\{x\mid a-\delta<x<a+\delta\}.$$

这里点 a 称为**邻域的中心**,δ 称为**邻域的半径**,$U(a,\delta)$ 也常写为

$$U(a,\delta)=\{x\mid|x-a|<\delta\}.$$

如果不需指明点 a 的邻域的半径 δ,就用 $U(a)$ 表示 a 的某一邻域;如果需要把邻域中心点 a 去掉,即点 a 的 δ 邻域去掉中心点 a 后,就称为点 a 的**去心 δ 邻域**,记为 $\overset{\circ}{U}(a,\delta)$,即 $\overset{\circ}{U}(a,\delta)=\{x\mid 0<|x-a|<\delta\}$(图 0.3).

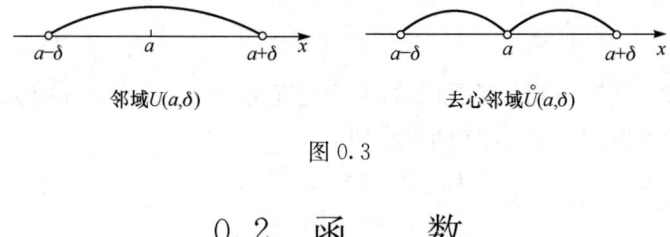

邻域 $U(a,\delta)$ 　　　　　去心邻域 $\overset{\circ}{U}(a,\delta)$

图 0.3

0.2 函　　数

一、函数定义

在某些实际问题中,往往同时出现好几个变量,而这些变量之间又往往是相互联系、相互依赖的,如水达沸点的温度取决(依赖)于海拔高度(高度升高沸点就会降低).变量之间的这种确定的依赖关系,在数学上就叫做**函数**.现在我们先就两个变量的情况举几个例子.

例1 圆面积 S 与它的半径 r 之间的关系:

$$S=\pi r^2, \tag{1}$$

当半径 r 在 $[0,+\infty)$ 内任意取定一个数值时,由上式就可以确定圆面积 S.

例2 初速度为零的自由落体运动,位移与时间的关系为

$$s = \frac{1}{2}gt^2, \qquad (2)$$

其中 g 为重力加速度. 假定物体着地的时刻为 T, 则 t 在 $[0,T]$ 上任意取定一个数值时, 由上式就可以确定相应位移 s.

例 3 经过原点 $(0,0)$, $(1,1)$ 与 $(-1,1)$ 的抛物线上点 (x,y) 的坐标 y 与 x 之间关系为

$$y = x^2, \qquad (3)$$

对 $(-\infty, +\infty)$ 内任意取定一个数值 x, 由上式就可以确定 y.

我们还可以举出许多例子, 撇开各个例子的实际背景, 其共同本质是它们都表达了两个变量之间的依赖关系, 这种依赖关系给出了一种对应法则, 即一个变量取定了一个数值, 那么按照这种确定的对应法则, 就可以确定另一变量的一个相应值. 由此就可以抽象出函数的一般概念.

定义 设有两个变量 x 和 y, D 是一个给定的数集, 如果对于每一个 $x \in D$, 变量 y 按照一确定的法则 f, 总有唯一确定的数值和它对应, 则称 f 是定义在 D 上的函数, 常记作 $y = f(x)$, 数集 D 叫做这个函数的**定义域**, x 叫做**自变量**, y 叫做**因变量**.

当 x 取数值 $x_0 \in D$ 时, 与 x_0 对应的 y 的数值 y_0 称为函数 $y = f(x)$ 在点 x_0 处的函数值, 记作 $y|_{x=x_0}$ 或 $f(x_0)$, 即 $y_0 = f(x_0)$.

当 x 取遍 D 的每个数值时, 对应的函数值全体组成的数集

$$W = \{y \mid y = f(x), x \in D\}$$

称为函数 $y = f(x)$ 的**值域**.

为了进一步理解这个定义, 这里再作几点说明:

1. 函数关系

函数 $y = f(x)$ 中的 "f", 代表从变量 x 到变量 y 的对应法则(或对应关系), 称为**函数关系**, 至于这种对应法则是什么, 由具体问题确定. 如例 1~例 3 中对应法则分别是 (1)~(3) 式.

根据函数定义, 对定义域 D 内任一数值, 对应的函数值只有一个, 此时也称函数为**单值函数**.

如果对定义域 D 内任意一数值, 按照某种法则对应的数值不止一个, 习惯上称这种法则确定了一个**多值函数**. 例如由方程 $x^2 + y^2 = a^2$ 在区间 $[-a,a]$ 上确定了 y 是 x 的多值函数, 对 $(-a,a)$ 内任一 x, 存在 $y = \sqrt{a^2 - x^2}$ 和 $y = -\sqrt{a^2 - x^2}$ 两个值与之对应, $y = \sqrt{a^2 - x^2}$ 与 $y = -\sqrt{a^2 - x^2}$ 称为多值函数 $x^2 + y^2 = a^2$ 的单值分支. 对多值函数通常可以将其分为几个单值分支进行讨论.

今后凡是没有特别说明时, 函数都是指单值函数.

最后需要特别注意的是,$f(x)$是一个完整的记号,且函数关系 f 也可以用其他字母表示,如 $g,F,\varphi,\cdots$. 在同一场合,为不引起混淆,不同的函数应该用不同的记号.

2. 函数的两个要素

在函数 $y=f(x),x\in D$ 中,由于定义域和对应法则唯一确定了函数的值域 W(反之不真),因此,我们称函数的定义域和对应法则为函数的**两个要素**.

在数学中,如不考虑函数的实际含义,函数的定义域就是使函数表达式 $f(x)$ 有意义的自变量 x 全体组成的集合. 例如 $y=\sqrt{1-x^2}$ 的定义域为 $[-1,1]$;$y=\dfrac{1}{x\sqrt{1-x^2}}$ 的定义域为 $(-1,0)\cup(0,1)$. 如考虑其实际含义,就根据其实际含义确定其定义域.

如果两个函数定义域与对应法则都相同,则它们表示同一个函数,至于此时自变量与因变量用什么字母表示倒是无关紧要的. 例如 $y=\sin x,x\in(-\infty,+\infty)$ 与 $u=\sin v,v\in(-\infty,+\infty)$ 表示的是同一个函数.

设函数 $y=f(x)$ 的定义域为 D,对于任意取定的 $x\in D$,对应的函数值为 $y=f(x)$,这样以 x 为横坐标,y 为纵坐标就得到 xOy 平面上确定的一点 (x,y),当 x 遍取 D 上每一个数值时,就得到点 (x,y) 的一个集合 G:

$$G=\{(x,y)\mid y=f(x),x\in D\}.$$

这个点集 G 称为函数 $y=f(x)$ 的图形(图 0.4),图中 W 表示函数 $y=f(x)$ 的值域.

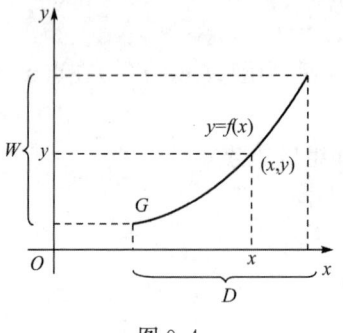

图 0.4

下面再举几个函数的例子.

例 4 函数 $y=2$ 的定义域为 $D=(-\infty,+\infty)$,值域 $W=\{2\}$,它的图形是一条平行于 x 轴的直线,如图 0.5.

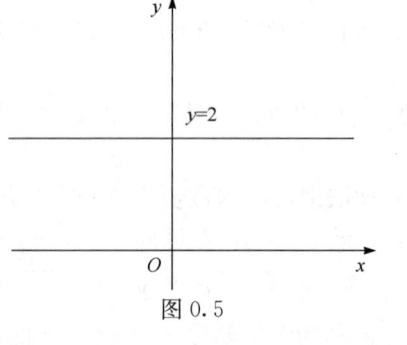

图 0.5

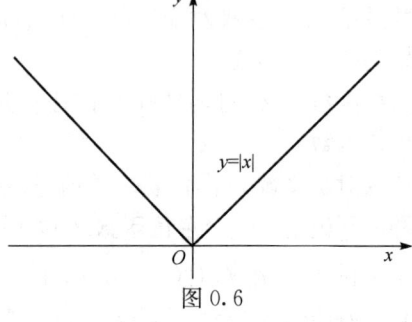

图 0.6

例 5 函数 $y=|x|=\begin{cases}x, & x\geqslant 0,\\ -x, & x<0\end{cases}$ 的定义域为 $D=(-\infty,+\infty)$,值域 $W=$

$[0,+\infty)$,它的图形如图 0.6 所示. 这个函数称为**绝对值函数**.

例 6 函数
$$y=\operatorname{sgn} x=\begin{cases} 1, & x>0, \\ 0, & x=0, \\ -1, & x<0 \end{cases}$$

称为**符号函数**,它的定义域为 $D=(-\infty,+\infty)$,值域 $W=\{-1,0,1\}$,它的图形如图 0.7 所示. $\forall x \in \mathbf{R}$,有 $|x|=x \cdot \operatorname{sgn} x$.

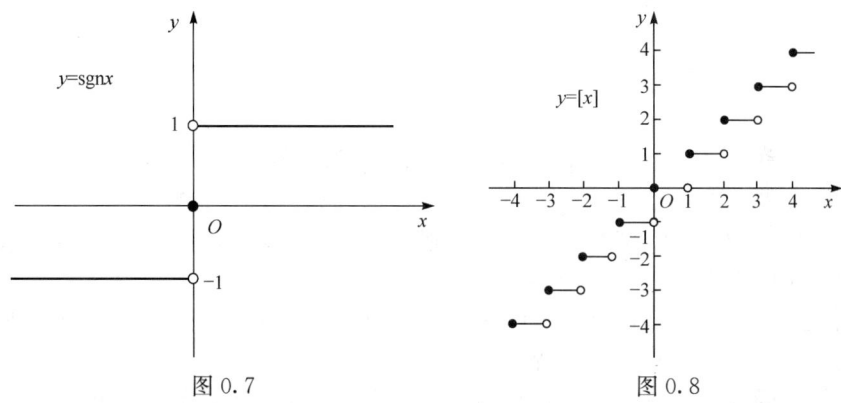

图 0.7　　　　　　　　　　图 0.8

例 7(取整函数)　设 x 为任一实数,称不超过 x 的最大整数为 x 的整数部分,记作 $[x]$. 把 x 看作变量,则称
$$y=[x]=n, \quad n \leqslant x<n+1, n \in \mathbf{Z}$$
为**取整函数**,其定义域为 $D=(-\infty,+\infty)$,值域 $W=\mathbf{Z}$.

例如,$\left[\dfrac{5}{7}\right]=0, [\sqrt{2}]=1, [3]=3, [0]=0, [-1]=-1, [-2.3]=-3$. 取整函数图形如图 0.8.

在例 1～例 4 中的函数都可用一个式子表示,而例 5～例 7 中的函数要用几个式子表示. 这种在自变量的不同变化范围中,用不同表达式表示的函数,称为**分段表示的函数**,简称**分段函数**. 请注意,分段函数不是几个函数,而是一个函数,只是在定义域不同的变化范围中具有不同的表达式. 因此对分段函数求函数值 $y|_{x=x_0}=f(x_0)$ 时,首先应看 x_0 在何范围内,再根据相应范围的表达式求函数值.

例 8　函数 $y=f(x)=\begin{cases} 2\sqrt{x}, & 0 \leqslant x \leqslant 1, \\ 1+x, & x>1 \end{cases}$,是分段函数,其定义域为 $[0,+\infty)$,在 $[0,1]$ 上的表达式为 $2\sqrt{x}$,在 $(1,+\infty)$ 上的表达式为 $1+x$,$x=1$ 为分段函数的分段点. 此外,
$$f\left(\frac{1}{2}\right)=2\sqrt{\frac{1}{2}}=\sqrt{2}, \quad f(1)=2\sqrt{1}=2, \quad f(2)=1+2=3.$$

在例 1～例 8 中的例子,不管是用一个式子表示的函数,还是分段函数,它们都有一个共同特点:函数形式均为 $y=f(x)$,即因变量 y 单独在等式一边,而等式的另一边是只含自变量 x 的表达式,这种表示方法称为**显式表示**,这时也称函数 $y=f(x)$ 为**显函数**. 后面我们还会介绍函数的**隐式表示**,即隐函数和用参数方程表示的函数.

除此之外,在工程技术上,还经常**使用表格**或**图形表示函数**.

二、函数的几种特性

1. 函数的有界性

设函数 $y=f(x)$ 的定义域为 D,$X(\subseteq D)$ 非空.

若 $\exists M>0$,[①] $\forall x\in X$,都有 $|f(x)|\leqslant M$,则称函数 $f(x)$ 在 X 上有界;否则就称函数 $f(x)$ 在 X 上无界,即 $\forall M>0$,$\exists x_1\in X$,使 $|f(x_1)|>M$.

若 $\exists K_1$,$\forall x\in X$,都有 $f(x)\leqslant K_1$,则称函数 $f(x)$ 在 X 上有上界,其中 K_1 称为函数 $f(x)$ 在 X 上的一个上界.

若 $\exists K_2$,$\forall x\in X$,都有 $f(x)\geqslant K_2$,则称函数 $f(x)$ 在 X 上有下界,其中 K_2 称为函数 $f(x)$ 在 X 上的一个下界.

显然,函数 $f(x)$ 在 X 上有界 $\Leftrightarrow f(x)$ 在 X 上既有上界又有下界,即
$$\exists K_1,K_2,\forall x\in X,\text{有 }K_2\leqslant f(x)\leqslant K_1.$$

例如,函数 $f(x)=\sin x$ 在 $(-\infty,+\infty)$ 内有界,因为 $|\sin x|\leqslant 1$.

函数 $f(x)=\dfrac{1}{x}$ 在区间 $(0,1)$ 内没有上界,但有下界,如 1 就是它的一个下界.

函数 $f(x)=\dfrac{1}{x}$ 在 $(0,1)$ 内也是无界的,因为 $\forall M>1$,取 $x=\dfrac{1}{2M}$,则 $x\in(0,1)$,但
$$\left|f\left(\dfrac{1}{2M}\right)\right|=2M>M,$$
因此 $f(x)=\dfrac{1}{x}$ 在 $(0,1)$ 内无界.

值注意的是,在上述定义中的 M,K_1,K_2 不是唯一的. 此外,称一个函数有界,有上界或有下界,必须指明数集,否则是毫无意义的. 如笼统讲 $f(x)=\dfrac{1}{x}$ 是否有界是无意义的,因为 $\dfrac{1}{x}$ 在 $(0,1)$ 内无界,但在 $(1,2)$ 内却是有界的.

2. 函数的单调性

设函数 $f(x)$ 的定义域为 D,区间 $I\subseteq D$,如果 $\forall x_1,x_2\in I$,$x_1<x_2$ 恒有

[①] 符号"$\forall$"表示"对于任意给定的"或"对于每一个";"$\exists$"表示"存在".

$f(x_1) < f(x_2)$,则称函数 $f(x)$ 在区间 I 上**单调增加**;如果 $\forall x_1, x_2 \in I, x_1 < x_2$ 恒有 $f(x_1) > f(x_2)$,则称函数 $f(x)$ 在区间 I 上**单调减少**. 单调增加和单调减少函数统称为**单调函数**.

例如函数 $f(x) = x^2$ 在 $(-\infty, 0]$ 上是单调减少的,在 $[0, +\infty)$ 上是单调增加的,在 $(-\infty, +\infty)$ 内,$f(x) = x^2$ 不是单调的.

又如 $f(x) = x^3$ 在 $(-\infty, +\infty)$ 内是单调增加的.

3. 函数的奇偶性

设函数 $f(x)$ 的定义域 D 关于原点对称(即若 $x \in D$,则 $-x \in D$),如果 $\forall x \in D$,恒有

$$f(-x) = f(x),$$

则称 $f(x)$ 为**偶函数**;如果 $\forall x \in D$,恒有

$$f(-x) = -f(x),$$

则称 $f(x)$ 为**奇函数**.

偶函数的图形关于 y 轴对称,奇函数的图形关于原点对称.

例如,函数 $y = \sin x$ 是奇函数,函数 $y = \cos x$ 是偶函数,而函数 $y = \sin x + \cos x$ 既非奇函数又非偶函数.

例 9 判断函数 $f(x) = \dfrac{1}{1+a^x} - \dfrac{1}{2} (a > 0, a \neq 1)$ 的奇偶性.

解 函数 $f(x)$ 的定义域为 $(-\infty, +\infty)$,又因为

$$f(-x) = \frac{1}{1+a^{-x}} - \frac{1}{2} = \frac{a^x}{1+a^x} - \frac{1}{2} = \frac{a^x}{1+a^x} - 1 + \frac{1}{2} = -\frac{1}{1+a^x} + \frac{1}{2} = -f(x),$$

所以函数 $f(x)$ 是奇函数.

4. 函数的周期性

设函数 $f(x)$ 的定义域为 D,如果存在常数 $l > 0$,使得 $\forall x \in D$,有 $x + l \in D$,且

$$f(x+l) = f(x)$$

恒成立,则称 $f(x)$ 为**周期函数**,l 称为 $f(x)$ 的**周期**. 通常我们说周期函数的周期是指最小正周期.

在中学中,我们遇到的函数的最小正周期都是存在的,如 $\sin x, \cos x$ 的最小正周期都是 2π,$\tan x, \cot x$ 的最小正周期均为 π. 但在高等数学中,并非所有周期函数的最小正周期都存在,下面举一个例子.

例 10 狄里克雷(Dirichlet)函数

$$D(x) = \begin{cases} 0, & x \text{ 为无理数}, \\ 1, & x \text{ 为有理数} \end{cases}$$

是一个周期函数,任何正有理数都是它的周期. 由于不存在最小正有理数,故它没有最小正周期. 对于周期函数,我们只需研究它在一个周期范围内的性质,再根据周期性就可推断出它在其他范围内的性质.

三、反函数

在函数 $y=f(x)$ 中，x 是自变量，y 是因变量. 然而在实际应用中，有时需要将 x 表示为 y 的函数. 如在自由落体运动中，位移 s 与时间 t 之间关系为 $s=\dfrac{1}{2}gt^2$，但是如用位移 s 来确定下落的时间 t，则应由 $s=\dfrac{1}{2}gt^2$ 中解出 $t=\sqrt{\dfrac{2s}{g}}$，这就是反函数要讨论的问题.

一般地，设函数 $y=f(x)$ 的定义域为 D，值域为 W，则根据函数定义，对任意的 $x\in D$，有唯一确定的 $y=f(x)\in W$ 与之对应. 如果 $\forall y\in W$，存在唯一确定的 $x\in D$，使 $y=f(x)$，则将 f 的逆对应法则（记为 f^{-1}）称为 f 的**反函数**，记作 $x=f^{-1}(y)$. $f^{-1}(y)$ 的定义域为 W，值域为 D. 相对于反函数 $x=f^{-1}(y)$ 来说，原来的函数 $y=f(x)$ 称为**直接函数**.

注意 $y=f(x)$ 是单值函数，其反函数 $x=f^{-1}(y)$ 不一定是单值函数，例如，函数 $y=f(x)=x^2$，$D=(-\infty,+\infty)$，$w=[0,+\infty)$，$\forall y\neq 0$，适合 $y=x^2$ 的 x 有两个 $x=\sqrt{y}$ 及 $x=-\sqrt{y}$ 与之对应. 但如果限制 x 在 $[0,+\infty)$ 上考虑，则由 $y=x^2$ 得反函数 $x=\sqrt{y}$，它是 $y=x^2$ 的反函数的一个单值分支，另一单值分支为 $x=-\sqrt{y}$. 那么什么时候，单值函数 $y=f(x)$ 的反函数也是单值函数？下面我们给出一个充分条件.

定理 若 $y=f(x)$ 在 D 上单调增加（或减少），则 $y=f(x)$ 存在单值反函数，且反函数 $x=f^{-1}(y)$ 在 W 上也单调增加（或减少）.

习惯上自变量用 x 表示，因变量用 y 表示，因此反函数常记为 $y=f^{-1}(x)$.

设 $y=f(x)$ 的定义域为 D_f，值域为 W_f，则直接函数与反函数之间有下列关系：

$$f^{-1}[f(x)]=x, \quad \forall x\in D_f;$$
$$f[f^{-1}(y)]=y, \quad \forall y\in W_f.$$

将直接函数 $y=f(x)$ 与反函数 $x=f^{-1}(y)$ 的图形画在同一坐标平面上，这两个图形是一样的（就是 $y=f(x)$ 的图形）. 而 $y=f(x)$ 与 $y=f^{-1}(x)$ 的图形则关于直线 $y=x$ 对称.

例 11 求 $y=f(x)=\begin{cases} 2x, & x\leqslant 0, \\ 2^x, & 0<x\leqslant 2. \end{cases}$ 的反函数.

解 因为 $x=f^{-1}(y)=\begin{cases} \dfrac{y}{2}, & y\leqslant 0, \\ \log_2 y, & 1<y\leqslant 4, \end{cases}$ 所以其反函数为

$$y=f^{-1}(x)=\begin{cases}\dfrac{x}{2}, & x\leqslant 0, \\ \log_2 x, & 1<x\leqslant 4.\end{cases}$$

四、复合函数

函数可以进行加、减、乘、除四则运算. 在实际应用中有时还需要函数的复合运算. 例如运动物体的动能 E 是速度 v 的函数：$E=\dfrac{1}{2}mv^2$，而速度 v 又是时间 t 的函数，对自由落体运动，$v=gt$，将 v 代入 E 得 $E=\dfrac{1}{2}mg^2t^2$，我们称此函数为 $E=\dfrac{1}{2}mv^2$ 与 $v=gt$ 的复合函数.

一般地，若函数 $y=f(u)$ 的定义域为 D_f，函数 $u=\varphi(x)$ 的定义域为 D_φ，值域为 W_φ，且 $W_\varphi \subset D_f$，则 $\forall x \in D_\varphi$，存在唯一 $u \in W_\varphi \subset D_f$，因而存在唯一 y 与之对应，则 y 是 x 的函数，这个函数称为由 $y=f(u),u=\varphi(x)$ 复合而成的**复合函数**，记为 $y=f[\varphi(x)]$，而 u 称为**中间变量**.

例如，由 $y=\arctan u, u=x^2$ 复合成 $y=\arctan x^2$；又如由 $y=\sqrt{u}, u=x^2$ 可以复合成 $y=\sqrt{x^2}=|x|$.

在复合函数中，需要注意如下两点：

$1°$ 由 $y=f(u), u=\varphi(x)$ 复合成 $y=f[\varphi(x)]$，不一定要求 $W_\varphi \subset D_f$，只需要 $W_\varphi \cap D_f \neq \varnothing$. 例如 $y=f(u)=\sqrt{u}, u=\sin x$，就不满足 $W_u \subset D_f$，但 $W_u \cap D_f \neq \varnothing$. 这时如果限制 $x \in [2k\pi, 2k\pi+\pi], k=0, \pm 1, \pm 2 \cdots$，则由上述两个函数仍可以复合成 $y=f(\sin x)=\sqrt{\sin x}\ (x \in [2k\pi, 2k\pi+\pi], k=0, \pm 1, \pm 2 \cdots)$.

$2°$ 并不是任意两个函数都可以复合成一个复合函数，事实上对 $y=f(u), u=\varphi(x)$，若 $W_\varphi \cap D_f = \varnothing$，则 $y=f(u), u=\varphi(x)$ 就不能复合成一个复合函数，如 $y=\arcsin u, u=x^2+2$ 就不能复合.

最后，我们再说明一点，复合函数也可以由两个以上的函数复合而成，当然任意两个函数复合应满足能够复合的条件. 例如由 $y=\sqrt{u}, u=\cot v, v=\dfrac{x}{2}$ 可以复合成 $y=\sqrt{\cot\dfrac{x}{2}}$，这里 u, v 都是中间变量.

五、基本初等函数

我们把幂函数，指数函数，对数函数，三角函数和反三角函数统称为**基本初等**

函数.

1. 幂函数

函数 $y=x^\mu$（μ 为常数）叫做**幂函数**.

幂函数 $y=x^\mu$ 的定义域要视 μ 的值而定. 例如当 $\mu=3$ 时，$y=x^3$ 的定义域是 $(-\infty,+\infty)$；当 $\mu=\dfrac{1}{2}$ 时，$y=x^{\frac{1}{2}}=\sqrt{x}$ 的定义域是 $[0,+\infty)$；当 $\mu=-\dfrac{1}{2}$ 时，$y=x^{-\frac{1}{2}}=\dfrac{1}{\sqrt{x}}$ 的定义域是 $(0,+\infty)$. 但不论 μ 取什么值，幂函数在 $(0,+\infty)$ 内总有定义.

$y=x^\mu$ 中，$\mu=1,2,3,\dfrac{1}{2},-1$ 是最常见的幂函数，它们的图形如图 0.9 所示.

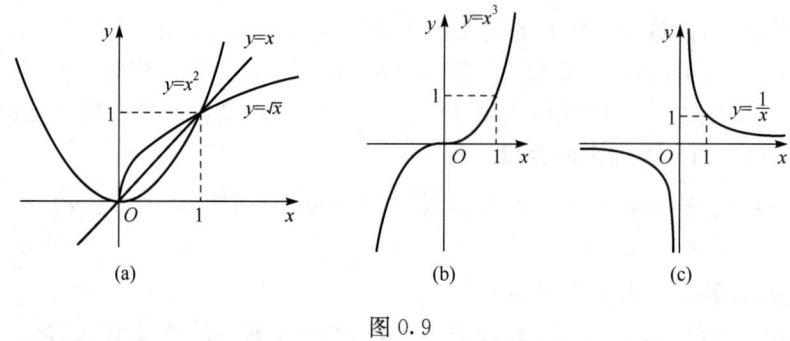

图 0.9

2. 指数函数与对数函数

（1）指数函数.

函数 $y=a^x$（a 是常数且 $a>0, a\neq 1$）叫做**指数函数**，它的定义域是区间 $(-\infty,+\infty)$.

因为对于任何实数值 x，总有 $a^x>0$，又 $a^0=1$，所以指数函数的图形总在 x 轴的上方，且通过点 $(0,1)$.

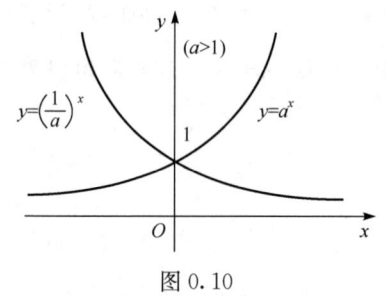

图 0.10

若 $a>1$，指数函数 $y=a^x$ 是单调增加的.

若 $0<a<1$，指数函数 $y=a^x$ 是单调减少的.

由于 $y=\left(\dfrac{1}{a}\right)^x=a^{-x}$，所以 $y=a^x$ 的图形与 $y=\left(\dfrac{1}{a}\right)^x$ 的图形是关于 y 轴对称的（图 0.10）.

以常数 $e=2.7182818\cdots$ 为底的指数函数 $y=e^x$ 是自然科学中常用的指数函数，关于常数 e 的意义将在后面说明.

(2) 对数函数.

指数函数 $y=a^x$ 的反函数,记作 $y=\log_a x$ (a 是常数且 $a>0, a\neq 1$),叫做**对数函数**,它的定义域是区间 $(0,+\infty)$.

对数函数的图形,可以从它所对应的指数函数 $y=a^x$ 的图形按反函数作图法的一般规则作出,即关于直线 $y=x$ 作对称于曲线 $y=a^x$ 的图形,就得 $y=\log_a x$ 的图形(图 0.11).

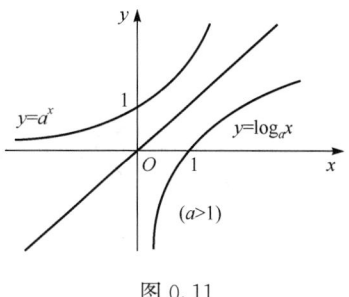

图 0.11

$y=\log_a x$ 的图形总在 y 轴右方,且通过点 $(1,0)$.

若 $a>1$,对数函数 $y=\log_a x$ 是单调增加的,在开区间 $(0,1)$ 内函数值为负,而在区间 $(1,+\infty)$ 内函数值为正. 若 $0<a<1$,对数函数 $y=\log_a x$ 是单调减少的,在开区间 $(0,1)$ 内函数值为正,而在区间 $(1,+\infty)$ 内函数值为负.

科学技术领域中常用以常数 e 为底的对数函数
$$y=\log_e x$$
叫做**自然对数函数**,简记作 $y=\ln x$.

3. 三角函数与反三角函数

(1) 三角函数.

常用的三角函数有

正弦函数　　$y=\sin x$　　图形如图 0.12.

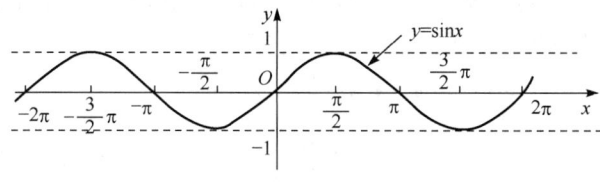

图 0.12

余弦函数　　$y=\cos x$　　图形如图 0.13.

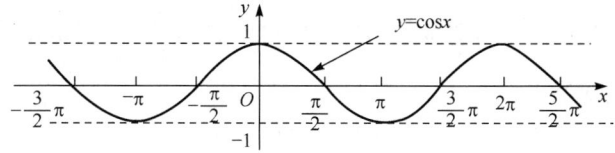

图 0.13

正切函数　　$y=\tan x$　　图形如图 0.14.
余切函数　　$y=\cot x$　　图形如图 0.15.

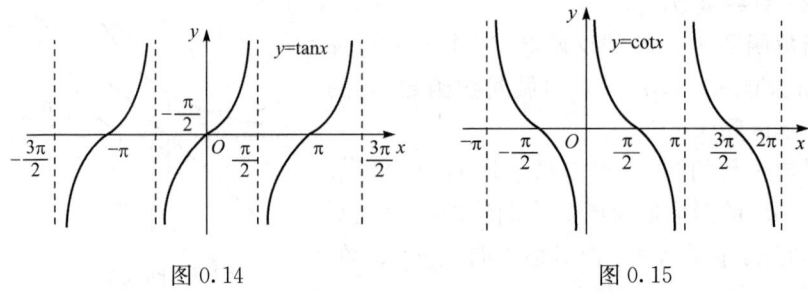

图 0.14　　　　　　　　　图 0.15

其中自变量以弧度作为单位.

正弦函数和余弦函数都是以 2π 为周期的周期函数,它们的定义域都是 $(-\infty,+\infty)$,值域都是 $[-1,1]$.

正弦函数是奇函数,余弦函数是偶函数.

由于 $\cos x = \sin\left(x+\dfrac{\pi}{2}\right)$,所以,把正弦曲线 $y=\sin x$ 沿 x 轴向左移动 $\dfrac{\pi}{2}$ 个单位,就可得余弦曲线 $y=\cos x$.

正切函数 $y=\tan x$ 的定义域 $D=\left\{x\left|x\in\mathbf{R},x\neq(2n+1)\dfrac{\pi}{2},n\in\mathbf{Z}\right.\right\}$,

余切函数 $y=\cot x$ 的定义域 $D=\{x|x\in\mathbf{R},x\neq n\pi,n\in\mathbf{Z}\}$,这两个函数的值域都是区间 $(-\infty,+\infty)$.

正切函数和余切函数都是以 π 为周期的周期函数,它们都是奇函数.

此外,尚有另外两个常用的三角函数,它们是

正割函数　　$y=\sec x$,它是余弦函数的倒数,即
$$\sec x=\dfrac{1}{\cos x}.$$

余割函数　　$y=\csc x$,它是正弦函数的倒数,即
$$\csc x=\dfrac{1}{\sin x}.$$

它们都是以 2π 为周期的周期函数,并且在开区间 $\left(0,\dfrac{\pi}{2}\right)$ 内都是无界函数.

(2) 反三角函数.

反三角函数是三角函数的反函数,三角函数 $y=\sin x,y=\cos x,y=\tan x$ 和 $y=\cot x$ 的反函数(限制在主值区间)依次为

反正弦函数　　$y=\arcsin x$,

反余弦函数　　$y=\arccos x$,

反正切函数 $y=\arctan x$,

反余切函数 $y=\operatorname{arccot} x$.

函数 $y=\arcsin x$ 是定义在区间 $[-1,1]$ 上的单值函数,且有

$$-\frac{\pi}{2}\leqslant \arcsin x\leqslant \frac{\pi}{2},$$

它在闭区间 $[-1,1]$ 上是单调增加的,它的图形如图 0.16 所示.

类似地,其他三个反三角函数的定义域,值域,单调性等如下:

反余弦函数 $y=\arccos x$ 的定义域为 $[-1,1]$,值域为 $[0,\pi]$,它在 $[-1,1]$ 上单调减少,图形如图 0.17 所示.

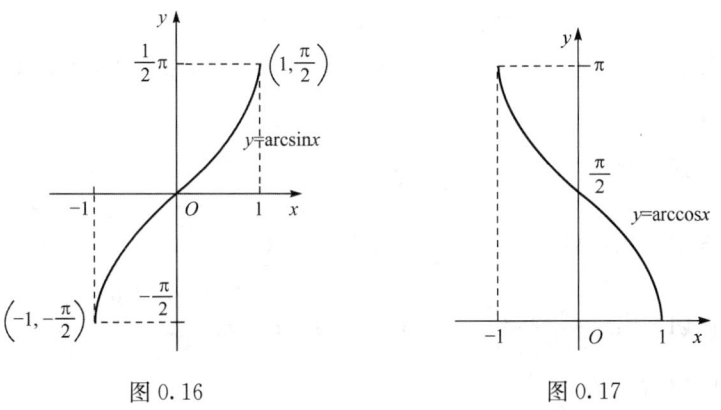

图 0.16   图 0.17

反正切函数 $y=\arctan x$ 的定义域为 $(-\infty,+\infty)$,值域为 $\left(-\frac{\pi}{2},\frac{\pi}{2}\right)$,它在 $(-\infty,+\infty)$ 内单调增加,图形如图 0.18 所示.

反余切函数 $y=\operatorname{arccot} x$ 的定义域为 $(-\infty,+\infty)$,值域为 $(0,\pi)$,它在 $(-\infty,+\infty)$ 内单调减少,图形如图 0.19 所示.

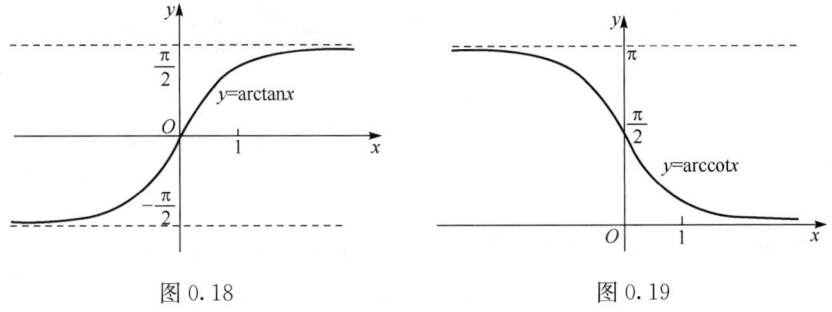

图 0.18   图 0.19

六、初等函数

由常数和基本初等函数经过有限次的四则运算和有限次的函数复合步骤构成并可用一个式子表示的函数,称为**初等函数**. 例如 $y=\sqrt{1-x^2}$, $y=\cos^2 x$, $y=\sqrt{\tan\dfrac{x}{3}}$ 等都是初等函数. 有些函数既可看作是由基本初等函数经过有限次的四则运算和复合而成,又可表示为分段函数,如 $y=\sqrt{x^2}=|x|=\begin{cases}-x, & x<0, \\ x, & x\geqslant 0\end{cases}$ 这种函数我们仍把它看作是初等函数. 因此不能笼统地认为分段函数一定不是初等函数. 本课程中所讨论的函数绝大多数都是初等函数.

下面我们再介绍一种在工程技术中常用到的初等函数,就是所谓的**双曲函数**,它们是

双曲正弦 $\quad \text{sh}\,x=\dfrac{\text{e}^x-\text{e}^{-x}}{2} \quad (-\infty<x<+\infty),$

双曲余弦 $\quad \text{ch}\,x=\dfrac{\text{e}^x+\text{e}^{-x}}{2} \quad (-\infty<x<+\infty),$

双曲正切 $\quad \text{th}\,x=\dfrac{\text{sh}\,x}{\text{ch}\,x}=\dfrac{\text{e}^x-\text{e}^{-x}}{\text{e}^x+\text{e}^{-x}} \quad (-\infty<x<+\infty).$

它们的图形如图 0.20 所示.

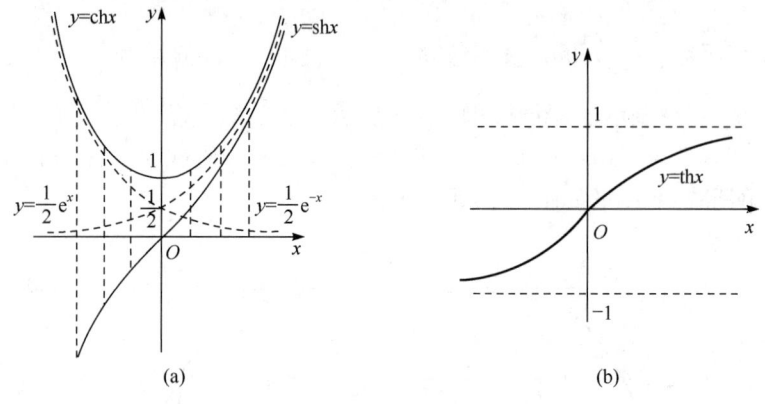

图 0.20

双曲函数与三角函数有许多类似的运算公式,简述如下:

$$\text{sh}(x\pm y)=\text{sh}\,x\,\text{ch}\,y\pm\text{ch}\,x\,\text{sh}\,y;$$

$$\text{ch}(x\pm y)=\text{ch}\,x\,\text{ch}\,y\pm\text{sh}\,x\,\text{sh}\,y;$$

$$\mathrm{ch}^2 x - \mathrm{sh}^2 x = 1;$$
$$\mathrm{sh} 2x = 2\mathrm{sh} x \mathrm{ch} x;$$
$$\mathrm{ch} 2x = \mathrm{ch}^2 x + \mathrm{sh}^2 x.$$

双曲函数的反函数称为**反双曲函数**.

反双曲正弦　$\mathrm{arsh} x = \ln(x + \sqrt{x^2+1})$　$(-\infty < x < +\infty)$;

反双曲余弦　$\mathrm{arch} x = \ln(x + \sqrt{x^2-1})$　$(1 \leqslant x < +\infty)$;

反双曲正切　$\mathrm{arth} x = \dfrac{1}{2}\ln\dfrac{1+x}{1-x}$　$(-1 < x < 1)$.

下面以 $\mathrm{arch} x$ 为例说明推导方法:由 $x = \mathrm{ch} y$ 有

$$x = \frac{\mathrm{e}^y + \mathrm{e}^{-y}}{2}.$$

令 $\mathrm{e}^y = u$, 则 $u^2 - 2xu + 1 = 0$, 解之得

$$u = \mathrm{e}^y = x \pm \sqrt{x^2-1},$$

即

$$y = \ln(x \pm \sqrt{x^2-1}) \quad (x \geqslant 1).$$

注意到对任意 $x(x \geqslant 1)$, 有两个 y 与之对应, 且 $\ln(x - \sqrt{x^2-1}) = -\ln(x + \sqrt{x^2-1})$, 故取正的一支作为其主值, 得到反双曲余弦函数

$$y = \mathrm{arch} x = \ln(x + \sqrt{x^2-1}) \quad (x \geqslant 1),$$

它在 $[1, +\infty)$ 上是单调增加的, 如图 0.21(b).

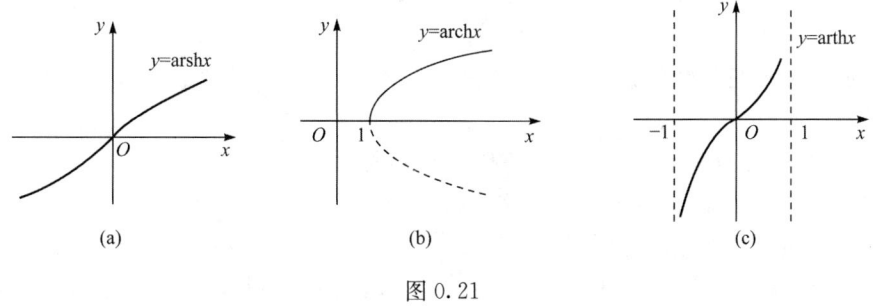

图 0.21

0.3　常用基础知识简介

一、极坐标

1. 极坐标系

以前我们所使用的平面坐标系是直角坐标系, 它是最简单和最常用的一种坐

标系,但不是唯一的坐标系,有时利用别的坐标系会比较方便.例如,炮兵射击时是以大炮为基点,利用目标的方位角及目标与大炮的距离来确定目标的位置;在航空、航海中也常使用类似的方法来标记运动物体的位置.下面研究如何利用角和距离来建立坐标系.

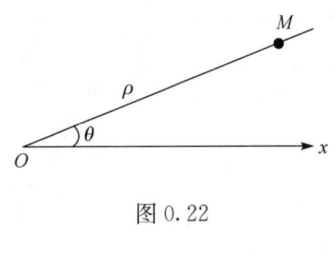

图 0.22

在平面内取一个定点 O,叫做**极点**(**原点**),引一条射线 Ox,叫做**极轴**,再选定一个长度单位和角度的正方向(通常取逆时针方向)(图 0.22).对于平面内任意一点 M,用 ρ 表示线段 OM 的长度,θ 表示从 Ox 到 OM 的角度,ρ 叫做点 M 的**极半径**,θ 叫做点 M 的**极角**,有序数对 (ρ,θ) 就叫做点 M 的**极坐标**,这样建立的坐标系叫做**极坐标系**.极坐标为 (ρ,θ) 的点 M,可表示为 $M(\rho,\theta)$.

当点 M 在极点时,规定它的极坐标 $\rho=0$,θ 可以取任意值.

在一般情况下,极半径都取正值,但是在某些特殊的情况下,也允许取负值,同时角度有时也可以取负值.当 $\rho<0$ 时,点 $M(\rho,\theta)$ 的位置可以按下列规则确定:作射线 OP,使 $\angle xOP=\theta$,在 OP 的反向延长线上取一点 M,使 $|OM|=|\rho|$,点 M 就是坐标为 (ρ,θ) 的点(图 0.23).

建立极坐标系后,给定 ρ 和 θ,就可以在平面内确定唯一点 M;反过来,给定平面内一点,也可以找到它的极坐标 (ρ,θ).但和直角坐标系不同的是,平面内的一个点的极坐标可以有无数种表示法,这是因为 (ρ,θ) 和 $(-\rho,\theta+\pi)$ 是同一点的坐标,而且一个角加 $2n\pi$(n 是任意整数)后都是和原角终边相同的角.

一般地,如果 (ρ,θ) 是一个点的极坐标,那么 $(\rho,\theta+2n\pi)$、$(-\rho,\theta+(2n+1)\pi)$ 都可以作为它的极坐标(n 是任意整数).但如果限定 $\rho>0$,$0\leqslant\theta\leqslant 2\pi$ 或 $-\pi\leqslant\theta\leqslant\pi$,那么除极点外,平面内的点和极坐标就可以一一对应了.以后,在不作特殊说明时,认为 $\rho\geqslant 0$.

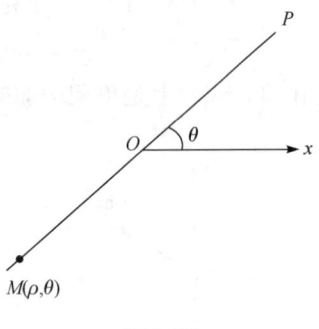

图 0.23

2. 曲线的极坐标方程

在极坐标系中,曲线可以用含有 ρ,θ 这两个变量的方程 $\varphi(\rho,\theta)=0$ 来表示,这种方程叫做曲线的**极坐标方程**.这时,以这个方程的每一个解为坐标的点都是曲线上的点,由于在极坐标平面中,曲线上的每一个点的坐标都有无穷多个,它们可能不全满足方程,但其中应至少有一个坐标能够满足这个方程.这一点是曲线的极坐标方程和直角坐标方程的不同之处.

求曲线的极坐标方程的方法和步骤,和求直角坐标方程类似,就是把曲线看作适合某种条件的点的集合或轨迹,将已知条件用曲线上的极坐标 ρ,θ 的关系式 $\varphi(\rho,\theta)=0$ 表示出来,就得到曲线的极坐标方程.

例1 求从极点出发,倾斜角是 $\dfrac{\pi}{4}$ 的射线的极坐标方程.

解 设 $M(\rho,\theta)$ 为射线上任意一点(图0.24),则射线就是集合
$$P=\left\{M\left|\angle xOM=\dfrac{\pi}{4}\right.\right\}.$$
将已知条件用坐标表示,得
$$\theta=\dfrac{\pi}{4}. \tag{4}$$
这就是所求的射线的极坐标方程. 方程中不含 ρ,说明射线上点的极坐标中的 ρ 无论取任何正值,θ 的对应值都是 $\dfrac{\pi}{4}$.

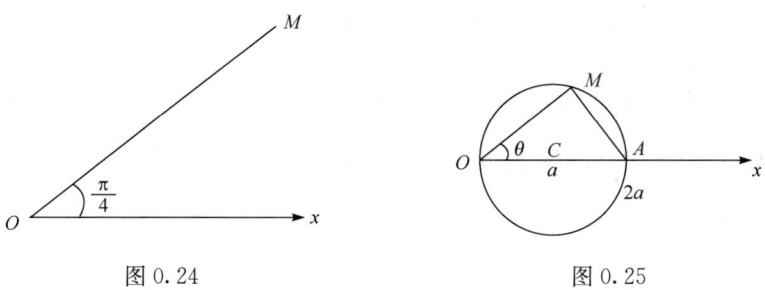

图 0.24　　　　　　图 0.25

例2 求圆心是 $C(a,0)$,半径是 a 的圆的极坐标方程.

解 由已知条件,圆心在极轴上,圆经过极点 O. 设圆和极轴的另一个交点是 A(图0.25),那么
$$|OA|=2a.$$
设 $M(\rho,\theta)$ 是圆上任意一点,则 $OM\perp AM$,可得
$$|OM|=|OA|\cos\theta.$$
用极坐标表示已知条件可得方程
$$\rho=2a\cos\theta.$$
这就是所求的圆的极坐标方程.

3. 极坐标和直角坐标的互化

极坐标系和直角坐标系是两种不同的坐标系. 同一个点可以有极坐标,也可以有直角坐标;同一条曲线可以有极坐标方程,也可以有直角坐标方程. 为了研究问题方便,有时需要把曲线在一种坐标系中的方程化为在另一种坐标系中的方程.

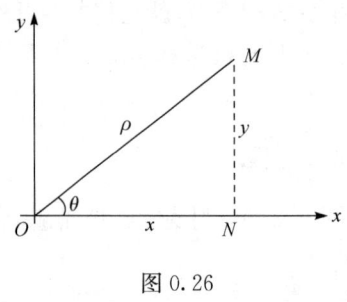

图 0.26

如图 0.26，把直角坐标系的原点作为极点，x 轴的正半轴作为极轴，并在两种坐标系中取相同的长度单位.

设 M 是平面内的任意一点，它的直角坐标是 (x,y)，极坐标是 (ρ,θ). 从点 M 作 $MN \perp Ox$，由三角函数定义，可以得出 x,y 与 ρ,θ 之间的关系：

$$x=\rho\cos\theta, \quad y=\rho\sin\theta. \tag{5}$$

由关系式(5)可以得到下面的关系式：

$$\rho^2=x^2+y^2, \quad \tan\theta=\frac{y}{x} \quad (x\neq 0). \tag{6}$$

在一般情况下，由 $\tan\theta$ 确定角 θ 时，可根据点 M 所在的象限取最小正角.

例 3 把点 M 的极坐标 $\left(-5,\dfrac{\pi}{6}\right)$ 化成直角坐标.

解 $x=-5\cos\dfrac{\pi}{6}=-\dfrac{5}{2}\sqrt{3}, \quad y=-5\sin\dfrac{\pi}{6}=-\dfrac{5}{2}.$

故点 M 的直角坐标是 $\left(-\dfrac{5}{2}\sqrt{3},-\dfrac{5}{2}\right)$.

例 4 把点 M 的直角坐标 $(-\sqrt{3},-1)$ 化成极坐标.

解 因为 $\rho=\sqrt{(-\sqrt{3})^2+(-1)^2}=\sqrt{3+1}=2, \tan\theta=\dfrac{-1}{-\sqrt{3}}=\dfrac{1}{\sqrt{3}}$，

且点 M 在第三象限，若限制 $\rho>0$，则最小正角 $\theta=\dfrac{7\pi}{6}$. 因此，点 M 的极坐标是 $\left(2,\dfrac{7\pi}{6}\right)$.

例 5 把圆的直角坐标方程 $x^2+y^2-2ax=0$ 化为极坐标方程.

解 将(5)式代入原方程，得

$$\rho^2\cos^2\theta+\rho^2\sin^2\theta-2a\rho\cos\theta=0,$$

就是 $\rho=2a\cos\theta$.

当 $a>0$ 时，这个方程和例 2 的圆的极坐标方程是相同的.

二、行列式简介

给出二元线性方程组

$$\begin{cases} a_{11}x_1+a_{12}x_2=b_1, \\ a_{21}x_1+a_{22}x_2=b_2. \end{cases} \tag{7}$$

求这个方程组的解.

用大家熟知的消元法,分别消去方程组(7)中的 x_2 及 x_1,得

$$\begin{cases} (a_{11}a_{22}-a_{12}a_{21})x_1=b_1a_{22}-a_{12}b_2, \\ (a_{11}a_{22}-a_{12}a_{21})x_2=a_{11}b_2-b_1a_{21}. \end{cases} \quad (8)$$

下面引入行列式概念,然后利用行列式来进一步讨论上述问题.

呈矩形排列的表,如 $\boldsymbol{A}=\begin{bmatrix} a_{11} & a_{12} & a_{13} \\ a_{21} & a_{22} & a_{23} \end{bmatrix}$ 称为**矩阵**,由于有 2 行 3 列,$\boldsymbol{A}$ 又称为 2×3 矩阵,一般可定义 $m\times n$ 矩阵. 其中 a_{ij} 称为矩阵第 i 行第 j 列的**元素**. 当矩阵的行数和列数相等时称为**方阵**,如已知四个数排成正方形表

$$\boldsymbol{A}=\begin{bmatrix} a_{11} & a_{12} \\ a_{21} & a_{22} \end{bmatrix}$$

就称为 2 阶方阵 $\boldsymbol{A}$. 每个方阵 $\boldsymbol{A}$ 都有一个数与之对应,记作 $\det \boldsymbol{A}$ 或 $|\boldsymbol{A}|$,称为方阵 $\boldsymbol{A}$ 的**行列式**. 如对 2 阶方阵 $\boldsymbol{A}$,数 $a_{11}a_{22}-a_{12}a_{21}$ 称为对应于 2 阶方阵 $\boldsymbol{A}$ 的 2 阶行列式,因此

$$|\boldsymbol{A}|=\begin{vmatrix} a_{11} & a_{12} \\ a_{21} & a_{22} \end{vmatrix}=a_{11}a_{22}-a_{12}a_{21}. \quad (9)$$

数 $a_{11},a_{12},a_{21},a_{22}$ 叫做行列式(9)的**元素**,横排叫做**行**,竖排叫做**列**,元素 a_{ij} 中的第一个指标 i 和第二个指标 j,依次表示行数和列数. 例如,元素 a_{21} 在行列式(9)中位于第二行第一列.

现在,方程组(8)可利用行列式来表示,设

$$D=\begin{vmatrix} a_{11} & a_{12} \\ a_{21} & a_{22} \end{vmatrix}=a_{11}a_{22}-a_{12}a_{21},$$

$$D_1=\begin{vmatrix} b_1 & a_{12} \\ b_2 & a_{22} \end{vmatrix}=b_1a_{22}-a_{12}b_2,$$

$$D_2=\begin{vmatrix} a_{11} & b_1 \\ a_{21} & b_2 \end{vmatrix}=a_{11}b_2-b_1a_{21}.$$

则方程组(8)可写成

$$\begin{cases} Dx_1=D_1, \\ Dx_2=D_2. \end{cases} \quad (10)$$

我们注意到,D 就是方程组(7)中的 x_1 及 x_2 的系数构成的行列式,因此称为**系数行列式**,而 D_1 和 D_2 分别是用方程组(7)右端的常数项代替 D 的第一列和第二列而形成的.

若 $D\neq 0$,则方程组(7)的解为

$$x_1=\frac{D_1}{D}, \quad x_2=\frac{D_2}{D}. \quad (11)$$

易验证(11)式是方程组(7)的唯一解,由此得出如下结论:

在 $D \neq 0$ 的条件下,方程组(7)有唯一解

$$x_1 = \frac{D_1}{D}, \quad x_2 = \frac{D_2}{D}.$$

例 6 解方程组

$$\begin{cases} 2x+3y=8, \\ x-2y=-3. \end{cases}$$

解

$$D = \begin{vmatrix} 2 & 3 \\ 1 & -2 \end{vmatrix} = 2 \times (-2) - 3 \times 1 = -7,$$

$$D_1 = \begin{vmatrix} 8 & 3 \\ -3 & -2 \end{vmatrix} = 8 \times (-2) - 3 \times (-3) = -7,$$

$$D_2 = \begin{vmatrix} 2 & 8 \\ 1 & -3 \end{vmatrix} = 2 \times (-3) - 8 \times 1 = -14.$$

因 $D = -7 \neq 0$,故所给方程组有唯一解

$$x = \frac{D_1}{D} = \frac{-7}{-7} = 1, \quad y = \frac{D_2}{D} = \frac{-14}{-7} = 2.$$

对于 3 阶方阵 $\boldsymbol{A} = \begin{pmatrix} a_{11} & a_{12} & a_{13} \\ a_{21} & a_{22} & a_{23} \\ a_{31} & a_{32} & a_{33} \end{pmatrix}$,其对应的三阶行列式为

$$\begin{vmatrix} a_{11} & a_{12} & a_{13} \\ a_{21} & a_{22} & a_{23} \\ a_{31} & a_{32} & a_{33} \end{vmatrix} = a_{11}a_{22}a_{33} + a_{12}a_{23}a_{31} + a_{13}a_{21}a_{32} - a_{13}a_{22}a_{31} - a_{12}a_{21}a_{33} - a_{11}a_{23}a_{32}.$$

(12)

(12)式右端相当复杂,我们可以借助图 0.27 得出它的计算法则(通常称为**对角线法则**).

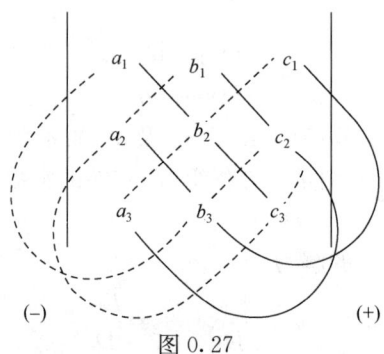

图 0.27

行列式中从左上角到右下角的直线称为主对角线,从右上角到左下角的直线称为次对角线. 主对角线上元素的乘积,以及位于主对角线的平行线上的元素与次对角上的元素的乘积,前面都取正号. 次对角线上元素的乘积,以及位于次对角线的平行线上的元素与主对角上的元素的乘积,前面都取负号.

例7 计算三阶行列式 $D=\begin{vmatrix} 2 & 1 & 2 \\ -4 & 3 & 1 \\ 2 & 3 & 5 \end{vmatrix}$.

解 $D=2\times3\times5+1\times1\times2+2\times(-4)\times3-2\times3\times2-1\times(-4)\times5-2\times1\times3$
$=30+2-24-12+20-6=10.$

利用交换律及结合律,可把(12)式改写如下:

$\begin{vmatrix} a_{11} & a_{12} & a_{13} \\ a_{21} & a_{22} & a_{23} \\ a_{31} & a_{32} & a_{33} \end{vmatrix} = a_{11}(a_{22}a_{33}-a_{23}a_{32})-a_{12}(a_{21}a_{33}-a_{23}a_{31})+a_{13}(a_{21}a_{32}-a_{22}a_{31}),$

把上式右端三个括号中的式子表示为 2 阶行列式,则有

$\begin{vmatrix} a_{11} & a_{12} & a_{13} \\ a_{21} & a_{22} & a_{23} \\ a_{31} & a_{32} & a_{33} \end{vmatrix} = a_{11}\begin{vmatrix} a_{22} & a_{23} \\ a_{32} & a_{33} \end{vmatrix} - a_{12}\begin{vmatrix} a_{21} & a_{23} \\ a_{31} & a_{33} \end{vmatrix} + a_{13}\begin{vmatrix} a_{21} & a_{22} \\ a_{31} & a_{32} \end{vmatrix}.$

上式称为 3 阶行列式按第一行的展开式. 右端的 2 阶行列式依次称为 a_{11},a_{12},a_{13} 的余子式,如 $\begin{vmatrix} a_{21} & a_{23} \\ a_{31} & a_{33} \end{vmatrix}$ 是 a_{12} 的余子式,它是在 3 阶行列式中去掉 a_{12} 所在行和列的元素后形成的 2 阶行列式,其他的余子式同样得到. 而展开式元素前的符号由对应元素下标和的奇偶性确定. 类似地,3 阶行列式也可按第二行或第三行展开.

由于篇幅所限,关于行列式的更多内容请参考相关线性代数的书籍.

例8 将例 7 中的行列式按第一行展开并计算它的值.

解 $\begin{vmatrix} 2 & 1 & 2 \\ -4 & 3 & 1 \\ 2 & 3 & 5 \end{vmatrix} = 2\begin{vmatrix} 3 & 1 \\ 3 & 5 \end{vmatrix} - \begin{vmatrix} -4 & 1 \\ 2 & 5 \end{vmatrix} + 2\begin{vmatrix} -4 & 3 \\ 2 & 3 \end{vmatrix}$
$=2\times12-(-22)+2\times(-18)=10.$

复习练习题

1. 指出下列表示是否正确? 为什么?
   (1) $\{0\}=\varnothing$;
   (2) $a\subset\{a,b,c\}$;
   (3) $\{a,b\}\in\{a,b,c\}$;
   (4) $\{a,b,\{a,b\}\}=\{a,b\}$;
   (5) $\varnothing\in\{\varnothing\}$;
   (6) $\varnothing\subset\{\varnothing\}$.

2. 下列各组函数相等吗？为什么？

(1) $f(x)=\lg x^2, g(x)=2\lg x$；

(2) $f(x)=x, g(x)=(\sqrt{x})^2$；

(3) $f(x)=\sqrt{x^2}, g(x)=|x|$；

(4) $y=x^2+1, u=t^2+1$；

(5) $f(x)=\sqrt[3]{x^4-x^3}, g(x)=x\sqrt[3]{x-1}$；

(6) $f(x)=x, g(x)=\dfrac{x^2}{x}$.

3. 求下列函数的定义域：

(1) $y=\dfrac{1}{1-x^2}+\sqrt{x+2}$；

(2) $y=\dfrac{1}{x}-\sqrt{1-x^2}$；

(3) $y=\dfrac{1}{\sqrt{4-x^2}}$；

(4) $y=\dfrac{2x}{x^2-3x+2}$；

(5) $y=\sqrt{3-x}+\arctan\dfrac{1}{x}$；

(6) $y=e^{\frac{1}{x}}$.

4. 设 $\varphi(x)=\begin{cases}|\sin x|, & |x|<\dfrac{\pi}{3}, \\ 0, & |x|\geqslant\dfrac{\pi}{3}.\end{cases}$ 求 $\varphi\left(\dfrac{\pi}{6}\right), \varphi\left(\dfrac{\pi}{4}\right), \varphi\left(-\dfrac{\pi}{4}\right), \varphi(-2)$.

5. 设 $f(t)=2t^2+\dfrac{2}{t^2}+\dfrac{5}{t}+5t$，证明 $f(t)=f\left(\dfrac{1}{t}\right)$.

6. 已知 $f(x+3)=2x^2+12x+17$，求 $f(x)$.

7. 设 $f(x)=\dfrac{1}{1+x}$，求 $f[f(x)], f\{f[f(x)]\}$.

8. 证明：定义在对称区间 $(-l, l)(l>0)$ 上的任意函数可表示为一个奇函数与一个偶函数的和.

9. 求下列函数的反函数：

(1) $y=\sqrt[3]{x+1}$；

(2) $y=\dfrac{1-x}{1+x}$；

(3) $y=\dfrac{ax+b}{cx+d} \ (ad-bc\neq 0)$；

(4) $y=\begin{cases}x-1, & x\leqslant 0, \\ e^x, & x>0.\end{cases}$

10. 将下列函数 f 与 g 复合成复合函数，并求定义域：

(1) $y=f(u)=\ln u, \ u=g(x)=x^2-3$；

(2) $y=f(u)=\arcsin u, \ u=g(x)=e^x$.

11. 下列函数是由哪些基本初等函数复合而成？

(1) $y=\arcsin\dfrac{1}{\sqrt{1+x^2}}$；

(2) $y=\dfrac{1}{3}\ln^3(x^2-1)$.

12. 下列函数中哪些是初等函数？哪些不是？

(1) $y=2^{-x^2}$；

(2) $y=\sqrt{x}+\ln(\sin x)$；

(3) $y=[x]$；

(4) $y=\begin{cases}0, & x\geqslant 0, \\ 1, & x<0;\end{cases}$

(5) $y=|x|=\begin{cases}-x, & x>0, \\ x, & x\geqslant 0.\end{cases}$

13. 设 $f(x)$ 的定义域是 $[0,1]$，问：(1) $f(x^2)$；(2) $f(x+a)(a>0)$；(3) $f(x+a)-f(x-a)$ $(a>0)$ 的定义域各是什么？

14. 设 $f(x)=\begin{cases}1, & |x|<1,\\ 0, & |x|=1,\\ -1, & |x|>1,\end{cases} g(x)=\mathrm{e}^x.$ 求 $f[g(x)]$ 和 $g[f(x)]$.

15. 设函数 $f(x)$ 在数集 X 上有定义，试证：函数 $f(x)$ 在 X 上有界的充要条件是它在 X 上既有上界又有下界.

16. 如图 0.28，$f(x)$ 表示图中阴影部分面积，试写出 $y=f(x), x\in[0,2]$ 的表达式.

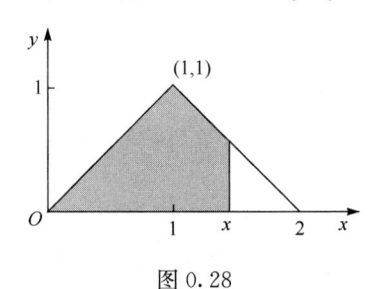

图 0.28

17. 利用行列式解下列方程组：

(1) $\begin{cases}5x-y=2,\\ 3x+2y=9;\end{cases}$
(2) $\begin{cases}3x+4y=2,\\ 2x+3y=7.\end{cases}$

18. 计算下列行列式：

(1) $\begin{vmatrix}2 & 0 & 1\\ 1 & -4 & -1\\ -1 & 8 & 4\end{vmatrix}$；
(2) $\begin{vmatrix}1 & 1 & 1\\ 1 & 1+a & 1\\ 1 & 1 & 1+b\end{vmatrix}$.

第 1 章　极限与连续函数

极限概念是深入研究函数变化性态的最基本的概念,而极限方法是数学中最重要的一种思想方法,这一方法贯穿高等数学的全过程. 本章将讨论极限和函数的连续性等概念以及它们的一些性质.

1.1　数列的极限

一、引例

在初等几何里,我们已经会计算矩形、三角形和梯形等简单几何图形面积,进而会计算任何多边形的面积,因为任一多边形可以由许多三角形组成. 特别地,对正多边形,我们有以下面积计算公式:

$$S = \frac{1}{2} lh,$$

其中 l 是多边形的周长,h 是边心矩,它是通过将正多边形分为多个以其中心为顶点、每一边为底边的等腰三角形而求得的.

那么如何来计算半径为 R 的圆的面积呢?这里我们假设圆的周长 $2\pi R$ 是已知的.

计算圆的面积的困难在于圆的边界是曲线,而不是直线,即困难在一个"曲"字. 这里我们面临着"曲"与"直"这一对矛盾,"在一定条件下直线和曲线应当是一回事"(恩格斯语). 为此,我们将圆周分成许多小段,如 n 个等长的小段,这样可以得到圆的内接正 n 多边形,这正 n 边形面积为

$$S_n = \frac{1}{2} l_n R_n,$$

其中 l_n,R_n 分别表示正 n 边形的周长和边心矩,显然当 n 很大时,S_n 就近似于圆的面积 S,且 n 越大,这种近似程度就越高.

但是,无论 n 有多大,S_n 只是圆面积的近似值,而不是圆的面积. 为了得到圆

的面积,我们让 n 无限地增大,记作 $n\to\infty$,显然当 $n\to\infty$ 时 S_n 将无限趋近于圆的面积 S,我们记作

$$\lim_{n\to\infty} S_n = S.$$

同样当 $n\to\infty$ 时,圆的内接正 n 边形周长 l_n 也就无限趋近于圆的周长 $l=2\pi R$,边心矩 R_n 就无限趋近于圆的半径 R,即

$$l = \lim_{n\to\infty} l_n, \quad R = \lim_{n\to\infty} R_n.$$

因此

$$S = \lim_{n\to\infty}\left(\frac{1}{2} l_n R_n\right) = \frac{1}{2} lR = \frac{1}{2} \cdot 2\pi R \cdot R = \pi R^2.$$

这就导出了圆面积的计算公式.

上述用圆内接正多边形面积来推算圆面积的方法,称为"割圆术",是我国古代数学家刘徽早在公元 3 世纪就提出来的,是极限思想在几何学上的应用.其基本思想是"分割"(解决"直"与"曲"这一对矛盾),求和(以直代曲求圆面积近似值),取极限(求圆的面积).

在上述例子中,目的是要去求某一个量.这里首先求的不是这个量本身,而是它的近似值;不止是一个近似值,而是用一连串越来越精确的近似值来表示这个量,然后通过考察这一连串近似值的变化趋势,求得所求量的精确值.在解决实际问题中逐渐形成的这种方法就是所谓的极限方法,它已成为数学研究的一种基本方法,因此有必要作进一步的阐述.

二、数列极限的概念

先说明数列的概念.如果按照某一法则,对应着任何一个正整数 n 有一个确定的实数 x_n,这些实数 x_n 按照下标 n 的大小排列得到的一列有次序的数

数列的极限

$$x_1, x_2, x_3, \cdots, x_n, \cdots$$

就叫做**数列**.

数列中的每一个数叫做**数列的项**,第 n 项 x_n 叫做数列的**一般项**或**通项**. 例如

$$\frac{1}{2}, \frac{2}{3}, \frac{3}{4}, \cdots, \frac{n}{n+1}, \cdots;$$

$$2, 4, 8, \cdots, 2^n, \cdots;$$

$$\frac{1}{2}, \frac{1}{4}, \frac{1}{8}, \cdots, \frac{1}{2^n}, \cdots;$$

$$1, -1, 1, \cdots, (-1)^{n+1}, \cdots;$$

$$2, \frac{1}{2}, \frac{4}{3}, \cdots, \frac{n+(-1)^{n-1}}{n}, \cdots.$$

都是数列的例子,它们的一般项依次为

$$\frac{n}{n+1}, 2^n, \frac{1}{2^n}, (-1)^{n+1}, \frac{n+(-1)^{n-1}}{n}.$$

数列
$$x_1, x_2, x_3, \cdots, x_n, \cdots$$

也简记为数列 $\{x_n\}$.

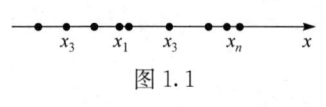

图 1.1

在几何上,数列 $\{x_n\}$ 可看作数轴上的一个动点,它依次取数轴上的点 $x_1, x_2, x_3, \cdots, x_n, \cdots$(图 1.1).

从函数角度看,数列 $\{x_n\}$ 可看作自变量为正整数 n 的函数

$$x_n = f(n), n \in \mathbf{N}.$$

当自变量 n 依次取 $1, 2, 3, \cdots$ 一切正整数时,对应的函数值就排成数列 $\{x_n\}$.

对于一个数列 $\{x_n\}$,我们感兴趣的问题是:当 n 无限增大时(记作 $n \to \infty$ 时),对应的 x_n 是否能无限接近于某个确定的数值?如果能够的话,这个数值等于多少?

定义 1 设数列 $\{x_n\}: x_1, x_2, \cdots, x_n, \cdots$,如果当 n 无限增大时,x_n 无限接近于某一个确定的常数 a,则称数列 $\{x_n\}$ 当 $n \to \infty$ 时以 a 为**极限**,记为

$$\lim_{n \to \infty} x_n = a \quad 或 \quad x_n \to a (n \to \infty).$$

这时也称数列 $\{x_n\}$ **收敛**于 a;否则就称数列 $\{x_n\}$ 当 $n \to \infty$ 时极限不存在,或称数列 $\{x_n\}$ 是**发散**的.

定义 1 称为数列极限的描述性定义,其求极限的方法称为**观察法**.

例 1 利用观察法容易得到

(1) $\lim\limits_{n \to \infty} \dfrac{1}{n} = 0$; (2) $\lim\limits_{n \to \infty} \dfrac{(-1)^n}{n} = 0$;

(3) 对数列:$0.3, 0.33, \cdots, 0.\underbrace{33\cdots3}_{n}$,当 $n \to \infty$ 时其极限为 $\dfrac{1}{3}$;

(4) $\lim\limits_{n \to \infty} \dfrac{n + (-1)^n}{n} = 1.$

例 2 并不是任何数列都存在极限,对数列 $\ln 1, \ln 2, \cdots, \ln n, \cdots$,当 n 无限增大时,$\ln n$ 无限增大,不可能趋近于一个确定的数,因此 $\lim\limits_{n \to \infty} \ln n$ 不存在,即数列 $\{\ln n\}$ 发散.

显然,用"无限增大"和"无限接近"来描述极限概念是不够严谨的,这是一种直观描述,而凭直观判定数列极限有时是很困难的,如数列 $\{x_n\} = \left\{\left(1 + \dfrac{1}{n}\right)^n\right\}$,凭直观是很难判定其有无极限的. 为深入研究极限理论,有必要给极限概念一个精确的定义.

如例1(4)中的数列,当n无限增大时,数列$\{x_n\}=\left\{\dfrac{n+(-1)^n}{n}\right\}$无限接近于1,也就是说,随着$n$的不断增大,数列各项与1之差的绝对值$\dfrac{1}{n}$就可以任意小.表1.1给出了$n$无限增大时,$|x_n-1|=\dfrac{1}{n}$的变化情况:

表 1.1

n	⋯	1	10	10^2	10^3	10^4	⋯	10^n	⋯
$\|x_n-1\|$	⋯	1	0.1	0.01	0.001	0.0001	⋯	10^{-n}	⋯

由表1.1可以看出,只要n足够大,就能使$|x_n-1|$小于预先给定的无论多么小的正数ε;反之,对任意给定的无论多么小的正数ε,只要取n足够大,就有$|x_n-1|<\varepsilon$. 例如给定$\varepsilon=\dfrac{1}{100}$,则由$|x_n-1|=\dfrac{1}{n}<\dfrac{1}{100}$得$n>100$,即数列$\{x_n\}=\left\{\dfrac{n+(-1)^n}{n}\right\}$从第101项开始的一切项:$x_{101},x_{102},\cdots,x_n,\cdots$都使不等式$|x_n-1|<\dfrac{1}{100}$成立. 如果给定$\varepsilon=\dfrac{1}{10000}$,则由$|x_n-1|=\dfrac{1}{n}<\dfrac{1}{10000}$得$n>10000$,即数列$\{x_n\}$从10001项开始的一切项:$x_{10001},x_{10002},\cdots,x_n,\cdots$都使不等式$|x_n-1|<\dfrac{1}{10000}$成立. 因此对于预先给定的无论多么小的正数$\varepsilon(0<\varepsilon\leqslant 1)$,总存在正整数$N=\left[\dfrac{1}{\varepsilon}\right]$,使得对于$n>N$的一切$x_n$,不等式$|x_n-1|=\dfrac{1}{n}<\varepsilon$都成立. 这就精确地表达了数列$\{x_n\}=\left\{\dfrac{n+(-1)^n}{n}\right\}$当$n$无限增大时,$x_n$无限趋近于1的性态. 由此我们可以得到数列极限的下列定义.

定义 2 如果数列$\{x_n\}$与常数a有下列关系:对于任意给定的正数ε(不论它多么小),总存在正整数N,使得对于$n>N$的一切x_n,不等式
$$|x_n-a|<\varepsilon$$
都成立,则称常数a是数列$\{x_n\}$当$n\to\infty$时的极限,或者称数列$\{x_n\}$收敛于a,记为
$$\lim_{n\to\infty}x_n=a \quad \text{或} \quad x_n\to a \quad (n\to\infty).$$
如果数列没有极限,就说数列是发散的,习惯上也称$\lim\limits_{n\to\infty}x_n$不存在.

在定义2中,我们要注意以下问题:

(1) 正数 ε 是任意预先给定的. 只有这样, 不等式 $|x_n-a|<\varepsilon$ 才能刻画 x_n 无限趋近于 a. 而正整数 N 与 ε 有关, 用 $n>N$ 刻画 n 足够大, 它是保证 $|x_n-a|<\varepsilon$ 成立的条件. 一般来说, 对应于一个给定的 $\varepsilon>0$, N 不是唯一的. 上述定义常称为数列极限的"ε-N"定义.

(2) 用"ε-N"定义证明极限, 重要的是对于预先给定的无论多么小的正数 ε, 要能够指出这样的正整数 N 确实存在, 因此为求得 N, 往往是从 $|x_n-a|<\varepsilon$ 入手求解关于 n 的不等式, 最终确定 N. 而要解出 n, 有时往往要对 $|x_n-a|$ 适当放大. 即将 $|x_n-a|$ 适当放大后再令其小于 ε, 使得能方便地解出 n 大于关于 ε 的表达式(记作 $N(\varepsilon)$), 取正整数 $N>N(\varepsilon)$ 即可.

(3) 数列 $\{x_n\}$ 的极限为 a 的几何意义: 将 a 与 $x_1, x_2, \cdots, x_n, \cdots$ 表示在数轴上, 由于 $|x_n-a|<\varepsilon$ 与 $a-\varepsilon<x_n<a+\varepsilon$ 等价, 所以当 $n>N$ 时, 所有点 x_n 都落在开区间 $(a-\varepsilon, a+\varepsilon)$ 内, 而只有有限个(最多有 N 个)落在这区间以外(图 1.2).

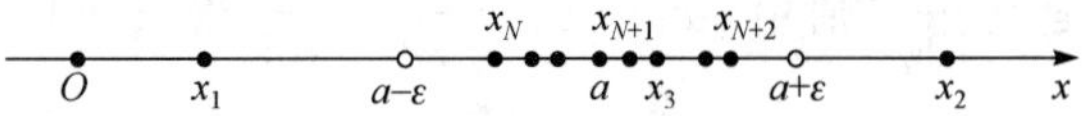

图 1.2

例 3 证明 $\lim\limits_{n\to\infty}\dfrac{n+(-1)^n}{n}=1$.

证 $|x_n-a|=\left|\dfrac{n+(-1)^n}{n}-1\right|=\dfrac{1}{n}$.

$\forall \varepsilon>0$, 要使 $\left|\dfrac{n+(-1)^n}{n}-1\right|<\varepsilon$, 只要 $\dfrac{1}{n}<\varepsilon$, 即 $n>\dfrac{1}{\varepsilon}$. 取正整数 $N=\left[\dfrac{1}{\varepsilon}\right]$, 则当 $n>N$ 时, 有

$$\left|\dfrac{n+(-1)^n}{n}-1\right|<\varepsilon,$$

因此,

$$\lim_{n\to\infty}\dfrac{n+(-1)^n}{n}=1.$$

例 4 证明 $\lim\limits_{n\to\infty}\dfrac{2n-1}{5n+2}=\dfrac{2}{5}$.

证 $\left|\dfrac{2n-1}{5n+2}-\dfrac{2}{5}\right|=\dfrac{9}{25n+10}<\dfrac{9}{25n}$.

$\forall \varepsilon>0$, 要使 $\left|\dfrac{2n-1}{5n+2}-\dfrac{2}{5}\right|<\varepsilon$, 只要 $\dfrac{9}{25n}<\varepsilon$. 从而有 $n>\dfrac{9}{25\varepsilon}$, 取正整数 $N=\left[\dfrac{9}{25\varepsilon}\right]$, 则当 $n>N$ 时, 有

$$\left|\frac{2n-1}{5n+2}-\frac{2}{5}\right|<\varepsilon.$$

因此,
$$\lim_{n\to\infty}\frac{2n-1}{5n+2}=\frac{2}{5}.$$

例 5 设 $|q|<1$,证明等比数列:
$$1,q,q^2,\cdots,q^{n-1},\cdots$$
的极限是 0.

证 $|x_n-a|=|q^{n-1}-0|=|q|^{n-1}.$

对 $\forall\varepsilon>0$(设 $\varepsilon<1$),要使 $|q^{n-1}-0|<\varepsilon$,只要 $|q^{n-1}|<\varepsilon$,取自然对数,得 $(n-1)\ln|q|<\ln\varepsilon$,因 $|q|<1$,故有
$$n>1+\frac{\ln\varepsilon}{\ln|q|},$$
取正整数 $N=\left[1+\dfrac{\ln\varepsilon}{\ln|q|}\right]>0$,则当 $n>N$ 时,就有
$$|q^{n-1}-1|<\varepsilon,$$
因此,当 $|q|<1$ 时有
$$\lim_{n\to\infty}q^{n-1}=0.$$

三、收敛数列的性质

下面定理都是关于收敛数列的性质.

定理 1(唯一性) 若数列 $\{x_n\}$ 收敛,则它的极限唯一.

证 设 $\lim\limits_{n\to\infty}x_n=a$,$\lim\limits_{n\to\infty}x_n=b$,$\forall\varepsilon>0$,∃正整数 N,当 $n>N$ 时,有
$$|x_n-a|<\frac{\varepsilon}{2},|x_n-b|<\frac{\varepsilon}{2}.$$
因此,
$$|a-b|=|a-x_n+x_n-b|\leqslant|x_n-a|+|x_n-b|<\frac{\varepsilon}{2}+\frac{\varepsilon}{2}=\varepsilon.$$
由 ε 的任意性知 $|a-b|=0$,即 $a=b$.

例 6 证明数列 $\{x_n\}=\{(-1)^{n+1}\}$ 是发散的.

证 反设这数列收敛,根据定理 1 它有唯一的极限,设为 a,即 $\lim\limits_{n\to\infty}x_n=a$. 因此

根据数列极限的定义,对于 $\varepsilon=\dfrac{1}{2}$,存在正整数 N,当 $n>N$ 时,有 $|x_n-a|<\dfrac{1}{2}$,即当 $n>N$ 时,x_n 都在开区间 $\left(a-\dfrac{1}{2},a+\dfrac{1}{2}\right)$ 内. 但这是不可能的,因为在 $n\to\infty$ 的过程中,x_n 都在重复取 1 和 -1 这两个数,而这两个数不可能同时在长度为 1 的开区间 $\left(a-\dfrac{1}{2},a+\dfrac{1}{2}\right)$ 内,故该数列是发散的.

定理 2(有界性) 若数列 $\{x_n\}$ 收敛,则数列 $\{x_n\}$ 必有界.

证 设 $\lim\limits_{n\to\infty}x_n=a$,则对 $\varepsilon=1>0$,$\exists$ 正整数 N,当 $n>N$ 时,有
$$|x_n-a|<1.$$
从而当 $n>N$ 时,有
$$|x_n|=|a+x_n-a|\leqslant|a|+|x_n-a|<|a|+1.$$
取 $M=\max\{|a|+1,|x_1|,\cdots,|x_N|\}$,则 $\forall n$,有 $|x_n|\leqslant M$,即数列 $\{x_n\}$ 有界.

根据定理 2,如果数列 $\{x_n\}$ 无界,则数列 $\{x_n\}$ 必发散,例如 $\{\ln n\}$,$\left\{n\sin\dfrac{n\pi}{2}\right\}$ 都发散. 但是数列 $\{x_n\}$ 有界,却不一定收敛,如 $\{(-1)^{n+1}\}$ 有界. 但例 6 证明了这数列是发散的. 因此有界性只是数列收敛的必要条件但不是充分条件.

定理 3(保号性) 设 $\lim\limits_{n\to\infty}x_n=a>0$(或 <0),则 $\exists$ 正整数 N,当 $n>N$ 时,$x_n>0$(或 <0).

证 设 $\lim\limits_{n\to\infty}x_n=a>0$,取 $\varepsilon=\dfrac{a}{2}>0$,则 $\exists$ 正整数 N,当 $n>N$ 时
$$|x_n-a|<\dfrac{a}{2},\text{从而有 } x_n-a>-\dfrac{a}{2},\text{即 } x_n>\dfrac{a}{2}>0.$$
类似可证 $a<0$ 的情况.

推论 如果数列 $\{x_n\}$ 从某项起有 $x_n\geqslant 0$(或 $x_n\leqslant 0$),且 $\lim\limits_{n\to\infty}x_n=a$,则 $a\geqslant 0$(或 $a\leqslant 0$).

最后我们介绍一下子数列的概念. 设在数列 $\{x_n\}$ 中第一次抽取 x_{n_1},第二次在 x_{n_1} 后抽取 x_{n_2},第三次在 x_{n_2} 后抽取 x_{n_3},$\cdots\cdots$,如此无休止地抽取下去,得到一个数列
$$x_{n_1},x_{n_2},\cdots,x_{n_k},\cdots.$$
这个数列 $\{x_{n_k}\}$ 就称作数列 $\{x_n\}$ 的一个子数列,其中一般项 x_{n_k} 是子数列 $\{x_{n_k}\}$ 中的

第 k 项,而在原数列中却是第 n_k 项.显然 $n_k \geq k$.

定理 4 数列 $\{x_n\}$ 收敛于 a 的充分必要条件是数列 $\{x_n\}$ 的任一子数列 $\{x_{n_k}\}$ 都收敛于 a.

证略.

由定理 4 知,如果数列 $\{x_n\}$ 中有两个子数列收敛于两个不同极限,则数列 $\{x_n\}$ 一定是发散的,例如数列

$$\{x_n\} = \{(-1)^{n+1}\}$$

中奇数项构成的子数列 $\{x_{2k-1}\}$ 收敛于 1,偶数项构成的子数列 $\{x_{2k}\}$ 收敛于 -1,因此数列 $\{(-1)^{n+1}\}$ 是发散的. 此例同时也说明,发散的数列也可能有收敛的子数列.

习 题 1.1

(A)

1. 判断下列各题中,哪些数列收敛? 哪些数列发散? 对收敛的数列,利用观察法求其极限:

(1) $x_n = \dfrac{1}{2^n}$; (2) $x_n = 2 + \dfrac{1}{n^2}$; (3) $x_n = \dfrac{n-1}{n+1}$;

(4) $x_n = 0.\underbrace{99\cdots 9}_{n \uparrow}$; (5) $x_n = (-1)^n n$.

2. 用数列极限定义证明:

(1) $\lim\limits_{n\to\infty} \dfrac{1}{n^2} = 0$; (2) $\lim\limits_{n\to\infty} \dfrac{3n+1}{2n+1} = \dfrac{3}{2}$; (3) $\lim\limits_{n\to\infty} \dfrac{\cos 2n}{n+1} = 0$.

(B)

1. 若 $\lim\limits_{n\to\infty} u_n = a$,证明 $\lim\limits_{n\to\infty} |u_n| = |a|$,并举例说明反过来未必成立.
2. 设数列 $\{x_n\}$ 有界,又 $\lim\limits_{n\to\infty} y_n = 0$,证明: $\lim\limits_{n\to\infty} x_n y_n = 0$.
3. 证明 $\lim\limits_{n\to\infty} x_n = a$ 充要条件为 $\lim\limits_{k\to\infty} x_{2k-1} = \lim\limits_{k\to\infty} x_{2k} = a$.

1.2 函数的极限

本节将数列极限的概念推广到函数.

一、函数极限的概念

由于数列 $\{x_n\}$ 可以看作自变量取正整数的一种特殊的函数: $x_n = f(n)$,所以,

数列$\{x_n\}$的极限为a,就是当自变量n取正整数且无限增大(即$n\to\infty$)时,对应的函数值$x_n=f(n)$无限接近于某个确定的常数a. 然而,在实际问题中更多的是处理一般函数$f(x)$时,自变量在定义区间上"连续地"变化时,函数值$f(x)$的变化趋势,这就是函数极限的问题,与数列极限的区别在于自变量的变化状态. 根据自变量的变化状态,分两种情况讨论函数极限.

(1) 自变量x的绝对值$|x|$无限增大即趋于无穷大(记作$x\to\infty$)时,对应的函数值$f(x)$的变化情形;

(2) 自变量x任意地接近于有限值x_0(记作$x\to x_0$)时,对应的函数值$f(x)$的变化情形.

1. x趋于无穷大时的极限

我们知道,当$x\to\infty$时,$f(x)=\dfrac{1}{x}$越来越接近于零,如果函数$f(x)$当$|x|$无限增大时,$f(x)$取值和常数A要多接近就有多接近时,则称A是$f(x)$当$x\to\infty$时的极限,记作

$$\lim_{x\to\infty}f(x)=A.$$

类似于数列极限,它的精确定义是

定义 1 设函数$f(x)$当$|x|$大于某一正数时有定义. 如果存在常数A,对于任意给定的正数ε(无论它多么小),总存在着正数X,使得对于适合不等式$|x|>X$的一切x,对应的函数值$f(x)$都满足不等式$|f(x)-A|<\varepsilon$,那么常数A就叫做函数$f(x)$当$x\to\infty$时的极限,记作

$$\lim_{x\to\infty}f(x)=A \quad \text{或} \quad f(x)\to A(\text{当 }x\to\infty).$$

注意 $x\to\infty$既表示趋于$+\infty$,也表示趋于$-\infty$.

当$x\to+\infty$时,我们有如下的精确表述:

$$\lim_{x\to+\infty}f(x)=A \Leftrightarrow \forall\varepsilon>0, \exists X>0, \text{当 }x>X\text{ 时},\text{有 }|f(x)-A|<\varepsilon.$$

当$x\to-\infty$时,类似地有

$$\lim_{x\to-\infty}f(x)=A \Leftrightarrow \forall\varepsilon>0, \exists X>0, \text{当 }x<-X\text{ 时},\text{有 }|f(x)-A|<\varepsilon.$$

显然$\lim\limits_{x\to\infty}f(x)=A \Leftrightarrow \lim\limits_{x\to+\infty}f(x)=\lim\limits_{x\to-\infty}f(x)=A$(证明留给读者).

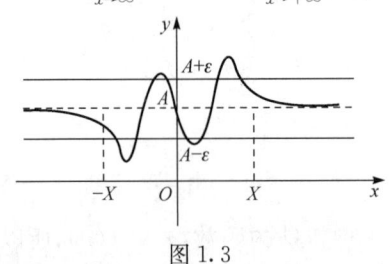

从几何上看,$\lim\limits_{x\to\infty}f(x)=A$的意义是:$\forall\varepsilon>0$,在$xOy$平面上作两条平行直线$y=A-\varepsilon$和$y=A+\varepsilon$,则总存在一个正数$X$,使得当$x<-X$或$x>X$时,函数$y=f(x)$的图像位于这两条平行直线之间(图1.3).

图 1.3

例1 证明 $\lim\limits_{x\to\infty}\dfrac{1}{x}=0$.

证 因 $x\neq 0$ 时，$\left|\dfrac{1}{x}-0\right|=\dfrac{1}{|x|}$，故 $\forall\varepsilon>0$，要使 $\left|\dfrac{1}{x}-0\right|<\varepsilon$，只要 $\dfrac{1}{|x|}<\varepsilon$. 即 $|x|>\dfrac{1}{\varepsilon}$，取 $X=\dfrac{1}{\varepsilon}>0$，则当 $|x|>X$ 时，有 $\left|\dfrac{1}{x}-0\right|<\varepsilon$，因此

$$\lim\limits_{x\to\infty}\dfrac{1}{x}=0.$$

例2 证明 $\lim\limits_{x\to+\infty}\dfrac{\sin x}{\sqrt{x}}=0$.

证 由于

$$\left|\dfrac{\sin x}{\sqrt{x}}-0\right|=\left|\dfrac{\sin x}{\sqrt{x}}\right|\leqslant\dfrac{1}{\sqrt{x}},$$

故 $\forall\varepsilon>0$，要使 $\left|\dfrac{\sin x}{\sqrt{x}}-0\right|<\varepsilon$，只要 $\dfrac{1}{\sqrt{x}}<\varepsilon$，即 $x>\dfrac{1}{\varepsilon^2}$. 因此，$\forall\varepsilon>0$，可取 $X=\dfrac{1}{\varepsilon^2}$，则当 $x>X$ 时，有 $\left|\dfrac{\sin x}{\sqrt{x}}-0\right|<\varepsilon$，故由定义得 $\lim\limits_{x\to+\infty}\dfrac{\sin x}{\sqrt{x}}=0$.

2. x 趋于有限值时的极限

在实际问题中有时我们还需要研究 x 趋于有限值 x_0 时函数的极限问题. 那么如何精确描述 x 趋于有限值 x_0 时函数的极限呢？与数列极限不同，这里关键是如何刻画"$x\to x_0$". 仿照用"$|f(x)-A|$小于任一正数"，来刻画"$f(x)\to A$"，我们可用"$|x-x_0|$小于任一正数"来刻画"$x\to x_0$". 于是有

函数的极限

> **定义2** 设函数 $f(x)$ 在 x_0 的某去心邻域内有定义，如果存在常数 A，对 $\forall\varepsilon>0$，$\exists\delta>0$，当 $0<|x-x_0|<\delta$ 时，对应的函数值 $f(x)$ 都满足不等式 $|f(x)-A|<\varepsilon$，则常数 A 称为函数 $f(x)$ 当 $x\to x_0$ 时的极限，记作
>
> $$\lim\limits_{x\to x_0}f(x)=A \quad \text{或} \quad f(x)\to A(x\to x_0).$$
>
> 否则，就称函数 $f(x)$ 当 $x\to x_0$ 时极限不存在.

定义2中之所以要限制 $x\neq x_0$，是因为我们关心的是函数 $f(x)$ 在点 x_0 附近的变化趋势，而不是研究 $f(x)$ 在 x_0 这一点的情况，故函数 $f(x)$ 当 $x\to x_0$ 时极限是否存在与 $f(x)$ 在点 x_0 处是否有定义无关. 此外，定义2中 δ 的作用与之前定义中的 N 和 X 的作用类似，都是描述自变量的变化过程. 一般地，ε 越小，δ 越小，但不唯一.

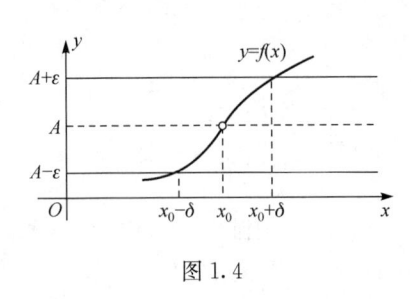

$\lim\limits_{x\to x_0}f(x)=A$ 的几何意义：$\forall\varepsilon>0$，在 xOy 平面上作两条平行直线 $y=A-\varepsilon$ 和 $y=A+\varepsilon$，则总存在 x_0 的一个去心邻域 $0<|x-x_0|<\delta$，在该邻域内函数 $y=f(x)$ 的图像位于这两条平行直线之间(图 1.4).

显然，对任意实数 x_0，有 $\lim\limits_{x\to x_0}C=C$，此处 C 为常数(请读者自证).

图 1.4

例 3 证明 $\lim\limits_{x\to x_0}x=x_0$.

证 这里 $|f(x)-A|=|x-x_0|$，因此 $\forall\varepsilon>0$，总可以取 $\delta=\varepsilon$，则当 $0<|x-x_0|<\delta$ 时，就有 $|f(x)-A|=|x-x_0|<\varepsilon$ 成立. 所以 $\lim\limits_{x\to x_0}x=x_0$.

例 4 证明 $\lim\limits_{x\to 2}\dfrac{x^2-4}{x-2}=4$.

证 由于

$$|f(x)-A|=\left|\dfrac{x^2-4}{x-2}-4\right|=|x-2|,$$

故 $\forall\varepsilon>0$，要使 $\left|\dfrac{x^2-4}{x-2}-4\right|<\varepsilon$，只要 $|x-2|<\varepsilon$. 取 $\delta=\varepsilon$，则当 $0<|x-2|<\delta$ 时，有 $\left|\dfrac{x^2-4}{x-2}-4\right|<\varepsilon$，因此 $\lim\limits_{x\to 2}\dfrac{x^2-4}{x-2}=4$.

例 5 证明 $\lim\limits_{x\to 1}\dfrac{x^3-1}{x-1}=3$.

证 由于 $\left|\dfrac{x^3-1}{x-1}-3\right|=|x^2+x-2|=|x-1||x+2|$.

这里 $|x-1|$ 是要保留的. 我们希望通过适当放大将 $|x+2|$ 消去. 如何放大呢? 由于 $x\to 1$，故我们可以先将 x 限制在 1 的某一去心领域内.

因 $x\to 1$，故不妨设 $0<|x-1|<1$，这时 $|x+2|=|x-1+3|\leqslant|x-1|+3<4$. 故当 $|x-1|<1$ 时，

$$\left|\dfrac{x^3-1}{x-1}-3\right|<4|x-1|.$$

$\forall\varepsilon>0$，要使 $\left|\dfrac{x^3-1}{x-1}-3\right|<\varepsilon$，只要 $4|x-1|<\varepsilon$，即 $|x-1|<\dfrac{\varepsilon}{4}$，取 $\delta=\min\left\{1,\dfrac{\varepsilon}{4}\right\}$，则当 $0<|x-1|<\delta$ 时，有 $\left|\dfrac{x^3-1}{x-1}-3\right|<\varepsilon$. 因此 $\lim\limits_{x\to 1}\dfrac{x^3-1}{x-1}=3$.

上述 $x\to x_0$ 时函数 $f(x)$ 的极限概念中，x 既可从点 x_0 的左侧也可从点 x_0 的

右侧趋于 x_0. 但有时只能或只需要考虑 x 仅从点 x_0 的左侧趋于 x_0(记作 $x \to x_0^-$)的情形,或 x 仅从点 x_0 的右侧趋于 x_0(记作 $x \to x_0^+$)的情形. 在 $x \to x_0^-$ 的情形,x 在点 x_0 的左侧,$x < x_0$. 在 $\lim\limits_{x \to x_0} f(x) = A$ 的定义中,可以把 $0 < |x - x_0| < \delta$ 改为 $x_0 - \delta < x < x_0$,那么 A 就叫做函数 $f(x)$ 当 $x \to x_0$ 时的**左极限**,记作

$$\lim_{x \to x_0^-} f(x) = A \quad 或 \quad f(x_0 - 0) = A.$$

类似地,在 $\lim\limits_{x \to x_0} f(x) = A$ 的定义中,把 $0 < |x - x_0| < \delta$ 改为 $x_0 < x < x_0 + \delta$,那么 A 就叫做函数 $f(x)$ 当 $x \to x_0$ 时的**右极限**,记作

$$\lim_{x \to x_0^+} f(x) = A \quad 或 \quad f(x_0 + 0) = A.$$

今后,$f(x_0 - 0)$ 也常简写为 $f(x_0^-)$,$f(x_0 + 0)$ 简写为 $f(x_0^+)$.

根据 $x \to x_0$ 时函数 $f(x)$ 的极限的定义,以及左极限和右极限的定义,容易证明:

定理 1 函数 $f(x)$ 当 $x \to x_0$ 时极限存在的充要条件是左极限和右极限都存在并且相等,即

$$f(x_0 - 0) = f(x_0 + 0).$$

由定理 1 可知,即使 $f(x_0 - 0)$ 和 $f(x_0 + 0)$ 都存在,但若不相等,则 $\lim\limits_{x \to x_0} f(x)$ 不存在.

例 6 设函数 $f(x) = \begin{cases} x - 1, & x < 0, \\ 0, & x = 0, \\ x + 1, & x > 0, \end{cases}$ 证明当 $x \to 0$ 时 $f(x)$ 的极限不存在.

证 通过观察图 1.5,当 $x \to 0$ 时,$f(x)$ 的左极限 $\lim\limits_{x \to 0^-} f(x) = \lim\limits_{x \to 0^-} (x - 1) = -1$,

而右极限 $\lim\limits_{x \to 0^+} f(x) = \lim\limits_{x \to 0^+} (x + 1) = 1$,

因为左极限和右极限存在但不相等,所以 $\lim\limits_{x \to 0} f(x)$ 不存在.

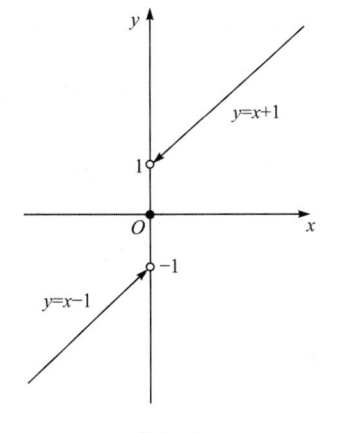

图 1.5

二、函数极限的性质

利用函数极限的的定义,可得下列性质:

定理 2（函数极限的唯一性） 若 $\lim\limits_{x \to x_0} f(x)$ 存在，则极限唯一。

定理 3（函数极限的局部保号性） 如果 $\lim\limits_{x \to x_0} f(x) = A$，而且 $A > 0$（或 $A < 0$），则存在着点 x_0 的某一去心邻域，当 x 在该邻域内时，就有 $f(x) > 0$（或 $f(x) < 0$）。

证 设 $A > 0$，取 $\varepsilon = \dfrac{A}{2} > 0$，由 $\lim\limits_{x \to x_0} f(x) = A$ 的定义，对于此给定的 $\varepsilon = \dfrac{A}{2}$，$\exists \delta > 0$，当 $x \in \mathring{U}(x_0, \delta)$ 时，有 $|f(x) - A| < \varepsilon = \dfrac{A}{2}$ 成立，从而有

$$f(x) > \dfrac{A}{2} > 0.$$

类似地可以证明 $A < 0$ 的情形。

推论 如果在 x_0 的某一去心邻域内有 $f(x) \geqslant 0$（或 $f(x) \leqslant 0$），且 $\lim\limits_{x \to x_0} f(x) = A$，则 $A \geqslant 0$（或 $A \leqslant 0$）。

用反证法即可证明。

由此可得

定理 4（函数极限的局部有界性） 若 $\lim\limits_{x \to x_0} f(x)$ 存在，则 $\exists M > 0$ 及 $\delta > 0$，使得 $\forall x \in \mathring{U}(x_0, \delta)$，都有 $|f(x)| \leqslant M$。

证 设 $\lim\limits_{x \to x_0} f(x) = A$，由极限定义，对于 $\varepsilon = 1$，$\exists \delta > 0$，当 $x \in \mathring{U}(x_0, \delta)$ 时，有 $|f(x) - A| < \varepsilon = 1$，从而

$$|f(x)| = |f(x) - A + A| \leqslant |f(x) - A| + |A| \leqslant 1 + |A|.$$

令 $M = 1 + |A|$，则 $|f(x)| \leqslant M$。

需要指出的是，对 $x \to x_0^{\pm}$ 或 $x \to \infty$（或 $\pm \infty$）亦有类似上述定理的结论。

此外，我们不加证明地给出函数极限与数列极限之间几个常用结果：

1° 若 $\lim\limits_{x \to x_0} f(x) = A$，则对任一数列 $\{x_n\}$：$\lim\limits_{n \to \infty} x_n = x_0$ 且 $x_n \neq x_0$，$n = 1, 2, \cdots$，有 $\lim\limits_{n \to \infty} f(x_n) = A$。

2° 若存在数列 $x_n \to x_0$（$n \to \infty$），但 $\lim\limits_{n \to \infty} f(x_n)$ 不存在，则 $\lim\limits_{x \to x_0} f(x)$ 不存在。

3° 若存在两个不同数列 $x_n \to x_0$，$y_n \to x_0$（$n \to \infty$），但 $\lim\limits_{n \to \infty} f(x_n) \neq \lim\limits_{n \to \infty} f(y_n)$，则 $\lim\limits_{x \to x_0} f(x)$ 不存在。

同样，对 $x \to \infty$（或 $\pm \infty$）亦有类似上述结论。

例 7 证明 $\lim\limits_{x \to +\infty} \cos x$ 不存在.

证 取 $x_n = 2n\pi, y_n = 2n\pi + \dfrac{\pi}{2}$,则当 $n \to \infty$ 时,有 $x_n \to +\infty, y_n \to +\infty$,但 $\lim\limits_{n \to \infty} \cos x_n = 1, \lim\limits_{n \to \infty} \cos y_n = 0$,所以 $\lim\limits_{x \to +\infty} \cos x$ 不存在.

三、无穷小与无穷大

定义 3 如果 $\lim\limits_{x \to x_0} f(x) = 0$(或 $\lim\limits_{x \to \infty} f(x) = 0$),则称 $f(x)$ 当 $x \to x_0$(或 $x \to \infty$)时为无穷小.

注意 不能把无穷小与很小很小的数混为一谈,无穷小是极限为零的变量,但数零是可以作为无穷小的唯一常数.

例如,由于 $\lim\limits_{n \to \infty} \dfrac{1}{n^2} = 0$,故 $n \to \infty$ 时,$\dfrac{1}{n^2}$ 为无穷小.

由于 $\lim\limits_{x \to \infty} \dfrac{1}{x^3} = 0$,故 $x \to \infty$ 时,$\dfrac{1}{x^3}$ 为无穷小.

由于 $\lim\limits_{x \to 1}(x-1) = 0$,故 $x \to 1$ 时,$(x-1)$ 为无穷小.

下面的定理给出了无穷小与函数极限之间关系.

定理 5 $\lim\limits_{x \to x_0} f(x) = A \Leftrightarrow f(x) = A + \alpha$,其中 $\lim\limits_{x \to x_0} \alpha = 0$.

对 $x \to \infty$(或 $\pm \infty$)亦有类似结果.

证 由 $\lim\limits_{x \to x_0} f(x) = A$,则 $\forall \varepsilon > 0, \exists \delta > 0$,使当 $0 < |x - x_0| < \delta$ 时,有
$$|f(x) - A| < \varepsilon,$$
令 $\alpha = f(x) - A$,则 α 是 $x \to x_0$ 时的无穷小,且 $f(x) = A + \alpha$.

反之,设 $f(x) = A + \alpha$,其中 A 是常数,α 是 $x \to x_0$ 时的无穷小.

于是 $\forall \varepsilon > 0, \exists \delta > 0$,使当 $0 < |x - x_0| < \delta$ 时,有
$$|\alpha| = |f(x) - A| < \varepsilon,$$
由极限定义有 $\lim\limits_{x \to x_0} f(x) = A$.

对 $x \to \infty$(或 $\pm \infty$)亦可类似证明.

定义 4 若当 $x \to x_0$(或 $x \to \infty$)时,$|f(x)|$ 无限增大,则称 $f(x)$ 是当 $x \to x_0$(或 $x \to \infty$)时的无穷大量,记作 $\lim\limits_{x \to x_0} f(x) = \infty$(或 $\lim\limits_{x \to \infty} f(x) = \infty$).

精确地说,设函数 $f(x)$ 在 x_0 的某去心邻域内有定义,若 $\forall M > 0, \exists \delta > 0$,当

$0 < |x - x_0| < \delta$ 时,都有 $|f(x)| > M$,则称 $f(x)$ 是当 $x \to x_0$ 时的无穷大量.

对 $x \to \infty$(或 $\pm\infty$)时无穷大的精确定义由读者自己给出.

在无穷大的定义中,若把 $|f(x)| > M$ 换成 $f(x) > M$(或 $f(x) < -M$),则记作
$$\lim_{\substack{x \to x_0}} f(x) = +\infty \ (\text{或} \lim_{\substack{x \to x_0}} f(x) = -\infty).$$

必须注意无穷大不是数,是一个变量. 不能把无穷大与很大很大的数混为一谈.

例 8 证明 $\lim\limits_{x \to 1} \dfrac{1}{x-1} = \infty$.

证 $\forall M > 0$,要使 $\left|\dfrac{1}{x-1}\right| > M$,只要 $|x-1| < \dfrac{1}{M}$. 故取 $\delta = \dfrac{1}{M}$,则当 $0 < |x-1| < \delta$ 时,有 $\left|\dfrac{1}{x-1}\right| > M$ 成立,所以 $\lim\limits_{x \to 1} \dfrac{1}{x-1} = \infty$.

最后我们给出无穷小和无穷大之间的关系.

定理 6 在自变量的同一变化过程中,如果 $f(x)$ 为无穷大,则 $\dfrac{1}{f(x)}$ 为无穷小;反之,如果 $f(x)$ 为无穷小,且 $f(x) \neq 0$,则 $\dfrac{1}{f(x)}$ 为无穷大.

证明留给读者.

习 题 1.2

(A)

1. 根据函数的极限定义证明:

   (1) $\lim\limits_{x \to 3}(3x-1) = 8$; (2) $\lim\limits_{x \to 2}(5x+2) = 12$; (3) $\lim\limits_{x \to \infty}\dfrac{1+x^3}{2x^3} = \dfrac{1}{2}$.

2. 求 $x \to 0$ 时,$f(x) = \dfrac{x}{x}$,$\varphi(x) = \dfrac{|x|}{x}$ 的左、右极限,并说明它们在 $x \to 0$ 时极限是否存在.

3. 已知 $f(x) = \begin{cases} x+1, & x < 0, \\ 1-x^2, & x \geq 0, \end{cases}$ 讨论 $\lim\limits_{x \to 0} f(x)$.

4. 两个无穷小的商是否为无穷小?举例说明.

5. 两个无穷大的商是否为无穷大?举例说明.

(B)

1. 根据函数的极限定义证明:

   (1) $\lim\limits_{x \to 2}\dfrac{x-2}{x^2-4} = \dfrac{1}{4}$; (2) $\lim\limits_{x \to +\infty}\sin\dfrac{1}{\sqrt{x}} = 0$.

2. 证明定理 1.
3. 证明定理 2.
4. 函数 $y=x\cos x$ 在 $(-\infty,+\infty)$ 内是否有界？又当 $x\to+\infty$ 时，这个函数是否为无穷大？为什么？
5. 证明：函数 $y=\dfrac{1}{x}\sin\dfrac{1}{x}$ 在区间 $(0,1]$ 上无界，但当 $x\to 0^+$ 时，这函数不是无穷大.

1.3 极限的运算法则

利用极限定义，只能确定出少数最基本的函数的极限. 为能求出更多的函数的极限还需要其他方法，本节先讨论极限的运算法则和复合函数的极限，以后还将介绍求极限的其他方法.

在下面定理的讨论中，为方便计，"lim"下面没有标明自变量的变化趋势. 实际上这些定理对（数列）$n\to\infty$，$x\to x_0(x_0^\pm)$ 及 $x\to\infty(\pm\infty)$ 都是成立的. 我们只选择部分定理且只在 $x\to x_0$ 的情形下给出证明，其余的有兴趣的读者可自行证明或参阅其他参考书.

定理 1 有限个无穷小的和也是无穷小.

定理 2 无穷小与有界函数的乘积仍为无穷小.

证 设 $\lim\limits_{x\to x_0}\alpha=0$，函数 u 在 x_0 的某去心邻域 $\mathring{U}(x_0,\delta_1)$ 内有界，即 $\exists M>0$，当 $x\in\mathring{U}(x_0,\delta_1)$ 时，都有 $|u|\leqslant M$ 成立. 又 $\lim\limits_{x\to x_0}\alpha=0$，故 $\forall\varepsilon>0$，$\exists\delta_2>0$，当 $x\in\mathring{U}(x_0,\delta_2)$ 时，有

$$|\alpha|<\frac{\varepsilon}{M}.$$

取 $\delta=\min\{\delta_1,\delta_2\}>0$，则当 $x\in\mathring{U}(x_0,\delta)$ 时，就有 $|\alpha u|\leqslant M|\alpha|<M\cdot\dfrac{\varepsilon}{M}=\varepsilon$ 成立，即 $\lim\limits_{x\to x_0}\alpha u=0$.

推论 1 常数与无穷小的乘积是无穷小.

推论 2 有限个无穷小的乘积也是无穷小.

定理 3（极限的四则运算法则）
设 $\lim f(x)=A$，$\lim g(x)=B$，则
(1) $\lim[f(x)\pm g(x)]=\lim f(x)\pm\lim g(x)=A\pm B$；

(2) $\lim[f(x) \cdot g(x)] = \lim f(x) \cdot \lim g(x) = AB$;

(3) $\lim \dfrac{f(x)}{g(x)} = \dfrac{\lim f(x)}{\lim g(x)} = \dfrac{A}{B} (B \neq 0)$.

(1)(2)可以推广至任意有限个函数的情况.

证 选证(2).

因 $\lim f(x) = A, \lim g(x) = B$,则由 1.2 节定理 6 有
$$f(x) = A + \alpha, \quad g(x) = B + \beta,$$
其中 α, β 为与函数极限相同变化趋势下的无穷小. 于是
$$f(x) \cdot g(x) = (A + \alpha) \cdot (B + \beta) = AB + (A\beta + B\alpha + \alpha\beta).$$
由定理 1、2 及推论,$(A\beta + B\alpha + \alpha\beta)$ 仍为无穷小,再由 1.2 节定理 6 得
$$\lim[f(x) \cdot g(x)] = AB = \lim f(x) \cdot \lim g(x).$$

由定理 3 立即可以得下列推论：

推论 3 $\lim[cf(x)] = c \lim f(x)$(其中 c 为常数),即常数因子可以从极限符号里提出来.

令 $g(x) = c$,则由定理 3(2) 可得结论.

推论 4 $\lim[f(x)]^n = [\lim f(x)]^n$ (n 为正整数).

推论 5（函数极限的局部保序性） 如果在 x_0 的某一去心邻域内 $f(x) \geqslant g(x)$（或 $f(x) \leqslant g(x)$）,而且 $\lim\limits_{x \to x_0} f(x) = A, \lim\limits_{x \to x_0} g(x) = B$,那么
$$A \geqslant B (\text{或 } A \leqslant B).$$

关于数列,也有类似的结论：

定理 4 设有数列 $\{x_n\}$ 和 $\{y_n\}$. 如果 $\lim\limits_{n \to \infty} x_n = A, \lim\limits_{n \to \infty} y_n = B$,那么

(1) $\lim\limits_{n \to \infty}(x_n \pm y_n) = A \pm B$;

(2) $\lim\limits_{n \to \infty}(x_n \cdot y_n) = AB$;

(3) 当 $y_n \neq 0 (n = 1, 2, \cdots)$ 时, $\lim\limits_{n \to \infty} \dfrac{x_n}{y_n} = \dfrac{A}{B}, (B \neq 0)$.

(4)（保序性）若存在正整数 N_0,当 $n > N_0$ 时恒有 $x_n \geqslant y_n$,则 $A \geqslant B$.

这里要注意的是,利用极限的四则运算法则求极限,所给函数(含数列)极限必须存在,否则就会出问题.

例 1 设 $f(x) = a_0 x^n + a_1 x^{n-1} + \cdots + a_{n-1} x + a_n (a_0 \neq 0)$,则由 $\lim\limits_{x \to x_0} x = x_0$ 和定理 3 及其推论得

$$\lim_{x\to x_0}f(x)=a_0x_0^n+a_1x_0^{n-1}+\cdots+a_{n-1}x_0+a_n=f(x_0).$$

例 2 设 $f(x)$ 同例 1，$g(x)=b_0x^m+b_1x^{m-1}+\cdots+b_{m-1}x+b_m (b_0\neq 0)$，且 $g(x_0)\neq 0$，则由例 1 和定理 3 得

$$\lim_{x\to x_0}\frac{f(x)}{g(x)}=\frac{f(x_0)}{g(x_0)}.$$

例 3 求 $\lim\limits_{x\to 1}\dfrac{x-1}{x^2-1}$.

解 当 $x\to 1$ 时，由于分子分母的极限都是 0，故不能直接用定理 3(3) 的结论进行计算. 这类极限称为 $\dfrac{0}{0}$ 型不定式. 之所以称为不定式，是因为这类极限是否存在，如果存在其值是什么，应根据具体题目而定. 注意到分母可因式分解：$x^2-1=(x-1)(x+1)$，通过因式分解消去分子分母中极限为 0 的因子 $x-1$（一般称为零因子，故此法也称为消去零因子法），再用定理 3 即可.

$$\lim_{x\to 1}\frac{x-1}{x^2-1}=\lim_{x\to 1}\frac{x-1}{(x-1)(x+1)}=\lim_{x\to 1}\frac{1}{x+1}=\frac{1}{2}.$$

例 4 求 $\lim\limits_{x\to 0}\dfrac{\sqrt{1+x}-1}{x}$.

解 这也是 $\dfrac{0}{0}$ 型不定式，由于含有根式，为消去零因子，一般采用有理化方式，即分子分母同乘以 $\sqrt{1+x}-1$ 的有理化因子 $\sqrt{1+x}+1$ 即可.

$$\lim_{x\to 0}\frac{\sqrt{1+x}-1}{x}=\lim_{x\to 0}\frac{(\sqrt{1+x})^2-1}{x(\sqrt{1+x}+1)}=\lim_{x\to 0}\frac{1}{\sqrt{1+x}+1}=\frac{1}{2}.$$

例 5 求 $\lim\limits_{x\to 2}\left(\dfrac{1}{x-2}-\dfrac{12}{x^3-8}\right)$.

解 当 $x\to 2$ 时括号中两项都趋于 ∞，因此不能用定理 3(1)，这类极限称为 $\infty-\infty$ 型不定式，对这类极限一般采用通分化为 $\dfrac{0}{0}$ 型不定式来求解.

$$\lim_{x\to 2}\left(\frac{1}{x-2}-\frac{12}{x^3-8}\right)=\lim_{x\to 2}\frac{x^2+2x-8}{x^3-8}=\lim_{x\to 2}\frac{(x-2)(x+4)}{(x-2)(x^2+2x+4)}=\lim_{x\to 2}\frac{x+4}{x^2+2x+4}=\frac{1}{2}.$$

例 6 求 $\lim\limits_{x\to\infty}\dfrac{2x^2+x-1}{3x^2+2x+3}$.

解 当 $x\to\infty$ 时分子分母都趋于 ∞，故不能用定理 3(3)，这类极限称为 $\dfrac{\infty}{\infty}$ 型不定式. 注意到分子分母多项式次数均为 2，故分子分母可以同除以 x^2，再用定理 3(3).

$$\lim_{x\to\infty}\frac{2x^2+x-1}{3x^2+2x+3}=\lim_{x\to\infty}\frac{2+\dfrac{1}{x}-\dfrac{1}{x^2}}{3+\dfrac{2}{x}+\dfrac{3}{x^2}}=\frac{2}{3}.$$

例 7　求 $\lim\limits_{x\to\infty}\dfrac{3x^2-2x-1}{2x^3-x^2+5}$.

解　这也是 $\dfrac{\infty}{\infty}$ 型,但分母次数为 3,分子为 2,故分子分母同除以 x^3,再用定理 3(3).

$$\lim_{x\to\infty}\frac{3x^2-2x-1}{2x^3-x^2+5}=\lim_{x\to\infty}\frac{\dfrac{3}{x}-\dfrac{2}{x^2}-\dfrac{1}{x^3}}{2-\dfrac{1}{x}+\dfrac{5}{x^3}}=\frac{0}{2}=0.$$

例 8　求 $\lim\limits_{x\to\infty}\dfrac{2x^3-x^2+5}{3x^2-2x-1}$.

解　由例 7 及无穷小与无穷大之间关系,则

$$\lim_{x\to\infty}\frac{2x^3-x^2+5}{3x^2-2x-1}=\infty.$$

将例 6～例 8 归纳为一般情况有

$$\lim_{x\to\infty}\frac{a_0x^n+a_1x^{n-1}+\cdots+a_n}{b_0x^m+b_1x^{m-1}+\cdots+b_m}(a_0\neq 0,b_0\neq 0)=\begin{cases}\dfrac{a_0}{b_0}, & n=m,\\ 0, & n<m,\\ \infty, & n>m.\end{cases}$$

例 9　求 $\lim\limits_{n\to\infty}\left(\dfrac{1}{n^2}+\dfrac{2}{n^2}+\cdots+\dfrac{n}{n^2}\right)$.

解　当 $n\to\infty$ 时,上式括号内变为无限多个无穷小之和,故不满足定理 1,也不能用定理 4 的(1),但可以先将其变形,即求和,再求极限.

$$\lim_{n\to\infty}\left(\frac{1}{n^2}+\frac{2}{n^2}+\cdots+\frac{n}{n^2}\right)=\lim_{n\to\infty}\frac{1+2+\cdots+n}{n^2}=\lim_{n\to\infty}\frac{\dfrac{1}{2}n(n+1)}{n^2}$$
$$=\lim_{n\to\infty}\frac{1}{2}\left(1+\frac{1}{n}\right)=\frac{1}{2}.$$

例 10　求 $\lim\limits_{n\to\infty}\dfrac{2^n-1}{4^n+1}$.

解　这是 $\dfrac{\infty}{\infty}$ 型不定式,分子分母同除以 4^n 再用定理 4(3).

$$\lim_{n\to\infty}\frac{2^n-1}{4^n+1}=\lim_{n\to\infty}\frac{\left(\frac{2}{4}\right)^n-\left(\frac{1}{4}\right)^n}{1+\left(\frac{1}{4}\right)^n}=\frac{0}{1}=0.$$

例 11 求 $\lim\limits_{n\to\infty}n(\sqrt{n^2+1}-\sqrt{n^2-1})$.

解 这是 $0\cdot\infty$ 型不定式,可用有理化方法化为分式的极限.

$$\lim_{n\to\infty}n(\sqrt{n^2+1}-\sqrt{n^2-1})=\lim_{n\to\infty}\frac{2n}{\sqrt{n^2+1}+\sqrt{n^2-1}}$$
$$=\lim_{n\to\infty}\frac{2}{\sqrt{1+\frac{1}{n^2}}+\sqrt{1-\frac{1}{n^2}}}=1.$$

例 12 求 $\lim\limits_{x\to\infty}\dfrac{\sin x}{x}$.

解 当 $x\to\infty$ 时分子分母极限均不存在,但 $\dfrac{\sin x}{x}=\dfrac{1}{x}\cdot\sin x$,而 $\lim\limits_{x\to\infty}\dfrac{1}{x}=0$, $|\sin x|\leqslant 1(\forall x\in\mathbf{R})$ 即 $\sin x$ 为有界函数,故由定理 2 得 $\lim\limits_{x\to\infty}\dfrac{\sin x}{x}=0$.

请注意, $\lim\limits_{x\to\infty}\dfrac{\sin x}{x}\neq\lim\limits_{x\to\infty}\dfrac{1}{x}\cdot\lim\limits_{x\to\infty}\sin x$,因为 $\lim\limits_{x\to\infty}\sin x$ 不存在.

由以上例子可以看出,有些函数或数列虽然不能直接应用极限运算法则求极限,但往往可以将其变形后就能应用极限运算法则了.

下面再介绍一个复合函数的极限运算法则.

定理 5 设 $\lim\limits_{x\to x_0}\varphi(x)=a$,但在 x_0 的某去心邻域 $\mathring{U}(x_0,\delta_0)$ 内 $\varphi(x)\neq a$,又 $\lim\limits_{u\to a}f(u)=A$,则复合函数 $f[\varphi(x)]$ 当 $x\to x_0$ 时极限存在,且

$$\lim_{x\to x_0}f[\varphi(x)]=\lim_{u\to a}f(u)=A.$$

证 由于 $\lim\limits_{u\to a}f(u)=A$, $\forall\varepsilon>0$, $\exists\eta>0$,当 $0<|u-a|<\eta$ 时,有 $|f(u)-A|<\varepsilon$. 又 $\lim\limits_{x\to x_0}\varphi(x)=a$,故对于上述得到的 $\eta>0$, $\exists\delta_1>0$,当 $0<|x-x_0|<\delta_1$ 时,有 $|\varphi(x)-a|=|u-a|<\eta$ 成立,由假设,取 $\delta=\min\{\delta_0,\delta_1\}>0$,则当 $0<|x-x_0|<\delta$ 时,有 $0<|\varphi(x)-a|=|u-a|<\eta$,从而

$$|f[\varphi(x)]-A|=|f(u)-A|<\varepsilon$$

成立. 即有

$$\lim_{x\to x_0}f[\varphi(x)]=\lim_{u\to a}f(u)=A.$$

定理 5 表示,如果函数 $f(u)$ 和 $\varphi(x)$ 满足定理的条件,则作代换 $u=\varphi(x)$ 就可把 $\lim\limits_{x \to x_0} f[\varphi(x)]$ 化为 $\lim\limits_{u \to a} f(u)$,这里 $a = \lim\limits_{x \to x_0} \varphi(x)$. 故定理 5 给出了一个用变量代换求极限的方法.

请注意,在定理 5 中,若将 $\lim\limits_{x \to x_0} \varphi(x) = a$ 换成 $\lim\limits_{x \to \infty} \varphi(x) = a$,或把 $\lim\limits_{x \to x_0} \varphi(x) = a$ 换成 $\lim\limits_{x \to x_0} \varphi(x) = \infty$ 或 $\lim\limits_{x \to \infty} \varphi(x) = \infty$,而相应地将 $\lim\limits_{u \to a} f(u) = A$ 换成 $\lim\limits_{u \to \infty} f(u) = A$,结论同样成立.

利用复合函数的极限运算法则,我们可以推出求幂指函数极限的定理,所谓幂指函数是指形如 $f(x)^{g(x)}$ 的函数.

定理 6 设 $\lim\limits_{x \to x_0} f(x) = A > 0$, $\lim\limits_{x \to x_0} g(x) = B$, 则 $\lim\limits_{x \to x_0} f(x)^{g(x)} = (\lim\limits_{x \to x_0} f(x))^{\lim\limits_{x \to x_0} g(x)} = A^B$.

证 令 $y = f(x)^{g(x)}$, 则 $\ln y = g(x) \ln f(x)$, 于是由定理 3(2) 和定理 5,并注意到 $\lim\limits_{x \to x_0} \ln x = \ln x_0$, 得

$$\lim_{x \to x_0} \ln y = \lim_{x \to x_0} [g(x) \ln f(x)] = B \ln A,$$

所以

$$\lim_{x \to x_0} f(x)^{g(x)} = A^B.$$

请注意,定理 6 对 $x \to \infty$ 或(数列)$n \to \infty$ 的情况亦成立.

习 题 1.3

(A)

1. 下列运算有无错误? 若有错,错在何处?

    (1) $\lim\limits_{n \to \infty} \dfrac{1 + 2 + \cdots + n}{n^2} = \lim\limits_{n \to \infty} \dfrac{1}{n^2} + \lim\limits_{n \to \infty} \dfrac{2}{n^2} + \cdots + \lim\limits_{n \to \infty} \dfrac{n}{n^2} = 0$;

    (2) $\lim\limits_{n \to \infty} \left(1 + \dfrac{1}{n}\right)^n = \left[\lim\limits_{n \to \infty} \left(1 + \dfrac{1}{n}\right)\right] \cdot \left[\lim\limits_{n \to \infty} \left(1 + \dfrac{1}{n}\right)\right] \cdots \left[\lim\limits_{n \to \infty} \left(1 + \dfrac{1}{n}\right)\right] = 1$;

    (3) $\lim\limits_{x \to \infty} \dfrac{\sin x}{x} = \dfrac{\lim\limits_{x \to \infty} \sin x}{\lim\limits_{x \to \infty} x} = 0$;

    (4) $\lim\limits_{x \to 0} x \sin \dfrac{1}{x} = \lim\limits_{x \to 0} x \cdot \lim\limits_{x \to 0} \sin \dfrac{1}{x} = 0$.

2. 求下列极限:

    (1) $\lim\limits_{x \to 2} \dfrac{x^2 + 5}{x - 3}$; (2) $\lim\limits_{x \to \sqrt{3}} \dfrac{x^2 - 3}{x^2 + 1}$;

    (3) $\lim\limits_{x \to 1} \dfrac{x^2 - 2x + 1}{x^2 - 1}$; (4) $\lim\limits_{h \to 0} \dfrac{(x+h)^2 - x^2}{h}$;

(5) $\lim\limits_{x\to\infty}\left(2-\dfrac{1}{x}+\dfrac{1}{x^2}\right)$;

(6) $\lim\limits_{x\to\infty}\dfrac{x^2-1}{2x^2-x-1}$;

(7) $\lim\limits_{x\to\infty}\dfrac{x^2+x}{x^4-3x^2+1}$;

(8) $\lim\limits_{x\to+\infty}\sqrt{x}(\sqrt{a+x}-\sqrt{x})$;

(9) $\lim\limits_{x\to 0}\dfrac{x}{\sqrt{2+x}-\sqrt{2-x}}$;

(10) $\lim\limits_{x\to 1}\left(\dfrac{2}{1-x^2}-\dfrac{3}{1-x^3}\right)$;

(11) $\lim\limits_{x\to 1}\left(\dfrac{1}{1-x}-\dfrac{3}{1-x^3}\right)$;

(12) $\lim\limits_{n\to\infty}\dfrac{(n+1)(n+2)(n+3)}{5n^3}$;

(13) $\lim\limits_{n\to\infty}\left(\dfrac{1+2+\cdots+n}{n+2}-\dfrac{n}{2}\right)$;

(14) $\lim\limits_{n\to\infty}\dfrac{3^n+(-2)^n}{3^{n+1}+(-2)^{n+1}}$;

(15) $\lim\limits_{n\to\infty}\sqrt{n}(\sqrt{n+4}-\sqrt{n})$.

3. 计算下列极限：

(1) $\lim\limits_{x\to 2}\dfrac{x^3+2x^2}{(x-2)^2}$;　　(2) $\lim\limits_{x\to\infty}\dfrac{x^2}{2x+1}$;　　(3) $\lim\limits_{x\to\infty}(2x^3-x+1)$.

(B)

1. 计算下列极限：

(1) $\lim\limits_{x\to 0}x^2\sin\dfrac{1}{x}$;　　(2) $\lim\limits_{x\to\infty}\dfrac{\arctan x}{x}$.

2. 下列陈述中，哪些是对的，哪些是错的？如果是对的，说明理由；如果是错的，试给出一个反例．

(1) 如果 $\lim\limits_{x\to x_0}f(x)$ 存在，但 $\lim\limits_{x\to x_0}g(x)$ 不存在，则 $\lim\limits_{x\to x_0}[f(x)\pm g(x)]$ 不存在；

(2) 如果 $\lim\limits_{x\to x_0}f(x)$ 和 $\lim\limits_{x\to x_0}g(x)$ 都不存在，则 $\lim\limits_{x\to x_0}[f(x)\pm g(x)]$ 不存在；

(3) 如果 $\lim\limits_{x\to x_0}f(x)$ 存在，但 $\lim\limits_{x\to x_0}g(x)$ 不存在，则 $\lim\limits_{x\to x_0}[f(x)\cdot g(x)]$ 不存在．

3. 已知 $\lim\limits_{x\to\infty}\left(\dfrac{x^2+1}{x+1}-ax-b\right)=0$，试求常数 a,b.

1.4　极限存在准则　两个重要极限

下面给出判定极限存在的两个准则，然后通过它们研究两个重要极限．

准则 I　如果数列 $\{x_n\}\{y_n\}$ 及 $\{z_n\}$ 满足：

(1) 从某项起，即 $\exists$ 正整数 N_0，当 $n>N_0$ 时，有 $y_n\leqslant x_n\leqslant z_n$，

(2) $\lim\limits_{n\to\infty}y_n=a$，$\lim\limits_{n\to\infty}z_n=a$，

则 $\lim\limits_{n\to\infty}x_n=a$.

证　因 $\lim\limits_{n\to\infty}y_n=a$，$\lim\limits_{n\to\infty}z_n=a$，由数列极限定义，$\forall\varepsilon>0$，$\exists$ 正整数 N_1，当 $n>N_1$ 时，有 $|y_n-a|<\varepsilon$；$\exists$ 正整数 N_2，当 $n>N_2$ 时，有 $|z_n-a|<\varepsilon$．现取 $N=\max\{N_0,$

$N_1, N_2\}$,当 $n>N$ 时,有
$$|y_n-a|<\varepsilon \text{ 与 } |z_n-a|<\varepsilon \text{ 同时成立},$$
即
$$a-\varepsilon<y_n<a+\varepsilon \text{ 与 } a-\varepsilon<z_n<a+\varepsilon \text{ 同时成立},$$
从而由条件(1)有
$$a-\varepsilon<y_n\leqslant x_n\leqslant z_n<a+\varepsilon, \text{即} |x_n-a|<\varepsilon.$$
因此
$$\lim_{n\to\infty}x_n=a.$$
上述数列极限存在准则可以推广到函数的情况.

准则 I' 如果

(1) 当 $x\in \overset{\circ}{U}(x_0,\delta)$(或 $|x|>M$)时,有 $g(x)\leqslant f(x)\leqslant h(x)$,

(2) $\lim\limits_{\substack{x\to x_0 \\ (x\to\infty)}} g(x)=A$, $\lim\limits_{\substack{x\to x_0 \\ (x\to\infty)}} h(x)=A$,

则 $\lim\limits_{\substack{x\to x_0 \\ (x\to\infty)}} f(x)=A$.

准则 I 及 I' 统称为**夹逼准则**.

例1 求极限 $\lim\limits_{n\to\infty}\left\{\dfrac{1}{\sqrt{n^2+1}}+\dfrac{1}{\sqrt{n^2+2}}+\cdots+\dfrac{1}{\sqrt{n^2+n}}\right\}$.

解 这里不能用和的极限公式,因为当 $n\to\infty$ 时变为无限项求和了,可用准则 I 来求. 由于

$$\frac{n}{\sqrt{n^2+n}}\leqslant\frac{1}{\sqrt{n^2+1}}+\frac{1}{\sqrt{n^2+2}}+\cdots+\frac{1}{\sqrt{n^2+n}}\leqslant\frac{n}{\sqrt{n^2+1}},$$

又

$$\lim_{n\to\infty}\frac{n}{\sqrt{n^2+n}}=\lim_{n\to\infty}\frac{1}{\sqrt{1+\dfrac{1}{n}}}=1, \quad \lim_{n\to\infty}\frac{n}{\sqrt{n^2+1}}=\lim_{n\to\infty}\frac{1}{\sqrt{1+\dfrac{1}{n^2}}}=1,$$

所以由准则 I 得

$$\lim_{n\to\infty}\left\{\frac{1}{\sqrt{n^2+1}}+\frac{1}{\sqrt{n^2+2}}+\cdots+\frac{1}{\sqrt{n^2+n}}\right\}=1.$$

利用准则 I 及 I' 的关键在于将 x_n(或 $f(x)$)放大及缩小,而放大及缩小后的数列{或函数}的极限必须存在且相等. 注意到

$$\lim_{n\to\infty}x_n=a(\text{或}\lim_{x\to x_0}f(x)=A)\Leftrightarrow \lim_{n\to\infty}(x_n-a)=0(\text{或}\lim_{x\to x_0}(f(x)-A)=0)$$
$$\Leftrightarrow \lim_{n\to\infty}|x_n-a|=0(\text{或}\lim_{x\to x_0}|f(x)-A|=0),$$

这样求 $\lim\limits_{n\to\infty}x_n=a$(或 $\lim\limits_{x\to\infty}f(x)=A$)就转化为求 $\lim\limits_{n\to\infty}|x_n-a|=0$(或 $\lim\limits_{x\to x_0}|f(x)-$

$A|=0$),而此时用夹逼准则,只需将$|x_n-a|$(或$|f(x)-A|$)适当放大,且放大后数列(或函数)极限为零即可. 如果 $x_n-a>0$(或$f(x)-A>0$)那就不需要加绝对值了. 这是求极限常用的方法之一.

例 2 证明 $\lim\limits_{n\to\infty}\sqrt[n]{a}=1(a>0)$.

证 当 $a=1$ 时结论显然成立,假设 $a>1$.

令 $\sqrt[n]{a}=1+x_n$,则 $x_n>0$,由于

$$a=(1+x_n)^n=1+nx_n+\frac{n(n-1)}{2}x_n^2+\cdots+x_n^n>1+nx_n,$$

所以

$$0<x_n<\frac{a-1}{n},$$

而 $\lim\limits_{n\to\infty}\dfrac{a-1}{n}=0$,因此 $\lim\limits_{n\to\infty}x_n=0$,即 $\lim\limits_{n\to\infty}\sqrt[n]{a}=1$.

当 $0<a<1$ 时,$\dfrac{1}{a}>1$,所以此时

$$\lim_{n\to\infty}\sqrt[n]{a}=\lim_{n\to\infty}\frac{1}{\sqrt[n]{\dfrac{1}{a}}}=1.$$

类似可以证明 $\lim\limits_{n\to\infty}\sqrt[n]{n}=1$(留给读者思考).

作为准则 I' 的应用,下面证明第一个重要极限 $\lim\limits_{x\to 0}\dfrac{\sin x}{x}=1$.

设 $0<x<\dfrac{\pi}{2}$,作单位圆如图 1.6. 由图易见

$$\triangle AOB \text{ 面积}<\text{扇形 }AOB\text{ 面积}<\triangle AOD\text{ 面积},$$

因而有

$$\frac{1}{2}\sin x<\frac{1}{2}x<\frac{1}{2}\tan x,\text{ 即 }\sin x<x<\tan x.$$

因 $\sin x>0$,故上式两边同除以 $\sin x$ 得

$$1<\frac{x}{\sin x}<\frac{1}{\cos x},$$

即

$$\cos x<\frac{\sin x}{x}<1.$$

从而有

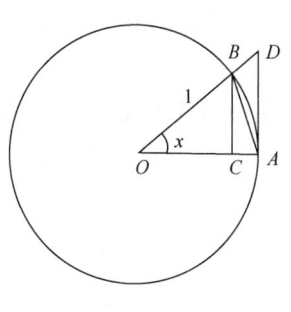

图 1.6

$$0<1-\frac{\sin x}{x}<1-\cos x=2\sin^2\frac{x}{2}<2\cdot\left(\frac{x}{2}\right)^2=\frac{x^2}{2}.$$

由于 $\frac{\sin x}{x}$ 与 x^2 都是偶函数，故当 $-\frac{\pi}{2}<x<0$ 时，不等式

$$0<1-\frac{\sin x}{x}<\frac{x^2}{2}$$

也成立. 因此当 $0<|x|<\frac{\pi}{2}$ 时，上述不等式成立. 由夹逼准则 I′ 得 $\lim\limits_{x\to 0}\left(1-\frac{\sin x}{x}\right)=0$，即

$$\lim_{x\to 0}\frac{\sin x}{x}=1.$$

我们称 $\lim\limits_{x\to 0}\frac{\sin x}{x}=1$ 为第一个重要极限. 在涉及三角函数（或反三角函数）的 $\frac{0}{0}$ 型极限中常用此极限. 下面我们举几个例子.

例 3 求 $\lim\limits_{x\to 0}\frac{\tan x}{x}$.

解 $\lim\limits_{x\to 0}\frac{\tan x}{x}=\lim\limits_{x\to 0}\left(\frac{\sin x}{x}\cdot\frac{1}{\cos x}\right)=\lim\limits_{x\to 0}\frac{\sin x}{x}\cdot\lim\limits_{x\to 0}\frac{1}{\cos x}=1.$

例 4 求 $\lim\limits_{x\to 0}\frac{1-\cos x}{x^2}$.

解 由倍角公式和复合函数极限运算法则，有

$$\lim_{x\to 0}\frac{1-\cos x}{x^2}=\lim_{x\to 0}\frac{2\sin^2\frac{x}{2}}{x^2}=\frac{1}{2}\lim_{x\to 0}\left(\frac{\sin\frac{x}{2}}{\frac{x}{2}}\right)^2=\frac{1}{2}.$$

注意 $\lim\limits_{x\to 0}\frac{\sin\frac{x}{2}}{x}\neq 1$，而应为 $\lim\limits_{x\to 0}\frac{\sin\frac{x}{2}}{\frac{x}{2}}\cdot\frac{1}{2}=\frac{1}{2}$. 因此应用第一个重要极限要注意极限的形式. 例 3 与例 4 的结果今后在极限计算过程中可以作为公式用.

例 5 求 $\lim\limits_{x\to 0}\frac{\arctan 2x}{x}$.

解 令 $\arctan 2x=u$，则 $2x=\tan u$，即 $x=\frac{1}{2}\tan u$，且当 $x\to 0$ 时，$u\to 0$，因此

$$\lim_{x\to 0}\frac{\arctan 2x}{x}=\lim_{u\to 0}\frac{u}{\frac{1}{2}\tan u}=\lim_{u\to 0}\frac{2}{\frac{\tan u}{u}}=2.$$

例 6 求 $\lim\limits_{x\to\infty} x\arcsin\dfrac{3}{x}$.

解 这是 $0 \cdot \infty$ 型不定式. 令 $\arcsin\dfrac{3}{x}=u$, 则 $x=\dfrac{3}{\sin u}$, 且当 $x\to\infty$ 时, $u\to 0$, 因此

$$\lim_{x\to\infty} x\arcsin\frac{3}{x}=\lim_{u\to 0}\frac{3u}{\sin u}=3\lim_{u\to 0}\frac{1}{\frac{\sin u}{u}}=3.$$

准则 II 单调有界数列必有极限.

如果数列 $\{x_n\}$ 满足条件: $x_1\leqslant x_2\leqslant\cdots\leqslant x_n\leqslant x_{n+1}\leqslant\cdots$, 则称数列 $\{x_n\}$ 是单调增加的; 如果数列 $\{x_n\}$ 满足条件: $x_1\geqslant x_2\geqslant\cdots\geqslant x_n\geqslant x_{n+1}\geqslant\cdots$, 则称数列 $\{x_n\}$ 是单调减少的. 单调增加和单调减少的数列统称为**单调数列**.

对单调增加(或减少)数列 $\{x_n\}$ 来说, 显然有 $\{x_n\}$ 有界 $\Leftrightarrow\{x_n\}$ 有上界(或有下界), 即 $\exists K_1, \forall n$ 有 $x_n\leqslant K_1$ (或 $\exists K_2, \forall n$ 有 $K_2\leqslant x_n$).

准则 II 我们不予证明, 下面给出一个直观的几何解释: 设数列 $\{x_n\}$ 单调增加且有上界, 我们将 $\{x_n\}$ 与上界 M 标在数轴上, 那么随着 n 的无限增大, x_n 无限增加并向右移动, 但是又不能超过上界 M, 则在数轴上一定存在数 A, 使 $\lim\limits_{n\to\infty}x_n=A$ (图 1.7), 对单调减少且有下界数列亦如此.

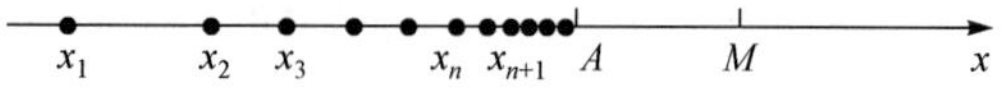

图 1.7

例 7 设 $x_1=1, x_n=1+\dfrac{x_{n-1}}{1+x_{n-1}}\ (n=2,3,\cdots)$, 求 $\lim\limits_{n\to\infty}x_n$.

解 首先证明 $\{x_n\}$ 收敛. 先证明 $\{x_n\}$ 单调增加. 显然 $x_n>0$, 又

$$x_n=2-\frac{1}{1+x_{n-1}},$$

因 $x_1=1, x_2=2-\dfrac{1}{2}=\dfrac{3}{2}$, 所以 $x_1<x_2$. 设 $x_k<x_{k+1}$, 则

$$x_{k+1}=2-\frac{1}{1+x_k}<2-\frac{1}{1+x_{k+1}}=x_{k+2},$$

所以 $x_n<x_{n+1}\ (n=1,2,\cdots)$, 即 $\{x_n\}$ 单调增加.

又 $\forall n, x_n<2$, 即 $\{x_n\}$ 有上界, 所以由准则 II, $\{x_n\}$ 收敛. 设 $\lim\limits_{n\to\infty}x_n=a$.

在 $x_n=2-\dfrac{1}{1+x_{n-1}}$ 两边令 $n\to\infty$ 得

$$a=2-\frac{1}{1+a},$$

解之得 $a = \dfrac{1 \pm \sqrt{5}}{2}$. 又因 $x_n > 0 (\forall n)$，所以 $\lim\limits_{n \to \infty} x_n = \dfrac{1 + \sqrt{5}}{2}$.

作为准则 II 的应用，我们讨论第二个重要极限 $\lim\limits_{x \to \infty} \left(1 + \dfrac{1}{x}\right)^x$，先看下例：

例 8 证明数列 $\left\{ x_n = \left(1 + \dfrac{1}{n}\right)^n \right\}$ 单调增加，$\left\{ y_n = \left(1 + \dfrac{1}{n}\right)^{n+1} \right\}$ 单调减少，两者收敛于同一极限.

证 利用不等式

$$\sqrt[n]{a_1 a_2 \cdots a_n} \leqslant \dfrac{a_1 + a_2 + \cdots + a_n}{n} \quad (a_k > 0, k = 1, 2, \cdots, n),$$

得

$$x_n = \left(1 + \dfrac{1}{n}\right)^n = \left(1 + \dfrac{1}{n}\right)^n \cdot 1 \leqslant \left[\dfrac{n\left(1 + \dfrac{1}{n}\right) + 1}{n+1}\right]^{n+1} = \left(1 + \dfrac{1}{n+1}\right)^{n+1}$$

$$= x_{n+1} \quad (n = 1, 2, \cdots),$$

$$\dfrac{1}{y_n} = \left(\dfrac{n}{n+1}\right)^{n+1} = \left(\dfrac{n}{n+1}\right)^{n+1} \cdot 1 \leqslant \left[\dfrac{(n+1) \cdot \dfrac{n}{n+1} + 1}{n+2}\right]^{n+2}$$

$$= \left(\dfrac{n+1}{n+2}\right)^{n+2} = \dfrac{1}{y_{n+1}} \quad (n = 1, 2, \cdots),$$

所以 $\{x_n\}$ 单调增加，而 $\{y_n\}$ 单调减少，又

$$2 = x_1 < x_n < y_n < y_1 = 4 \quad (n = 2, 3, \cdots),$$

故由准则 II 知数列 $\{x_n\}$，$\{y_n\}$ 都收敛. 又 $y_n = x_n \left(1 + \dfrac{1}{n}\right)$，所以它们具有相同的极限，我们习惯上用字母 e 表示这一极限，即

$$\lim\limits_{n \to \infty} \left(1 + \dfrac{1}{n}\right)^n = \mathrm{e}.$$

可以证明，e 是一个无理数，且 $\mathrm{e} = 2.718281828459\cdots$，是自然对数的底. 值得注意的是 $x_n = \left(1 + \dfrac{1}{n}\right)^n$ 的每一项都是有理数，但极限却是无理数. 这说明有理数集对极限运算是不封闭的.

下面我们证明 $\lim\limits_{x \to \infty} \left(1 + \dfrac{1}{x}\right)^x = \mathrm{e}$.

先证 $\lim\limits_{x\to+\infty}\left(1+\dfrac{1}{x}\right)^x=\mathrm{e}$.

$\forall x>0$，一定存在正整数 n，使 $n\leqslant x<n+1$，从而有
$$\left(1+\dfrac{1}{n+1}\right)^n<\left(1+\dfrac{1}{x}\right)^x<\left(1+\dfrac{1}{n}\right)^{n+1},$$
注意到当 $x\to+\infty$ 时 $n\to+\infty$，且
$$\lim\limits_{n\to+\infty}\left(1+\dfrac{1}{n+1}\right)^n=\lim\limits_{n\to+\infty}\dfrac{\left(1+\dfrac{1}{n+1}\right)^{n+1}}{1+\dfrac{1}{n+1}}=\mathrm{e},$$
$$\lim\limits_{n\to+\infty}\left(1+\dfrac{1}{n}\right)^{n+1}=\lim\limits_{n\to+\infty}\left(1+\dfrac{1}{n}\right)^n\cdot\left(1+\dfrac{1}{n}\right)=\mathrm{e}.$$
所以由夹逼准则得
$$\lim\limits_{x\to+\infty}\left(1+\dfrac{1}{x}\right)^x=\mathrm{e}.$$

再证 $\lim\limits_{x\to-\infty}\left(1+\dfrac{1}{x}\right)^x=\mathrm{e}$.

令 $t=-x$，则当 $x\to-\infty$ 时 $t\to+\infty$，从而有
$$\lim\limits_{x\to-\infty}\left(1+\dfrac{1}{x}\right)^x=\lim\limits_{t\to+\infty}\left(1-\dfrac{1}{t}\right)^{-t}=\lim\limits_{t\to+\infty}\left(\dfrac{t}{t-1}\right)^t$$
$$=\lim\limits_{t\to+\infty}\left[\left(1+\dfrac{1}{t-1}\right)^{t-1}\cdot\left(1+\dfrac{1}{t-1}\right)\right]=\mathrm{e},$$
因此
$$\lim\limits_{x\to\infty}\left(1+\dfrac{1}{x}\right)^x=\mathrm{e}.$$

我们称 $\lim\limits_{x\to\infty}\left(1+\dfrac{1}{x}\right)^x=\mathrm{e}$ 为第二个重要极限. 第二个重要极限还有另一等价形式
$$\lim\limits_{x\to 0}(1+x)^{\frac{1}{x}}=\mathrm{e}.$$
即
$$\lim\limits_{x\to\infty}\left(1+\dfrac{1}{x}\right)^x=\lim\limits_{x\to 0}(1+x)^{\frac{1}{x}}=\mathrm{e}.$$

请注意，第二个重要极限是属于 1^∞ 型不定式的极限，今后涉及 1^∞ 型极限往往可用此极限求解. 在应用中要注意两点：一是底中 $\dfrac{1}{x}$（或 x）与指数 $x\left(\text{或}\dfrac{1}{x}\right)$ 其乘积为精确的 1；二是有些人认为由于底的极限是 1，所以结果就应为 1，这是不对的，因为这里底不是确定的 1，而是极限是 1.

例9 求 $\lim\limits_{x\to\infty}\left(1-\dfrac{2}{x}\right)^x$.

解 这是 1^∞ 型不定式. 令 $t=-\dfrac{2}{x}$, 则 $x=-\dfrac{2}{t}$, 且当 $x\to\infty$ 时, $t\to 0$, 因此

$$\lim_{x\to\infty}\left(1-\frac{2}{x}\right)^x=\lim_{t\to 0}(1+t)^{-\frac{2}{t}}=\lim_{t\to 0}\left[(1+t)^{\frac{1}{t}}\right]^{-2}=e^{-2}.$$

今后熟练之后, 就可以不用作出代换 $t=-\dfrac{2}{x}$, 而是直接将极限凑成公式的形式, 如

$$\lim_{x\to\infty}\left(1-\frac{2}{x}\right)^x=\lim_{x\to\infty}\left\{\left[1+\left(-\frac{2}{x}\right)\right]^{-\frac{x}{2}}\right\}^{-2}=e^{-2}.$$

例10 求 $\lim\limits_{x\to 0}(1-x)^{\frac{1}{\sin x}}$.

解 这是 1^∞ 不定式. 由幂指函数极限的定理及第二个重要极限得

$$\lim_{x\to 0}(1-x)^{\frac{1}{\sin x}}=\lim_{x\to 0}\left\{[1+(-x)]^{-\frac{1}{x}}\right\}^{-\frac{x}{\sin x}}=e^{-\lim\limits_{x\to 0}\frac{x}{\sin x}}=e^{-1}.$$

例11 求 $\lim\limits_{x\to 0}\dfrac{a^x-1}{x}$ $(a>0$ 且 $a\ne 1)$.

解 这是 $\dfrac{0}{0}$ 型极限. 令 $a^x-1=t$, 则 $x=\dfrac{\ln(1+t)}{\ln a}$, 且当 $x\to 0$ 时 $t\to 0$, 于是由复合函数极限运算法则得

$$\lim_{x\to 0}\frac{a^x-1}{x}=\lim_{t\to 0}\frac{t}{\dfrac{\ln(1+t)}{\ln a}}=\ln a\cdot\lim_{t\to 0}\frac{1}{\ln(1+t)^{\frac{1}{t}}}=\ln a.$$

特别地, $\lim\limits_{x\to 0}\dfrac{e^x-1}{x}=1$.

例12 求 $\lim\limits_{x\to 0}\dfrac{(1+x)^\mu-1}{x}$ $(\mu>0)$.

解 令 $t=(1+x)^\mu-1$, 则 $\mu\ln(1+x)=\ln(1+t)$, 当 $x\to 0$ 时, $t\to 0$, 所以由复合函数极限运算法则得

$$\lim_{x\to 0}\frac{(1+x)^\mu-1}{x}=\lim_{x\to 0}\frac{(1+x)^\mu-1}{\mu\ln(1+x)}\cdot\frac{\mu\ln(1+x)}{x}=\lim_{x\to 0}\frac{(1+x)^\mu-1}{\mu\ln(1+x)}\cdot\lim_{x\to 0}\frac{\mu\ln(1+x)}{x}$$

$$=\mu\lim_{t\to 0}\frac{1}{\ln(1+t)^{\frac{1}{t}}}\cdot\lim_{x\to 0}\ln(1+x)^{\frac{1}{x}}=\mu.$$

今后例11、例12 的结果都可以作为公式用.

习 题 1.4

(A)

1. 求下列极限：

   (1) $\lim\limits_{n\to\infty}\left[\dfrac{1}{n^2}+\dfrac{1}{(n+1)^2}+\cdots+\dfrac{1}{(n+n)^2}\right]$；

   (2) $\lim\limits_{n\to\infty} n\left(\dfrac{1}{n^2+\pi}+\dfrac{1}{n^2+2\pi}+\cdots+\dfrac{1}{n^2+n\pi}\right)$.

2. 证明下列数列收敛，并求极限：
   $$\sqrt{2},\ \sqrt{2+\sqrt{2}},\ \sqrt{2+\sqrt{2+\sqrt{2}}},\cdots.$$

3. 求下列极限：

   (1) $\lim\limits_{x\to 0}\dfrac{\sin tx}{x}\ (t\neq 0)$；
   (2) $\lim\limits_{x\to 0}\dfrac{\tan 3x}{x}$；
   (3) $\lim\limits_{x\to 0}\dfrac{\sin 2x}{\sin 5x}$；

   (4) $\lim\limits_{x\to 0} x\cot 2x$；
   (5) $\lim\limits_{x\to 0}\dfrac{1-\cos 2x}{x\sin x}$；
   (6) $\lim\limits_{x\to 0}\dfrac{\tan x-\sin x}{x^3}$；

   (7) $\lim\limits_{x\to\pi}\dfrac{\sin x}{\pi-x}$；
   (8) $\lim\limits_{x\to 1}(1-x)\tan\dfrac{\pi x}{2}$；
   (9) $\lim\limits_{n\to\infty} 2^n\sin\dfrac{\pi}{2^n}$.

4. 求下列极限：

   (1) $\lim\limits_{x\to 0}(1-x)^{\frac{1}{x}}$；
   (2) $\lim\limits_{x\to 0}(1+2x)^{\frac{1}{x}}$；
   (3) $\lim\limits_{x\to\infty}\left(\dfrac{1+x}{x}\right)^{2x}$；

   (4) $\lim\limits_{x\to\infty}\left(1+\dfrac{1}{x}\right)^{\frac{x}{2}}$；
   (5) $\lim\limits_{x\to 0}(1+3\tan^2 x)^{\cot^2 x}$.

(B)

1. 求 $\lim\limits_{n\to\infty}\left(\dfrac{1}{n^3+1}+\dfrac{4}{n^3+2}+\cdots+\dfrac{n^2}{n^3+n}\right)$.

2. 证明下列数列收敛，并求极限. 设数列 $\{a_n\}$ 由下式给出：
   $$a_1>0,\ a_{n+1}=\dfrac{1}{2}\left(a_n+\dfrac{1}{a_n}\right)(n=1,2,\cdots).$$

3. 求下列极限：

   (1) $\lim\limits_{x\to 0}\dfrac{\sqrt{2+\tan x}-\sqrt{2+\sin x}}{x^3}$；
   (2) $\lim\limits_{x\to 0}(\cos x)^{\frac{1}{x^2}}$；

   (3) $\lim\limits_{n\to\infty}\left(1+\dfrac{2}{3^n}\right)^{3^n}$；
   (4) $\lim\limits_{x\to 0}(e^x+x)^{\frac{1}{x}}$.

4. 下列运算过程是否正确，并说明理由：
   $$\lim_{x\to\pi}\dfrac{\tan x}{\sin x}=\lim_{x\to\pi}\dfrac{\tan x}{x}\cdot\dfrac{x}{\sin x}=\lim_{x\to\pi}\dfrac{\tan x}{x}\cdot\lim_{x\to\pi}\dfrac{x}{\sin x}=1.$$

1.5 无穷小的比较

一、无穷小的阶

我们已经知道,两个无穷小的和、差、积仍为无穷小,但是两个无穷小的商就会出现不同的情况.例如当 $x \to 0$ 时,$x, 2x^2, \sin x$ 都是无穷小,但

$$\lim_{x \to 0} \frac{2x^2}{x} = 0, \quad \lim_{x \to 0} \frac{x}{2x^2} = \infty, \quad \lim_{x \to 0} \frac{\sin x}{x} = 1.$$

两个无穷小之比的极限的各种不同情况,反映了不同的无穷小趋于零的快慢程度.就上面几个例子而言,在 $x \to 0$ 的过程中,$2x^2$ 趋于零的速度比 x 趋于零"快",x 趋于零的速度比 $2x^2$ 趋于零"慢",而 $\sin x$ 趋于零的速度与 x 趋于零"快慢相仿".为了比较无穷小趋于零的"快慢"程度,我们引入无穷小的阶的概念.

在下面的定义中,为方便起见,我们假定 α 和 β 都是在同一自变量的变化过程中的无穷小,且 $\lim \frac{\beta}{\alpha}$(这里 $\alpha \neq 0$)也是在这个变化过程中的极限.

定义

如果 $\lim \frac{\beta}{\alpha} = 0$,则称 β 是比 α **高阶无穷小**,记作 $\beta = o(\alpha)$;

如果 $\lim \frac{\beta}{\alpha} = \infty$,则称 β 是比 α **低阶无穷小**;

如果 $\lim \frac{\beta}{\alpha} = c \neq 0$,则称 β 与 α 是**同阶无穷小**;

如果存在 $k > 0$,使 $\lim \frac{\beta}{\alpha^k} = c \neq 0$,则称 β 是 α 的 k **阶无穷小**;

特别地,如果 $\lim \frac{\beta}{\alpha} = 1$,则称 β 与 α 是**等价无穷小**,记作 $\alpha \sim \beta$.

注意 在具体描述无穷小的阶时,必须指明自变量的变化趋势.
例如,

(1) 因为 $\lim\limits_{x \to 0} \frac{2x^2}{x} = 0$,所以当 $x \to 0$ 时,$2x^2$ 是比 x 高阶无穷小,记作

$$2x^2 = o(x) \quad (x \to 0);$$

(2) 因为 $\lim\limits_{n\to\infty}\dfrac{\frac{1}{n}}{\frac{1}{n^2}}=\infty$，所以当 $n\to\infty$ 时 $\dfrac{1}{n}$ 是比 $\dfrac{1}{n^2}$ 低价无穷小；

(3) 因为 $\lim\limits_{x\to 2}\dfrac{x^2-4}{x-2}=4$，所以当 $x\to 2$ 时，x^2-4 与 $x-2$ 是同阶无穷小；

(4) 因为 $\lim\limits_{x\to 0}\dfrac{\sin x}{x}=1$，所以当 $x\to 0$ 时，$\sin x$ 与 x 是等价无穷小，即 $\sin x \sim x\,(x\to 0)$.

结合前面各节的例子，我们有：当 $x\to 0$ 时，

$$x\sim\sin x\sim\tan x\sim\ln(1+x)\sim e^x-1\sim\arcsin x\sim\arctan x$$

且 $1-\cos x\sim\dfrac{1}{2}x^2$，$\sqrt[n]{1+x}-1\sim\dfrac{1}{n}x$，更一般的有 $(1+x)^\mu-1\sim\mu x\,(\mu\in\mathbf{R})$.

对于等价无穷小，我们有下列定理.

定理 1 $\beta\sim\alpha\Leftrightarrow\beta=\alpha+o(\alpha)$.

证 必要性（$\Rightarrow$）：设 $\beta\sim\alpha$，即 $\lim\dfrac{\beta}{\alpha}=1$，

由于

$$\lim\dfrac{\beta-\alpha}{\alpha}=\lim\left(\dfrac{\beta}{\alpha}-1\right)=0,$$

所以

$$\beta-\alpha=o(\alpha),$$

即

$$\beta=\alpha+o(\alpha).$$

充分性（$\Leftarrow$）：设 $\beta=\alpha+o(\alpha)$，则 $\dfrac{\beta}{\alpha}=1+\dfrac{o(\alpha)}{\alpha}$，则由高阶无穷小定义得

$$\lim\dfrac{\beta}{\alpha}=1,\text{ 即 }\beta\sim\alpha.$$

由定理知，(1) $\beta\sim\alpha$，说明 $\beta-\alpha$ 是 α 的高阶无穷小；(2) 若 $\beta=\alpha+o(\alpha)$，也称 α 是 β 的主部，故一个无穷小的主部与其本身是等价的.

由上面等价无穷小的结果，我们有

$$\sin x=x+o(x)\quad(x\to 0);$$

$$1-\cos x=\dfrac{1}{2}x^2+o(x^2)\quad(x\to 0);$$

$$e^x-1=x+o(x)\quad(x\to 0)$$

等等.

这些表达式说明,左边的复杂函数可用右边的简单函数(多项式函数)来表示,这为函数极限计算带来很多方便.

二、等价无穷小的代换定理

对于等价无穷小,我们还有下列重要定理.

定理 2 设 $\alpha \sim \alpha', \beta \sim \beta'$,且 $\lim \dfrac{\beta'}{\alpha'}$ 存在,则

$$\lim \frac{\beta}{\alpha} = \lim \frac{\beta'}{\alpha'}.$$

证 $\lim \dfrac{\beta}{\alpha} = \lim \left(\dfrac{\beta}{\beta'} \cdot \dfrac{\beta'}{\alpha'} \cdot \dfrac{\alpha'}{\alpha} \right) = \lim \dfrac{\beta}{\beta'} \cdot \lim \dfrac{\beta'}{\alpha'} \cdot \lim \dfrac{\alpha'}{\alpha} = \lim \dfrac{\beta'}{\alpha'}.$

定理 2 称为等价无穷小代换定理.利用等价无穷小代换定理,可以简化某些极限的计算.

例 1 求 $\lim\limits_{x \to 0} \dfrac{1 - \cos x}{\sin^2 x}$.

解 因为 $x \to 0$ 时 $1 - \cos x \sim \dfrac{1}{2} x^2$,$\sin^2 x \sim x^2$,所以由定理 2,有

$$\lim_{x \to 0} \frac{1 - \cos x}{\sin^2 x} = \lim_{x \to 0} \frac{\dfrac{1}{2} x^2}{x^2} = \frac{1}{2}.$$

例 2 求 $\lim\limits_{x \to 0} \dfrac{\tan^2 x}{x^3 + 2x^2}$.

解 因为当 $x \to 0$ 时,$\tan^2 x \sim x^2$,$x^3 + 2x^2 \sim 2x^2$,故由定理 2 得

$$\lim_{x \to 0} \frac{\tan^2 x}{x^3 + 2x^2} = \lim_{x \to 0} \frac{x^2}{2x^2} = \frac{1}{2}.$$

例 3 求 $\lim\limits_{x \to 0} \dfrac{\sqrt{1 + 2x^2} - 1}{\sin 2x \cdot \arctan \dfrac{x}{2}}$.

解 因为当 $x \to 0$ 时,$\sqrt{1 + 2x^2} - 1 \sim \dfrac{1}{2} \cdot 2x^2 = x^2$,$\sin 2x \sim 2x$,$\arctan \dfrac{x}{2} \sim \dfrac{x}{2}$,故由定理 2 得

$$\lim_{x \to 0} \frac{\sqrt{1 + 2x^2} - 1}{\sin 2x \cdot \arctan \dfrac{x}{2}} = \lim_{x \to 0} \frac{x^2}{2x \cdot \dfrac{x}{2}} = 1.$$

特别应当引起注意的是，上面的无穷小代换只能对分子分母中的无穷小乘积因子进行代换，对加减运算要慎用，即尽量避免对加减项进行无穷小代换，否则就可能出现错误. 例如如下计算极限：

$$\lim_{x \to 0} \frac{\tan x - \sin x}{x^3} = \lim_{x \to 0} \frac{x - x}{x^3} = 0.$$

是错误的，实际上

$$\lim_{x \to 0} \frac{\tan x - \sin x}{x^3} = \lim_{x \to 0} \frac{\sin x - \sin x \cdot \cos x}{x^3 \cos x} = \lim_{x \to 0} \frac{1}{\cos x} \cdot \frac{\sin x}{x} \cdot \frac{1 - \cos x}{x^2} = \frac{1}{2}.$$

习 题 1.5

(A)

1. 当 $x \to 0$ 时，下列函数哪些是 x 的高阶无穷小？哪些是 x 的同阶无穷小？哪些是 x 的低阶无穷小？

(1) $x^4 + \sin 2x$；
(2) $\sqrt{x(1-x)}$ ($x \in (0,1)$)；
(3) $x^2 \sin \frac{1}{x}$；
(4) $\csc x - \cot x$.

2. 当 $x \to 1$ 时，无穷小 $1-x$ 与 (1) $1-x^3$, (2) $\frac{1}{2}(1-x^2)$ 是否同阶？是否等价？

3. 证明：

(1) $\sec x - 1 \sim \frac{x^2}{2}$ ($x \to 0$)；
(2) $\sqrt{1+\tan x} - \sqrt{1+\sin x} \sim \frac{1}{4} x^3$ ($x \to 0$).

4. 求下列极限：

(1) $\lim\limits_{x \to 0} \frac{\tan 3x}{2x}$；
(2) $\lim\limits_{x \to 0} \frac{\sin(x^3)}{(\sin x)^3}$；
(3) $\lim\limits_{x \to 0} \frac{\tan x - \sin x}{\sin^3 x}$；
(4) $\lim\limits_{x \to 0} \frac{\sqrt{1+\sin^2 x} - 1}{x \tan x}$；
(5) $\lim\limits_{x \to 0} \frac{\tan(\tan x)}{\sin 2x}$.

(B)

1. 证明无穷小等价关系具有下列性质：
   (1) 自反性 $\alpha \sim \alpha$；
   (2) 对称性 若 $\alpha \sim \beta$，则 $\beta \sim \alpha$；
   (3) 传递性 若 $\alpha \sim \beta, \beta \sim \gamma$，则 $\alpha \sim \gamma$.

2. 任意两个无穷小都可以比较吗？请说明理由.

1.6 函数的连续性

一、函数的连续性与性质

自然界中有许多现象，如气温的变化，河水的流动等等，都是连续变化的，这种现象在函数关系上的反映就是函数的连续性. 例如就气温的变化来看,当时间的改变量很小时,气温的改变量也很小,且当时间的改变量无限趋近于零时,温度的改变量也无限趋近于零. 因此我们可以用极限来给出函数连续性的定义.

函数的连续性

设函数 $y=f(x)$ 在 x_0 的某邻域内有定义,当自变量从 x_0 变到 x,对应的函数值从 $f(x_0)$ 变到 $f(x)$,称 $\Delta x=x-x_0$ 为**自变量的增量**,称

$$\Delta y=f(x)-f(x_0)=f(x_0+\Delta x)-f(x_0)$$

为函数 $y=f(x)$ 在点 x_0 对应于 Δx 的**增量**. 注意无论是 Δx 还是 Δy 都既可以是正的,也可以是负的.

定义 1 设函数 $y=f(x)$ 在点 x_0 的某一邻域内有定义,如果
$$\lim_{\Delta x \to 0}\Delta y=\lim_{\Delta x \to 0}[f(x_0+\Delta x)-f(x_0)]=0,$$
则称函数 $y=f(x)$ 在点 x_0 **连续**,这时也称点 x_0 为函数 $y=f(x)$ 的连续点;否则称 $y=f(x)$ 在点 x_0 不连续.

显然函数 $y=f(x)$ 在 x_0 连续 $\Leftrightarrow \lim_{x \to x_0}f(x)=f(x_0)$.

类似于左、右极限,我们还可以定义函数在点 x_0 的左、右连续:

如果 $f(x_0-0)=\lim_{x \to x_0^-}f(x)=f(x_0)$(或 $f(x_0+0)=\lim_{x \to x_0^+}f(x)=f(x_0)$),则称函数 $y=f(x)$ 在点 x_0 **左连续**(或**右连续**).

显然,函数 $y=f(x)$ 在点 x_0 连续 $\Leftrightarrow y=f(x)$ 在点 x_0 既左连续又右连续.

如果函数 $y=f(x)$ 在开区间 (a,b) 内每一点都连续,则称它在开区间 (a,b) 内连续;如果函数 $y=f(x)$ 在有限区间 (a,b) 内连续,且在左端点 a 右连续,右端点 b 左连续,则称函数 $y=f(x)$ 在闭区间 $[a,b]$ 上连续. 类似可定义 $y=f(x)$ 在半开半闭区间上的连续性.

区间上的连续函数的图形是该区间上一条连续不断的曲线.

由 1.3 节例 1 知,多项式函数 $P(x)=a_0x^n+a_1x^{n-1}+\cdots+a_{n-1}x+a_n(a_0 \neq 0)$,对任何实数 x_0,有 $\lim_{x \to x_0}P(x)=P(x_0)$. 所以,多项式函数 $P(x)$ 在 $(-\infty,+\infty)$ 内是连续的,同理,有理分式函数 $R(x)=\dfrac{P(x)}{Q(x)}$ 在除了分母为 0 的点外都连续.

作为例子,我们来证明: $\sin x$ 在 $(-\infty,+\infty)$ 内是连续的.

设 x 是区间 $(-\infty,+\infty)$ 内的任意确定的一点,当 x 有增量 Δx 时,Δy 是对应于 Δx 的函数增量,即

$$\Delta y=\sin(x+\Delta x)-\sin x,$$

于是
$$0 \leqslant |\Delta y| = |\sin(x+\Delta x) - \sin x| = \left|2\sin\frac{\Delta x}{2}\cos\left(x+\frac{\Delta x}{2}\right)\right| \leqslant |\Delta x|,$$
由夹逼准则有
$$\lim_{\Delta x \to 0}\Delta y = 0.$$
由 x 的任意性,$\sin x$ 在 $(-\infty, +\infty)$ 内是连续的.

类似地,请读者证明,$\cos x$ 在 $(-\infty, +\infty)$ 内也是连续的.

利用极限的有关性质,容易证明连续函数具有下列性质.

定理 1 设函数 $f(x), g(x)$ 在点 x_0 连续,则
$$f(x) \pm g(x), f(x)g(x), \frac{f(x)}{g(x)}(g(x_0) \neq 0) \text{在点} x_0 \text{都连续}.$$

利用极限的四则运算法则和连续性定义可证.

定理 2 如果函数 $y = f(x)$ 在区间 I_x 上单调增加(或单调减少)且连续,那么它的反函数 $x = \varphi(y)$ 一定存在且在对应区间 $I_y = \{y \mid y = f(x), x \in I_x\}$ 上也连续,且单调增加(或单调减少).

证明略.

定理 3 设 $\lim\limits_{x \to x_0}\varphi(x) = a$,而函数 $y = f(u)$ 在点 a 处连续,则有
$$\lim_{x \to x_0}f[\varphi(x)] = f[\lim_{x \to x_0}\varphi(x)] = f(a).$$

证 由于 $y = f(u)$ 在点 a 处连续,$\forall \varepsilon > 0, \exists \eta > 0$,当 $|u - a| < \eta$ 时,有 $|f(u) - f(a)| < \varepsilon$ 成立.

又 $\lim\limits_{x \to x_0}\varphi(x) = a$,故对于上述得到的 $\eta > 0$,$\exists \delta > 0$,当 $0 < |x - x_0| < \delta$ 时,有 $|\varphi(x) - a| = |u - a| < \eta$ 成立,从而
$$|f[\varphi(x)] - f(a)| = |f(u) - f(a)| < \varepsilon$$
成立. 即有
$$\lim_{x \to x_0}f[\varphi(x)] = f(a) = f[\lim_{x \to x_0}\varphi(x)].$$

证明的最后等式也说明,在满足定理 3 的条件下,求复合函数 $f[\varphi(x)]$ 的极限时,极限符号 "lim" 与函数符号 "f" 是可以交换次序的.

将定理 2 中的 $x \to x_0$ 换成 $x \to \infty$,可得到类似的结论.

例 1 计算 $\lim\limits_{x \to 0}\sin(1+x)^{\frac{1}{x}}$.

解 函数 $y = \sin(1+x)^{\frac{1}{x}}$ 可以看作由 $y = \sin u, u = (1+x)^{\frac{1}{x}}$ 复合而成. 因为

$$\lim_{x\to 0}(1+x)^{\frac{1}{x}}=e,$$

而函数 $y=\sin u$ 在 $u=e$ 处连续,所以

$$\lim_{x\to 0}\sin(1+x)^{\frac{1}{x}}=\sin[\lim_{x\to 0}(1+x)^{\frac{1}{x}}]=\sin e.$$

定理 4 设函数 $u=\varphi(x)$ 在点 x_0 连续,且 $u_0=\varphi(x_0)$,而函数 $y=f(u)$ 在点 u_0 连续,那么复合函数 $y=f[\varphi(x)]$ 在点 x_0 也连续.

证明 由定理 3 易得,由读者完成.

利用连续性的定义及上述定理可以证明,基本初等函数在其定义区间内都是连续的. 例如 $a^x(a>0$ 且 $a\neq 1)$ 在 $(-\infty,+\infty)$ 内连续; $\log_a x(a>0$ 且 $a\neq 1)$ 在 $(0,+\infty)$ 内连续; $\arccos x$ 在 $[-1,1]$ 上连续; $x^\mu=e^{\mu\ln x}(\mu\in\mathbf{R})$ 在 $(0,+\infty)$ 内连续等等.

由此得到,初等函数在其定义区间内是连续的. 所谓定义区间,就是包含在定义域内的区间. 例如 $y=\sqrt{\cos^2 x-1}$ 的定义域为 $x=k\pi(k\in\mathbf{Z})$,该定义域内不含区间,因此此函数虽是初等函数,但对定义域内任一点 $k\pi$ 均不连续.

上述初等函数连续性的结论提供了求初等函数的极限的一种方法:如果 $f(x)$ 是初等函数,且 x_0 是 $f(x)$ 的定义区间内的点,则

$$\lim_{x\to x_0}f(x)=f(\lim_{x\to x_0}x)=f(x_0).$$

例 2 计算极限 $\lim\limits_{x\to\frac{\pi}{2}}\ln\sin x$.

解 因为 $\frac{\pi}{2}$ 是 $\ln\sin x$ 定义区间内的点,所以 $\lim\limits_{x\to\frac{\pi}{2}}\ln\sin x=\ln\sin\frac{\pi}{2}=0.$

例 3 讨论函数 $f(x)=\begin{cases}\dfrac{\ln(1+x)}{x}, & x>0, \\ 0, & x=0, \\ \dfrac{\sqrt{1+x}-\sqrt{1-x}}{x}, & -1\leqslant x<0\end{cases}$ 的连续性.

解 显然 $f(x)$ 的定义域为 $[-1,+\infty)$,且当 $x\neq 0$ 时, $f(x)$ 均为初等函数,故 $f(x)$ 连续. 又

$$\lim_{x\to 0^-}f(x)=\lim_{x\to 0^-}\frac{\sqrt{1+x}-\sqrt{1-x}}{x}=\lim_{x\to 0^-}\frac{1+x-(1-x)}{x(\sqrt{1+x}+\sqrt{1-x})}$$

$$=\lim_{x\to 0^-}\frac{2}{\sqrt{1+x}+\sqrt{1-x}}=1,$$

$$\lim_{x\to 0^+}f(x)=\lim_{x\to 0^+}\frac{\ln(1+x)}{x}=\lim_{x\to 0^+}\ln(1+x)^{\frac{1}{x}}=1,$$

即 $\lim\limits_{x\to 0}f(x)=1.$ 但 $f(0)=0$,所以 $f(x)$ 在 $x=0$ 不连续.

因此 $f(x)$ 在 $[-1,0)\cup(0,+\infty)$ 上连续,在 $x=0$ 处不连续.

二、函数的间断点及其分类

根据定义,函数 $y=f(x)$ 在点 x_0 连续必须且只需满足下面三个条件:
(1) $f(x)$ 在点 x_0 有定义;
(2) $\lim\limits_{x\to x_0}f(x)$ 存在;
(3) $\lim\limits_{x\to x_0}f(x)=f(x_0)$.

如果其中有一个不满足,则 $f(x)$ 在点 x_0 就不连续.

我们称使函数 $f(x)$ 不连续的点为 $f(x)$ 的间断点.

通常,函数的间断点可分为两类:一类是左极限及右极限都存在的间断点,称为**第一类间断点**;不是第一类的间断点,都称为**第二类间断点**,即左极限及右极限至少有一个不存在的间断点.

下面举例说明函数间断点的几种类型.

例 4 函数 $f(x)=\dfrac{x^2-1}{x-1}$ 在 $x=1$ 处没有定义,所以 $x=1$ 是间断点(图 1.8).但

$$\lim_{x\to 1}f(x)=\lim_{x\to 1}\frac{x^2-1}{x-1}=\lim_{x\to 1}(x+1)=2.$$ 因此 $x=1$

是第一类间断点,这时补充定义 $f(1)=2$,即令

$$f(x)=\begin{cases}\dfrac{x^2-1}{x-1}, & x\neq 1,\\ 2, & x=1,\end{cases}$$ 则函数 $f(x)$ 在 $x=1$ 处连续.

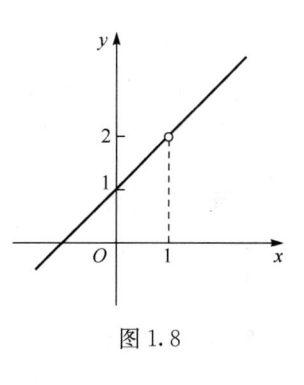

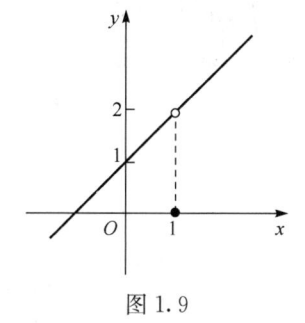

图 1.8

例 5 函数 $g(x)=\begin{cases}\dfrac{x^2-1}{x-1}, & x\neq 1,\\ 0, & x=1.\end{cases}$ 由于 $\lim\limits_{x\to 1}g(x)=2\neq 0=g(1)$,所以 $g(x)$ 在 $x=1$ 处间断,是第一类间断点(图 1.9).但改变 $g(x)$ 在 $x=1$ 处的值,即改变定义 $g(1)=2$,$g(x)$ 在 $x=1$ 处就连续了.

图 1.9

例 4、例 5 的间断点有一个共同特点,就是左极限及右极限存在且相等,即极限 $\lim\limits_{x\to x_0}f(x)$ 存在,但对 $f(x)$ 来说,要么 $f(x_0)$ 无定义,要么 $f(x_0)$ 有定义但不等于 $\lim\limits_{x\to x_0}f(x)$,这时在 x_0 或补充定义或改变定义,则 $f(x)$ 在 x_0 处就连续了,我们把这种类型间断点称为函数

$f(x)$的**可去间断点**. 但是要注意, 无论是补充定义还是改变定义之后的函数与原来函数在点 x_0 是不同的.

例6 函数 $y=f(x)=\begin{cases} x-1, & x<0, \\ 0, & x=0, \\ x+1, & x>0. \end{cases}$

由于 $\lim\limits_{x\to 0^-}f(x)=\lim\limits_{x\to 0^-}(x-1)=-1$, $\lim\limits_{x\to 0^+}f(x)=\lim\limits_{x\to 0^+}(x+1)=1$, 所以 $x=0$ 为 $f(x)$ 的第一类间断点(图1.10).

由于 $y=f(x)$ 的图形在 $x=0$ 处产生跳跃, 因此我们称这类间断点为函数 $f(x)$ 的**跳跃间断点**.

由例4~例6可知, 第一类间断点又可分为可去间断点和跳跃间断点.

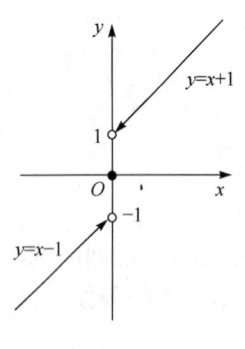

图 1.10

例7 函数 $y=\dfrac{1}{x}$ 在 $x=0$ 处无定义, 但 $\lim\limits_{x\to 0}y=\infty$, 我们称 $x=0$ 为函数 $y=\dfrac{1}{x}$ 的**无穷间断点**.

例8 函数 $y=\sin\dfrac{1}{x}$ 在 $x=0$ 无定义, 但 $\lim\limits_{x\to 0}\sin\dfrac{1}{x}$ 不存在, 因为 $\sin\dfrac{1}{x}$ 无限次地在 -1 与 1 之间来回变动(图1.11), 所以 $x=0$ 称为函数 $y=\sin\dfrac{1}{x}$ 的**振荡间断点**.

例9 求 $y=\dfrac{x}{\tan x}$ 的间断点, 并判别其类型.

解 显然使 $\tan x=0$ 的点 $x=n\pi(n=0,\pm 1,\pm 2,\cdots)$ 和使 $\tan x$ 无意义的点 $x=n\pi+\dfrac{\pi}{2}(n=0,\pm 1,\pm 2,\cdots)$ 都是 $y=\dfrac{x}{\tan x}$ 的间断点.

由于 $\lim\limits_{x\to 0}\dfrac{x}{\tan x}=1$, 所以 $x=0$ 是 $y=\dfrac{x}{\tan x}$ 的可去间断点, 是第一类间断点.

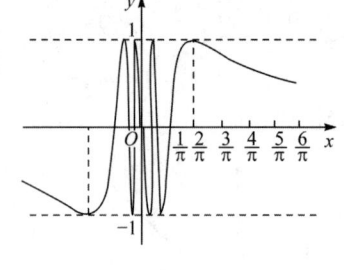

图 1.11

由于 $\lim\limits_{x\to n\pi}\dfrac{x}{\tan x}=\infty(n=\pm 1,\pm 2,\cdots)$, 所以 $x=n\pi(n=\pm 1,\pm 2,\cdots)$ 是 $y=\dfrac{x}{\tan x}$ 的第二类间断点.

由于 $\lim\limits_{x\to n\pi+\frac{\pi}{2}}\dfrac{x}{\tan x}=0(n=0,\pm 1,\pm 2,\cdots)$, 所以 $x=n\pi+\dfrac{\pi}{2}(n=0,\pm 1,\pm 2,\cdots)$

为 $y=\dfrac{x}{\tan x}$ 的可去间断点,是第一类间断点.

例 10 讨论函数 $f(x)=\dfrac{1}{1-\mathrm{e}^{\frac{x}{x-1}}}$ 的连续性.

解 显然 $f(x)$ 在 $(-\infty,0)\bigcup(0,1)\bigcup(1,+\infty)$ 连续. 由于 $f(x)$ 在 $x=0$ 与 1 处无定义,所以 $f(x)$ 在 $x=0$ 与 1 处间断. 由于

$$\lim_{x\to 0}f(x)=\lim_{x\to 0}\dfrac{1}{1-\mathrm{e}^{\frac{x}{x-1}}}=\infty,$$

$$\lim_{x\to 1^-}f(x)=\lim_{x\to 1^-}\dfrac{1}{1-\mathrm{e}^{\frac{x}{x-1}}}=1,\quad \lim_{x\to 1^+}f(x)=0.$$

所以 $x=0$ 是 $f(x)$ 的第二类间断点,$x=1$ 是 $f(x)$ 的第一类间断点.

三、闭区间上连续函数的性质

闭区间上的连续函数有几个重要性质,这里以定理的形式给出,但不予证明.

定理 5(最大值最小值定理) 闭区间上连续函数在该区间上一定有最大值和最小值.

具体地说,如果函数 $f(x)$ 在闭区间 $[a,b]$ 上连续,那么至少 $\exists \xi_1\in[a,b]$,使 $f(\xi_1)$ 是 $f(x)$ 在 $[a,b]$ 上的最大值;又至少 $\exists \xi_2\in[a,b]$,使 $f(\xi_2)$ 是 $f(x)$ 在 $[a,b]$ 最小值. 如图 1.12.

这里要注意,$f(x)$ 在 $[a,b]$ 上连续是 $f(x)$ 在 $[a,b]$ 上存在最大值最小值的充分条件,而非必要条件. 但 $f(x)$ 只在开区间 (a,b) 内连续,或 $f(x)$ 在 $[a,b]$ 上有间断点,那结论不一定成立. 如 $y=x$ 在 $(0,1)$ 内连续,但在 $(0,1)$ 内既无最大值也无最小值. 又如函数

$$f(x)=\begin{cases}-x+1, & 0<x\leqslant 1,\\ 1, & x=1,\\ -x+3, & 1<x\leqslant 2\end{cases}$$

定义在闭区间 $[0,2]$ 上但有间断点 $x=1$,这个函数 $f(x)$ 在 $[0,2]$ 上既无最大值又无最小值(图 1.13). 另外,最大值最小值可以在区间内达到,也可以在端点达到.

图 1.12　　　　　　　　　　　　图 1.13

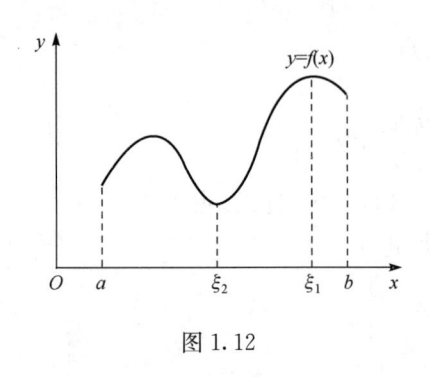

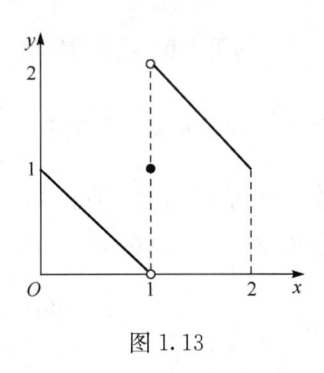

今后我们也称定理 5 为最值定理.
由定理 5 可得以下推论.

推论 1(有界性定理)　闭区间上连续函数在该区间上有界.

证　设函数 $f(x)$ 在闭区间 $[a,b]$ 上连续,则由定理 5,$f(x)$ 在 $[a,b]$ 上存在最大值 M 和最小值 m,使 $\forall x \in [a,b]$ 恒有 $m \leqslant f(x) \leqslant M$,这表明 $f(x)$ 在 $[a,b]$ 上有上界 M 和下界 m,因此 $f(x)$ 在 $[a,b]$ 上有界.

定理 6(介值定理)　设函数 $f(x)$ 在闭区间 $[a,b]$ 上连续,且在该区间的两个端点取不同的函数值
$$f(a)=A \text{ 及 } f(b)=B,$$
则对于 A 与 B 之间任意一个数 c,在 (a,b) 内至少有一点 ξ,使
$$f(\xi)=c.$$

从图 1.14 可以看出,结论是显然的,即
连续曲线弧 $y=f(x)$ 与水平直线 $y=c$ 至少相交一点.

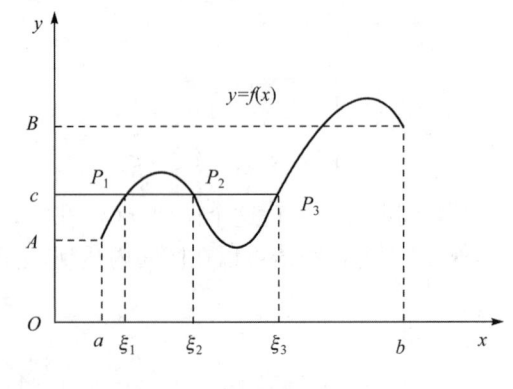

图 1.14

推论 2 设函数 $f(x)$ 在 $[a,b]$ 上连续,且不恒为常数,则对 $f(x)$ 在 $[a,b]$ 上的最小值 m 和最大值 M 之间的任一个数 c,至少 $\exists \xi \in (a,b)$ 使 $f(\xi)=c$.

因为若设 $f(x_1)=m, f(x_2)=M, m \neq M$,在闭区间 $[x_1, x_2]$(或 $[x_2, x_1]$)上应用介值定理(即定理 6),即得上述结论.

推论 3(零点定理) 设函数 $f(x)$ 在 $[a,b]$ 上连续,且 $f(a) \cdot f(b) < 0$,则至少 $\exists \xi \in (a,b)$ 使 $f(\xi)=0$.

注意到 $f(a)$ 与 $f(b)$ 异号,0 是介于 $f(a)$ 与 $f(b)$ 之间的一个数,则由介值定理立即可以得到上述结论.

如果 x_0 使 $f(x_0)=0$,则称 x_0 是 $f(x)$ 的零点,或方程 $f(x)=0$ 的根,故我们称推论 3 为零点定理.零点定理表示:如果连续曲线弧 $y=f(x)$ 的两个端点位于 x 轴的上、下两侧,那么这段曲线弧与 x 轴至少有一个交点,如图 1.15.

例 11 设函数 $f(x)$ 在 (a,b) 内连续,$a < x_1 < x_2 < b$,证明在 (a,b) 内至少存在一点 ξ,使

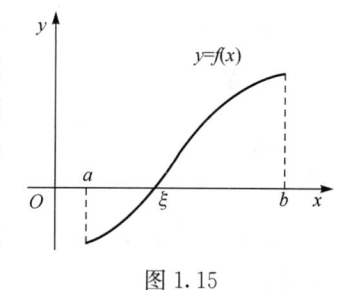

$$f(\xi) = \frac{f(x_1)+f(x_2)}{2}.$$

图 1.15

证 方法一 由题设 $f(x)$ 在 $[x_1,x_2]$ 上连续,所以 $\exists \xi_1, \xi_2 \in [x_1,x_2]$ 使 $m=f(\xi_1), M=f(\xi_2)$ 分别为 $f(x)$ 在 $[x_1,x_2]$ 上的最小值与最大值,因此

$$m \leqslant \frac{f(x_1)+f(x_2)}{2} \leqslant M.$$

若上式有一等式成立,则结论显然成立.所以设 $m < \frac{f(x_1)+f(x_2)}{2} < M$,则由推论 2 知,$\exists \xi \in [x_1,x_2] \subset (a,b)$ 使 $f(\xi) = \frac{f(x_1)+f(x_2)}{2}$,因此结论成立.

方法二 由题设,$f(x)$ 在 $[x_1,x_2]$ 上连续.若 $f(x_1)=f(x_2)$ 成立,则结论显然成立.因此不妨设 $f(x_1) < f(x_2)$,则 $f(x_1) < \frac{f(x_1)+f(x_2)}{2} < f(x_2)$,故由介值定理,$\exists \xi \in (x_1,x_2) \subset (a,b)$ 使 $f(\xi) = \frac{f(x_1)+f(x_2)}{2}$.因此结论成立.

例 12 证明方程 $x^3 - 4x^2 + 1 = 0$ 在区间 $(0,1)$ 内至少有一个根.

证 令 $f(x) = x^3 - 4x^2 + 1$,$f(x)$ 在 $[0,1]$ 上连续,且

$$f(0)=1>0, \quad f(1)=-2<0.$$

所以由零点定理,$\exists \xi \in (0,1)$ 使 $f(\xi)=0$,即方程 $x^3-4x^2+1=0$ 在 $(0,1)$ 内至少有一个根.

例 13 设函数 $f(x)$ 在 $[0,a](a>0)$ 上连续,$f(0)=f(a)=0$ 且当 $0<x<a$ 时,$f(x)>0$.又 l 为 $(0,a)$ 内任一点.证明:在 $(0,a)$ 内至少存在一点 ξ 使 $f(\xi)=f(\xi+l)$.

证 令 $F(x)=f(x)-f(x+l)$,则函数 $F(x)$ 在 $[0,a-l]$ 上连续,且

$$F(0)=f(0)-f(l)=-f(l)<0,$$
$$F(a-l)=f(a-l)-f(a)=f(a-l)>0,$$

所以由零点定理,$\exists \xi \in (0,a-l) \subset (0,a)$ 使 $F(\xi)=0$,即

$$f(\xi)=f(\xi+l).$$

由例 11、例 12 知,涉及函数零点或方程的根往往要用到零点定理证明其存在.

*定理 7(一致连续性定理) 设函数 $f(x)$ 在 $[a,b]$ 上连续,那么它在该区间上一致连续.

所谓一致连续是指,函数 $f(x)$ 在区间 I 上有定义,如果对于任意给定的正数 ε,总存在着正数 δ,使得对于区间 I 上的任意两点 x_1, x_2,当 $|x_2-x_1|<\delta$ 时,就有

$$|f(x_2)-f(x_1)|<\varepsilon,$$

那么称函数 $f(x)$ 在区间 I 上是**一致连续**的.

一致连续性表示,不论在区间 I 的任何部分,对任意给定的正数 ε,总存在正数 δ,只要自变量的两个数值差的绝对值小于 δ,就可使对应的函数值差的绝对值小于 ε.故函数 $f(x)$ 在区间 I 上一致连续,则函数 $f(x)$ 在区间 I 上也是连续的.但反过来不一定成立,因从本质上来说,函数 $f(x)$ 的连续性是个局部性的概念,而函数 $f(x)$ 在区间 I 上一致连续则是由 $f(x)$ 和 I 两者共同确定的整体性概念.

定理 7 告诉我们,在闭区间上,函数的连续性与一致连续性是一回事.区间上函数的一致连续性有很多应用,有兴趣的读者可参考有关书籍.

习 题 1.6

(A)

1. 研究函数 $f(x)=\begin{cases} x, & |x| \leqslant 1, \\ 1, & |x|>1 \end{cases}$ 在 $x=\pm 1$ 处的连续性.

2. 求下列函数的连续区间,并求极限:

(1) $f(x)=\lg(2-x)$,求 $\lim\limits_{x\to-8}f(x)$;

(2) $f(x)=\sqrt{x-4}+\sqrt{6-x}$,求 $\lim\limits_{x\to 5}f(x)$;

(3) $f(x)=\ln\arcsin x$,求 $\lim\limits_{x\to\frac{1}{2}}f(x)$.

3. 定义 $f(0)$ 使 $f(x)=\dfrac{\sqrt{1+x}-1}{\sqrt[3]{1+x}-1}$ 在 $x=0$ 连续.

4. 设 $f(x)$ 与 $g(x)$ 在 x_0 点都不连续,则 $f(x)+g(x)$ 在 x_0 点是否一定不连续?若 $f(x)$ 在 x_0 点连续,$g(x)$ 在 x_0 点不连续,则 $f(x)+g(x)$ 在 x_0 点的连续性如何?

5. 下列函数在指定点处是否连续?若间断,是何种类型的间断点?

(1) $f(x)=\sqrt{x}$, $x=1$, $x=0$;

(2) $y=\dfrac{x^2-1}{x^2-3x+2}$, $x=1$, $x=2$;

(3) $f(x)=\begin{cases}\dfrac{\sin x}{x}, & x<0, \\ x^2-1, & x\geqslant 0,\end{cases}$ $x=0$;

(4) $f(x)=\mathrm{e}^{x+\frac{1}{x}}$, $x=0$.

6. 求下列极限:

(1) $\lim\limits_{x\to 0}\sqrt{x^2-2x+5}$;

(2) $\lim\limits_{x\to 1}\dfrac{\arctan x}{\sqrt{x+\ln x}}$;

(3) $\lim\limits_{x\to 0}\dfrac{\ln(1+2x)}{\sin 3x}$;

(4) $\lim\limits_{x\to 1}\dfrac{\sqrt{5x-4}-\sqrt{x}}{x-1}$;

(5) $\lim\limits_{x\to a}\dfrac{\sin x-\sin a}{x-a}$;

(6) $\lim\limits_{x\to+\infty}(\sqrt{x^2+x}-\sqrt{x^2-x})$;

(7) $\lim\limits_{x\to 0}\left(\cot x-\dfrac{\mathrm{e}^{2x}}{\sin x}\right)$;

(8) $\lim\limits_{x\to\infty}\left(\dfrac{x+1}{x-1}\right)^{\frac{2x^2-1}{x+1}}$.

7. 设 $f(x)=\begin{cases}\mathrm{e}^x, & x<0, \\ a+x, & x\geqslant 0,\end{cases}$ 应当怎样选择 a 使 $f(x)$ 在 $(-\infty,+\infty)$ 内连续?

(B)

1. 求下列极限:

(1) $\lim\limits_{n\to\infty}\left(\dfrac{n+x}{n-1}\right)^n$;

(2) $\lim\limits_{n\to\infty}\tan^n\left(\dfrac{\pi}{4}+\dfrac{1}{n}\right)$.

2. 试确定 a,b,使 $f(x)=\begin{cases}\dfrac{\sin ax}{x}, & x>0, \\ 2, & x=0, \\ \dfrac{1}{bx}\ln(1-3x), & x<0\end{cases}$ 在 $x=0$ 处连续.

3. 讨论函数 $f(x)=\lim\limits_{n\to\infty}\dfrac{1-x^{2n}}{1+x^{2n}}x$ 的连续性,若有间断点,试判别其类型.

4. 证明方程 $x^5-3x=1$ 至少有一个介于 1 和 2 之间的根.

5. 证明方程 $x=a\sin x+b$,其中 $a>0,b>0$,至少有一个正根,并且它不超过 $a+b$.

6. 证明:设 $f(x)$ 在 $[a,b]$ 上连续,若 $f(x)$ 在 $[a,b]$ 上恒不为 0,则 $f(x)$ 在 $[a,b]$ 上恒为正或恒为负.

7. 设函数 $f(x)$ 在 $[0,2]$ 上连续,且 $f(0)=f(2)$,证明:存在 $\xi \in [0,2]$ 使 $f(\xi)=f(\xi+1)$.

8. 设 $f(x)$ 在 $[a,b]$ 上连续,且 $\forall x\in[a,b],\exists y\in[a,b]$ 使
$$|f(y)|\leqslant \frac{1}{2}|f(x)|$$
证明 $\exists \xi \in[a,b]$ 使 $f(\xi)=0$.

小　　结

本章系统地学习了函数、极限和连续的基本概念和方法,它们是学习微积分的基础.

1. 集合的概念、运算及表示方法虽然大多在中学已经学过,但由于它们是今后学习的基础,因此仍应通过复习,做到熟练掌握.

2. 函数的定义与中学函数的定义基本相同,其本质是"对应",这部分内容虽然大部分在中学已学过,但它们是微积分的基础之一,因此不能忽视,仍应深刻理解、熟练掌握函数的定义、表示法、性质.这里要特别注意对复合函数、分段函数和初等函数的理解.

3. 极限概念是微积分的基本概念之一,也是学习微积分的难点之一.

(1) 无论对数列还是函数,求(或证明)极限方法,一般都是以一些已知结果(如基本初等函数和有理函数的极限、两个重要极限)为基础,利用极限的运算法则或极限存在准则去求(或证明)极限.当然,这就常常需要对数列或函数进行适当的恒等变换(如因式分解、根式有理化等代数变换、三角代换、变量代换及等价无穷小替换等).

(2) 在无穷小的定义中,数"零"是唯一可以看作是无穷小的常数.在自变量的某变化趋势中,无穷小与无穷大互为倒数这个结论应排除"零"这个无穷小.同时无穷小的等价代换只有在乘(或除)中方可使用.

(3) 数列与函数的极限定义是难点,初学者也许会不知所云.建议初学者先看懂书中定义与证明,然后仿照书中方法去做题,这样一步一步就可理解和掌握其方法和本质,切勿急躁.

4. 连续性是函数的一个重要特性,要深刻理解函数在一点连续与间断的定义,对具体函数要能确定其连续区间,找出间断点,并进行分类.这里要注意两点:

(1) 基本初等函数在其定义域内连续,初等函数在其"定义区间"内连续.注意"定义域"与"定义区间"的区别.

(2) 对于分段函数,关键是判断其在"分段点"处是否连续,这时往往要用左、右极限.

5. "零点定理"是闭区间上连续函数的重要性质之一,要学会用零点定理解决函数的零点问题或方程根的问题.

复习练习题 1

1. 填空题

   (1) 设 $f(x)=\begin{cases}1, & |x|\leqslant 1,\\ 0, & |x|>1,\end{cases}$ 则 $f[f(x)]=$ _____;

   (2) $\lim\limits_{x\to 0}(1+3x)^{\frac{2}{\sin x}}=$ _____;

   (3) 若 $\lim\limits_{x\to\infty}\left(\dfrac{x+2a}{x-a}\right)^x=8$,则 $a=$ _____;

   (4) 若 $f(x)=\dfrac{e^x-a}{x(x-1)}$ 有无穷间断点 $x=0$ 及可去间断点 $x=1$,则 $a=$ _____.

2. 单项选择题

   (1) 若 $f(x)$ 为奇函数,则 _____ 为奇函数;

   　(A) $f(x)+c$　($c\neq 0$)　　　　　(B) $f(-x)+c$　($c\neq 0$)

   　(C) $f(x)+f(|x|)$　　　　　　　　(D) $f[f(-x)]$

   (2) 下列命题正确的是 _____;

   　(A) 发散数列必无界

   　(B) 无穷小量的倒数必为无穷大量

   　(C) 设 $\lim\limits_{n\to\infty}a_n$ 存在,$\lim\limits_{n\to\infty}b_n=\infty$,则 $\lim\limits_{n\to\infty}a_nb_n=\infty$

   　(D) 单调无界数列必趋于无穷大

   (3) 设 $\lim\limits_{x\to 0}\dfrac{x}{f(2x)}=2$,则 $\lim\limits_{x\to 0}\dfrac{f(3x)}{x}=$ _____;

   　(A) $\dfrac{3}{4}$　　　　　(B) 3　　　　　(C) $\dfrac{1}{4}$　　　　　(D) $\dfrac{4}{3}$

   (4) 设 $f(x)=\dfrac{2^{\frac{1}{x}}-1}{2^{\frac{1}{x}}+1}\arctan\dfrac{1}{x}$,则 $x=0$ 是 $f(x)$ 的 _____.

   　(A) 可去间断点　(B) 跳跃间断点　(C) 连续点　(D) 无穷间断点

3. 求下列极限：

(1) $\lim\limits_{x\to 0}\dfrac{x^2\sin\dfrac{1}{x}}{\sin x}$；

(2) $\lim\limits_{x\to +\infty}\sqrt{x}(\sqrt{x+1}-\sqrt{x})$；

(3) $\lim\limits_{x\to 0}\dfrac{\sqrt{1+x\sin x}-\cos x}{x\sin x}$；

(4) $\lim\limits_{x\to \frac{1}{2}}\sin(1-2x)\tan\pi x$；

(5) $\lim\limits_{x\to 0}\left(\dfrac{a^x+b^x+c^x}{3}\right)^{\frac{1}{x}}$ $(a,b,c>0)$；

(6) $\lim\limits_{n\to\infty}\left(\dfrac{1}{n^2+n+1}+\dfrac{2}{n^2+n+2}+\cdots+\dfrac{n}{n^2+n+n}\right)$.

4. 选择适当的 p，使 $\dfrac{1}{n}\sin^2\dfrac{1}{n}\sim\dfrac{1}{n^p}$ $(n\to\infty)$.

5. 设 $a>0, x_0>0, x_{n+1}=\dfrac{1}{3}\left(2x_n+\dfrac{a}{x_n^2}\right)$ $(n=0,1,2,\cdots)$，证明数列 $\{x_n\}$ 收敛，并求其极限.

6. 设 $f(x)=\begin{cases}a+bx, & x\leqslant 0, \\ \dfrac{\sin bx}{x}, & x>0,\end{cases}$ 讨论 $f(x)$ 在 $x=0$ 的连续性.

7. 讨论函数 $f(x)=\lim\limits_{n\to\infty}\dfrac{1-e^{nx}}{1+e^{nx}}$ 的连续性.

8. 已知 $\lim\limits_{x\to 0}\dfrac{\ln\left(1+\dfrac{f(x)}{\sin 2x}\right)}{3^x-1}=5$，求 $\lim\limits_{x\to 0}\dfrac{f(x)}{x^2}$.

9. 已知 $\lim\limits_{x\to\infty}(\sqrt[3]{1-x^3}-ax-b)=0$，求常数 a,b.

10. 证明：奇次多项式 $f(x)=a_0x^{2n+1}+a_1x^{2n}+\cdots+a_{2n}x+a_{2n+1}$ $(a_0\neq 0)$ 至少有一个零点，其中 $a_i(i=0,1,\cdots,2n+1)$ 均为实数.

11. 设 $f(x)$ 对 $[a,b]$ 上任意两点 x_1 与 x_2 恒有 $|f(x_1)-f(x_2)|\leqslant q|x_1-x_2|$，其中 $q>0$ 为常数，且 $f(a)\cdot f(b)<0$. 证明：在 (a,b) 内至少有一个 ξ 使 $f(\xi)=0$.

第 2 章 导数与微分

导数与微分是一元函数微分学的两个最重要的基本概念,本章以极限理论为基础,讨论导数与微分的概念及其计算方法,并详细讨论各种函数的求导方法,给出基本初等函数的导数和微分公式,这些都是研究函数性质的基础.

2.1 导数的概念

一、导数的定义

1. 两个实际问题

(1) 切线问题.

初等数学中将圆的切线定义为"与圆只有一个交点的直线"无疑是正确的. 但是,对于一般曲线而言,则显然不能沿用上述定义. 例如 y 轴与抛物线 $y=x^2$ 只有一个交点,但显然 y 轴不是 $y=x^2$ 的切线. 关于曲线的切线,法国数学家费马[①]在 1629 年提出了如下定义:设有曲线 C 及 C 上一点 M,在 C 上另取一点 N,作割线 MN. 当点 N 沿曲线 C 趋向于点 M 时,如果割线 MN 绕点 M 旋转而趋向某一定直线 MT,那么直线 MT 就称为曲线 C 在点 M 处的切线.

设曲线 C 的方程为 $y=f(x)$,求曲线 C 上一点 $M(x_0, f(x_0))$ 处的切线方程. 先在曲线 C 上与点 M 邻近处任取一点 $N(x, f(x))$,$x \neq x_0$,则割线 MN 的斜率为

$$k_{MN} = \frac{f(x)-f(x_0)}{x-x_0},$$

当 x 趋向于 x_0 时,点 N 沿曲线 C 趋向于点 M,如果 k_{MN} 趋向于一个定值 k,即

$$k = \lim_{N \to M} k_{MN} = \lim_{x \to x_0} \frac{f(x)-f(x_0)}{x-x_0}, \tag{2.1}$$

则将通过点 M 且斜率为 k 的直线 MT 定义为曲线 C 在点 M 处的切线(图 2.1).

---

① 费马(P. de. Fermat),1601—1665,法国数学家.

图 2.1

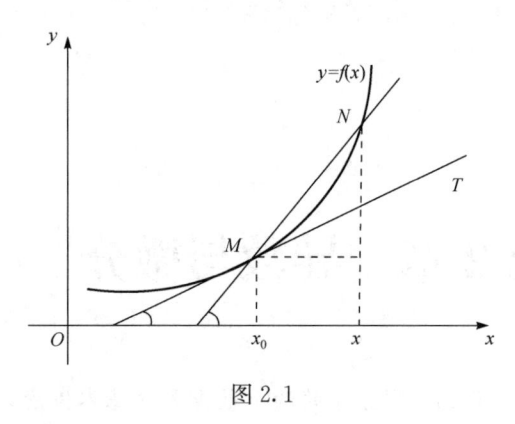

(2) 瞬时速度问题.

设某一作变速直线运动的质点在 t 时刻所走的路程为 $s=s(t)$,求该质点在$t=t_0$ 时刻的瞬时速度. 先求出质点从 $t=t_0$ 到 $t=t_0+\Delta t$ 时间间隔内的平均速度

$$\overline{v}=\frac{s(t_0+\Delta t)-s(t_0)}{\Delta t},$$

当时间增量 Δt 趋向于零时,若 $\overline{v}$ 趋向于某一确定值 v,即

$$v=\lim_{\Delta t \to 0}\frac{s(t_0+\Delta t)-s(t_0)}{\Delta t},$$

则将此极限值 v 定义为质点在 t_0 时刻的瞬时速度.

导数的概念

从上述两个实际问题的讨论中可以看出,如果不考虑变量的实际含义,则都可以归结为求 $\dfrac{f(x_0+\Delta x)-f(x_0)}{\Delta x}\left(\text{或}\dfrac{f(x)-f(x_0)}{x-x_0},\text{称为函数 }y=f(x)\text{ 的差商}\right)$ 的极限 $\lim\limits_{\Delta x\to 0}\dfrac{f(x_0+\Delta x)-f(x_0)}{\Delta x}$ 问题. 撇开其实际背景就是数学上的导数概念.

定义 设函数 $y=f(x)$ 在点 x_0 的某邻域内有定义,当自变量 x 在点 x_0 处取得增量 Δx(这时 $x+\Delta x$ 仍在该邻域内),相应地函数 y 取得增量 $\Delta y=f(x_0+\Delta x)-f(x_0)$. 若

$$\lim_{\Delta x\to 0}\frac{f(x_0+\Delta x)-f(x_0)}{\Delta x} \tag{2.2}$$

存在,则称函数 $y=f(x)$ 在点 x_0 处**可导**,并称这个极限为 $f(x)$ 在点 x_0 的**导数**,记作 $f'(x_0)$,即

$$f'(x_0)=\lim_{\Delta x\to 0}\frac{f(x_0+\Delta x)-f(x_0)}{\Delta x}, \tag{2.3}$$

也可记作 $y'|_{x=x_0}$,或 $\dfrac{\mathrm{d}y}{\mathrm{d}x}\bigg|_{x=x_0}$,或 $\dfrac{\mathrm{d}f(x)}{\mathrm{d}x}\bigg|_{x=x_0}$.

这时也称 $f(x)$ 在 x_0 处导数存在.

若极限(2.2)不存在,则称 $f(x)$ 在点 x_0 处不可导.

导数的定义(2.3)也常写为

$$f'(x_0) = \lim_{x \to x_0} \frac{f(x) - f(x_0)}{x - x_0} \quad \text{或} \quad f'(x_0) = \lim_{h \to 0} \frac{f(x_0 + h) - f(x_0)}{h}.$$

如果函数 $y = f(x)$ 在开区间 I 内各点都可导,则称 $y = f(x)$ 在开区间 I 内可导,这时 $\forall x \in I$,都对应着 $f(x)$ 的一个确定的导数值,这样在区间 I 上就构成了一个新的函数,称此函数为函数 $y = f(x)$ 的**导函数**,记作 y', $\frac{dy}{dx}$, $f'(x)$ 或 $\frac{df(x)}{dx}$. 导函数也简称为导数. 此时 $f'(x_0) = f'(x)|_{x=x_0}$.

下面根据导数定义求一些简单函数的导数.

例1 常数的导数为零,即 $(C)' = 0$.

解 $f'(x) = \lim\limits_{\Delta x \to 0} \dfrac{f(x + \Delta x) - f(x)}{\Delta x} = \lim\limits_{\Delta x \to 0} \dfrac{C - C}{\Delta x} = 0.$

例2 设函数 $f(x) = x^3$,求 $f'(x)$.

解 $f'(x) = \lim\limits_{\Delta x \to 0} \dfrac{f(x + \Delta x) - f(x)}{\Delta x}$

$= \lim\limits_{\Delta x \to 0} \dfrac{(x + \Delta x)^3 - x^3}{\Delta x} = \lim\limits_{\Delta x \to 0} \dfrac{[x^3 + 3x^2 \Delta x + 3x (\Delta x)^2 + (\Delta x)^3] - x^3}{\Delta x}$

$= \lim\limits_{\Delta x \to 0} [3x^2 + 3x(\Delta x) + (\Delta x)^2] = 3x^2.$

类似地,可以证明: $(x^n)' = nx^{n-1} (n \in \mathbf{N}^+)$.

更一般地(下节将证明), $(x^\mu)' = \mu x^{\mu - 1}$ (μ 为常数).

利用这一公式可以很方便地求出幂函数的导数,例如:

$$\left(\frac{1}{x}\right)' = (x^{-1})' = -1 \cdot x^{-1-1} = -\frac{1}{x^2};$$

$$(\sqrt{x})' = (x^{\frac{1}{2}})' = \frac{1}{2} \cdot x^{\frac{1}{2} - 1} = \frac{1}{2\sqrt{x}};$$

$$\left(\frac{1}{x^2 \sqrt[4]{x}}\right)' = (x^{-\frac{9}{4}})' = -\frac{9}{4} \cdot x^{-\frac{9}{4} - 1} = -\frac{9}{4 x^3 \sqrt[4]{x}} \text{ 等.}$$

例3 证明公式 $(\sin x)' = \cos x$.

证 $(\sin x)' = \lim\limits_{\Delta x \to 0} \dfrac{\sin(x + \Delta x) - \sin x}{\Delta x}$

$= \lim\limits_{\Delta x \to 0} \dfrac{2\cos\left(x + \dfrac{\Delta x}{2}\right) \sin \dfrac{\Delta x}{2}}{\Delta x} = \lim\limits_{\Delta x \to 0} \cos\left(x + \dfrac{\Delta x}{2}\right) \cdot \dfrac{\sin \dfrac{\Delta x}{2}}{\dfrac{\Delta x}{2}}$

$= \cos x.$

同理可证明 $(\cos x)' = -\sin x$.

例4 证明公式$(a^x)'=a^x\ln a$(其中$a>0,a\neq 1$).

证 $(a^x)'=\lim\limits_{\Delta x\to 0}\dfrac{a^{x+\Delta x}-a^x}{\Delta x}=a^x\lim\limits_{\Delta x\to 0}\dfrac{a^{\Delta x}-1}{\Delta x}=a^x\lim\limits_{\Delta x\to 0}\dfrac{e^{\Delta x\ln a}-1}{\Delta x}=a^x\lim\limits_{\Delta x\to 0}\dfrac{\Delta x\ln a}{\Delta x}$
$=a^x\ln a,$

特别地,当$a=e$时,有$(e^x)'=e^x$.

例5 讨论函数$f(x)=\begin{cases}\dfrac{e^{x^2}-1}{x},&x\neq 0,\\ 0,&x=0\end{cases}$在$x=0$处的可导性.

解 因为$\lim\limits_{x\to 0}\dfrac{f(x)-f(0)}{x-0}=\lim\limits_{x\to 0}\dfrac{\dfrac{e^{x^2}-1}{x}-0}{x}=\lim\limits_{x\to 0}\dfrac{e^{x^2}-1}{x^2}=1,$

所以$f(x)$在$x=0$处可导,且$f'(0)=1$.

2. 单侧导数

由于导数是用极限来定义的,因此将单侧极限的概念应用于导数则有下面单侧导数的概念.

若$\lim\limits_{\Delta x\to 0^-}\dfrac{f(x_0+\Delta x)-f(x_0)}{\Delta x}$存在,则称此极限为$f(x)$在$x_0$处的**左导数**,记为$f'_-(x_0)$,即

$$f'_-(x_0)=\lim\limits_{\Delta x\to 0^-}\dfrac{f(x_0+\Delta x)-f(x_0)}{\Delta x}, \tag{2.4}$$

同理,若$\lim\limits_{\Delta x\to 0^+}\dfrac{f(x_0+\Delta x)-f(x_0)}{\Delta x}$存在,则称此极限为$f(x)$在$x_0$处的**右导数**,记为$f'_+(x_0)$,即

$$f'_+(x_0)=\lim\limits_{\Delta x\to 0^+}\dfrac{f(x_0+\Delta x)-f(x_0)}{\Delta x}. \tag{2.5}$$

显然,函数$f(x)$在点x_0处可导的充分必要条件是其左、右导数$f'_-(x_0),f'_+(x_0)$都存在且相等.

例6 讨论$f(x)=|x|$在$x=0$处的可导性.

解 根据单侧导数的概念,因为

$$f'_-(0)=\lim\limits_{x\to 0^-}\dfrac{f(x)-f(0)}{x}=\lim\limits_{x\to 0^-}\dfrac{-x}{x}=-1,$$

$$f'_+(0)=\lim\limits_{x\to 0^+}\dfrac{f(x)-f(0)}{x}=\lim\limits_{x\to 0^+}\dfrac{x}{x}=1,$$

$f'_-(0)\neq f'_+(0)$,所以$f'(0)$不存在,即$f(x)$在$x=0$处不可导.

如果$f(x)$在(a,b)内可导,且$f'_+(a),f'_-(b)$都存在,则称$f(x)$在闭区间$[a,b]$上可导.

3. 导数的几何意义

由前面的切线问题讨论的结果可知,如果 $f(x)$ 在点 x_0 处可导,则它在点 x_0 的导数 $f'(x_0)$ 在几何上就表示曲线 $y=f(x)$ 在点 $(x_0,f(x_0))$ 处的切线斜率(图 2.1). 但应该注意,如果 $y=f(x)$ 在 x_0 不可导,并不等于曲线 $y=f(x)$ 在点 $(x_0,f(x_0))$ 处无切线.

例如,函数 $y=f(x)=\sqrt[3]{x}$ 在 $(-\infty,+\infty)$ 内连续,而
$$\lim_{x\to 0}\frac{f(x)-f(0)}{x}=\lim_{x\to 0}\frac{1}{x^{\frac{2}{3}}}=+\infty,$$
即函数 $y=\sqrt[3]{x}$ 在 $x=0$ 处不可导,但曲线 $y=f(x)=\sqrt[3]{x}$ 在 $(0,0)$ 的切线却存在,其方程为 $x=0$ (图 2.2).

设函数 $y=f(x)$ 在 x_0 可导,则曲线 $y=f(x)$ 在点 $(x_0,f(x_0))$ 处的切线方程为
$$y-f(x_0)=f'(x_0)(x-x_0), \quad (2.6)$$
法线方程为
$$y-f(x_0)=-\frac{1}{f'(x_0)}(x-x_0) \quad (f'(x_0)\neq 0). \quad (2.7)$$

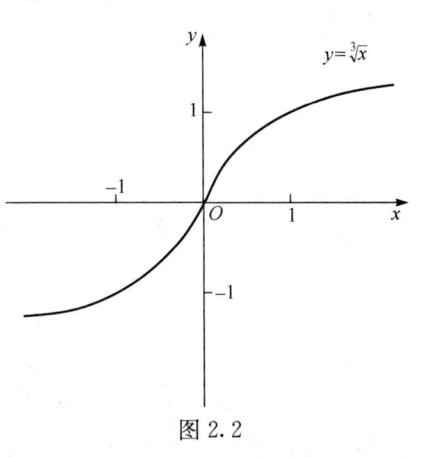

图 2.2

例 7 求双曲线 $y=\frac{1}{x}$ 在点 $\left(\frac{1}{2},2\right)$ 处的切线斜率,并写出该点处的切线方程和法线方程.

解 根据导数的几何意义,曲线在点 $\left(\frac{1}{2},2\right)$ 处的切线斜率为 $k_1=y'\big|_{x=\frac{1}{2}}=\left(-\frac{1}{x^2}\right)\big|_{x=\frac{1}{2}}=-4$,法线斜率 $k_2=-\frac{1}{k_1}=\frac{1}{4}$.

所求切线方程为
$$y-2=-4\left(x-\frac{1}{2}\right), \text{ 即 } 4x+y-4=0,$$
法线方程为
$$y-2=\frac{1}{4}\left(x-\frac{1}{2}\right), \text{ 即 } 2x-8y+15=0.$$

例 8 求曲线 $y=\sqrt{x}$ 通过点 $(0,1)$ 的切线方程.

解 设切点为 (x_0,y_0),则切线的斜率为 $y'\big|_{x=x_0}=\frac{1}{2\sqrt{x}}\big|_{x=x_0}=\frac{1}{2\sqrt{x_0}}$,而 $y_0=$

$\sqrt{x_0}$,于是所求切线方程为 $y-\sqrt{x_0}=\dfrac{1}{2\sqrt{x_0}}(x-x_0)$.

因直线过点$(0,1)$,故 $1-\sqrt{x_0}=\dfrac{1}{2\sqrt{x_0}}(-x_0)$,即 $\sqrt{x_0}=2$,解之得 $x_0=4$,$y_0=2$,因此所求切线方程为 $x-4y+4=0$.

二、函数的可导性与连续性的关系

如果函数 $y=f(x)$ 在点 x 处可导,即

$$\lim_{\Delta x\to 0}\dfrac{\Delta y}{\Delta x}=\lim_{\Delta x\to 0}\dfrac{f(x+\Delta x)-f(x)}{\Delta x}=f'(x)$$

存在,则由函数极限与无穷小之间的关系有

$$\dfrac{\Delta y}{\Delta x}=\dfrac{f(x+\Delta x)-f(x)}{\Delta x}=f'(x)+\alpha,$$

其中 $\lim\limits_{\Delta x\to 0}\alpha=0$,则

$$\Delta y=f(x+\Delta x)-f(x)=f'(x)\Delta x+\alpha\Delta x. \tag{2.8}$$

因此

$$\lim_{\Delta x\to 0}\Delta y=\lim_{\Delta x\to 0}[f(x+\Delta x)-f(x)]=0.$$

由函数连续的定义可知,$y=f(x)$ 在 x 处是连续的. 所以,**如果 $y=f(x)$ 在点 x 处可导,则必在该点连续**.

但是,由前面的例7我们知道,虽然函数 $y=|x|$ 在 $x=0$ 处连续,但是在该点却是不可导的. 因此,**函数连续是可导的必要条件,而不是充分条件**.

三、变化率——导数的实际应用

导数概念有着极为丰富的实际背景. 为了说明这一点,我们进一步剖析一下导数的定义

$$f'(x)=\lim_{\Delta x\to 0}\dfrac{\Delta y}{\Delta x}=\lim_{\Delta x\to 0}\dfrac{f(x+\Delta x)-f(x)}{\Delta x}.$$

由于 $\Delta y=f(x+\Delta x)-f(x)$ 表示在长为 $|\Delta x|$ 的区间上因变量 y 相对于自变量 x 的变化量,$\dfrac{\Delta y}{\Delta x}$ 表示在长为 $|\Delta x|$ 的区间上因变量 y 相对于自变量 x 的平均变化程度,称为平均变化率. 所以导数 $\lim\limits_{\Delta x\to 0}\dfrac{\Delta y}{\Delta x}$ 表示了函数 $y=f(x)$ 在点 x 的瞬时变化率,简称变化率. 因此,导数给出了研究非均匀变化的变化率的方法.

例9（电流强度） 我们知道,在恒定电流中,导线中通过的电量 $q=q(t)$ 随时间 t 的变化是均匀的,其电流强度 $i=\dfrac{\Delta q}{\Delta t}$ 是常数. 如果电量 $q=q(t)$ 随时间 t 的变化是非均匀的,则 t_0 时刻的瞬时电流强度就是 $i_0=q'(t_0)$.

例10（功率） 我们知道,如果力所做的功 W 随时间的增加而均匀改变,那么功率 $P=\dfrac{\Delta W}{\Delta t}$. 如果力所做的功 W 随时间 t 的变化是非均匀的,设为 $W=f(t)$,则 t_0 时刻的瞬时功率为 $P=f'(t_0)$.

例11（经济学中的"边际函数"） 在经济学中有很多函数,例如成本函数、利润函数、需求函数等. 为了研究这些函数,常引入"边际函数"的概念:设 $y=f(x)$ 为经济学中的某函数,若 $f(x)$ 在 x 处可导,则称导数 $f'(x)$ 为 $f(x)$ 的边际函数. 例如,若 $f(x)$ 为生产 x 个某产品的总成本,则 $f'(x_0)$ 就是成本函数 $f(x)$ 在 x_0 的边际成本. 基于边际的概念对经济问题进行的分析叫做边际分析. 边际分析是数理经济学的主要研究方法.

习 题 2.1

(A)

1. 利用导数定义求下列函数的导数:
   (1) $f(x)=ax+b$; (2) $y=\sqrt{x}$.

2. 下列各题中均假定 $f'(x_0)$ 存在,按照导数定义确定 A:
   (1) $\lim\limits_{\Delta x \to 0}\dfrac{f(x_0-\Delta x)-f(x_0)}{\Delta x}=A$;
   (2) $\lim\limits_{\Delta x \to 0}\dfrac{f(x_0)-f(x_0-\Delta x)}{\Delta x}=A$;
   (3) $\lim\limits_{h \to 0}\dfrac{f(x_0+h)-f(x_0-h)}{h}=A$.

3. 变速直线运动位移函数为 $s=t^3$,求 $t=2$ 时的瞬时速度.

4. 求曲线 $y=e^x$ 在点 $(0,1)$ 处的切线与法线方程.

5. 求曲线 $y=x^3+x$ 上,其切线与直线 $y=4x$ 平行的点.

6. 讨论下列函数在 $x=0$ 处的连续性与可导性:
   (1) $y=\begin{cases} x\sin\dfrac{1}{x}, & x\neq 0, \\ 0, & x=0; \end{cases}$ (2) $y=\begin{cases} x^2\sin\dfrac{1}{x}, & x\neq 0, \\ 0, & x=0. \end{cases}$

7. 设 $f(x)$ 为偶函数,且 $f'(0)$ 存在,证明 $f'(0)=0$.

8. 函数 $f(x)=\begin{cases} x+2, & 0\leqslant x<1, \\ 3x-1, & x\geqslant 1 \end{cases}$,在 $x=1$ 处是否可导? 为什么?

9. 已知 $f(x)=\begin{cases} \sin x, & x<0, \\ x, & x\geqslant 0, \end{cases}$ 求 $f'(x)$.

10. 试确定常数 a,b,使

$$f(x)=\begin{cases} x^2, & x\leqslant 1, \\ ax+b, & x>1 \end{cases}$$

在 $x=1$ 处连续且可导.

11. 证明:双曲线 $xy=a^2$ 上任一点处的切线与两坐标轴构成的三角形的面积都等于 $2a^2$.

(B)

1. 设 $f(x)$ 在 $x=0$ 连续,且 $\lim\limits_{x\to 0}\dfrac{f(x)}{x}$ 存在,证明:$f(x)$ 在 $x=0$ 可导.

2. 设 $f(x)=(x-a)\varphi(x)$,且其中 $\varphi(x)$ 在 $x=a$ 连续,求 $f'(a)$.

3. 设 $f'(a)$ 存在,且 $f(a)\neq 0$,求 $\lim\limits_{n\to\infty}\left[\dfrac{f\left(a+\dfrac{1}{n}\right)}{f(a)}\right]^n$.

4. 设 $f(x)=1+|x-1|\sin(x-1)$,求 $f'(1)$.

5. 设 $f(x)=\begin{cases} e^x, & x\leqslant 0, \\ x^2+bx+c, & x>0, \end{cases}$ 问当 b,c 取何值时,$f(x)$ 在 $x=0$ 处可导?

2.2 函数的求导法则

2.1 节我们学习了导数的概念,介绍了利用导数定义求导数的方法.但是,用定义求函数的导数的方法,只能求一些简单函数的导数,对于稍复杂的函数,直接用定义来求它们的导数往往很困难,甚至是不可能的.本节将介绍几个求导法则,并由此推出一些初等函数的导数公式,从而使导数的计算系统化、简单化.

函数的求导法则

一、导数的四则运算法则

定理1 设函数 $u(x),v(x)$ 在点 x 处可导,则它们的和、差、积、商(分母不为零)都在点 x 处可导,且

$$(1)\ [u(x)\pm v(x)]'=u'(x)\pm v'(x); \tag{2.9}$$

$$(2)\ [u(x)v(x)]'=u'(x)v(x)+u(x)v'(x); \tag{2.10}$$

$$(3)\ \left[\dfrac{u(x)}{v(x)}\right]'=\dfrac{u'(x)v(x)-u(x)v'(x)}{v^2(x)}\ (v(x)\neq 0). \tag{2.11}$$

证 (1) 设 $f(x)=u(x)\pm v(x)$,则由导数定义(2.3)式,有

$$f'(x)=\lim_{h\to 0}\dfrac{f(x+h)-f(x)}{h}$$

$$= \lim_{h \to 0} \frac{[u(x+h) \pm v(x+h)] - [u(x) \pm v(x)]}{h}$$

$$= \lim_{h \to 0} \left[\frac{u(x+h) - u(x)}{h} \pm \frac{v(x+h) - v(x)}{h} \right]$$

$$= \lim_{h \to 0} \frac{u(x+h) - u(x)}{h} \pm \lim_{h \to 0} \frac{v(x+h) - v(x)}{h}$$

$$= u'(x) \pm v'(x).$$

(2) 设 $f(x) = u(x)v(x)$, 由条件知 $u(x)$ 和 $v(x)$ 均为连续函数. 则

$$f'(x) = \lim_{h \to 0} \frac{f(x+h) - f(x)}{h}$$

$$= \lim_{h \to 0} \frac{u(x+h)v(x+h) - u(x)v(x)}{h}$$

$$= \lim_{h \to 0} \frac{[u(x+h)v(x+h) - u(x)v(x+h)] + [u(x)v(x+h) - u(x)v(x)]}{h}$$

$$= \lim_{h \to 0} \left[\frac{u(x+h) - u(x)}{h} \cdot v(x+h) + \frac{v(x+h) - v(x)}{h} \cdot u(x) \right]$$

$$= \lim_{h \to 0} \frac{u(x+h) - u(x)}{h} \cdot \lim_{h \to 0} v(x+h) + u(x) \cdot \lim_{h \to 0} \frac{v(x+h) - v(x)}{h}$$

$$= u'(x)v(x) + u(x)v'(x).$$

特别地, $[Cu(x)]' = Cu'(x)$ (C 为常数).

(3) 设 $f(x) = \dfrac{u(x)}{v(x)}$, 则

$$f'(x) = \lim_{h \to 0} \frac{f(x+h) - f(x)}{h} = \lim_{h \to 0} \frac{\dfrac{u(x+h)}{v(x+h)} - \dfrac{u(x)}{v(x)}}{h}$$

$$= \lim_{h \to 0} \frac{u(x+h)v(x) - u(x)v(x+h)}{v(x+h)v(x)h}$$

$$= \lim_{h \to 0} \frac{[u(x+h)v(x) - u(x)v(x)] + [u(x)v(x) - u(x)v(x+h)]}{v(x+h)v(x)h}$$

$$= \frac{1}{v^2(x)} \lim_{h \to 0} \left[\frac{u(x+h) - u(x)}{h} v(x) - \frac{v(x+h) - v(x)}{h} u(x) \right]$$

$$= \frac{u'(x)v(x) - u(x)v'(x)}{v^2(x)}.$$

特别地, $\left[\dfrac{1}{v(x)} \right]' = -\dfrac{v'(x)}{v^2(x)}$ ($v(x) \neq 0$).

定理 1 中的法则 (2.9), (2.10) 可以推广到任意有限个可导函数情形. 例如设 $u = u(x), v = v(x), w = w(x)$ 均可导, 则

$$(u+v-w)'=u'+v'-w'; \quad (uvw)'=u'vw+uv'w+uvw'.$$

例1 已知 $y=2x^3-5x^2-9$，求 y'.

解 由求导法则，有
$$\begin{aligned}y' &=(2x^3)'-(5x^2)'-(9)'\\ &=6x^2-10x.\end{aligned}$$

例2 已知 $f(x)=x^3+4\cos x-\sin\dfrac{\pi}{2}$，求 $f'(x)$ 及 $f'\left(\dfrac{\pi}{4}\right)$.

解 先求导函数，某点处的导数是导函数在该点的函数值，故
$$f'(x)=(x^3)'+(4\cos x)'-\left(\sin\dfrac{\pi}{2}\right)'=3x^2-4\sin x,$$
$$f'\left(\dfrac{\pi}{4}\right)=\dfrac{3}{16}\pi^2-2\sqrt{2}.$$

例3 已知 $y=3^x+2\sqrt{x}\cos x$，求 $\dfrac{\mathrm{d}y}{\mathrm{d}x}$.

解 由求导法则，有
$$\begin{aligned}\dfrac{\mathrm{d}y}{\mathrm{d}x}&=(3^x)'+(2\sqrt{x}\cos x)'\\ &=3^x\ln 3+2(\sqrt{x})'\cos x+2\sqrt{x}(\cos x)'\\ &=3^x\ln 3+\dfrac{\cos x}{\sqrt{x}}-2\sqrt{x}\sin x.\end{aligned}$$

例4 求 $y=\tan x$ 的导数.

解 由商的求导法则，有
$$(\tan x)'=\left(\dfrac{\sin x}{\cos x}\right)'$$
$$=\dfrac{(\sin x)'\cos x-\sin x(\cos x)'}{(\cos x)^2}=\dfrac{1}{\cos^2 x}=\sec^2 x.$$

类似方法可以得到下面几个导数公式：
$$(\cot x)'=-\csc^2 x=-\dfrac{1}{\sin^2 x},$$
$$(\sec x)'=\sec x\tan x,$$
$$(\csc x)'=-\csc x\cot x.$$

例5 设 $y=\dfrac{\sec x}{1+\tan x}$，求 $\dfrac{\mathrm{d}y}{\mathrm{d}x}$.

解 由求导法则及导数公式，有
$$\dfrac{\mathrm{d}y}{\mathrm{d}x}=\dfrac{(\sec x)'(1+\tan x)-\sec x(1+\tan x)'}{(1+\tan x)^2}$$

$$= \frac{\sec x \tan x (1+\tan x) - \sec x \cdot \sec^2 x}{(1+\tan x)^2}$$

$$= \frac{\sec x (\tan x + \tan^2 x - \sec^2 x)}{(1+\tan x)^2}$$

$$= \frac{\sec x (\tan x - 1)}{(1+\tan x)^2}.$$

二、反函数的导数

设 $y=f(x)$ 是 $x=\varphi(y)$ 的反函数. 由第 1 章知道, 如果 $x=\varphi(y)$ 在区间 I_y 内单调且连续, 那么它的反函数 $y=f(x)$ 在对应区间 $I_x = \{x \mid x=\varphi(y), y \in I_y\}$ 内也是单调且连续的. 下面我们给出反函数导数定理.

定理 2 如果函数 $x=\varphi(y)$ 在某区间 I_y 内单调、可导, 且 $\varphi'(y) \neq 0$, 那么它的反函数 $y=f(x)$ 在对应区间 I_x 内也单调、可导, 且

$$f'(x) = \frac{1}{\varphi'(y)} \quad \text{或} \quad \frac{\mathrm{d}y}{\mathrm{d}x} = \frac{1}{\frac{\mathrm{d}x}{\mathrm{d}y}}. \tag{2.12}$$

证 任取 x 及 $\Delta x (\neq 0)$, 使 $x, x+\Delta x \in I_x$. 由 $y=f(x)$ 的单调性可知

$$\Delta y = f(x+\Delta x) - f(x) \neq 0,$$

于是有

$$\frac{\Delta y}{\Delta x} = \frac{1}{\frac{\Delta x}{\Delta y}},$$

因 $x=\varphi(y)$ 可导, 则必连续, 于是其反函数 $y=f(x)$ 也连续, 因而当 $\Delta x \to 0$ 时必有 $\Delta y \to 0$. 因此

$$\lim_{\Delta x \to 0} \frac{\Delta y}{\Delta x} = \frac{1}{\lim_{\Delta y \to 0} \frac{\Delta x}{\Delta y}} = \frac{1}{\varphi'(y)},$$

这表明反函数 $y=f(x)$ 在点 x 处可导, 且有

$$f'(x) = \frac{1}{\varphi'(y)}.$$

上述结论可以简单说成: 直接函数的导数与反函数的导数互为倒数.

例 6 设 $y=\log_a x$, 求 y'.

解 因 $x=a^y$ 在 $(-\infty, +\infty)$ 内单调、可导, 且 $(a^y)' = a^y \ln a \neq 0$, 因此由定理 2 得其反函数 $y=\log_a x$ 的导数为

$$(\log_a x)' = \frac{1}{(a^y)'} = \frac{1}{a^y \ln a} = \frac{1}{x \ln a}.$$

特别地,当 $a = e$ 时,有

$$(\ln x)' = \frac{1}{x}.$$

例 7 证明导数公式 $(\arcsin x)' = \frac{1}{\sqrt{1-x^2}}, x \in (-1,1)$.

证 因为 $x = \sin y$ 在 $\left(-\frac{\pi}{2}, \frac{\pi}{2}\right)$ 内单调、可导,且 $(\sin y)' = \cos y > 0$,故由反函数求导法则,其反函数 $y = \arcsin x$ 的导数为

$$(\arcsin x)' = \frac{1}{(\sin y)'} = \frac{1}{\cos y}.$$

因为当 $y \in \left(-\frac{\pi}{2}, \frac{\pi}{2}\right)$ 时,$\cos y = \sqrt{1 - \sin^2 y} = \sqrt{1-x^2}$,故有

$$(\arcsin x)' = \frac{1}{\sqrt{1-x^2}}, \quad x \in (-1,1),$$

公式得以证明.

类似地,还可以证明下列导数公式:

$$(\arccos x)' = -\frac{1}{\sqrt{1-x^2}}, \quad x \in (-1,1),$$

$$(\arctan x)' = \frac{1}{1+x^2},$$

$$(\text{arccot}\, x)' = -\frac{1}{1+x^2}.$$

例 8 设 $y = x \ln x - (1+x^2)\arctan x$,求 y'.

解 运用求导法则和导数公式,有

$$y' = (x \ln x)' - [(1+x^2)\arctan x]'$$
$$= \ln x + x \cdot \frac{1}{x} - \left[2x \arctan x + (1+x^2)\frac{1}{1+x^2}\right]$$
$$= \ln x - 2x \arctan x.$$

三、复合函数的求导法则

通过前面的讨论,我们已经能够解决所有基本初等函数及其线性组合的求导问题. 但是,对诸如 $\sin(2x^2+1)$,e^{2x^3},$\ln\tan(1+x^2)$ 这样的复合函数的可导性问题

尚未解决. 如果可导,又怎样求其导数? 下面给出这一问题的求导法则,即复合函数求导法则.

定理 3 如果 $u=\varphi(x)$ 在点 x 可导,而 $y=f(u)$ 在点 $u=\varphi(x)$ 可导,则复合函数 $y=f[\varphi(x)]$ 在点 x 可导,且

$$\frac{\mathrm{d}y}{\mathrm{d}x}=\frac{\mathrm{d}y}{\mathrm{d}u}\cdot\frac{\mathrm{d}u}{\mathrm{d}x}=f'(u)\cdot\varphi'(x). \tag{2.13}$$

证 对应 x 的增量 Δx,有

$$\Delta u=\varphi(x+\Delta x)-\varphi(x), \quad \Delta y=f(u+\Delta u)-f(u).$$

由于 $y=f(u)$ 在 u 处可导,故

$$\lim_{\Delta u\to 0}\frac{\Delta y}{\Delta u}=f'(u)$$

存在,根据函数极限与无穷小之间的关系有

$$\frac{\Delta y}{\Delta u}=f'(u)+\alpha,$$

其中 $\lim\limits_{\Delta u\to 0}\alpha=0$. 于是

$$\Delta y=f'(u)\Delta u+\alpha\cdot\Delta u.$$

注意上式无论对 $\Delta u=0$ 还是 $\Delta u\neq 0$ 均成立. 因此

$$\frac{\Delta y}{\Delta x}=f'(u)\frac{\Delta u}{\Delta x}+\alpha\frac{\Delta u}{\Delta x},$$

由于 $u=\varphi(x)$ 在点 x 可导,所以

$$\lim_{\Delta x\to 0}\frac{\Delta y}{\Delta x}=f'(u)\cdot\lim_{\Delta x\to 0}\frac{\Delta u}{\Delta x}+\lim_{\Delta x\to 0}\left(\alpha\cdot\frac{\Delta u}{\Delta x}\right)=f'(u)\cdot\varphi'(x),$$

即

$$\frac{\mathrm{d}y}{\mathrm{d}x}=f'(u)\cdot\varphi'(x).$$

上面我们证明了复合函数求导法则,复合函数求导法则是导数运算中最重要也最常用的法则. 该法则可以推广到任意有限多个中间变量的情况. 应用该公式的关键是搞清复合函数的复合关系,一般采用由外往里,一层一层地求导,不能遗漏. 因此常称此法则为"**链式法则**". 例如,设函数 $y=f(u), u=\varphi(v), v=\phi(x)$ 均可导,则函数 $y=f\{\varphi[\phi(x)]\}$ 也可导,且

$$\frac{\mathrm{d}y}{\mathrm{d}x}=\frac{\mathrm{d}y}{\mathrm{d}u}\cdot\frac{\mathrm{d}u}{\mathrm{d}v}\cdot\frac{\mathrm{d}v}{\mathrm{d}x}=f'(u)\cdot\varphi'(v)\cdot\phi'(x).$$

例 9 设 $y=\sin 2\sqrt{x}$,求 $\dfrac{\mathrm{d}y}{\mathrm{d}x}$.

解 函数 $y=\sin 2\sqrt{x}$ 可看作是由 $y=\sin u, u=2\sqrt{x}$ 复合而成,故

$$\frac{dy}{dx}=\frac{dy}{du}\cdot\frac{du}{dx}=\cos u\cdot 2\frac{1}{2\sqrt{x}}=\frac{\cos 2\sqrt{x}}{\sqrt{x}}.$$

例 10 设 $y=\ln\tan x$,求 $\dfrac{dy}{dx}$.

解 函数 $y=\ln\tan x$ 是由 $y=\ln u, u=\tan x$ 复合而成,故

$$\frac{dy}{dx}=\frac{dy}{du}\cdot\frac{du}{dx}=\frac{1}{u}\cdot\sec^2 x=\frac{\sec^2 x}{\tan x}=\frac{1}{\sin x\cdot\cos x}.$$

例 11 设 $y=e^{x^2}$,求 $\dfrac{dy}{dx}\bigg|_{x=1}$.

解 函数 $y=e^{x^2}$ 是由 $y=e^u, u=x^2$ 复合而成,故

$$\frac{dy}{dx}=e^u\cdot 2x=2xe^{x^2},$$

从而

$$\frac{dy}{dx}\bigg|_{x=1}=(2xe^{x^2})\big|_{x=1}=2e.$$

注意 在运用复合函数求导的链式法则时,记号 $\dfrac{dy}{dx}$ 表示在求导时把 y 视作为 x 的函数,而记号 $\dfrac{dy}{du}$ 则表示在求导时把 y 视作为 u 的函数,必须正确加以区分. 当链式法则运用熟练后,在求导时可以不必写出中间变量 u.

例 12 设 $y=\sin\dfrac{2x}{1+x^2}$,求 $\dfrac{dy}{dx}$.

解 函数 $y=\sin\dfrac{2x}{1+x^2}$ 可看作是由 $y=\sin u, u=\dfrac{2x}{1+x^2}$ 复合而成,故

$$\begin{aligned}\frac{dy}{dx}&=\cos\frac{2x}{1+x^2}\cdot\left(\frac{2x}{1+x^2}\right)'\\&=\cos\frac{2x}{1+x^2}\cdot\frac{2(1+x^2)-2x\cdot 2x}{(1+x^2)^2}\\&=\frac{2(1-x^2)}{(1+x^2)^2}\cos\frac{2x}{1+x^2}.\end{aligned}$$

例 13 设 $y=\ln\cos(e^x)$,求 $\dfrac{dy}{dx}$.

解 解法一 函数 $y=\ln\cos(e^x)$ 可看作是由 $y=\ln u, u=\cos v, v=e^x$ 复合而成,由推广的链式法则,有

$$\frac{\mathrm{d}y}{\mathrm{d}x} = \frac{\mathrm{d}y}{\mathrm{d}u} \cdot \frac{\mathrm{d}u}{\mathrm{d}v} \cdot \frac{\mathrm{d}v}{\mathrm{d}x} = \frac{1}{u} \cdot (-\sin v) \cdot \mathrm{e}^x$$

$$= \frac{1}{\cos \mathrm{e}^x} \cdot (-\sin \mathrm{e}^x) \cdot \mathrm{e}^x = -\mathrm{e}^x \tan \mathrm{e}^x.$$

解法二 函数 $y = \ln\cos(\mathrm{e}^x)$ 可看作是由 $y = \ln u, u = \cos(\mathrm{e}^x)$ 复合而成,有

$$\frac{\mathrm{d}y}{\mathrm{d}x} = \frac{1}{\cos \mathrm{e}^x} \cdot (\cos \mathrm{e}^x)'$$

$$= \frac{1}{\cos \mathrm{e}^x} \cdot (-\sin \mathrm{e}^x)(\mathrm{e}^x)'$$

$$= \frac{1}{\cos \mathrm{e}^x} \cdot (-\sin \mathrm{e}^x) \cdot \mathrm{e}^x = -\mathrm{e}^x \tan \mathrm{e}^x.$$

注意 应用链式法则求复合函数导数时,关键在于搞清楚其复合结构,明确复合层次,由外层向内层逐层求导,直到关于自变量的导数为止. 对有多层复合的函数或者中间变量含有四则运算等复杂形式,可适当设置中间变量(如解法二)逐次运用法则,使求导简单.

例 14 设 $y = \mathrm{e}^{\sin\frac{1}{x}}$,求 $\frac{\mathrm{d}y}{\mathrm{d}x}$.

解 运用链式法则,有

$$\frac{\mathrm{d}y}{\mathrm{d}x} = \mathrm{e}^{\sin\frac{1}{x}} \left(\sin\frac{1}{x}\right)'$$

$$= \mathrm{e}^{\sin\frac{1}{x}} \cos\frac{1}{x} \cdot \left(\frac{1}{x}\right)'$$

$$= -\frac{1}{x^2} \mathrm{e}^{\sin\frac{1}{x}} \cos\frac{1}{x}.$$

例 15 证明导数公式 $(x^\mu)' = \mu x^{\mu-1}$ (μ 为常数).

证 由复合函数求导法则,有

$$(x^\mu)' = (\mathrm{e}^{\mu\ln x})' = \mathrm{e}^{\mu\ln x}(\mu\ln x)' = x^\mu \frac{\mu}{x} = \mu x^{\mu-1}.$$

例 16 证明导数公式 $(\mathrm{sh}\, x)' = \mathrm{ch}\, x$.

证 运用求导法则,有

$$(\mathrm{sh}\, x)' = \left(\frac{\mathrm{e}^x - \mathrm{e}^{-x}}{2}\right)' = \frac{\mathrm{e}^x - (\mathrm{e}^{-x})'}{2} = \frac{\mathrm{e}^x + \mathrm{e}^{-x}}{2} = \mathrm{ch}\, x.$$

类似地可以证明 $(\mathrm{ch}\, x)' = \mathrm{sh}\, x, (\mathrm{th}\, x)' = \frac{1}{\mathrm{ch}^2 x}$.

例 17 求函数 $y = \mathrm{arsh}\, x$ 的导数.

证 由 $y = \mathrm{arsh}\, x = \ln(x + \sqrt{1+x^2})$,有

$$(\mathrm{arsh}\, x)' = [\ln(x + \sqrt{1+x^2})]' = \frac{1}{x + \sqrt{1+x^2}}(x + \sqrt{1+x^2})'$$

$$=\frac{1}{x+\sqrt{1+x^2}}\left(1+\frac{2x}{2\sqrt{1+x^2}}\right)=\frac{1}{\sqrt{1+x^2}}.$$

类似地,可求得 $(\text{arch}x)'=\dfrac{1}{\sqrt{x^2-1}}, x\in(1,+\infty)$,$(\text{arth}x)'=\dfrac{1}{1-x^2}, x\in(-1,1)$.

下面我们再举几个含有抽象函数的复合函数求导数的例子.

例 18 设 $f(x)$ 可导,且 $y=f(e^{x^2})$,求 $\dfrac{dy}{dx}$.

解 由复合函数的求导法则,有

$$\frac{dy}{dx}=f'(e^{x^2})\cdot(e^{x^2})'=2xe^{x^2}f'(e^{x^2}).$$

注意 必须正确区分此例中导数符号 $[f(e^{x^2})]'$ 与 $f'(e^{x^2})$ 的差异,前者表示对最终变量 x 求导,而后者表示对中间变量 $u=e^{x^2}$ 求导,二者不可混淆.

例 19 设 $f(x)$ 可导,且 $f(x)\neq 0$,求 $\dfrac{d}{dx}\ln|f(x)|$.

解 若 $f(x)>0$,则

$$\frac{d}{dx}\ln|f(x)|=\frac{d}{dx}\ln f(x)=\frac{f'(x)}{f(x)};$$

若 $f(x)<0$,则

$$\frac{d}{dx}\ln|f(x)|=\frac{d}{dx}\ln[-f(x)]=\frac{-f'(x)}{-f(x)}=\frac{f'(x)}{f(x)}.$$

综上讨论,有

$$\frac{d}{dx}\ln|f(x)|=\frac{f'(x)}{f(x)}.$$

特别地,当 $f(x)=x$ 时,有

$$\frac{d}{dx}\ln|x|=\frac{1}{x} \quad (x\neq 0).$$

例 20 设函数 $y=\ln|\cos(\sec^2 x)|$,求 $\dfrac{dy}{dx}$.

解 由链式法则和上例结果,有

$$\frac{dy}{dx}=\frac{1}{\cos(\sec^2 x)}[\cos(\sec^2 x)]'$$

$$=\frac{1}{\cos(\sec^2 x)}\cdot[-\sin(\sec^2 x)](\sec^2 x)'$$

$$=-\tan(\sec^2 x)\cdot 2\sec x\cdot(\sec x)'$$

$$=-2\tan x\sec^2 x\tan(\sec^2 x).$$

四、初等函数的导数

1. 常数和基本初等函数的导数公式

为了求导方便,我们把所有基本初等函数的导数列成下面的基本公式表:

(1) $C'=0$;   (2) $(x^\mu)'=\mu x^{\mu-1}$;

(3) $(\sin x)'=\cos x$;   (4) $(\cos x)'=-\sin x$;

(5) $(\tan x)'=\sec^2 x$;   (6) $(\cot x)'=-\csc^2 x$;

(7) $(\sec x)'=\sec x \cdot \tan x$;   (8) $(\csc x)'=-\csc x \cdot \cot x$;

(9) $(a^x)'=a^x \ln a$;   (10) $(e^x)'=e^x$;

(11) $(\log_a x)'=\dfrac{1}{x\ln a}$ ($a>0$ 且 $a\neq 1$);   (12) $(\ln|x|)'=\dfrac{1}{x}$;

(13) $(\arcsin x)'=\dfrac{1}{\sqrt{1-x^2}}$;   (14) $(\arccos x)'=-\dfrac{1}{\sqrt{1-x^2}}$;

(15) $(\arctan x)'=\dfrac{1}{1+x^2}$;   (16) $(\text{arccot}\, x)'=-\dfrac{1}{1+x^2}$.

另外,前面的例 16,例 17 中给出的有关双曲函数的导数公式也比较常用.

2. 初等函数的导数

由于初等函数是由常数和基本初等函数经过有限次的四则运算和有限次复合运算而成的,因此利用前面介绍的求导法则和基本导数公式就可以求出任何初等函数的导数. 只是在求初等函数的导数时应注意法则的灵活运用,以使求导过程简单化. 一般地,**可导的初等函数的导数仍为初等函数**.

下面再举两个综合运用求导法则和导数公式的求导例题.

例 21 已知 $y=\sqrt{\dfrac{1+x}{1-x}}$,求 y'.

解 综合运用求导法则和导数公式,有

$$y'=\left(\sqrt{\dfrac{1+x}{1-x}}\right)'=\dfrac{1}{2\sqrt{\dfrac{1+x}{1-x}}}\left(\dfrac{1+x}{1-x}\right)'$$

$$=\dfrac{1}{2}\sqrt{\dfrac{1-x}{1+x}} \cdot \dfrac{1\cdot(1-x)-(1+x)\cdot(-1)}{(1-x)^2}$$

$$=\dfrac{1}{2}\sqrt{\dfrac{1-x}{1+x}} \cdot \dfrac{2}{(1-x)^2}=\dfrac{1}{(1-x)\sqrt{1-x^2}}.$$

例 22 设 $y=(\sin\sqrt{x})^x$，求 y'.

解 求幂指函数的导数时，通常是利用恒等式 $A=\mathrm{e}^{\ln A}(A>0)$，化成复合函数后再求导，故

$$\begin{aligned}
y' &= [\mathrm{e}^{x\ln\sin\sqrt{x}}]' = \mathrm{e}^{x\ln\sin\sqrt{x}}[x\ln\sin\sqrt{x}]' \\
&= (\sin\sqrt{x})^x \left[x \cdot \frac{1}{\sin\sqrt{x}}(\sin\sqrt{x})' + \ln\sin\sqrt{x}\right] \\
&= (\sin\sqrt{x})^x \left[x \cdot \frac{\cos\sqrt{x}}{\sin\sqrt{x}}(\sqrt{x})' + \ln\sin\sqrt{x}\right] \\
&= (\sin\sqrt{x})^x \left[x \cdot \cot\sqrt{x} \cdot \frac{1}{2\sqrt{x}} + \ln\sin\sqrt{x}\right] \\
&= (\sin\sqrt{x})^x \left[\frac{1}{2}\sqrt{x} \cdot \cot\sqrt{x} + \ln\sin\sqrt{x}\right].
\end{aligned}$$

一般地，设幂指函数 $f(x)=u(x)^{v(x)}$，其中 $u(x),v(x)$ 都可导，且 $u(x)>0$，则其导数为

$$\begin{aligned}
f'(x) &= [\mathrm{e}^{v(x)\ln u(x)}]' = \mathrm{e}^{v(x)\ln u(x)}[v(x)\ln u(x)]' \\
&= u(x)^{v(x)}\left[v'(x)\ln u(x) + \frac{u'(x)v(x)}{u(x)}\right].
\end{aligned} \tag{2.14}$$

习 题 2.2

(A)

1. 求下列函数的导数：

    (1) $y=3x^2-2\cos x+3$；

    (2) $y=\sqrt[3]{x}(2+\sqrt{x})$；

    (3) $y=5x^3-2^x+3\mathrm{e}$；

    (4) $y=\mathrm{e}^x(x^2-3x+1)$；

    (5) $y=\ln x-2\lg x+3\log_2 x$；

    (6) $y=2\tan x+\sec x-1$；

    (7) $y=\dfrac{1-\ln x}{1+\ln x}$；

    (8) $y=\dfrac{x+1}{x-1}$；

    (9) $y=\dfrac{\mathrm{e}^x}{x^2}+\ln 3$；

    (10) $y=\dfrac{1}{\sin x\cos x}$；

    (11) $y=\dfrac{1}{1+x+x^2}$；

    (12) $y=\dfrac{2\csc x}{1+x^2}$.

2. 求下列复合函数的导数：

    (1) $y=(2x+5)^3$；

    (2) $y=\cos(4-3x)$；

    (3) $y=\mathrm{e}^{-3x^2}$；

    (4) $y=\ln(1+x^2)$；

    (5) $y=\arctan\mathrm{e}^x$；

    (6) $y=\ln\sin x$；

    (7) $y=4^{\sin x}$；

    (8) $y=\arctan\dfrac{1}{x}$；

(9) $y = 2\sin^2 \dfrac{1}{x^2}$；

(10) $y = x^2 \sin \dfrac{1}{x}$；

(11) $y = \arccos \dfrac{1}{x}$；

(12) $y = \left(\arcsin \dfrac{x}{2}\right)^2$；

(13) $y = \ln(x + \sqrt{x^2 - a^2})$；

(14) $y = \ln\tan \dfrac{x}{2}$；

(15) $y = \sqrt{1 + \ln^2 x}$；

(16) $y = e^{\arctan \sqrt{x}}$；

(17) $y = \sin^n x \cos nx$；

(18) $y = \ln[\ln(\ln x)]$；

(19) $y = \dfrac{\arcsin x}{\arccos x}$；

(20) $y = \arcsin \sqrt{\dfrac{1-x}{1+x}}$；

(21) $y = e^x + x^e$；

(22) $y = \operatorname{ch}(\operatorname{sh} x)$；

(23) $y = \operatorname{sh} x \cdot e^{\operatorname{ch} x}$.

3. 求下列函数的导数(设 f 可导)：

(1) $y = f(x^2)$；

(2) $y = f(\sin^2 x) + f(\cos^2 x)$.

4. 确定 a, b, c, d 的值，使曲线 $y = ax^4 + bx^3 + cx^2 + d$ 与直线 $y = 11x - 5$ 在点 $(1, 6)$ 处相切，经过点 $(-1, 8)$ 并在点 $(0, 3)$ 处有一水平切线.

(B)

1. 求下列函数的导数：

(1) $y = \sqrt{x + \sqrt{x + \sqrt{x}}}$；

(2) $y = \sqrt{\cos(\sin^2 x)}$；

(3) $y = \ln|x^3 - x^2|$；

(4) $y = \ln(x\sqrt{1-x^2}\sin x)$；

(5) $y = 2^{\arctan \sqrt{x}}$.

2. 求下列函数的导数(设 f, g 都可导)：

(1) $y = \dfrac{x^2}{f(x)}$；

(2) $y = \dfrac{1 + xf(x)}{\sqrt{x}}$；

(3) $y = \sqrt{f^2(x) + g^2(x)}$；

(4) $y = f(e^x) e^{g(x)}$.

3. 证明：在 $(-a, a)(a > 0)$ 上，

(1) 可导的偶函数的导数为奇函数；

(2) 可导的奇函数的导数为偶函数.

4. 设 $f(x) = \begin{cases} x^a \sin \dfrac{1}{x}, & x \neq 0, \\ 0, & x = 0, \end{cases}$ 问 a 满足什么条件时，$f(x)$ 在 $x = 0$ 处

(1) 连续； (2) 可导； (3) 导数连续？

2.3 高阶导数

一、高阶导数的概念

我们知道,如果函数 $y=f(x)$ 可导,则其导函数 $y'=f'(x)$ 也是 x 的函数,仍然可以研究其可导性,关于导函数的导数就是本节要介绍的高阶导数问题. 在实际应用中,人们在研究质点的运动规律 $s=s(t)$ 时,不仅要知道质点运动的速度 $v=v(t)=s'(t)$,同时也需要知道质点运动的加速度,而加速度是速度函数关于时间变量的导数 $a=v'(t)$,也就是 $s=s(t)$ 的导数 $v(t)$ 的导数.

设函数 $y=f(x)$ 在某一开区间 I 内可导,如果 $y'=f'(x)(x\in I)$ 仍然可导,则称 $f(x)$ 在点 x 处**二阶可导**,其导数称为函数 $y=f(x)$ 在点 x 的**二阶导数**,记作

$$y'' \quad 或 \quad f''(x) \quad 或 \quad \frac{d^2 y}{dx^2} \quad 或 \quad \frac{d^2 f(x)}{dx^2},$$

有

$$y''=(y')'=\frac{d}{dx}\left(\frac{dy}{dx}\right).$$

类似地,二阶导数的导数称为 $f(x)$ 的**三阶导数**,记作

$$y''' \quad 或 \quad f'''(x) \quad 或 \quad \frac{d^3 y}{dx^3} \quad 或 \quad \frac{d^3 f(x)}{dx^3},$$

即

$$y'''=(y'')'=\frac{d}{dx}\left(\frac{d^2 y}{dx^2}\right).$$

一般地,当 $n \geqslant 4$ 时,若 $y=f(x)$ 的 $n-1$ 阶导函数 $y^{(n-1)}=f^{(n-1)}(x)$,$x\in I$ 仍然可导,则称 $y=f(x)$ 在点 x 处 n 阶可导,其导数称为 $y=f(x)$ 在点 x 的 n 阶导数,记作

$$y^{(n)} \quad 或 \quad f^{(n)}(x) \quad 或 \quad \frac{d^n y}{dx^n} \quad 或 \quad \frac{d^n f(x)}{dx^n},$$

即

$$y^{(n)}=(y^{(n-1)})'=\frac{d}{dx}\left(\frac{d^{n-1} y}{dx^{n-1}}\right). \tag{2.15}$$

若 $y=f(x)$ 在 I 内各点 n 阶可导,则称 $y=f(x)$ 在 I 内 n 阶可导.

相应地,把 $y=f(x)$ 的导数 $f'(x)$ 称为一阶导数,二阶及二阶以上的导数统称为**高阶导数**.

由高阶导数的定义可知,求高阶导数就是对低阶导函数再次求导数,所以仍可

用前面学过的方法计算高阶导数.

例 1 设 $y=e^x$，求 $y^{(n)}$.

解 $y'=e^x, y''=e^x, y'''=e^x, \cdots$，可推知
$$y^{(n)}=e^x, n=1,2,3,\cdots.$$

类似地可以求得 $(a^x)^{(n)}=a^x(\ln a)^n$.

例 2 设 $y=\sin x$，求 $y^{(n)}$.

解 $y'=(\sin x)'=\cos x=\sin\left(x+\dfrac{\pi}{2}\right)$,

$y''=(\sin x)''=\left[\sin\left(x+\dfrac{\pi}{2}\right)\right]'=\cos\left(x+\dfrac{\pi}{2}\right)=\sin\left(x+2\cdot\dfrac{\pi}{2}\right)$,

$y'''=(\sin x)'''=\left[\sin\left(x+2\cdot\dfrac{\pi}{2}\right)\right]'=\cos\left(x+2\cdot\dfrac{\pi}{2}\right)=\sin\left(x+3\cdot\dfrac{\pi}{2}\right),\cdots$,

一般地，有
$$y^{(n)}=(\sin x)^{(n)}=\sin\left(x+n\cdot\dfrac{\pi}{2}\right), n=1,2,3,\cdots.$$

类似地，可以求得 $(\cos x)^{(n)}=\cos\left(x+n\cdot\dfrac{\pi}{2}\right), n=1,2,3,\cdots$.

例 3 设 $y=x^\mu\ (\mu\in\mathbf{R})$，求 $y^{(n)}$.

解 $y'=(x^\mu)'=\mu x^{\mu-1}, y''=(x^\mu)''=\mu(\mu-1)x^{\mu-2},\cdots$,

一般地有
$$y^{(n)}=(x^\mu)^{(n)}=\mu(\mu-1)(\mu-2)\cdots(\mu-n+1)x^{\mu-n}.$$

特别地，当 $\mu=n\ (n=1,2,3,\cdots)$ 时，$(x^n)^{(n)}=n!$.

当 $\mu=-1$ 时，$\left(\dfrac{1}{x}\right)^{(n)}=(x^{-1})^{(n)}=(-1)(-2)\cdots(-n)x^{-1-n}=\dfrac{(-1)^n n!}{x^{n+1}}$.

例 4 设 $y=\ln(1+x)$，求 $y^{(n)}$.

解 $y'=\dfrac{1}{1+x}=(1+x)^{-1}, y''=(-1)(1+x)^{-2}, y'''=(-1)(-2)(1+x)^{-3},\cdots$,

一般地，
$$y^{(n)}=[\ln(1+x)]^{(n)}=(-1)(-2)\cdots[-(n-1)](1+x)^{-n}=\dfrac{(-1)^{n-1}(n-1)!}{(1+x)^n}.$$

通常规定 $0!=1$，所以这个公式对 $n=1$ 时也成立.

例 5 设 $f(x)$ 二阶可导，且 $y=f(e^x)$，求 $\dfrac{d^2 y}{dx^2}$.

解 因为 $\dfrac{dy}{dx}=e^x f'(e^x)$，所以
$$\dfrac{d^2 y}{dx^2}=\dfrac{d}{dx}[e^x f'(e^x)]=e^x f'(e^x)+e^x f''(e^x)\cdot e^x=e^x f'(e^x)+e^{2x}f''(e^x).$$

二、高阶导数运算法则

定理 设 $u=u(x), v=v(x)$ 都是 n 阶可导,则 $u\pm v$ 和 uv 也都是 n 阶可导,且

(1) $(u\pm v)^{(n)}=u^{(n)}\pm v^{(n)}$; (2.16)

(2) $(uv)^{(n)}=\sum_{k=0}^{n}C_n^k u^{(n-k)}v^{(k)}=u^{(n)}v+C_n^1 u^{(n-1)}v'+\cdots+C_n^k u^{(n-k)}v^{(k)}+\cdots+uv^{(n)}$

(其中规定 $u^{(0)}=u, v^{(0)}=v$). (2.17)

以上结果可以用数学归纳法证明,这里从略. 定理中 n 阶导数的乘法公式称为**莱布尼茨(Leibniz)公式**.

例 6 设 $y=\dfrac{1}{x(x+1)}$, 求 $y^{(n)}$.

解 由于 $y=\dfrac{1}{x(x+1)}=\dfrac{1}{x}-\dfrac{1}{x+1}$, 而其中

$$\left(\frac{1}{x}\right)^{(n)}=(x^{-1})^{(n)}=\frac{(-1)^n n!}{x^{n+1}},$$

$$\left(\frac{1}{x+1}\right)^{(n)}=[(x+1)^{-1}]^{(n)}=\frac{(-1)^n n!}{(x+1)^{n+1}},$$

故有

$$y^{(n)}=\left[\frac{1}{x(x+1)}\right]^{(n)}=\left(\frac{1}{x}\right)^{(n)}-\left(\frac{1}{x+1}\right)^{(n)}$$

$$=\frac{(-1)^n n!}{x^{n+1}}-\frac{(-1)^n n!}{(x+1)^{n+1}}=(-1)^n n!\left[\frac{1}{x^{n+1}}-\frac{1}{(x+1)^{n+1}}\right].$$

例 7 设 $y=x^2 e^{2x}$, 求 $y^{(n)}$.

解 取 $u=e^{2x}, v=x^2$, 因为 $u^{(k)}=(e^{2x})^{(k)}=2^k e^{2x}$,

$$v'=(x^2)'=2x, \quad v''=(2x)'=2, \quad v^{(k)}=0 (k=3,4,\cdots,n),$$

则由莱布尼茨公式得

$$y^{(n)}=u^{(n)}v+C_n^1 u^{(n-1)}v'+C_n^2 u^{(n-2)}v''$$

$$=2^n e^{2x} x^2+n\cdot 2^{n-1} e^{2x}\cdot 2x+\frac{n(n-1)}{2}\cdot 2^{n-2} e^{2x}\cdot 2$$

$$=e^{2x}[2^n x^2+2^n nx+2^{n-2}n(n-1)].$$

从例 7 的求解过程中可见,当在求两个函数乘积的高阶导数时,如果其中一个函数是低次幂的多项式函数,则可考虑利用莱布尼茨公式来简化计算.

习 题 2.3

(A)

1. 求下列函数的二阶导数：
   (1) $y = 2x^2 + \ln x$;
   (2) $y = e^{-t} \sin t$;
   (3) $y = \ln(1-x^2)$;
   (4) $y = xe^{x^2}$.

2. 若 $f''(x)$ 存在，求下列函数的 $\dfrac{d^2 y}{dx^2}$:
   (1) $y = f(x^2)$;
   (2) $y = \ln[f(x)]$.

3. 设 $f(t) = (2-t^2)^6$，求 $f(0), f'(0), f''(0)$ 和 $f'''(0)$.

4. 设 $f(t) = \cot t$，求 $f''\left(\dfrac{\pi}{4}\right)$.

5. 求下列函数的 $y^{(n)}$:
   (1) $y = \sin^2 x$;
   (2) $y = x \ln x$;
   (3) $y = \dfrac{1}{x^2 - 3x + 2}$.

(B)

1. 求一个二次多项式函数 $P(x)$，使得 $P(2)=5, P'(2)=3, P''(2)=2$.
2. 验证函数 $y = ae^{-x} + bxe^{-x}$ 满足方程 $y'' + 2y' + y = 0$.
3. 求下列函数的指定阶导数：
   (1) $y = e^x \cos x$，求 $y^{(4)}$;
   (2) $y = x \operatorname{sh} x$，求 $y^{(100)}$;
   (3) $y = xe^x$，求 $y^{(n)}$;
   (4) $y = x^2 \sin 2x$，求 $y^{(50)}$.
4. 作变量代换 $x = \ln t$，证明：
$$\frac{d^2 y}{dx^2} - \frac{dy}{dx} + e^{2x} y = 0$$

可简化为
$$\frac{d^2 y}{dt^2} + y = 0.$$

2.4 隐函数及由参数方程所确定的函数的导数

本节将介绍两种特殊形式表示的函数的求导问题.

一、隐函数求导法则

在前面讨论中所涉及的函数的因变量与自变量之间的关系都可以表示成形式 $y = f(x)$，这样的函数我们称其为**显函数**. 例如

$$y = e^x \sin 2x, \quad y = x^2 \ln(1+x), \cdots.$$

在实际问题中,我们也常常遇到这样一类函数,它们的因变量 y 并不是由自变量 x 明显表示出,而是以一个方程形式来确定.例如,由方程

$$x + y^3 - 1 = 0 \tag{2.18}$$

或

$$\sin(x+y) = y^2 \cos x \tag{2.19}$$

来确定的函数,当变量 x 在 $(-\infty, +\infty)$ 内取值时变量 y 有确定的值与之对应.我们将这样的函数称为**隐函数**.

> 一般地,如果在方程 $F(x,y)=0$ 中,当 x 取某区间内的任一值时,相应地由这方程确定唯一的 y 与之对应,则称由方程 $F(x,y)=0$ 在该区间内确定了一个隐函数.

从一些例子我们会看到,有的隐函数可以化为显函数,如由(2.18)式可得 $y = \sqrt[3]{1-x}$;有的隐函数不能化为显函数形式,如由(2.19)式就解不出 y(或 x).这就存在一个问题,由 $F(x,y)=0$ 确定的隐函数是否存在,如果隐函数存在是否可导?关于隐函数的存在性和可导性问题我们留在多元函数中讨论.现在暂且先只讨论,由方程 $F(x,y)=0$ 不管能否解出 y,在隐函数存在且可导的前提下,怎样求出隐函数的导数的问题.下面我们通过具体例子来说明其求导方法.

例1 求由方程 $\sin(x+y) = y^2 \cos x$ 所确定的隐函数 $y = y(x)$ 的导数 $\dfrac{dy}{dx}$.

解 方程两边同时对 x 求导(注意 y 是 x 的函数),有

$$\cos(x+y) \cdot \left(1 + \frac{dy}{dx}\right) = 2y \frac{dy}{dx} \cdot \cos x + y^2 \cdot (-\sin x),$$

由上式中解得

$$\frac{dy}{dx} = \frac{y^2 \sin x + \cos(x+y)}{2y \cos x - \cos(x+y)}.$$

例2 设 $y = y(x)$ 是由方程 $y^5 + 2y - x - 3x^7 = 0$ 确定的隐函数,求 $y'|_{x=0}$.

解 方程两边对 x 求导,有

$$5y^4 \cdot y' + 2y' - 1 - 21x^6 = 0,$$

解之得

$$y' = \frac{1 + 21x^6}{2 + 5y^4}.$$

因为当 $x = 0$ 时,从原方程解得 $y = 0$,所以

$$y'|_{x=0} = \left(\frac{1+21x^6}{2+5y^4}\right)\bigg|_{\substack{x=0 \\ y=0}} = \frac{1}{2}.$$

注意 在隐函数的求导中,因为 $\dfrac{dy}{dx}$ 的表达式中往往包含 x, y,所以在求

$\dfrac{dy}{dx}\Big|_{x=x_0}$ 时,还必须将 x_0 代入方程 $F(x,y)=0$ 求出对应的 y_0,这是和显函数求导的不同之处.

例 3 求椭圆 $\dfrac{x^2}{16}+\dfrac{y^2}{9}=1$ 在点 $\left(2,\dfrac{3}{2}\sqrt{3}\right)$ 处的切线方程.

解 由导数的几何意义可知,椭圆在点 $\left(2,\dfrac{3}{2}\sqrt{3}\right)$ 处的切线斜率为 $k=y'|_{x=2}$. 利用隐函数求导法,椭圆方程两边对 x 求导,有
$$\dfrac{x}{8}+\dfrac{2}{9}y\cdot\dfrac{dy}{dx}=0,$$
由上式解得
$$\dfrac{dy}{dx}=-\dfrac{9x}{16y}.$$
从而
$$k=-\dfrac{9x}{16y}\Big|_{\left(2,\frac{3}{2}\sqrt{3}\right)}=-\dfrac{\sqrt{3}}{4},$$
所求的切线方程为
$$y-\dfrac{3}{2}\sqrt{3}=-\dfrac{\sqrt{3}}{4}(x-2),$$
即
$$\sqrt{3}x+4y-8\sqrt{3}=0.$$

作为隐函数求导法的一个重要应用:对一些形式特殊的函数,通过对数运算后,再结合隐函数求导法来简化运算.这种方法称为**对数求导法**,下面通过具体例子说明其求导方法:

例 4 设幂指函数 $y=u(x)^{v(x)}(u(x)>0)$,其中 $u(x),v(x)$ 都可导,求 y'.

解 先对函数两边取对数,有
$$\ln y=v(x)\ln u(x).$$
再由隐函数求导法,在上式两边同时对 x 求导,得
$$\dfrac{1}{y}\cdot y'=v'(x)\cdot\ln u(x)+v(x)\cdot\dfrac{1}{u(x)}\cdot u'(x),$$
从上式中解得
$$y'=u(x)^{v(x)}\left[v'(x)\cdot\ln u(x)+\dfrac{v(x)}{u(x)}\cdot u'(x)\right].$$

由此可知,我们在求幂指函数的导数时,既可以用 2.1 节的例 22 中的复合函数求导法解决,也可以用本例中的对数求导法来解决.

例5 设 $y=\left[\dfrac{(x-1)(x-2)^2}{(x-3)^3(x-4)^4}\right]^{\frac{1}{5}}$,求 y'.

解 本例中函数 y 的形式比较复杂,但其都是一些因子的连乘(乘方)除(开方)形式.直接利用显函数的求导法则来求 y',将非常繁琐.故采用对数求导法来简化运算.即先对函数两边取对数,有

$$\ln|y|=\frac{1}{5}[\ln|x-1|+2\ln|x-2|-3\ln|x-3|-4\ln|x-4|].$$

再利用 2.2 节中例 19 的结果,在上式两边同时对 x 求导数,得

$$\frac{1}{y}y'=\frac{1}{5}\left(\frac{1}{x-1}+\frac{2}{x-2}-\frac{3}{x-3}-\frac{4}{x-4}\right),$$

于是

$$y'=\frac{1}{5}\left[\frac{(x-1)(x-2)^2}{(x-3)^3(x-4)^4}\right]^{\frac{1}{5}}\left(\frac{1}{x-1}+\frac{2}{x-2}-\frac{3}{x-3}-\frac{4}{x-4}\right).$$

一般地,隐函数的导数仍然是个隐函数,同样可以求隐函数的高阶导数.

例6 设函数 $y=y(x)$ 是由方程 $e^y+xy-e=0$ 确定的隐函数,求 $\dfrac{d^2 y}{dx^2}\bigg|_{x=0}$.

解 将 $x=0$ 代入原方程解得 $y=1$.

方程两边同时对 x 求导,有

$$e^y \cdot \frac{dy}{dx}+y+x\frac{dy}{dx}=0, \qquad (2.20)$$

解之得

$$\frac{dy}{dx}=-\frac{y}{x+e^y} \quad (x+e^y\neq 0). \qquad (2.21)$$

求二阶导数,一般有两种方法:

解法一 在(2.20)式两边再对 x 求导 $\left(\text{注意}:y \text{ 和 } \dfrac{dy}{dx} \text{ 都是 } x \text{ 的函数}\right)$,有

$$e^y \cdot \left(\frac{dy}{dx}\right)^2+e^y\frac{d^2 y}{dx^2}+\frac{dy}{dx}+\frac{dy}{dx}+x\frac{d^2 y}{dx^2}=0,$$

解之得

$$\frac{d^2 y}{dx^2}=-\frac{2\dfrac{dy}{dx}+e^y\left(\dfrac{dy}{dx}\right)^2}{x+e^y},$$

由(2.21)式,得

$$\frac{d^2 y}{dx^2}=\frac{(2y-y^2)e^y+2xy}{(x+e^y)^3}.$$

解法二 在(2.21)式两边对 x 求导(注意:y 是 x 的函数),有

$$\frac{\mathrm{d}^2 y}{\mathrm{d}x^2} = -\frac{\dfrac{\mathrm{d}y}{\mathrm{d}x} \cdot (x+\mathrm{e}^y) - y\left(1+\mathrm{e}^y \cdot \dfrac{\mathrm{d}y}{\mathrm{d}x}\right)}{(x+\mathrm{e}^y)^2},$$

将(2.21)式代入,同样可得

$$\frac{\mathrm{d}^2 y}{\mathrm{d}x^2} = \frac{(2y-y^2)\mathrm{e}^y + 2xy}{(x+\mathrm{e}^y)^3}.$$

从而,将 $x=0, y=1$ 代入,有

$$\left.\frac{\mathrm{d}^2 y}{\mathrm{d}x^2}\right|_{x=0} = \frac{1}{\mathrm{e}^2}.$$

由于本例中要求的是 $\left.\dfrac{\mathrm{d}^2 y}{\mathrm{d}x^2}\right|_{x=0}$,在实际解题时,可不必先求出二阶导函数 $\dfrac{\mathrm{d}^2 y}{\mathrm{d}x^2}$ 的表达式,而是,可以先由(2.20)式或(2.21)式得到 $\left.\dfrac{\mathrm{d}y}{\mathrm{d}x}\right|_{x=0} = -\dfrac{1}{\mathrm{e}}$,然后再将 $y|_{x=0}=1$ 和 $\left.\dfrac{\mathrm{d}y}{\mathrm{d}x}\right|_{x=0} = -\dfrac{1}{\mathrm{e}}$ 直接代入二阶导函数求得 $\left.\dfrac{\mathrm{d}^2 y}{\mathrm{d}x^2}\right|_{x=0}$,这样运算比较简便.

二、由参数方程确定的函数的求导法则

在许多实际问题中,常常用参数方程来表示函数的对应规律.例如,在不计空气阻力的情况下,抛射体(如炮弹)的运动轨迹可以表示为参数方程:

$$\begin{cases} x = v_1 t, \\ y = v_2 t - \dfrac{1}{2}gt^2, \end{cases}$$

其中 v_1, v_2 分别是抛射体初速度的水平分量和垂直分量,g 为重力加速度,t 为时间,x 与 y 分别是飞行中抛射体在垂直平面上的位置的横坐标与纵坐标.

在参数式中消去 t 有

$$y = \frac{v_2}{v_1}x - \frac{g}{2v_1^2}x^2.$$

这就是参数方程所确定的函数的显式表示.

一般地,若参数方程

$$\begin{cases} x = \varphi(t), \\ y = \psi(t) \end{cases} \tag{2.22}$$

确定了 y 与 x 之间的函数关系,则称此函数为**由参数方程确定的函数**.

在实际应用中,人们同样需要求由参数方程所确定的函数的导数.尤其当参数方程消去 t 比较困难时,可由如下方法求其导数.

由参数方程确定的函数的求导方法如下：

如果 $x=\varphi(t)$ 在某开区间 I 内有单调连续的反函数 $t=\varphi^{-1}(x)$，此反函数能与 $y=\psi(t)$ 构成复合函数 $y=\psi[\varphi^{-1}(x)]$，即

$$y=\psi(t), \quad t=\varphi^{-1}(x). \tag{2.23}$$

进而，若 $x=\varphi(t), y=\psi(t)$ 在 I 内都可导，且 $\varphi'(t)\neq 0$，则由参数方程确定的函数的导数也存在，且

$$\frac{dy}{dx}=\frac{dy}{dt}\cdot\frac{dt}{dx}=\frac{dy}{dt}\cdot\frac{1}{\frac{dx}{dt}}=\frac{\frac{dy}{dt}}{\frac{dx}{dt}}=\frac{\psi'(t)}{\varphi'(t)}. \tag{2.24}$$

由上式可知，求由参数方程确定的函数的导数，其实就是复合函数的链式法则和反函数求导法则的一个综合运用.

例 7 设函数 $y=y(x)$ 的参数方程为 $\begin{cases} x=a\cos^3 t, \\ y=b\sin^3 t, \end{cases}$ 求 $\dfrac{dy}{dx}$.

解 因为

$$\frac{dx}{dt}=a\cdot 3\cdot\cos^2 t(-\sin t)=-3a\sin t\cos^2 t,$$

$$\frac{dy}{dt}=b\cdot 3\cdot\sin^2 t\cos t=3b\sin^2 t\cos t,$$

所以

$$\frac{dy}{dx}=\frac{\frac{dy}{dt}}{\frac{dx}{dt}}=\frac{3b\sin^2 t\cos t}{-3a\sin t\cos^2 t}=-\frac{b}{a}\tan t.$$

例 8 已知椭圆的参数方程为 $\begin{cases} x=a\cos t, \\ y=b\sin t, \end{cases}$ 求椭圆在 $t=\dfrac{\pi}{4}$ 相应点处的切线方程.

解 对应于 $t=\dfrac{\pi}{4}$ 的椭圆上点的坐标为

$$x_0=a\cos\frac{\pi}{4}=\frac{\sqrt{2}}{2}a, \quad y_0=b\sin\frac{\pi}{4}=\frac{\sqrt{2}}{2}b,$$

又

$$\frac{dy}{dx}=\frac{(b\sin t)'}{(a\cos t)'}=\frac{b\cos t}{-a\sin t}=-\frac{b}{a}\cot t,$$

故该点的切线斜率为

$$k=\frac{\mathrm{d}y}{\mathrm{d}x}\bigg|_{t=\frac{\pi}{4}}=-\frac{b}{a}.$$

因此所求切线方程为

$$y-\frac{\sqrt{2}}{2}b=-\frac{b}{a}\left(x-\frac{\sqrt{2}}{2}a\right),$$

即

$$bx+ay-\sqrt{2}ab=0.$$

从上面两个例题可知,由参数方程所确定的函数的一阶导函数仍然是由参数方程所确定的函数,可由如下方法求其高阶导数.

由参数方程所确定的函数的高阶导数求法如下:

在前面的条件下,由参数方程 $\begin{cases}x=\varphi(t),\\ y=\psi(t)\end{cases}$ 确定的函数 $y=y(x)$ 的一阶导函数仍然是个复合函数,即 $y'=y'(x)$ 是由

$$\frac{\mathrm{d}y}{\mathrm{d}x}=\frac{\psi'(t)}{\varphi'(t)}, \quad t=\varphi^{-1}(x) \tag{2.25}$$

复合而成.则由复合函数和反函数求导法则,有

$$\begin{aligned}\frac{\mathrm{d}^2 y}{\mathrm{d}x^2}&=\frac{\mathrm{d}}{\mathrm{d}x}\left[\frac{\psi'(t)}{\varphi'(t)}\right]=\frac{\mathrm{d}}{\mathrm{d}t}\left[\frac{\psi'(t)}{\varphi'(t)}\right]\cdot\frac{\mathrm{d}t}{\mathrm{d}x}\\ &=\frac{\psi''(t)\varphi'(t)-\psi'(t)\varphi''(t)}{\varphi'^2(t)}\cdot\frac{1}{\varphi'(t)}\\ &=\frac{\psi''(t)\varphi'(t)-\psi'(t)\varphi''(t)}{\varphi'^3(t)}.\end{aligned} \tag{2.26}$$

这就是求由参数方程 $\begin{cases}x=\varphi(t),\\ y=\psi(t)\end{cases}$ 确定的函数 $y=y(x)$ 的二阶导数的方法.具体解题时不必死记公式,关键是掌握其思想方法.用同样的方法可以求更高阶的高阶导数.

例 9 求由 $\begin{cases}x=a\cos t,\\ y=b\sin t\end{cases}$ 所确定的函数 $y=y(x)$ 的二阶导数 $\dfrac{\mathrm{d}^2 y}{\mathrm{d}x^2}$.

解 因

$$\frac{\mathrm{d}x}{\mathrm{d}t}=-a\sin t, \quad \frac{\mathrm{d}y}{\mathrm{d}t}=b\cos t,$$

故

$$\frac{\mathrm{d}y}{\mathrm{d}x}=\frac{b\cos t}{-a\sin t}=-\frac{b}{a}\cot t,$$

从而,有

$$\frac{d^2y}{dx^2} = \frac{d}{dt}\left(\frac{dy}{dx}\right) \cdot \frac{1}{\frac{dx}{dt}} = \frac{d}{dt}\left(-\frac{b}{a}\cot t\right) \cdot \frac{1}{\frac{dx}{dt}} = \frac{b}{a\sin^2 t} \cdot \frac{1}{-a\sin t} = -\frac{b}{a^2\sin^3 t}.$$

例 10 求对数螺线 $\rho = e^\theta$ 在 $\left(e^{\frac{\pi}{2}}, \frac{\pi}{2}\right)$ 处的切线方程.

解 由题意,对数螺线 $\rho = e^\theta$ 可由直角坐标和极坐标之间的关系化为以极角为参数的参数方程

$$\begin{cases} x = e^\theta \cos\theta, \\ y = e^\theta \sin\theta. \end{cases}$$

当 $\theta = \frac{\pi}{2}$ 时, $x = 0, y = e^{\frac{\pi}{2}}$,此时切线的斜率为

$$\left.\frac{dy}{dx}\right|_{\theta=\frac{\pi}{2}} = \left.\frac{e^\theta \sin\theta + e^\theta \cos\theta}{e^\theta \cos\theta - e^\theta \sin\theta}\right|_{\theta=\frac{\pi}{2}} = -1.$$

故所求曲线的切线方程为

$$y - e^{\frac{\pi}{2}} = -(x-0), \quad \text{即} \quad x+y = e^{\frac{\pi}{2}},$$

化为极坐标的形式后为

$$\rho = \frac{e^{\frac{\pi}{2}}}{\sin\theta + \cos\theta}.$$

习 题 2.4

(A)

1. 求下列隐函数的导数:

   (1) $x^2 + y^2 - xy = 1$;　　　　　(2) $y = x + \ln y$;

   (3) $y = \sin(x+y)$;　　　　　　(4) $\sqrt{x} + \sqrt{y} = \sqrt{a}$.

2. 求由下列方程所确定的隐函数 y 的二阶导数 $\frac{d^2y}{dx^2}$:

   (1) $x^2 - y^2 = 1$;　　　　　　　(2) $y = \tan(x+y)$;

   (3) $y = 1 + xe^y$.

3. 求下列参数方程所确定的函数的导数 $\frac{dy}{dx}$:

   (1) $\begin{cases} x = at^2, \\ y = bt^3; \end{cases}$　　　　　(2) $\begin{cases} x = \theta(1-\sin\theta), \\ y = \theta\cos\theta. \end{cases}$

4. 求由下列参数方程所确定的函数的二阶导数 $\frac{d^2y}{dx^2}$:

   (1) $\begin{cases} x = \frac{t^2}{2}, \\ y = 1-t; \end{cases}$　　　　　(2) $\begin{cases} x = 3e^{-t}, \\ y = 2e^t. \end{cases}$

5. 求曲线 $\begin{cases} x=\sin t, \\ y=\cos 2t \end{cases}$ 在 $t=\dfrac{\pi}{4}$ 处对应点处的切线方程与法线方程.

(B)

1. 求由下列参数方程所确定函数的高阶导数:

   (1) $\begin{cases} x=1-t^2, \\ y=t-t^3, \end{cases}$ 求 $\dfrac{\mathrm{d}^3 y}{\mathrm{d}x^3}$;

   (2) $\begin{cases} x=f'(t), \\ y=tf'(t)-f(t), \end{cases}$ 其中 $f''(t)$ 存在且不为零,求 $\dfrac{\mathrm{d}^2 y}{\mathrm{d}x^2}$.

2. 设函数 $y=y(x)$ 由 $\begin{cases} xe^t+t\cos x=\pi, \\ y=\sin t+\cos^2 t \end{cases}$ 确定,求 $\left.\dfrac{\mathrm{d}y}{\mathrm{d}x}\right|_{x=0}$.

3. 已知 $y=\sin^4 x+\cos^4 x$,求 $y^{(n)}$.

4. 求曲线 $\begin{cases} x=3t^2+1, \\ y=2t^3+1 \end{cases}$ 通过点 $(4,3)$ 的切线.

5. 求对数螺线 $\rho=e^\theta$ 在 $\theta=\pi$ 处的切线方程.

2.5 微分及其应用

微分是一元函数微分学的一个重要组成部分,与导数有着密切的联系,同时也存在着本质的差异.本节将介绍微分的概念及其简单应用.

一、微分的概念

在前面章节中,我们研究函数 $y=f(x)$ 的局部性态特征,是通过在点 x 处自变量的改变量 Δx 和与其对应的因变量的改变量 $\Delta y=f(x+\Delta x)-f(x)$ 间的关系来进行的. 我们通过当 $\Delta x \to 0$ 时, $\Delta y \to 0$, 定义了函数在点 x 处因变量 y 连续这一重要特征;当

函数的微分

$\Delta x \to 0$ 时, $\dfrac{\Delta y}{\Delta x} \to f'(x)$, 定义了函数在点 x 处的导数, 即因变量 y 相对于自变量 x 变化的快慢程度(变化率). 对函数的研究仅限于上述两点还是不够全面的, 许多时候, 我们还需要了解当自变量有了改变 Δx 时, 因变量的变化 Δy 是多少呢? 这是在理论研究和工程计算中都会碰到的问题. 从计算角度看, 若 y 是 x 的线性函数: $y=f(x)=ax+b$, 则 $\Delta y=a\Delta x$, 即 Δy 也是 Δx 的线性函数. 这时已知 Δx 计算 Δy 就比较方便. 但是, 如果 y 是 x 的非线性函数, 则 Δy 与 Δx 之间的关系就复杂得多. 那么, 能否仍然用 Δx 的线性函数 $A \cdot \Delta x$ 去近似表示 Δy? 如果可以, 其误差是多少? 针对这个问题, 我们先从导数的定义出发来讨论.

设函数 $y=f(x)$ 在点 x 处可导,即 $\lim\limits_{\Delta x \to 0}\dfrac{\Delta y}{\Delta x}=f'(x)$ 存在 ($f'(x)$ 与 Δx 无关),故

由函数极限与无穷小之间关系有

$$\frac{\Delta y}{\Delta x} = f'(x) + \alpha, \quad \lim_{\Delta x \to 0} \alpha = 0.$$

从而有

$$\Delta y = f(x+\Delta x) - f(x) = f'(x)\Delta x + \alpha \Delta x. \tag{2.27}$$

当 $f'(x) \neq 0$ 时,上式右端第一项是 Δx 的线性函数,称为 Δy 的线性主部;当 $\Delta x \to 0$ 时,第二项 $\alpha \Delta x$ 是比 Δx 高阶的无穷小,因而也是比 $f'(x)\Delta x$ 高阶的无穷小.因此,当 $|\Delta x|$ 较小时,有

$$\Delta y \approx f'(x)\Delta x. \tag{2.28}$$

由此可知,当 $f'(x) \neq 0$ 时,

(1) 用 $f'(x)\Delta x$ 近似 Δy,可以简化计算;

(2) 近似式(2.28)的误差为 $|\alpha \Delta x|$,且 $|\Delta x|$ 越小,误差越小.

定义 设函数 $y = f(x)$ 在某区间内有定义,x_0 与 $x_0 + \Delta x$ 都在该区间内,如果函数的增量 $\Delta y = f(x_0 + \Delta x) - f(x_0)$ 可表示为

$$\Delta y = A\Delta x + o(\Delta x), \tag{2.29}$$

其中 A 是不依赖于 Δx 的常数,而 $o(\Delta x)$ 是比 Δx 高阶的无穷小,则称函数 $y = f(x)$ 在点 x_0 处可微,而 $A\Delta x$ 叫做函数 $y = f(x)$ 在点 x_0 处相应于自变量增量 Δx 的微分,记作 dy,即

$$dy = A\Delta x. \tag{2.30}$$

从定义形式上看,微分与导数是两个不同的概念,有着本质的差异.但事实上,二者之间存在密切的联系.见下面的定理.

定理 设函数 $y = f(x)$ 在点 x_0 处可微,则 $y = f(x)$ 在点 x_0 处必可导,且 $A = f'(x_0)$,即 $dy = f'(x_0)\Delta x$;反之,若函数 $y = f(x)$ 在点 x_0 处可导,则 $y = f(x)$ 在点 x_0 处必可微.

证 可微 $\Rightarrow$ 可导:设 $y = f(x)$ 在点 x_0 处可微,则

$$\Delta y = f(x_0 + \Delta x) - f(x_0) = A\Delta x + o(\Delta x),$$

其中 A 与 Δx 无关,于是

$$\frac{\Delta y}{\Delta x} = A + \frac{o(\Delta x)}{\Delta x},$$

令 $\Delta x \to 0$ 得,

$$\lim_{\Delta x \to 0} \frac{\Delta y}{\Delta x} = \lim_{\Delta x \to 0} \left(A + \frac{o(\Delta x)}{\Delta x} \right) = A.$$

即 $y=f(x)$ 在点 x_0 处可导,且 $f'(x_0)=A$.

可导⇒可微:设 $y=f(x)$ 在点 x_0 处可导,则
$$\lim_{\Delta x \to 0} \frac{\Delta y}{\Delta x} = f'(x_0)$$
存在,根据极限与无穷小的关系,上式可写成
$$\frac{\Delta y}{\Delta x} = f'(x_0) + \alpha,$$
其中当 $\Delta x \to 0$ 时,$\alpha \to 0$. 由此又有
$$\Delta y = f'(x_0)\Delta x + \alpha \Delta x,$$
因 $\alpha \Delta x = o(\Delta x)$,且 $f'(x_0)$ 不依赖于 Δx,故上式相当于(2.27)式,即 $y=f(x)$ 在点 x_0 处可微.

因此,结论成立.

通常把自变量 x 的增量 Δx 称为自变量的微分,记作 $\mathrm{d}x$. 即 $\mathrm{d}x = \Delta x$. 因此,函数 $y=f(x)$ 在点 x_0 处的微分可写成
$$\mathrm{d}y = f'(x_0)\mathrm{d}x. \tag{2.31}$$

如果函数 $y=f(x)$ 在某区间内任意点 x 处都可微,则称函数在该区间上可微,且微分为
$$\mathrm{d}y = f'(x)\mathrm{d}x. \tag{2.32}$$

定理告诉我们,对于一元函数 $y=f(x)$ 来说,函数的可导与可微是两个等价概念. 定理从理论上已经给出了求微分的方法,即先求函数的导数,再乘以 $\mathrm{d}x$,即得相应的微分 $\mathrm{d}y = f'(x)\mathrm{d}x$. 反之,(2.32)式也可以写为如下形式:
$$\frac{\mathrm{d}y}{\mathrm{d}x} = f'(x),$$
即函数的导数等于因变量的微分与自变量微分之商,因此导数又称为**微商**.

例 1 设函数 $y = f(x) = x^3 - 2x + 1$.

(1) 当 $x=2, \Delta x = 0.05$ 时,求 Δy 及 $\mathrm{d}y$;

(2) 当 $x=2, \Delta x = 0.005$ 时,求 Δy 及 $\mathrm{d}y$.

解 因 $y' = 3x^2 - 2$,故
$$\mathrm{d}y = (3x^2 - 2)\Delta x.$$

(1) 当 $x=2, \Delta x = 0.05$ 时,
$$\Delta y = f(2.05) - f(2) = 0.515125,$$
$$\mathrm{d}y \Big|_{\substack{x=2 \\ \Delta x = 0.05}} = (3 \times 2^2 - 2) \times 0.05 = 0.5;$$

(2) 当 $x=2, \Delta x = 0.005$ 时,
$$\Delta y = f(2.005) - f(2) = 0.05015012,$$
$$\mathrm{d}y \Big|_{\substack{x=2 \\ \Delta x = 0.005}} = (3 \times 2^2 - 2) \times 0.005 = 0.05.$$

从例 1 中可见,用 dy 近似计算 Δy 较为容易,且 $|\Delta x|$ 越小,计算结果越精确.

例 2 已知 $y=\sin(2x^2+1)$,求函数的微分 dy.

解 因
$$y'=4x\cos(2x^2+1),$$
故
$$dy=4x\cos(2x^2+1)dx.$$

例 3 已知 $y=\ln(1+e^{\frac{1}{x}})$,求微分 dy.

解 因
$$y'=\frac{1}{1+e^{\frac{1}{x}}}\cdot e^{\frac{1}{x}}\cdot\left(-\frac{1}{x^2}\right)=-\frac{e^{\frac{1}{x}}}{x^2(1+e^{\frac{1}{x}})},$$
故
$$dy=-\frac{e^{\frac{1}{x}}}{x^2(1+e^{\frac{1}{x}})}dx.$$

二、微分的几何意义与应用

函数 $y=f(x)$ 的几何描述是一条平面曲线,如图 2.3 所示,它在点 x_0 处的导数 $f'(x_0)$ 就是曲线在点 $M(x_0,f(x_0))$ 处的切线斜率 $\tan\alpha$,函数在该点的微分
$$dy=f'(x_0)\Delta x=\tan\alpha\cdot MQ=PQ,$$
这里 $NQ=\Delta y$.

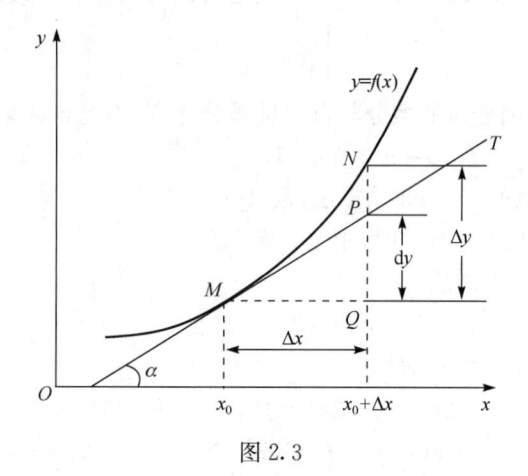

图 2.3

因此,函数 $y=f(x)$ 在点 x_0 处的微分的几何解释为:曲线 $y=f(x)$ 在对应点 M 处切线纵坐标的增量.

图 2.3 中也显示出,当 $|\Delta x|$ 很小时,

$$\Delta y = NQ \approx PQ = \mathrm{d}y.$$

这点也和我们在前面(2.28)式中的讨论相吻合. 即当 $f'(x_0) \neq 0$, 且 $|\Delta x|$ 很小时, 可以用微分近似函数的增量, 有

$$\Delta y = f(x_0 + \Delta x) - f(x_0) \approx f'(x_0)\Delta x.$$

若令 $x = x_0 + \Delta x$, 则有

$$f(x) \approx f(x_0) + f'(x_0)(x - x_0). \tag{2.33}$$

特别地, 当 $x_0 = 0$ 时, 有

$$f(x) \approx f(0) + f'(0) \cdot x. \tag{2.34}$$

如图 2.3 所示, $y = f(x_0) + f'(x_0)\Delta x$ 就是曲线 $y = f(x)$ 在点 $M(x_0, f(x_0))$ 处的切线 MT 的方程, (2.33)式的几何意义: 当 x 落在点 x_0 的某邻域内时(这时 $|\Delta x|$ 很小), 可以用曲线 $y = f(x)$ 在 M 点处切线上点的纵坐标值近似曲线上对应点的纵坐标值, 这就是用微分进行近似计算的基本思想: **在微小局部将给定函数线性化**.

上面的(2.33), (2.34)两式, 就是我们今后常用的近似计算公式.

例 4 求 $\sin 31°$ 的近似值(精确到小数点后 4 位).

解 设 $f(x) = \sin x$, 则 $f'(x) = \cos x$.

取 $x_0 = 30° = \dfrac{\pi}{6}$, $\Delta x = 1° = \dfrac{\pi}{180}$, 则由公式(2.33), 有

$$\sin 31° \approx f(x_0) + f'(x_0)\Delta x$$
$$= \sin\frac{\pi}{6} + \cos\frac{\pi}{6} \cdot \frac{\pi}{180}$$
$$= \frac{1}{2} + \frac{\sqrt{3}}{2} \times 0.01745 \approx 0.5151.$$

例 5 求 $\sqrt[3]{1.02}$ 的近似值(精确到小数点后 4 位).

解 令 $f(x) = \sqrt[3]{x}$, 则

$$f'(x) = \frac{1}{3}x^{-\frac{2}{3}}.$$

在公式(2.33)中, 取 $x_0 = 1$, $\Delta x = 0.02$, 则有

$$\sqrt[3]{1.02} = f(1.02) \approx f(x_0) + f'(x_0)\Delta x = 1 + \frac{1}{3} \times 0.02 \approx 1.0067.$$

在工程技术中, 当 $|x|$ 很小时, 利用(2.34)式, 有下面常用的近似公式:

$$\sin x \approx x,$$
$$\tan x \approx x,$$
$$\mathrm{e}^x \approx 1 + x,$$
$$\ln(1 + x) \approx x,$$
$$(1 + x)^\mu \approx 1 + \mu x.$$

下面我们仅证明上面最后一个公式：当$|x|$很小时，令$f(x)=(1+x)^\mu$，则$f'(x)=\mu(1+x)^{\mu-1}$，取$x_0=0$，则由公式(2.34)，有
$$f(x)\approx f(0)+f'(0)x=1+\mu x.$$

三、微分的运算法则

前面已指出，要求微分，只要求出导数再乘以$\mathrm{d}x$即可．因此由导数的基本公式，立即可以得到相应的微分基本公式，为了读者便于查阅与对照，现列表如下：

1. 基本公式

表 2.1

导数公式	微分公式
$(x^\mu)'=\mu x^{\mu-1}$	$\mathrm{d}(x^\mu)=\mu x^{\mu-1}\mathrm{d}x$
$(a^x)'=a^x\ln a$ （$a>0$ 且 $a\neq 1$）	$\mathrm{d}(a^x)=a^x\ln a\mathrm{d}x$ （$a>0$ 且 $a\neq 1$）
$(e^x)'=e^x$	$\mathrm{d}(e^x)=e^x\mathrm{d}x$
$(\log_a x)'=\dfrac{1}{x\ln a}$ （$a>0$ 且 $a\neq 1$）	$\mathrm{d}(\log_a x)=\dfrac{1}{x\ln a}\mathrm{d}x$ （$a>0$ 且 $a\neq 1$）
$(\ln x)'=\dfrac{1}{x}$	$\mathrm{d}(\ln x)=\dfrac{1}{x}\mathrm{d}x$
$(\sin x)'=\cos x$	$\mathrm{d}(\sin x)=\cos x\mathrm{d}x$
$(\cos x)'=-\sin x$	$\mathrm{d}(\cos x)=-\sin x\mathrm{d}x$
$(\tan x)'=\sec^2 x$	$\mathrm{d}(\tan x)=\sec^2 x\mathrm{d}x$
$(\cot x)'=-\csc^2 x$	$\mathrm{d}(\cot x)=-\csc^2 x\mathrm{d}x$
$(\sec x)'=\sec x\tan x$	$\mathrm{d}(\sec x)=\sec x\tan x\mathrm{d}x$
$(\csc x)'=-\csc x\cot x$	$\mathrm{d}(\csc x)=-\csc x\cot x\mathrm{d}x$
$(\arcsin x)'=\dfrac{1}{\sqrt{1-x^2}}$	$\mathrm{d}(\arcsin x)=\dfrac{1}{\sqrt{1-x^2}}\mathrm{d}x$
$(\arccos x)'=-\dfrac{1}{\sqrt{1-x^2}}$	$\mathrm{d}(\arccos x)=-\dfrac{1}{\sqrt{1-x^2}}\mathrm{d}x$
$(\arctan x)'=\dfrac{1}{1+x^2}$	$\mathrm{d}(\arctan x)=\dfrac{1}{1+x^2}\mathrm{d}x$
$(\text{arccot}\,x)'=-\dfrac{1}{1+x^2}$	$\mathrm{d}(\text{arccot}\,x)=-\dfrac{1}{1+x^2}\mathrm{d}x$
$(\text{sh}\,x)'=\text{ch}\,x$	$\mathrm{d}(\text{sh}\,x)=\text{ch}\,x\mathrm{d}x$
$(\text{ch}\,x)'=\text{sh}\,x$	$\mathrm{d}(\text{ch}\,x)=\text{sh}\,x\mathrm{d}x$

2. 四则运算法则

设函数$u=u(x),v=v(x)$都可微，α,β为任意实数，有

表 2.2

导数运算法则	微分运算法则
$(\alpha u \pm \beta v)' = \alpha u' \pm \beta v'$	$\mathrm{d}(\alpha u \pm \beta v) = \alpha \mathrm{d}u \pm \beta \mathrm{d}v$
$(uv)' = u'v + uv'$	$\mathrm{d}(uv) = v\mathrm{d}u + u\mathrm{d}v$
$\left(\dfrac{u}{v}\right)' = \dfrac{u'v - uv'}{v^2}$ $(v \neq 0)$	$\mathrm{d}\left(\dfrac{u}{v}\right) = \dfrac{v\mathrm{d}u - u\mathrm{d}v}{v^2}$ $(v \neq 0)$

表 2.2 中微分运算法则,不难由微分表达式及相应的导数运算法则证明.

3. 复合函数的微分法则

设函数 $y = f(u)$ 与 $u = \varphi(x)$ 都可微,则复合函数 $y = f[\varphi(x)]$ 也可微,且

$$\mathrm{d}y = \frac{\mathrm{d}}{\mathrm{d}x} f[\varphi(x)] \mathrm{d}x = f'(u)\varphi'(x)\mathrm{d}x = f'(u)\mathrm{d}u. \tag{2.35}$$

由上式可见,不论 u 是自变量还是中间变量,都有

$$\mathrm{d}y = f'(u)\mathrm{d}u. \tag{2.36}$$

微分的这种特性称为(一阶)**微分的形式不变性**,(2.36)式即为复合函数微分运算法则.

利用微分形式不变性也可以直接求复合函数的微分.

例 6 设 $y = \ln(x + \sqrt{a^2 + x^2})$,求 $\mathrm{d}y$.

解 由微分形式不变性,有

$$\begin{aligned}
\mathrm{d}y &= \frac{1}{x + \sqrt{a^2 + x^2}} \mathrm{d}(x + \sqrt{a^2 + x^2}) \\
&= \frac{1}{x + \sqrt{a^2 + x^2}} \left[\mathrm{d}x + \mathrm{d}(\sqrt{a^2 + x^2})\right] \\
&= \frac{1}{x + \sqrt{a^2 + x^2}} \left[\mathrm{d}x + \frac{1}{2\sqrt{a^2 + x^2}} \mathrm{d}(a^2 + x^2)\right] \\
&= \frac{1}{x + \sqrt{a^2 + x^2}} \left[1 + \frac{2x}{2\sqrt{a^2 + x^2}}\right] \mathrm{d}x \\
&= \frac{1}{\sqrt{a^2 + x^2}} \mathrm{d}x.
\end{aligned}$$

习 题 2.5

(A)

1. 已知 $y = x^3 - x$,计算在 $x = 2$ 处当 Δx 分别等于 $0.1, 0.01$ 时的 $\Delta y, \mathrm{d}y, \Delta y - \mathrm{d}y$.
2. 求下列函数的微分:

   (1) $y = x\ln x - x^2$;   (2) $y = \mathrm{e}^{-ax}\sin bx$;

(3) $y=[\ln(1-x)]^2$;　　　　　(4) $y=\ln\tan\dfrac{x}{2}$;

(5) $y=x^{\sin x}$.

3. 将适当的函数填入下列括号内,使等式成立.

(1) d(　　)$=2\mathrm{d}x$;　　　　　(2) d(　　)$=\mathrm{e}^{-2x}\mathrm{d}x$;

(3) d(　　)$=\cos t\mathrm{d}t$;　　　　(4) d(　　)$=\sec^2 3x\mathrm{d}x$;

(5) d(　　)$=\dfrac{1}{1+x}\mathrm{d}x$;　　(6) d(　　)$=x\mathrm{e}^{x^2}\mathrm{d}x$;

(7) d(　　)$=\dfrac{1}{\sqrt{x}}\mathrm{d}x$;　　(8) d(　　)$=\dfrac{\ln|x|}{x}\mathrm{d}x$.

4. 计算下列近似值:

(1) $\cos 61°$;　　　　　　　(2) $\ln 0.9$;

(3) $\sqrt[3]{8.02}$;　　　　　　　(4) $\arctan 1.02$.

(B)

1. 求下列函数的微分:

(1) $y=f(\sin^2 x)+f(\cos^2 x)$,其中 $f(x)$ 可微;

(2) $y=\psi[x^2+\varphi(x)]$,其中 ψ,φ 均可微.

2. 函数 $y=y(x)$ 由 $y^2\mathrm{e}^x+x\sin y=0$ 确定,求 $\mathrm{d}y$.

3. 求由参数方程 $\begin{cases} x=3t^2+2t+3, \\ \mathrm{e}^y\sin t-y+1=0 \end{cases}$ 所确定的函数 $y=f(x)$ 的微分 $\mathrm{d}y$.

*2.6　相关变化率问题

在许多实际问题中经常会遇到这样一类问题:在某变化过程中,变量 x 与 y 都是另一变量 t(往往是时间)的可导函数,即 $x=x(t)$,$y=y(t)$ 的导数 $\dfrac{\mathrm{d}x}{\mathrm{d}t}$ 与 $\dfrac{\mathrm{d}y}{\mathrm{d}t}$ 都存在,如果变量 x 与 y 之间存在相互依赖的关系,从而导致它们的变化率 $\dfrac{\mathrm{d}x}{\mathrm{d}t}$ 与 $\dfrac{\mathrm{d}y}{\mathrm{d}t}$ 之间存在一定的关系. 我们把这两个(或更多个)相互依赖的变化率称为**相关变化率**. 所谓解相关变化率问题,就是研究和解决这种两个变化率之间的关系,并由已知的一个变化率求出另一个未知的变化率.

求相关变化率的一般步骤:(1) 建立 x 与 y 之间的关系式;(2) 用复合函数求导法在该关系式两边同时对 t 求导,得到 $\dfrac{\mathrm{d}x}{\mathrm{d}t}$ 与 $\dfrac{\mathrm{d}y}{\mathrm{d}t}$ 之间的关系式;(3) 利用已知的变化率解出所求的未知变化率.

例1　一台摄影机安装在距离热气球起飞平台 200m 处,假设当热气球起飞后铅直升空到距地面150m时,其速度达到4.2m/s.求:(1)此时热气球与摄影机间的距离的增加率是多少?(2)如果摄影机镜头始终对准热气球,那么此时摄影机仰角的增加率是多少?

解 设热气球升空$t(s)$时,其高度为$h(m)$,热气球与摄影机间的距离为$s(m)$,摄影机的仰角为$\alpha(rad)$(图2.4).

(1) 热气球与摄影机间的距离为
$$s=\sqrt{200^2+h^2},$$
上式两边对t求导,得
$$\frac{ds}{dt}=\frac{h}{\sqrt{200^2+h^2}}\cdot\frac{dh}{dt}.$$
设当$t=t_0$时,热气球升空的高度是150m,据题示条件,有
$$\left.\frac{dh}{dt}\right|_{t=t_0}=4.2(m/s),$$
从而
$$\left.\frac{ds}{dt}\right|_{t=t_0}=\frac{150}{\sqrt{200^2+150^2}}\times 4.2=2.52(m/s).$$

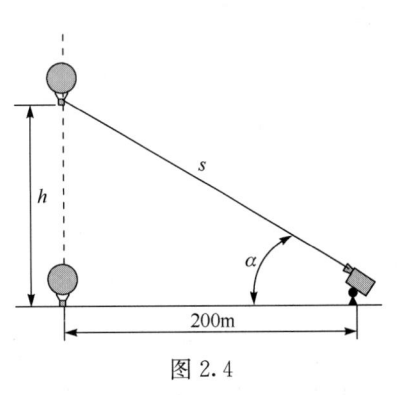

(2) 摄影机仰角应满足(如图2.4所示)
$$\tan\alpha=\frac{h}{200},$$
上式两边对t求导,得
$$\sec^2\alpha\cdot\frac{d\alpha}{dt}=\frac{1}{200}\cdot\frac{dh}{dt},$$
当$h=150m$时,$\sec^2\alpha=1+\tan^2\alpha=\frac{25}{16}$,$\frac{dh}{dt}=4.2(m/s)$,
从而
$$\left.\frac{d\alpha}{dt}\right|_{t=t_0}=\frac{1}{200}\times\frac{16}{25}\times 4.2\approx 0.013(rad/s).$$

例2 突然破裂的油轮在很短的时间内流出一定数量的原油,对海面造成污染,污染的过程依赖于具体情况,是很复杂的.我们考虑一种简化的模型:假定海平面是平静的,油以厚度均匀的圆柱形扩散,其厚度h与t的平方根成反比:
$$h=kt^{-\frac{1}{2}}\quad(t\geqslant t_0>0),$$
$k>0$为常数,t_0为起始时刻.设若有体积为v的原油.求污染范围半径R的扩张速率.

解 设t时刻圆柱体厚度和半径分别为h和R,则

$$v = \pi R^2 h,$$

这里 v 为常数. 依题意, 这里要求 $\dfrac{dR}{dt}$. 上式两端对 t 求导得

$$0 = 2\pi R \dfrac{dR}{dt} h + \pi R^2 \dfrac{dh}{dt},$$

于是

$$\dfrac{dR}{dt} = -\dfrac{R}{2h}\dfrac{dh}{dt},$$

又

$$R = \left(\dfrac{v}{\pi h}\right)^{\frac{1}{2}}, \quad h = kt^{-\frac{1}{2}}, \quad \dfrac{dh}{dt} = -\dfrac{k}{2}t^{-\frac{3}{2}},$$

所以有

$$\dfrac{dR}{dt} = \dfrac{1}{4}\left(\dfrac{v}{\pi k}\right)^{\frac{1}{2}} t^{-\frac{3}{4}}.$$

这就是所求的污染范围半径 R 的扩张速率.

*习 题 2.6

1. 设一个球状雪球受热融化时(假设始终以球状缩小),其体积以 $1 \text{cm}^3/\text{min}$ 的速率缩小,试求当该雪球直径缩小为 10cm 时其直径的减小率.

2. 两船同时从一码头出发,甲船以 40km/h 的速度向北行驶,乙船以 30km/h 的速度向东行驶,求甲乙两船间距离增加的速率.

3. 注水入深 8m 上顶直径 8m 的正圆锥形容器中,其速率为 $4\text{m}^3/\text{min}$. 当水深为 5m 时,其表面上升速率为多少?

小 结

本章对导数与微分的概念、运算及应用作了系统的描述,给出了导数与微分的基本公式和运算法则,这些是一元函数微分学的基础.

1. 导数概念抽象于现实世界中的变化率问题. 从而,导数在工程实际中有着广泛的应用.

2. 函数 $y = f(x)$ 在点 x_0 可导的几何意义是:曲线 $y = f(x)$ 在点 $(x_0, f(x_0))$ 处的切线存在,且其斜率为 $k = f'(x_0)$;反之不成立,即曲线 $y = f(x)$ 在点 $(x_0, f(x_0))$ 处有切线不能导出函数 $y = f(x)$ 在点 x_0 可导. 例如,当曲线 $y = f(x)$ 在点 $(x_0, f(x_0))$ 存在垂直切线时 $f'(x_0)$ 不存在.

3. 求函数 $y = f(x)$ 的导数的方法一般可分为两类:一是用导数定义(含有左右导数),二是用求导法则. 这时要分清何时用导数定义,何时用求导法则. 用导数

定义(或左右导数),一般常用于分段函数、带绝对值的函数与一些抽象函数的导数情况. 在求导法则中,复合函数是重点,也是难点,这是学好整个高等数学的关键. 复合函数求导应遵循"从外往里,逐层求导"的求导原则,不能遗漏,应多做题突破此难点. 当然,如果 $y=f(x)$ 是由一些复合函数经过线性运算后构成的更为复杂的函数形式,则需要综合应用四则运算法则和复合函数求导法则才能解决问题.

4. 导数与微分是两个完全不同的概念,它们存在着本质的差异. 导数 $f'(x_0)$ 是函数增量与自变量增量之比的极限,是只与 x_0 有关的一个确定的数值;而微分 $\mathrm{d}y=f'(x_0)\Delta x$ 是自变量增量 Δx 的线性函数,是函数增量 Δy 的近似值,它既依赖于 x_0,又依赖于 Δx. 在几何上,$f'(x_0)$ 表示曲线 $y=f(x)$ 在 $(x_0,f(x_0))$ 处切线的斜率,而 $\mathrm{d}y$ 是曲线 $y=f(x)$ 在点 $(x_0,f(x_0))$ 处切线上点的纵坐标的增量. 但是,导数与微分又有着密切的联系. 对一元函数 $y=f(x)$ 来说,其在 x_0 可导与可微是等价的,且 $\mathrm{d}y=f'(x_0)\Delta x=f'(x_0)\mathrm{d}x$,导数是微商,即 $f'(x)=\dfrac{\mathrm{d}y}{\mathrm{d}x}$.

5. 函数 $y=f(x)$ 在点 x_0 的微分 $\mathrm{d}y=f'(x_0)\Delta x=f'(x_0)\mathrm{d}x$. 当 $f'(x_0)\neq 0$ 时,$\mathrm{d}y=f'(x_0)\Delta x$ 又称为 Δy 的线性主部. 这时

$$\lim_{\Delta x\to 0}\frac{\Delta y}{\mathrm{d}y}=1 \Leftrightarrow \lim_{\Delta x\to 0}\frac{\Delta y-\mathrm{d}y}{\mathrm{d}y}=0,$$

这是利用微分作近似计算的理论基础.

第 2 章习题课　　　　第 2 章课件

复习练习题 2

1. 设

$$f(x)=\begin{cases} \dfrac{2}{3}x^3, & x\geqslant 1, \\ x^2, & x<1. \end{cases}$$

试问用下列两种方法求 $f'(x)$ 对吗? 若不对写出正确方法.

解法一　因为当 $x<1$ 时,$f'(x)=(x^2)'=2x$;$x\geqslant 1$ 时,$f'(x)=\left(\dfrac{2}{3}x^3\right)'=2x^2$,所以

$$f'(x)=\begin{cases} 2x, & x<1, \\ 2x^2, & x\geqslant 1. \end{cases}$$

解法二　当 $x<1$ 时,$f'(x)=2x$,$x>1$ 时,$f'(x)=2x^2$,又 $f'_-(1)=2x\big|_{x=1}=2$,

$f'_+(1)=2x^2|_{x=1}=2$,所以 $f'(1)=2$. 因此
$$f'(1)=\begin{cases} 2x, & x<1, \\ 2x^2, & x\geq 1. \end{cases}$$

2. 填空题

(1) 设 $\varphi(x)$ 是单调连续可导函数 $f(x)$ 的反函数,且 $f(1)=2$,若 $f'(1)=-\dfrac{\sqrt{3}}{3}$,则 $\varphi'(2)$ =_____;

(2) 若 $f(x)$ 为可导的偶函数,$f'(x_0)=a$,则 $f'(-x_0)=$_____;

(3) 若 $f(x)=\lim\limits_{t\to\infty} x\left(1+\dfrac{1}{t}\right)^{2xt}$,则 $f'(x)=$_____;

(4) $d(\arcsin x) =$_____ dx^2.

3. 选择题

(1) 设 $f(x)$ 可导,则 $\lim\limits_{\Delta x\to 0}\dfrac{f^2(x+\Delta x)-f^2(x)}{\Delta x}=(\quad)$

(A) 0   (B) $[f'(x)]^2$ (C) $2f'(x)$ (D) $2f(x)f'(x)$

(2) 设 $f(x)$ 可导,$y=f(\sin x)$,则 $dy=(\quad)$

(A) $f'(\sin x)d\sin x$ (B) $f'(\sin x)dx$

(C) $[f(\sin x)]'d\sin x$ (D) 以上都不对

(3) 设函数 $y=f(x)$ 在 x_0 的增量 Δy 满足 $\lim\limits_{\Delta x\to 0}\dfrac{\Delta y-3\Delta x}{\Delta x}=0$,则( )

(A) 当 $\Delta x\to 0$ 时,Δy 是 Δx 的高阶无穷小

(B) $f(x)$ 在 x_0 点未必可微

(C) $f(x)$ 在 x_0 点可微,且 $dy=3$

(D) $f(x)$ 在 x_0 点可导,且 $f'(x_0)=3$

(4) 若 $f(x)$ 在 x_0 点处不可导,则曲线 $y=f(x)$ 在 $(x_0,f(x_0))$ 处切线( )

(A) 必不存在   (B) 必存在   (C) 必有铅直线   (D) 以上都不对

4. 求下列函数的导数:

(1) $y=\sin x\cdot\ln x^2$;

(2) $y=\arctan[\ln(2x^3-1)]$;

(3) $y=\arctan\dfrac{1+x}{1-x}$;

(4) $y=\ln\tan\dfrac{x}{2}-\cos x\cdot\ln\tan x$.

5. 求下列函数的二阶导数:

(1) $y=\cos^2 x\cdot\ln x$;

(2) $y=\dfrac{x}{\sqrt{1-x^2}}$.

6. 试求曲线 $x^2+xy+2y^2-28=0$ 在点 $(2,3)$ 处切线方程与法线方程.

7. 求由 $\begin{cases} x=\ln\sqrt{1+t^2} \\ y=\arctan t \end{cases}$,确定的函数的 $\dfrac{dy}{dx}$ 与 $\dfrac{d^2y}{dx^2}$.

第 3 章　微分中值定理与导数应用

在第 2 章中,我们从分析实际问题入手,引入了导数概念,详细讨论了导数的各种计算方法,并介绍了与导数有密切关系的微分概念.本章我们将应用导数去研究函数和曲线的各种性态及其在实际问题中的一些应用.为此,先介绍几个微分中值定理,微分中值定理是导数应用的理论基础,也是利用导数解决实际问题的桥梁.

3.1　微分中值定理

一、罗尔[①]中值定理

为了利用导数研究函数,首先要建立二者之间的关系.我们来观察下面的几何现象.设连续函数 $y=f(x)$ 在区间 $[a,b]$ 上的图形为曲线弧 $\overset{\frown}{AB}$(图 3.1),在区间两端,曲线高度相同,即 $f(a)=f(b)$,并假设曲线上除了在区间两个端点之外,都存在不垂直于 x 轴的切线.显而易见,在弧 $\overset{\frown}{AB}$ 内的最高点 C 和最低点 D 处存在平行于 x 轴的切线,也即有平行于弦 $\overline{AB}$ 的切线.若设点 C 对应的横坐标 $x=\xi$,则有 $f'(\xi)=0$.

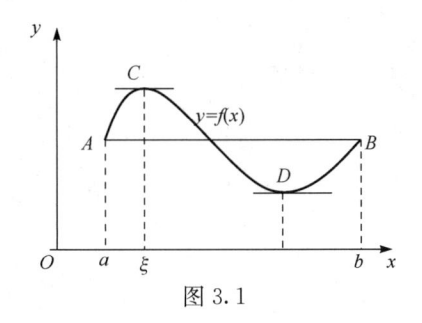

图 3.1

中值定理 1

---

① 罗尔(M. Rolle),1652—1719,法国数学家.

为了从理论上阐述上述结果,我们先介绍一个著名的引理.

引理(费马定理) 设函数 $f(x)$ 在 x_0 点某邻域 $U(x_0)$ 内有定义,在 x_0 点可导.如果对任意的 $x \in U(x_0)$,恒有 $f(x) \leqslant f(x_0)$(或 $f(x) \geqslant f(x_0)$),那么必有
$$f'(x_0) = 0. \tag{3.1}$$

证 我们只考虑当 $x \in U(x_0)$ 时,$f(x) \leqslant f(x_0)$ 的情形,即存在 $\delta > 0$,当 $x \in (x_0 - \delta, x_0 + \delta)$ 时,有 $f(x) - f(x_0) \leqslant 0$,于是,当 $x_0 - \delta < x < x_0$,即 $x - x_0 < 0$ 时,有
$$\frac{f(x) - f(x_0)}{x - x_0} \geqslant 0,$$
从而根据 $f(x)$ 在 x_0 可导及极限的保号性有
$$f'(x_0) = f'_-(x_0) = \lim_{x \to x_0^-} \frac{f(x) - f(x_0)}{x - x_0} \geqslant 0,$$
而当 $x_0 < x < x_0 + \delta$,即 $x - x_0 > 0$ 时,有
$$\frac{f(x) - f(x_0)}{x - x_0} \leqslant 0,$$
同样有
$$f'(x_0) = f'_+(x_0) = \lim_{x \to x_0^+} \frac{f(x) - f(x_0)}{x - x_0} \leqslant 0.$$
由上面两式,容易得到 $f'(x_0) = 0$.

对于 $x \in U(x_0)$ 时,$f(x) \geqslant f(x_0)$ 情形,用同样方法可以证明之.

费马定理的几何意义:如果曲线 $y = f(x)$ 在点 x_0 取得局部的最大值(或最小值),并且曲线在点 x_0 有切线,那么,这条切线必定平行于 x 轴(如图 3.1 中 C,D 两点所示).

通常称使导数等于零的点为函数的驻点,即如果 $f'(x_0) = 0$,则 x_0 是 $f(x)$ 的驻点.

定理1(罗尔中值定理) 如果函数 $f(x)$ 满足:
(1) 在闭区间 $[a,b]$ 上连续;
(2) 在开区间 (a,b) 内可导;
(3) 区间端点值相等,即 $f(a) = f(b)$.
则至少存在一点 $\xi \in (a,b)$,使
$$f'(\xi) = 0. \tag{3.2}$$

证 根据定理条件 $f(x)$ 在 $[a,b]$ 上连续,由最值定理可知,$f(x)$ 在 $[a,b]$ 上必取得最大值 M,最小值 m,这时只有两种可能:

(a) $M = m$,显然 $f(x)$ 在 $[a,b]$ 上恒等于常数,即 $f(x) \equiv M$. 此时,$\forall x_0 \in (a,$

b), 恒有 $f'(x_0)=0$. 故 ξ 可取 (a,b) 内所有值.

(b) $M>m$, 由条件(3)可知, $f(x)$ 的最大值和最小值至少有一个是在开区间 (a,b) 内达到. 不妨设最大值在 (a,b) 内达到, 即必定存在 $\xi\in(a,b)$, 使 $f(\xi)=M$. 又因为 $f(x)$ 在 ξ 点可导, 由费马定理可知 $f'(\xi)=0$. 定理证毕.

罗尔中值定理是对图 3.1 显示的几何事实的肯定, 而图 3.1 也可作为罗尔中值定理的一种几何解释.

在一般情形下, 罗尔中值定理只是肯定了结论中导函数零点的存在性, 这样的零点是不易具体求出的.

应该注意的是, 罗尔中值定理的三个条件只是充分条件并非必要条件, 但又是缺一不可的. 读者不妨试想一些反例.

二、拉格朗日[①]中值定理

我们进一步观察图 3.1, 如果 $f(a)\neq f(b)$, 相当于图像作了一次简单的旋转(图 3.2), 不难看出, 此时虽然点 C 的切线不再与 x 轴平行, 但是仍然与弦 $\overline{AB}$ 保持平行. 不难得到弦 $\overline{AB}$ 的斜率为

$$\frac{f(b)-f(a)}{b-a}.$$

这也启发我们去思考: 若仍设点 C 对应的横坐标 $x=\xi$, 那么使下式

$$f'(\xi)=\frac{f(b)-f(a)}{b-a}$$

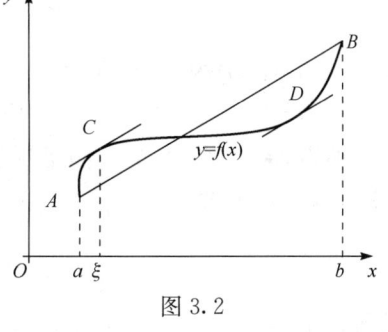

图 3.2

成立的 ξ 是否一定存在呢? 下面的定理对此作出肯定.

定理 2(拉格朗日中值定理) 如果函数 $f(x)$ 满足下面条件:

(1) 在闭区间 $[a,b]$ 上连续;

(2) 在开区间 (a,b) 内可导,

则至少存在一个 $\xi\in(a,b)$, 使

$$f'(\xi)=\frac{f(b)-f(a)}{b-a} \tag{3.3}$$

或

$$f(b)-f(a)=f'(\xi)(b-a). \tag{3.4}$$

---

① 拉格朗日(J. Lagrange), 1736—1813, 法国数学家.

怎样证明这个定理呢？从几何直观看，图 3.2 只是将图 3.1 作了一次简单的旋转变形，从定理 2 条件上看，也只是比定理 1 少了条件 $f(a)=f(b)$. 因此，拉格朗日中值定理可视作罗尔中值定理的一种推广，我们可以构造一个满足定理 1 条件的辅助函数 $F(x)$ 来证明定理 2.

事实上，因为弦 $\overline{AB}$ 的方程为 $y=f(a)+\dfrac{f(b)-f(a)}{b-a}(x-a)$，而曲线 $y=f(x)$ 与弦 $\overline{AB}$ 在区间端点 a,b 处相交，故用曲线 $y=f(x)$ 与弦 $\overline{AB}$ 的方程的差构成一个新函数 $F(x)$，在 $F(x)$ 在端点 a,b 处函数值相等. 然后利用罗尔中值定理即可证明拉格朗日中值定理.

证 构造辅助函数，设

$$F(x)=f(x)-\left[f(a)+\frac{f(b)-f(a)}{b-a}(x-a)\right],$$

因为 $f(x)$ 在 $[a,b]$ 上连续，在 (a,b) 内可导，而 $F(x)$ 仅是 $f(x)$ 与一个多项式函数之差，故 $F(x)$ 亦在 $[a,b]$ 上连续. 且对任意 $x\in(a,b)$ 有

$$F'(x)=f'(x)-\frac{f(b)-f(a)}{b-a},$$

即 $F(x)$ 在 (a,b) 内可导. 且

$$F(b)=F(a)=0.$$

所以，$F(x)$ 在 $[a,b]$ 上满足罗尔中值定理条件，则至少存在一点 $\xi\in(a,b)$，使得 $F'(\xi)=0$. 亦即

$$f'(\xi)=\frac{f(b)-f(a)}{b-a}.$$

定理证毕.

注意 1. (3.3)式和(3.4)式都称为拉格朗日中值公式. (3.3)式的右端 $\dfrac{f(b)-f(a)}{b-a}$ 表示函数在闭区间 $[a,b]$ 上的平均变化率，左端 $f'(\xi)$ 表示开区间 (a,b) 内某点 ξ 处函数的变化率. 于是，拉格朗日中值公式反映了可导函数在 $[a,b]$ 上平均变化率与在 (a,b) 内某点 ξ 处函数的变化率的关系. 因此，拉格朗日中值定理是联结局部与整体的纽带.

2. 由(3.4)式可见，等式两边同时交换 a,b 和 $f(a),f(b)$ 的位置，等式仍然成立. 因此，我们在使用拉格朗日中值定理时，不必考虑 a,b 的大小，(3.4)式可表示为

$$f(a)-f(b)=f'(\xi)(a-b) \quad \text{（其中 }\xi\text{ 介于 }a,b\text{ 之间）}.$$

3. 设 $x, x+\Delta x\in(a,b)$，在以 $x, x+\Delta x$ 为端点的区间上应用(3.4)式，则有

$$f(x+\Delta x)-f(x)=f'(x+\theta\Delta x)\cdot\Delta x \quad (0<\theta<1),$$

即
$$\Delta y = f'(x_0 + \theta \Delta x) \cdot \Delta x \quad (0 < \theta < 1). \tag{3.5}$$

(3.5)式精确地表达了函数在一个区间上的增量与函数在这区间内某一点处的导数之间的关系,这个公式又称为**有限增量公式**.

我们知道,常数的导数等于零;但反过来,导数为零的函数是否为常数呢?回答是肯定的,现在就用拉格朗日中值定理来证明其正确性.

推论 如果函数 $f(x)$ 对任意 $x \in (a,b)$ 恒有 $f'(x) = 0$,那么 $f(x)$ 在 (a,b) 内恒等于一个常数.

证 $\forall x_1, x_2 \in (a,b)$(不妨设 $x_1 < x_2$),由条件知 $f(x)$ 在 $[x_1, x_2]$ 上满足拉格朗日中值定理条件,则由(3.4)式得
$$f(x_2) - f(x_1) = f'(\xi)(x_2 - x_1) \quad (x_1 < \xi < x_2),$$
由假设 $f'(\xi) = 0$,所以 $f(x_1) = f(x_2)$,再由 x_1, x_2 的任意性可知 $f(x)$ 在 (a,b) 内恒等于一个常数.

三、柯西[①]中值定理

我们如果将图 3.2 中的曲线方程写成参数式 $\begin{cases} X = F(x), \\ Y = f(x) \end{cases} (a \leqslant x \leqslant b)$,其中 x 为参数(图 3.3),那么,曲线上对应参数 $x = \xi$ 的点 $C(F(\xi), f(\xi))$ 处的切线斜率为
$$\left. \frac{dY}{dX} \right|_{x=\xi} = \frac{f'(\xi)}{F'(\xi)},$$

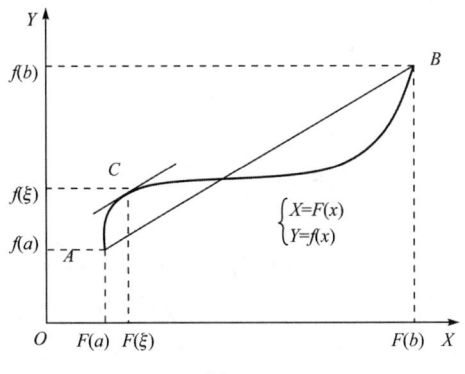

图 3.3

中值定理 2

---

① 柯西(A. L. Cauchy),1789-1857,法国数学家.

弦$\overline{AB}$的斜率为

$$\frac{f(b)-f(a)}{F(b)-F(a)}.$$

那么,图 3.3 所展示的几何现象可用下面定理加以肯定.

定理 3(柯西中值定理) 如果函数 $f(x)$ 及 $F(x)$ 满足下面条件:
(1) 均在闭区间 $[a,b]$ 上连续;
(2) 均在开区间 (a,b) 内可导;
(3) $\forall x \in (a,b), F'(x) \neq 0$.
那么,至少存在一点 $\xi \in (a,b)$ 使得

$$\frac{f(b)-f(a)}{F(b)-F(a)} = \frac{f'(\xi)}{F'(\xi)}. \tag{3.6}$$

证 由条件(3) $\forall x \in (a,b), F'(x) \neq 0$,则由定理 2 可推知 $F(b)-F(a) \neq 0$. 类似于定理 2,从欲证明结论出发,运用逆向分析可构造辅助函数

$$\Phi(x) = f(x) - \frac{f(b)-f(a)}{F(b)-F(a)} F(x),$$

由条件(1)(2)易知,$\Phi(x)$ 在 $[a,b]$ 上连续,在 (a,b) 内可导,

$$\Phi'(x) = f'(x) - \frac{f(b)-f(a)}{F(b)-F(a)} F'(x) \tag{3.7}$$

且

$$\Phi(b) - \Phi(a) = [f(b)-f(a)] - \frac{f(b)-f(a)}{F(b)-F(a)} [F(b)-F(a)] = 0.$$

即 $\Phi(a) = \Phi(b)$,可见 $\Phi(x)$ 在 $[a,b]$ 上满足罗尔中值定理条件,则至少存在一点 $\xi \in (a,b)$ 使

$$\Phi'(\xi) = 0,$$

在(3.7)式中令 $x = \xi$ 可得

$$\frac{f(b)-f(a)}{F(b)-F(a)} = \frac{f'(\xi)}{F'(\xi)} \quad (a < \xi < b).$$

定理证毕.

注意 拉格朗日中值定理和柯西中值定理的证明中,我们都采用了构造辅助函数的方法,这种方法是高等数学中证明数学命题的一种常用方法,它是根据命题的特征和需要,经过推敲与不断修正而构造出来的,一般不是唯一的.

显然,在柯西定理中如果取 $F(x) = x$,公式(3.6)就转化为公式(3.3),这表明拉格朗日中值定理可视作柯西中值定理在 $F(x) = x$ 时的特殊情况. 罗尔中值定理、拉格朗日中值定理和柯西中值定理都称为微分中值定理. 三个中值定理的结论

都是建立在开区间 (a,b) 内某个 ξ 值处,定理中的 ξ 虽然只是个理论值,但这并不影响这些定理在微分学理论中的重要地位.

四、中值定理应用举例

例1 设函数 $f(x)$ 在 $[0,1]$ 上连续,在 $(0,1)$ 内可导,且 $f(0)=f(1)=0$,试证明:方程 $(x^2+1)f'(x)-2xf(x)=0$ 在 $(0,1)$ 内有根.

证 作辅助函数
$$F(x)=\frac{f(x)}{x^2+1},$$
根据条件,易知 $F(x)$ 在 $[0,1]$ 上连续,在 $(0,1)$ 内可导,且
$$F'(x)=\frac{(x^2+1)f'(x)-2xf(x)}{(x^2+1)^2},$$
又 $F(0)=f(0)=0$,$F(1)=\frac{1}{2}f(1)=0$,因此,$F(x)$ 在 $[0,1]$ 上满足罗尔中值定理的条件,则由罗尔中值定理,至少存在一个 $\xi\in(0,1)$ 使 $F'(\xi)=0$,由于 $(\xi^2+1)^2\neq 0$,所以必有
$$(\xi^2+1)f'(\xi)-2\xi f(\xi)=0,$$
即方程
$$(x^2+1)f'(x)-2xf(x)=0$$
在 $(0,1)$ 内有根.

例2 证明:当 $x>0$ 时,$\frac{x}{x+1}<\ln(1+x)<x$.

证 设 $f(x)=\ln(1+x)$,显然,当 $x>0$ 时,$f(x)$ 在 $[0,x]$ 上满足拉格朗日中值定理的条件.则有
$$f(x)-f(0)=f'(\xi)(x-0) \quad (0<\xi<x),$$
由于 $f(0)=0$,$f'(x)=\frac{1}{1+x}$,故上式可写为
$$\ln(1+x)=\frac{x}{1+\xi} \quad (0<\xi<x).$$
因为 $0<\xi<x$,所以 $\frac{x}{x+1}<\frac{x}{1+\xi}<x$,即
$$\frac{x}{x+1}<\ln(1+x)<x \quad (x>0).$$

例3 证明恒等式
$$\arctan x + \operatorname{arccot} x = \frac{\pi}{2} \quad (-\infty < x < +\infty).$$

证 令 $f(x) = \arctan x + \operatorname{arccot} x$,有
$$f'(x) = \frac{1}{1+x^2} - \frac{1}{1+x^2} = 0,$$

对一切实数 x 恒成立,故由定理 2 的推论知,
$$f(x) = C, \quad x \in (-\infty, +\infty).$$

令 $x=1$,得 $f(1) = \arctan 1 + \operatorname{arccot} 1 = \frac{\pi}{2}$,从而
$$\arctan x + \operatorname{arccot} x = \frac{\pi}{2}, \quad x \in (-\infty, +\infty).$$

例4 设 $f(x)$ 在闭区间 $[a,b]$ 上可导且 $0 < a < b$,试证明至少存在一点 $c \in (a,b)$ 使
$$f(c) - c f'(c) = \frac{1}{a-b} \begin{vmatrix} a & b \\ f(a) & f(b) \end{vmatrix}.$$

证 由于
$$\frac{1}{a-b} \begin{vmatrix} a & b \\ f(a) & f(b) \end{vmatrix} = \frac{af(b) - bf(a)}{a-b} = \frac{\dfrac{f(b)}{b} - \dfrac{f(a)}{a}}{\dfrac{1}{b} - \dfrac{1}{a}},$$

故引入辅助函数 $F(x) = \dfrac{f(x)}{x}, G(x) = \dfrac{1}{x}$.

根据题目条件易知 $F(x), G(x)$,均在 $[a,b]$ 上连续,在 (a,b) 内可导,且 $G'(x) = -\dfrac{1}{x^2} \neq 0$,则由柯西中值定理,至少存在一点 $c \in (a,b)$,使

$$\frac{\dfrac{f(b)}{b} - \dfrac{f(a)}{a}}{\dfrac{1}{b} - \dfrac{1}{a}} = \frac{\dfrac{cf'(c) - f(c)}{c^2}}{-\dfrac{1}{c^2}} = f(c) - cf'(c),$$

即
$$f(c) - cf'(c) = \frac{af(b) - bf(a)}{a-b} = \frac{1}{a-b} \begin{vmatrix} a & b \\ f(a) & f(b) \end{vmatrix} \quad (a < c < b).$$

习 题 3.1

(A)

1. 验证下列函数在指定区间上满足罗尔中值定理条件,并求出所有满足定理结论的 ξ 值.

   (1) $f(x)=\sin 2x$, $x\in\left[0,\dfrac{\pi}{2}\right]$；

   (2) $f(x)=x^2(x^2-2)$, $x\in[-1,1]$；

   (3) $f(x)=\sin x+\cos x$, $x\in[0,2\pi]$；

   (4) $f(x)=e^{x^2}-1$, $x\in[-1,1]$.

2. 设一个作直线运动的物体的位移函数为 $S=S(t)$,试说明必存在某个时刻 $\tau\in(T_1,T_2)$ 使该物体在时段 $[T_1,T_2]$ 内的平均速度等于其在 τ 时刻的瞬时速度.

3. 对函数 $f(x)=\sin x, F(x)=x+\cos x$ 在区间 $\left[0,\dfrac{\pi}{2}\right]$ 上验证柯西中值定理的正确性.

4. 不求函数 $f(x)=(x-1)(x-2)(x-3)(x-4)$ 的导数,试说明方程 $f'(x)=0$ 共有几个实根,并指出它们所在的区间.

5. 证明方程 $x^4+4x+k=0$ 至多只有两个相异实根.

6. 证明下列恒等式：

   (1) $\arcsin x+\arccos x=\dfrac{\pi}{2}$ $(-1\leqslant x\leqslant 1)$；

   (2) $\arctan x-\dfrac{1}{2}\arccos\dfrac{2x}{1+x^2}=\dfrac{\pi}{4}$ $(x\geqslant 1)$；

   (3) $2\arctan x+\arcsin\dfrac{2x}{1+x^2}=\pi$ $(x\geqslant 1)$.

7. 利用拉格朗日中值定理证明下列不等式：

   (1) $|\sin x-\sin y|\leqslant |x-y|$；

   (2) $\dfrac{\alpha-\beta}{\cos^2\beta}\leqslant\tan\alpha-\tan\beta\leqslant\dfrac{\alpha-\beta}{\cos^2\alpha}$ $\left(0<\beta\leqslant\alpha<\dfrac{\pi}{2}\right)$.

(B)

1. 证明方程 $3x-2=\sin\dfrac{\pi x}{2}$ 有且仅有一个实根.

2. 设函数 $f(x)$ 在 (a,b) 内具有二阶导数,且 $f(x_1)=f(x_2)=f(x_3)$,其中,$a<x_1<x_2<x_3<b$,证明至少存在一个 $\xi\in(x_1,x_3)$,使 $f''(\xi)=0$.

3. 证明：若函数 $f(x)$ 在 $(-\infty,+\infty)$ 内满足关系式 $f'(x)=f(x)$,且 $f(0)=1$,则 $f(x)=e^x$.

4. 设 $f(x)$ 在 $[1,2]$ 上具有二阶导数 $f''(x)$,且 $f(2)=f(1)=0$. 若 $F(x)=(x-1)f(x)$,证明：至少存在一点 $\xi\in(1,2)$,使 $F''(\xi)=0$.

3.2 洛必达[①]法则

在第 1 章讨论分式极限时，我们曾遇到过一些分子和分母同为无穷小或同为无穷大的极限问题. 这类极限的结果可能存在，也可能不存在，我们称这类极限为不定式或未定式，分别记作 $\dfrac{0}{0}$ 或 $\dfrac{\infty}{\infty}$，当时求这类不定式极限方法比较繁琐，本节我们将利用柯西中值定理给出一个求这类不定式极限的简便且重要的方法.

一、$\dfrac{0}{0}$ 型不定式

定理 1　如果函数 $f(x)$ 和 $F(x)$ 满足下列条件：
(1) 在 x_0 的某个去心邻域内可导，且 $F'(x) \neq 0$；
(2) $\lim\limits_{x \to x_0} f(x) = 0, \lim\limits_{x \to x_0} F(x) = 0$；
(3) $\lim\limits_{x \to x_0} \dfrac{f'(x)}{F'(x)} = A$（或为 ∞），

则有

$$\lim_{x \to x_0} \frac{f(x)}{F(x)} = \lim_{x \to x_0} \frac{f'(x)}{F'(x)} = A. \qquad (3.8)$$

证　因为 $\lim\limits_{x \to x_0} \dfrac{f(x)}{F(x)}$ 是否存在与 $f(x_0), F(x_0)$ 的取值无关，所以可以补充定义

$$f(x_0) = F(x_0) = 0.$$

由条件 (1)(2) 可知，$f(x)$ 和 $F(x)$ 在点 x_0 的某一邻域内是连续的，设 x 是该邻域内任意一点 $(x \neq x_0)$，则 $f(x)$ 和 $F(x)$ 在以 x 及 x_0 为端点的闭区间上满足柯西中值定理的条件，因此有

$$\frac{f(x)}{F(x)} = \frac{f(x) - f(x_0)}{F(x) - F(x_0)} = \frac{f'(\xi)}{F'(\xi)} \quad (\xi \text{ 介于 } x_0 \text{ 与 } x \text{ 之间}),$$

于是

$$\lim_{x \to x_0} \frac{f(x)}{F(x)} = \lim_{\xi \to x_0} \frac{f'(\xi)}{F'(\xi)} = \lim_{x \to x_0} \frac{f'(x)}{F'(x)}.$$

[①] 洛必达 (G. F. A. de. L'Hospital)，1661—1704，法国数学家.

上述这种通过对不定式的分子和分母分别求导来确定不定式极限的方法称为**洛必达法则**. 洛必达法则应用过程中应该注意以下几个问题：

1° 如果 $\lim\limits_{x \to x_0} \dfrac{f'(x)}{F'(x)}$ 仍是 $\dfrac{0}{0}$ 型, 只要函数 $f'(x)$ 及 $F'(x)$ 仍然满足定理1中的条件, 洛必达法则可继续使用, 即

$$\lim_{x \to x_0} \frac{f(x)}{F(x)} = \lim_{x \to x_0} \frac{f'(x)}{F'(x)} = \lim_{x \to x_0} \frac{f''(x)}{F''(x)}.$$

依次类推.

2° 将定理1中的 $x \to x_0$ 换为 $x \to x_0^+$ 或 $x \to x_0^-$, 结论仍成立, 甚至当极限过程是 $x \to \infty$, 或 $x \to +\infty$ 及 $x \to -\infty$ 时, 只要 $\lim \dfrac{f(x)}{F(x)}$ 属于 $\dfrac{0}{0}$ 型, 并且

$$\lim \frac{f'(x)}{F'(x)} = A \quad (\text{或}\infty),$$

仍有类似的洛必达法则, 即

$$\lim \frac{f(x)}{F(x)} = \lim \frac{f'(x)}{F'(x)}.$$

3° 当 $\lim \dfrac{f'(x)}{F'(x)}$ 不存在（也非 ∞）时, 不能由此推断 $\lim \dfrac{f(x)}{F(x)}$ 也不存在, 因为此时它并不具备应用洛必达法则的条件（参见后面例7）.

二、$\dfrac{\infty}{\infty}$ 型不定式

定理2 如果函数 $f(x)$ 和 $F(x)$ 满足下列条件:
(1) 在 x_0 的某个去心邻域内可导, 并且 $F'(x) \neq 0$;
(2) $\lim\limits_{x \to x_0} f(x) = \infty$, $\lim\limits_{x \to x_0} F(x) = \infty$;
(3) $\lim\limits_{x \to x_0} \dfrac{f'(x)}{F'(x)} = A$（或为 ∞）.

则有

$$\lim_{x \to x_0} \frac{f(x)}{F(x)} = \lim_{x \to x_0} \frac{f'(x)}{F'(x)}. \tag{3.9}$$

由于这个定理的证明比较复杂, 在此省略了. 对定理2亦有类似于定理1后的三个问题, 例如, 极限过程 $x \to x_0$ 可以换为 $x \to x_0^+$, $x \to x_0^-$ 或换为 $x \to \infty$, 或 $x \to +\infty$ 及 $x \to -\infty$, 只需将条件作相应修改定理2结论仍然成立.

三、用洛必达法则求极限

例1 求 $\lim\limits_{x\to 0}\dfrac{x-\sin x}{x^3}$.

解 这是一个 $\dfrac{0}{0}$ 型不定式,利用洛必达法则

$$\lim_{x\to 0}\frac{x-\sin x}{x^3}=\lim_{x\to 0}\frac{1-\cos x}{3x^2}=\lim_{x\to 0}\frac{\sin x}{6x}=\frac{1}{6}.$$

上式中 $\lim\limits_{x\to 0}\dfrac{1-\cos x}{3x^2}$ 仍为 $\dfrac{0}{0}$ 型,故可以重复使用洛必达法则.

例2 求 $\lim\limits_{x\to 1}\dfrac{x\ln x}{x^x-x}$.

解 这是一个 $\dfrac{0}{0}$ 型不定式,由于

$$(x^x)'=(e^{x\ln x})'=x^x(\ln x+1),$$

故由洛必达法则,有

$$\lim_{x\to 1}\frac{x\ln x}{x^x-x}=\lim_{x\to 1}\frac{\ln x+1}{x^x(\ln x+1)-1}=\infty.$$

例3 求 $\lim\limits_{x\to +\infty}\dfrac{\ln\left(1+\dfrac{1}{x}\right)}{\operatorname{arccot}x}$.

解 这是 $x\to+\infty$ 时的 $\dfrac{0}{0}$ 型不定式,利用洛必达法则有

$$\lim_{x\to +\infty}\frac{\ln\left(1+\dfrac{1}{x}\right)}{\operatorname{arccot}x}=\lim_{x\to +\infty}\frac{\dfrac{1}{1+\dfrac{1}{x}}\left(-\dfrac{1}{x^2}\right)}{-\dfrac{1}{1+x^2}}=\lim_{x\to +\infty}\frac{x^2+1}{x^2+x}=1.$$

上式中 $\lim\limits_{x\to\infty}\dfrac{x^2+1}{x^2+x}$ 是个有理函数极限,虽然它是 $\dfrac{\infty}{\infty}$ 型不定式,但是由于对此类极限用第1章中方法更容易得出结论,因此,不必再用洛必达法则.

例4 求 $\lim\limits_{x\to +\infty}\dfrac{\ln x}{x^n}(n>0)$.

解 这是 $\dfrac{\infty}{\infty}$ 型不定式,应用洛必达法则有

$$\lim_{x\to+\infty}\frac{\ln x}{x^n}=\lim_{x\to+\infty}\frac{\frac{1}{x}}{nx^{n-1}}=\lim_{x\to+\infty}\frac{1}{nx^n}=0.$$

例 5 求 $\lim\limits_{x\to+\infty}\dfrac{x^n}{e^{\mu x}}$（$n$ 为正整数，$\mu>0$）.

解 这也是 $\dfrac{\infty}{\infty}$ 型不定式，应用洛必达法则有

$$\lim_{x\to+\infty}\frac{x^n}{e^{\mu x}}=\lim_{x\to+\infty}\frac{nx^{n-1}}{\mu e^{\mu x}}=\lim_{x\to+\infty}\frac{n(n-1)x^{n-2}}{\mu^2 e^{\mu x}}$$

$$=\cdots=\lim_{x\to+\infty}\frac{n!}{\mu^n e^{\mu x}}=0.$$

上式中连续应用了 n 次洛必达法则. 从上面两例中，我们可看到 $x\to+\infty$ 时，$\ln x$，x^n 及 $e^{\mu x}$（$\mu>0$）都是无穷大量，但是它们"增大"的速度是不一样的，其中 $\ln x$ 增大的速度最慢，而 $e^{\mu x}$ 增大的速度最快.

注意 例 5 对任意的正常数 n 结论都正确.

例 6 求 $\lim\limits_{x\to 0}\dfrac{\sqrt{1+x\sin x}-\sqrt{\cos x}}{\ln(1+\tan^2 x)}$.

解 不难看出这是一个 $\dfrac{0}{0}$ 型不定式，可是分子分母的导数形式很复杂，如果直接应用洛必达法则求极限将会非常繁琐. 这时，我们应该灵活运用已掌握的求极限方法，先对其化简，然后再应用洛必达法则.

注意到，当 $x\to 0$ 时，
$$\ln(1+\tan^2 x)\sim \tan^2 x\sim x^2,$$
故可利用等价无穷小代换后，再结合根式有理化，有

$$\lim_{x\to 0}\frac{\sqrt{1+x\sin x}-\sqrt{\cos x}}{\ln(1+\tan^2 x)}=\lim_{x\to 0}\frac{\sqrt{1+x\sin x}-\sqrt{\cos x}}{x^2}$$

$$=\lim_{x\to 0}\frac{1+x\sin x-\cos x}{x^2(\sqrt{1+x\sin x}+\sqrt{\cos x})}$$

$$=\lim_{x\to 0}\frac{1}{\sqrt{1+x\sin x}+\sqrt{\cos x}}\cdot\lim_{x\to 0}\frac{1+x\sin x-\cos x}{x^2}$$

$$=\frac{1}{2}\lim_{x\to 0}\frac{1+x\sin x-\cos x}{x^2}$$

$$=\frac{1}{2}\lim_{x\to 0}\frac{(1+x\sin x-\cos x)'}{(x^2)'}=\frac{1}{2}\lim_{x\to 0}\frac{2\sin x+x\cos x}{2x}$$

$$=\frac{1}{2}\lim_{x\to 0}\left(\frac{\sin x}{x}+\frac{\cos x}{2}\right)=\frac{1}{2}\left(1+\frac{1}{2}\right)=\frac{3}{4}.$$

例 7 求 $\lim\limits_{x\to 0}\dfrac{x^2\sin\dfrac{1}{x}}{\sin x}$.

解 这是 $\dfrac{0}{0}$ 型不定式，但是

$$\lim_{x\to 0}\frac{\left(x^2\sin\dfrac{1}{x}\right)'}{(\sin x)'}=\lim_{x\to 0}\frac{2x\sin\dfrac{1}{x}-\cos\dfrac{1}{x}}{\cos x}$$

不存在，也非 ∞，故不能应用洛必达法则求极限，改用其他方法求极限.

$$\lim_{x\to 0}\frac{x^2\sin\dfrac{1}{x}}{\sin x}=\lim_{x\to 0}\left(\frac{x}{\sin x}\cdot x\sin\frac{1}{x}\right)=\lim_{x\to 0}\frac{x}{\sin x}\cdot\lim_{x\to 0}x\sin\frac{1}{x}=0.$$

例 8 求 $\lim\limits_{x\to+\infty}\dfrac{e^x-e^{-x}}{e^x+e^{-x}}$.

解 此极限虽然是 $\dfrac{\infty}{\infty}$ 型不定式. 但如果应用洛必达法则，则有

$$\lim_{x\to+\infty}\frac{e^x-e^{-x}}{e^x+e^{-x}}=\lim_{x\to+\infty}\frac{(e^x-e^{-x})'}{(e^x+e^{-x})'}=\lim_{x\to+\infty}\frac{e^x+e^{-x}}{e^x-e^{-x}}=\cdots.$$

其结果只是将分子和分母互换了位置，而陷入无限循环. 因此，该题也不适合应用洛必达法则求极限. 其实，我们只要分子分母同时乘以 e^{-x}，就可得到

$$\lim_{x\to+\infty}\frac{e^x-e^{-x}}{e^x+e^{-x}}=\lim_{x\to+\infty}\frac{1-e^{-2x}}{1+e^{-2x}}=1.$$

由例 7、例 8 可以看到，尽管洛必达法则是求 $\dfrac{0}{0}$ 型与 $\dfrac{\infty}{\infty}$ 型不定式的一种有效方法，但也不是万能的. 在用洛必达法则求极限的过程中，如能结合在前面第 1 章中介绍过的一些求极限方法往往会起到事半功倍的效果.

四、其他类型的不定式

在求函数极限过程中，我们通常会遇到下面七种不定式 $\dfrac{0}{0},\dfrac{\infty}{\infty},0\cdot\infty,\infty-\infty$，及 $1^{\infty},0^0,\infty^0$（其中 0^0 型表示幂指数函数极限 $\lim u(x)^{v(x)}$ 中 $u(x)\to 0,v(x)\to 0$，其余类推）. 对 $\dfrac{0}{0}$ 型和 $\dfrac{\infty}{\infty}$ 型不定式可以直接应用洛必达法则求极限，而另外五种类型不定式必须转化为 $\dfrac{0}{0}$ 型或 $\dfrac{\infty}{\infty}$ 型之后才能应用洛必达法则.

具体方法见下面方框图：

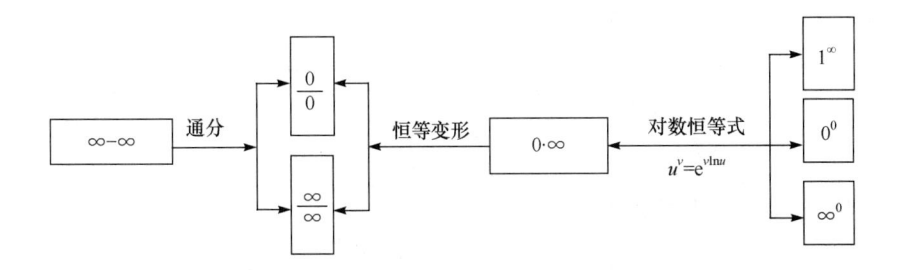

下面我们通过例题来说明.

例 9 求 $\lim\limits_{x\to 0}\left(\dfrac{1}{x}-\dfrac{1}{e^x-1}\right)$.

解 这是 $\infty-\infty$ 型不定式,先进行通分变形为 $\dfrac{0}{0}$ 型.

$$\lim_{x\to 0}\left(\frac{1}{x}-\frac{1}{e^x-1}\right)=\lim_{x\to 0}\frac{e^x-1-x}{x(e^x-1)} \quad \left(\frac{0}{0}\text{ 型}\right)$$

$$=\lim_{x\to 0}\frac{e^x-1-x}{x\cdot x}=\lim_{x\to 0}\frac{e^x-1}{2x}=\frac{1}{2}.$$

上式中由于 $x\to 0$ 时,$e^x-1\sim x$,故先利用等价无穷小替换后再应用洛必达法则.

例 10 求 $\lim\limits_{x\to 1}(1-x)\tan\dfrac{\pi x}{2}$.

解 这是 $0\cdot\infty$ 型不定式,先变形为 $\dfrac{0}{0}$ 型.

$$\lim_{x\to 1}(1-x)\tan\frac{\pi x}{2}=\lim_{x\to 1}\frac{1-x}{\cot\dfrac{\pi x}{2}} \quad \left(\frac{0}{0}\text{ 型}\right)$$

$$=\lim_{x\to 1}\frac{-1}{-\dfrac{\pi}{2}\csc^2\dfrac{\pi x}{2}}=\frac{2}{\pi}\lim_{x\to 1}\sin^2\frac{\pi x}{2}=\frac{2}{\pi}.$$

例 11 求 $\lim\limits_{x\to 0}(\cos x+x\sin x)^{\frac{1}{x^2}}$.

解 这是 1^∞ 型不定式,先利用对数恒等式变形:

$$(\cos x+x\sin x)^{\frac{1}{x^2}}=e^{\frac{1}{x^2}\ln(\cos x+x\sin x)}.$$

由于

$$\lim_{x\to 0}\frac{\ln(\cos x+x\sin x)}{x^2} \quad \left(\frac{0}{0}\text{ 型}\right)$$

$$= \lim_{x \to 0} \frac{\dfrac{-\sin x + \sin x + x\cos x}{\cos x + x\sin x}}{2x} = \lim_{x \to 0} \frac{\cos x}{2(\cos x + x\sin x)}$$

$$= \frac{1}{2}.$$

再根据指数函数的连续性质,有

$$\lim_{x \to 0}(\cos x + x\sin x)^{\frac{1}{x^2}} = e^{\lim_{x \to 0} \frac{\ln(\cos x + x\sin x)}{x^2}} = e^{\frac{1}{2}}.$$

例 12 求 $\lim\limits_{x \to +\infty}\left(\dfrac{\pi}{2} - \arctan x\right)^{\frac{1}{\ln x}}$.

解 这是 0^0 型不定式. 先由对数恒等式变形,

$$原式 = \lim_{x \to +\infty} e^{\frac{\ln\left(\frac{\pi}{2} - \arctan x\right)}{\ln x}} = e^{\lim\limits_{x \to +\infty} \frac{\ln\left(\frac{\pi}{2} - \arctan x\right)}{\ln x}}.$$

不难看出 $x \to +\infty$ 时,指数是 $\dfrac{\infty}{\infty}$ 型不定式. 因为

$$\lim_{x \to +\infty} \frac{\ln\left(\dfrac{\pi}{2} - \arctan x\right)}{\ln x}$$

$$= \lim_{x \to +\infty} \frac{\dfrac{1}{\dfrac{\pi}{2} - \arctan x} \cdot \dfrac{-1}{1+x^2}}{\dfrac{1}{x}} = \lim_{x \to +\infty} \frac{\dfrac{x}{1+x^2}}{\arctan x - \dfrac{\pi}{2}} \quad \left(\dfrac{0}{0} 型\right)$$

$$= \lim_{x \to +\infty} \frac{\dfrac{1+x^2 - 2x^2}{(1+x^2)^2}}{\dfrac{1}{1+x^2}} = \lim_{x \to +\infty} \frac{1-x^2}{1+x^2} = -1.$$

故

$$\lim_{x \to +\infty}\left(\frac{\pi}{2} - \arctan x\right)^{\frac{1}{\ln x}} = e^{-1}.$$

例 13 求 $\lim\limits_{x \to \frac{\pi}{2}^-}(\tan x)^{\cos x}$.

解 这是 ∞^0 型不定式,类似前例,
由于 $(\tan x)^{\cos x} = e^{\cos x \ln \tan x}$,且

$$\lim_{x \to \frac{\pi}{2}^-} \cos x \ln \tan x = \lim_{x \to \frac{\pi}{2}^-} \frac{\ln \tan x}{\dfrac{1}{\cos x}} \quad \left(\dfrac{\infty}{\infty} 型\right)$$

$$= \lim_{x \to \frac{\pi}{2}^-} \frac{\sec^2 x}{\frac{\sin x}{\cos^2 x}} = \lim_{x \to \frac{\pi}{2}^-} \frac{\cos x}{\sin^2 x} = 0.$$

故

$$\lim_{x \to \frac{\pi}{2}^-} (\tan x)^{\cos x} = e^{\lim\limits_{x \to \frac{\pi}{2}^-} \cos x \ln \tan x} = e^0 = 1.$$

习 题 3.2

(A)

1. 应用洛必达法则求下列极限:

(1) $\lim\limits_{x \to 0} \dfrac{x(x-2)}{\sin 2x}$;

(2) $\lim\limits_{x \to 3} \dfrac{x^4 - 81}{x(x-3)}$;

(3) $\lim\limits_{x \to 2} \dfrac{\sqrt[3]{x} - \sqrt[3]{2}}{x - 2}$;

(4) $\lim\limits_{x \to 0} \dfrac{x + \sin 3x}{\tan 2x}$;

(5) $\lim\limits_{x \to 0} \dfrac{\tan x - x}{x - \sin x}$;

(6) $\lim\limits_{x \to 0} \dfrac{\cos(\sin x) - 1}{3x^2}$;

(7) $\lim\limits_{t \to \frac{\pi}{2}^+} \dfrac{\tan 3t}{\tan t}$;

(8) $\lim\limits_{x \to +\infty} \dfrac{x^2 + \ln x}{x \ln x}$;

(9) $\lim\limits_{x \to 0} \left(\dfrac{1}{x} - \dfrac{1}{\sin x} \right)$;

(10) $\lim\limits_{x \to 2^+} \left[\dfrac{1}{x-2} - \dfrac{1}{\ln(x-1)} \right]$;

(11) $\lim\limits_{x \to \frac{\pi}{2}} (\sec x - \tan x)$;

(12) $\lim\limits_{x \to 0^+} x^{\sin x}$;

(13) $\lim\limits_{x \to 0^+} x^{-\tan x}$;

(14) $\lim\limits_{x \to +\infty} \left(1 + \dfrac{3}{x} + \dfrac{5}{x^2} \right)^x$.

2. 验证极限 $\lim\limits_{x \to \infty} \dfrac{x + \sin x}{x}$ 存在,但不能用洛必达法则求出来.

3. 设 $f(x)$ 具有一阶连续导数,且 $f''(x_0)$ 存在.求极限

$$\lim_{h \to 0} \frac{f(x_0 + h) - 2f(x_0) + f(x_0 - h)}{h^2}$$

时,如果按下面求解

" $\lim\limits_{h \to 0} \dfrac{f(x_0 + h) - 2f(x_0) + f(x_0 - h)}{h^2} \overset{\frac{0}{0}}{=} \lim\limits_{h \to 0} \dfrac{f'(x_0 + h) + f'(x_0 - h)}{2h}$

$\overset{\frac{0}{0}}{=} \lim\limits_{h \to 0} \dfrac{f''(x_0 + h) + f''(x_0 - h)}{2} = f''(x_0)$ ",

上式中连续两次应用洛必达法则,试判断其是否正确? 如果不正确,应该怎样求解?

(B)

1. 求下列极限:

(1) $\lim\limits_{x\to 0}(\csc x - \cot x)$;

(2) $\lim\limits_{x\to +\infty}(x-\sqrt{x^2-1})$;

(3) $\lim\limits_{x\to 0}\left[\dfrac{(1+x)^{\frac{1}{x}}}{e}\right]^{\frac{1}{x}}$;

(4) $\lim\limits_{x\to 0}\left(\dfrac{1}{x}-\cot^2 x\right)$.

2. 设 $f(x)$ 二阶导数存在且连续,且 $\lim\limits_{x\to 0}\dfrac{f(x)}{x}=0$,$f''(0)=4$,试利用洛必达法则验证:
$\lim\limits_{x\to 0}\left[1+\dfrac{f(x)}{x}\right]^{\frac{1}{x}}=e^2$.

3. 设 $g(x)$ 在 $x=0$ 处二阶可导,且 $g(0)=0$. 试确定 a 的值使 $f(x)$ 在 $x=0$ 处可导,并求 $f'(0)$. 其中 $f(x)=\begin{cases}\dfrac{g(x)}{x}, & x\neq 0, \\ a, & x=0.\end{cases}$

3.3 泰勒^①公式

对于一些比较复杂的函数,为了便于研究,往往希望用一些简单的函数来近似表达. 多项式函数是最为简单的一类函数,它只要对自变量进行有限次的加、减、乘三种算术运算,就能求出其函数值,因此,多项式函数经常被用于近似地表示函数. 因此,人们不禁会想,能否用多项式函数来表示一般函数? 这是数学研究中的一个非常重要的问题.

泰勒公式

我们已经知道 $\lim\limits_{x\to 0}\dfrac{e^x-1}{x}=1$,由函数极限与无穷小的关系,有

$$\dfrac{e^x-1}{x}=1+\alpha, \quad \text{其中 } \alpha\to 0(x\to 0 \text{ 时}).$$

即当 $|x|\ll 1$ 时,有

$$e^x-1=x+\alpha x,$$

从而

$$e^x=1+x+o(x). \tag{3.10}$$

上式右端由两部分组成:"$1+x$"是 x 的一次多项式,"$o(x)$"是关于 x 的高阶无穷小.

类似地,利用洛必达法则可求得下列极限

$$\lim\limits_{x\to 0}\dfrac{e^x-(1+x)}{x^2}=\lim\limits_{x\to 0}\dfrac{e^x-1}{2x}=\dfrac{1}{2},$$

---

① 泰勒(B. Taylor),1685—1731,英国数学家.

从而有
$$e^x = \left(1 + x + \frac{1}{2}x^2\right) + o(x^2). \tag{3.11}$$

上式右端仍是两部分组成:"$1+x+\frac{1}{2}x^2$"是 x 的二次多项式,"$o(x^2)$"是关于 x^2 的高阶无穷小.

由(3.10)与(3.11)两式可知,当 $|x| \ll 1$ 时,用 $1+x$ 近似 e^x,显然没有用 $1+x+\frac{1}{2}x^2$ 去近似 e^x 好,因为后者所产生的计算误差更小些. 于是,提出如下问题:

设 $f(x)$ 在 x_0 点具有 n 阶导数,试找出一个关于 $(x-x_0)$ 的 n 次多项式
$$P_n(x) = a_0 + a_1(x-x_0) + a_2(x-x_0)^2 + \cdots + a_n(x-x_0)^n \tag{3.12}$$
来近似表示 $f(x)$,要求 $P_n(x)$ 与 $f(x)$ 之差是当 $x \to x_0$ 时比 $(x-x_0)^n$ 高阶的无穷小.

下面我们来讨论这个问题. 假设 $P_n(x)$ 在 x_0 点的函数值及它的直到 n 阶导数在 x_0 点的值分别与 $f(x_0), f'(x_0), \cdots, f^{(n)}(x_0)$ 相等,即满足
$$P_n(x_0) = f(x_0), \quad P_n'(x_0) = f'(x_0), \quad P_n''(x_0) = f''(x_0), \quad \cdots, \quad P_n^{(n)}(x_0) = f^{(n)}(x_0).$$

由这些等式来确定多项式(3.12)的系数 $a_0, a_1, a_2, \cdots, a_n$. 因此,对(3.12)式求各阶导数,然后分别代入以上等式,得
$$a_0 = f(x_0), \quad a_1 = f'(x_0), \quad a_2 = \frac{f''(x_0)}{2!}, \quad \cdots, \quad a_n = \frac{f^{(n)}(x_0)}{n!}.$$

将求得的系数 $a_0, a_1, a_2, \cdots, a_n$ 代入(3.12)式,有
$$P_n(x) = f(x_0) + f'(x_0)(x-x_0) + \frac{f''(x_0)}{2!}(x-x_0)^2 + \cdots + \frac{f^{(n)}(x_0)}{n!}(x-x_0)^n. \tag{3.13}$$

下面定理表明,多项式(3.12)的确是所要找的 n 次多项式.

定理 1(泰勒中值定理 1) 设 $f(x)$ 在 $x = x_0$ 的邻域 $U(x_0)$ 内有直到 n 阶导数,则 $\forall x \in U(x_0)$,
$$f(x) = f(x_0) + \frac{f'(x_0)}{1!}(x-x_0) + \frac{f''(x_0)}{2!}(x-x_0)^2$$
$$+ \cdots + \frac{f^{(n)}(x_0)}{n!}(x-x_0)^n + R_n(x), \tag{3.14}$$

其中
$$R_n(x) = o((x-x_0)^n), \tag{3.15}$$
$$P_n(x) = f(x_0) + f'(x_0)(x-x_0) + \frac{f''(x_0)}{2!}(x-x_0)^2 + \cdots + \frac{f^{(n)}(x_0)}{n!}(x-x_0)^n$$

称为 $f(x)$ 的 n 次**泰勒多项式**,$R_n(x) = o((x-x_0)^n)$ 称为**皮亚诺(Peano)余项**. 公式(3.14)称为函数 $f(x)$ 在 $x = x_0$ 处的**带皮亚诺余项的泰勒公式**.

证 由高阶无穷小意义,只需证明

$$\lim_{x \to x_0} \frac{f(x) - P_n(x)}{(x-x_0)^n} = 0$$

即可. 对上式左端极限,连续使用 $n-1$ 次洛必达法则后可得

$$\lim_{x \to x_0} \frac{f^{(n-1)}(x) - [f^{(n-1)}(x_0) + f^{(n)}(x_0)(x-x_0)]}{n \cdot (n-1) \cdot \cdots \cdot 3 \cdot 2 \cdot (x-x_0)}$$

$$= \frac{1}{n!} \lim_{x \to x_0} \left[\frac{f^{(n-1)}(x) - f^{(n-1)}(x_0)}{x-x_0} - f^{(n)}(x_0) \right] = 0.$$

最后一个等号是根据 $f^{(n)}(x_0)$ 的定义. 定理得证.

思考 上面的证明过程中为什么不能连续用 n 次洛必达法则?

在公式(3.14)中,令 $x_0 = 0$,此时得到的泰勒公式叫做**麦克劳林(Maclaurin)公式**,即

$$f(x) = f(0) + f'(0)x + \frac{f''(0)}{2!}x^2 + \cdots + \frac{f^{(n)}(0)}{n!}x^n + o(x^n). \tag{3.16}$$

例1 求 $f(x) = e^x$ 的麦克劳林展开式.

解 由 $f^{(k)}(x) = e^x (k = 0, 1, 2, \cdots, n)$ 有

$$f(0) = f'(0) = f''(0) = \cdots = f^{(n)}(0) = 1,$$

故

$$a_k = \frac{f^{(k)}(0)}{k!} = \frac{1}{k!} \quad (k = 0, 1, 2, \cdots, n),$$

从而

$$e^x = 1 + x + \frac{x^2}{2!} + \cdots + \frac{x^n}{n!} + o(x^n).$$

例2 求 $f(x) = \sin x$ 及 $g(x) = \cos x$ 的麦克劳林展开式.

解 已知

$$\sin^{(k)} x = \sin\left(x + \frac{k\pi}{2}\right),$$

所以

$$f^{(2k)}(0) = 0, \quad f^{(2k+1)}(0) = (-1)^k, \quad k = 0, 1, 2, \cdots, n.$$

于是

$$\sin x = x - \frac{x^3}{3!} + \frac{x^5}{5!} + \cdots + (-1)^n \frac{x^{2n+1}}{(2n+1)!} + o(x^{2n+2}).$$

又因为

$$g^{(k)}(x) = \cos^{(k)} x = \cos\left(x + \frac{k\pi}{2}\right),$$

$$g^{(2k)}(0)=(-1)^k, \quad g^{(2k+1)}(0)=0, \quad k=0,1,\cdots,n,$$

故

$$\cos x = 1 - \frac{x^2}{2!} + \frac{x^4}{4!} + \cdots + (-1)^n \frac{x^{2n}}{(2n)!} + o(x^{2n+1}).$$

带皮亚诺型余项的泰勒公式,其误差 $o((x-x_0)^n)$ 是定性的,无法估计误差的精确值,为给出逼近误差的定量估计,还需要引入具有另一种余项形式——带拉格朗日型余项的泰勒公式.

定理2(泰勒中值定理2) 设 $f(x)$ 在 (a,b) 内 $n+1$ 阶可导,则 $\forall x, x_0 \in (a, b)$ 有

$$f(x) = f(x_0) + f'(x_0)(x - x_0) + \frac{f''(x_0)}{2!}(x - x_0)^2$$
$$+ \cdots + \frac{f^{(n)}(x_0)}{n!}(x - x_0)^n + R_n(x). \tag{3.17}$$

其中

$$R_n(x) = \frac{f^{(n+1)}(\xi)}{(n+1)!}(x - x_0)^{n+1}. \tag{3.18}$$

这里 ξ 介于 x 与 x_0 之间. 公式中的余项(3.18)称为**拉格朗日型余项**,有时又可以表示为

$$R_n(x) = \frac{f^{(n+1)}[x_0 + \theta(x - x_0)]}{(n+1)!}(x - x_0)^{n+1}, \quad 0 < \theta < 1. \tag{3.19}$$

展开式(3.17)称为**带拉格朗日型余项的泰勒展开式**.

证 不妨设 $x > x_0$,构造辅助函数.

令

$$F(t) = f(x) - \left[f(t) + f'(t)(x - t) + \frac{f''(t)}{2!}(x - t)^2 + \cdots + \frac{f^{(n)}(t)}{n!}(x - t)^n \right],$$
$$G(t) = (x - t)^{n+1},$$

显然 $F(t), G(t)$ 均在 $[x_0, x]$ 上连续,在 (x_0, x) 内可导, $F(x) = G(x) = 0$;且

$$F'(t) = -\frac{f^{(n+1)}(t)}{n!}(x - t)^n, \quad G'(t) = -(n+1)(x - t)^n$$

均存在,应用柯西中值定理,有

$$\frac{F(x_0)}{G(x_0)} = \frac{F(x_0) - F(x)}{G(x_0) - G(x)} = \frac{F'(\xi)}{G'(\xi)} = \frac{f^{(n+1)}(\xi)}{(n+1)!},$$

从而

$$F(x_0) = \frac{f^{(n+1)}(\xi)}{(n+1)!} \cdot G(x_0) = \frac{f^{(n+1)}(\xi)}{(n+1)!}(x - x_0)^{n+1},$$

其中 $\xi \in (x_0, x)$. 将其代入 $F(t)$ 的表达式即可，定理即得证.

例3 写出 $f(x) = e^x$ 的 n 阶含拉格朗日型余项的麦克劳林展开式.

解 由于余项

$$R_n(x) = \frac{f^{(n+1)}(\theta x)}{(n+1)!} x^{n+1} = \frac{e^{\theta x}}{(n+1)!} x^{n+1},$$

于是

$$e^x = 1 + x + \frac{x^2}{2!} + \cdots + \frac{x^n}{n!} + \frac{e^{\theta x}}{(n+1)!} x^{n+1} \quad (-\infty < x < +\infty, 0 < \theta < 1).$$

由所得结论知，若用 n 次多项式逼近 e^x，表达式为

$$e^x \approx 1 + x + \frac{x^2}{2!} + \cdots + \frac{x^n}{n!}.$$

这时，所产生的误差为

$$|R_n(x)| = \left| \frac{e^{\theta x}}{(n+1)!} x^{n+1} \right| < \frac{e^{|x|}}{(n+1)!} \cdot |x|^{n+1} \quad (0 < \theta < 1).$$

若取 $x = 1$，则得无理数 e 的近似值为

$$e \approx 1 + 1 + \frac{1}{2!} + \cdots + \frac{1}{n!},$$

其误差

$$|R_n| < \frac{e}{(n+1)!} < \frac{3}{(n+1)!}.$$

例如，若要使计算误差不超过 10^{-6}，由上式可定出 $n = 9$，此时

$$e \approx 2.718282.$$

拉格朗日型余项的优点是能给出误差估计. 一种是"点态"误差，即要求泰勒展开式在某一点的近似逼近不超过某个值，从而确定多项式展开的次数（如例3）；另一种是整体误差，即给出函数与逼近多项式在一个区间上的误差估计. 不过随着计算机的日益发展，这方面的优势已不再那么明显了.

以下是几个常用的带拉格朗日型余项的函数的麦克劳林展开式：

$$\sin x = x - \frac{x^3}{3!} + \frac{x^5}{5!} - \cdots + (-1)^{n-1} \frac{x^{2n-1}}{(2n-1)!}$$

$$+ (-1)^n \frac{\cos \theta x}{(2n+1)!} x^{2n+1} \quad (-\infty < x < +\infty, 0 < \theta < 1),$$

$$\cos x = 1 - \frac{x^2}{2!} + \frac{x^4}{4!} - \cdots + (-1)^n \frac{x^{2n}}{(2n)!}$$

$$+ (-1)^{n+1} \frac{\cos \theta x}{(2n+2)!} x^{2n+2} \quad (-\infty < x < +\infty, 0 < \theta < 1),$$

$$\ln(1+x) = x - \frac{x^2}{2} + \frac{x^3}{3} - \cdots + (-1)^{n-1}\frac{x^n}{n}$$
$$+ (-1)^n \frac{x^{n+1}}{(n+1)(1+\theta x)^{n+1}} \quad (-1 < x \leq 1, 0 < \theta < 1),$$
$$(1+x)^\alpha = 1 + \alpha x + \frac{\alpha(\alpha-1)}{2!}x^2 + \cdots + \frac{\alpha(\alpha-1)\cdots(\alpha-n+1)}{n!}x^n$$
$$+ \frac{\alpha(\alpha-1)\cdots(\alpha-n)}{(n+1)!}(1+\theta x)^{\alpha-n-1}x^{n+1} \quad (-1 < x < 1, 0 < \theta < 1).$$

请读者自行验证,并注意其中列出的使等式成立的范围.

利用带皮亚诺余项的泰勒公式,还可以简化极限计算.

例 4 求极限
$$\lim_{x \to 0} \frac{x\cos x - \sin x}{x^2 \sin x}.$$

解 由于分式分母 $x^2 \sin x \sim x^3 (x \to 0)$,故只需分别将分子中的 $\cos x, \sin x$ 展成带皮亚诺余项的二、三阶麦克劳林展开式,即
$$\sin x = x - \frac{x^3}{3!} + o(x^3),$$
$$\cos x = 1 - \frac{x^2}{2!} + o(x^2).$$
于是
$$x\cos x - \sin x = \left[x - \frac{x^3}{2!} + o(x^3)\right] - \left[x - \frac{x^3}{3!} + o(x^3)\right] = -\frac{1}{3}x^3 + o(x^3).$$

此处运算时两个 $o(x^3)$ 的运算仍记作 $o(x^3)$,故
$$\text{原式} = \lim_{x \to 0} \frac{-\frac{1}{3}x^3 + o(x^3)}{x^3} = -\frac{1}{3}.$$

例 5 求极限
$$\lim_{x \to 0} \frac{\frac{x^2}{2} + 1 - \sqrt{1+x^2}}{(\cos x - e^{x^2})\sin x^2}.$$

解 这是 $\frac{0}{0}$ 型不定式极限,如果直接利用洛必达法则求极限将非常繁琐,下面利用泰勒公式求极限. 由于
$$\sqrt{1+x^2} = 1 + \frac{1}{2}x^2 + \frac{1}{2!} \cdot \frac{1}{2}\left(\frac{1}{2}-1\right)x^4 + o(x^4)$$
$$= 1 + \frac{1}{2}x^2 - \frac{1}{8}x^4 + o(x^4),$$

$$\cos x = 1 - \frac{1}{2!}x^2 + o(x^2),$$

$$e^{x^2} = 1 + x^2 + o(x^2).$$

且注意当 $x \to 0$ 时,$\sin x^2 \sim x^2$,故有

$$\lim_{x \to 0} \frac{\frac{x^2}{2} + 1 - \sqrt{1+x^2}}{(\cos x - e^{x^2})\sin x^2}$$

$$= \lim_{x \to 0} \frac{\frac{x^2}{2} + 1 - \left[1 + \frac{1}{2}x^2 - \frac{1}{8}x^4 + o(x^4)\right]}{\left\{\left[1 - \frac{1}{2}x^2 + o(x^2)\right] - \left[1 + x^2 + o(x^2)\right]\right\} \cdot x^2}$$

$$= \lim_{x \to 0} \frac{\frac{1}{8}x^4 - o(x^4)}{-\frac{3}{2}x^4 + o(x^4)} = -\frac{1}{12}.$$

习 题 3.3

(A)

1. 将下列函数在指定点展开为 n 阶泰勒公式:

   (1) $f(x) = x^5 - 2x^2 + 3x - 5$, $x_0 = 1$;

   (2) $f(x) = \sqrt{x}$, $x_0 = 1$;

   (3) $f(x) = e^{-x}$, $x_0 = 5$;

   (4) $f(x) = \ln(1-x)$, $x_0 = \frac{1}{2}$.

2. 求下列函数指定阶的麦克劳林公式(带皮亚诺余项):

   (1) $f(x) = \ln(1-x^2)$, $n = 2$ 阶;

   (2) $f(x) = xe^{-x}$, n 阶;

   (3) $f(x) = \frac{1}{\sqrt{1-2x}}$, n 阶.

3. 将函数 $f(x) = x^2 \ln x$ 在 $x_0 = 2$ 点展开成三阶带拉格朗日型余项的泰勒公式.

(B)

1. 利用泰勒公式求极限.

   (1) $\lim_{x \to +\infty} \left[x - x^2 \ln\left(1 + \frac{1}{x}\right)\right]$;

   (2) $\lim_{x \to 0} \frac{\cos x - e^{-\frac{x^2}{2}}}{x^2 \cdot [x + \ln(1-x)]}$;

(3) $\lim\limits_{x \to +\infty} (\sqrt[3]{x^3+3x^2} - \sqrt[4]{x^4-2x^3})$;

(4) $\lim\limits_{x \to 0} \dfrac{\cos x - e^{-\frac{x^2}{2}}}{x^2 \sin x \ln(1+2x)}$.

2. 设函数 $f(x)$ 在 $[a,b]$ 上具有二阶导数，且 $f''(x) \leqslant 0$. 试用泰勒公式证明对 $[a,b]$ 上任意两点 x_1, x_2，有

$$f\left(\dfrac{x_1+x_2}{2}\right) \geqslant \dfrac{f(x_1)+f(x_2)}{2}.$$

3. 设 $x > 0$，证明：$x - \dfrac{x^2}{2} < \ln(1+x)$.

4. 用三阶泰勒公式求下列各数的近似值，并估计其误差：

(1) $\sqrt[3]{30}$； (2) $\sin 18°$.

3.4 函数的单调性与曲线的凹凸性

在第 2 章中我们已经知道导数可以反映函数某个局部的性态. 那么能否让导数在研究函数整体性态上发挥更大的作用呢？从图 3.4 中沿 x 轴正向看去，函数 $y = f(x)$ 的图形在 $[x_1, x_3]$ 和 $[x_4, x_5]$ 上是上升的，我们称其为单调增加；在 $[x_3, x_4]$ 上是下降的，我们称其为单调减少. 由导数的几何意义不难看出，曲线 $y = f(x)$ 上对应区间 (x_1, x_3) 及 (x_4, x_5) 各点处的切线斜率均非负，即 $f'(x) \geqslant 0$，而其对应 (x_3, x_4) 内点的切线斜率均非正，即 $f'(x) \leqslant 0$，根据以上观察不难验证下面的结论：

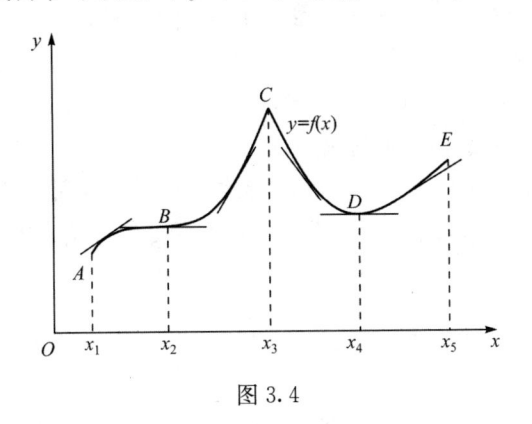

图 3.4

对可导函数 $f(x)$ 而言，如果它在 $[a,b]$ 上单调增加（或单调减少），则 $\forall x \in (a, b)$，有 $f'(x) \geqslant 0$（或 $f'(x) \leqslant 0$）.

反之，我们能否利用导数的符号来研究函数的单调性呢？

从图 3.4 中我们还可以看到，曲线 $y = f(x)$ 在区间 $[x_1, x_2]$ 和 $[x_2, x_3]$ 上都是上升趋势. 但是弯曲的方向却不一样，在 $[x_1, x_2]$ 上曲线弧 $\overset{\frown}{AB}$ 是向上凸的，而在

$[x_2,x_3]$ 上曲线弧 $\overset{\frown}{BC}$ 是向下凹的. 曲线的这种性态我们称其为曲线的**凹凸性**.

本节将利用导数来研究函数的单调性和凹凸性.

一、函数单调性判别法

定理 1 设函数 $f(x)$ 在 $[a,b]$ 上连续,在 (a,b) 内可导. 那么,
(1) 如果 $\forall x\in(a,b)$,有 $f'(x)>0$,则 $f(x)$ 在 $[a,b]$ 上单调增加;
(2) 如果 $\forall x\in(a,b)$,有 $f'(x)<0$,则 $f(x)$ 在 $[a,b]$ 上单调减少.

证 我们仅就情形(1)加以证明,情形(2)证明方法类似.

在 $[a,b]$ 上任取两点 $x_1,x_2(x_1<x_2)$,由条件知 $f(x)$ 在 $[x_1,x_2]$ 上满足拉格朗日中值定理的条件. 那么
$$f(x_2)-f(x_1)=f'(\xi)(x_2-x_1) \quad (x_1<\xi<x_2),$$
因为 $\xi\in(x_1,x_2)\subset(a,b)$,且 $f'(\xi)>0$,

所以 $f(x_2)-f(x_1)>0$,即 $f(x_1)<f(x_2)$,由 x_1,x_2 选取的任意性,及函数单调性定义可知,$f(x)$ 在 $[a,b]$ 上单调增加.

在实际应用中,还经常用到定理 1 的推论.

推论 设 $f(x)$ 在 $[a,b]$ 上连续,在 (a,b) 内可导,那么
(1) 若 $\forall x\in(a,b)$,$f'(x)\geqslant 0$,则 $f(x)$ 在 $[a,b]$ 上单调不减,即 $\forall x_1,x_2\in[a,b]$,$x_1<x_2$,有 $f(x_1)\leqslant f(x_2)$;若 $f'(x)\geqslant 0$ 中等式在有限多个点或可数多个点处成立,则 $f(x)$ 在 $[a,b]$ 上仍单调增加.
(2) 若 $\forall x\in(a,b)$,$f'(x)\leqslant 0$,则 $f(x)$ 在 $[a,b]$ 上单调不增,即 $\forall x_1,x_2\in[a,b]$,$x_1<x_2$,有 $f(x_1)\geqslant f(x_2)$;若 $f'(x)\leqslant 0$ 中等式只在有限多个点或可数多个点处成立,则 $f(x)$ 在 $[a,b]$ 上仍单调减少.

在定理 1 和推论中,如果将 $[a,b]$ 换成其他类型的区间(包括无穷区间),结论仍然成立.

根据定理 1 给出的结论,我们判断函数 $f(x)$ 在 $[a,b]$ 内的单调性,首先要区分导数 $f'(x)$ 的正、负取值范围,如果导函数连续,在 $f'(x)$ 正、负取值的分界点处应该有 $f'(x)=0$(图 3.4 中 x_4 点处),而对一些使导数不存在的点(图 3.4 中的 x_3 点)也可能会是 $f'(x)$ 取正值和取负值的分界点.

综上,讨论函数 $f(x)$ 的单调性的一般步骤如下:
(1) 确定 $f(x)$ 的定义域;

(2) 求 $f'(x)$，找出 $f'(x)=0$ 的点(驻点)和 $f'(x)$ 不存在的点，并用这些点将定义域划分为既不相交也不相互包含的若干区间；

(3) 在每个区间上，通过 $f'(x)$ 的符号来判断函数的增减性．

例 1 判定函数 $y=e^{-x^2}$ 的单调性．

解 函数 $y=e^{-x^2}$ 的定义域为 $(-\infty,+\infty)$，且在 $(-\infty,+\infty)$ 内连续可导．
$$y'=-2xe^{-x^2},$$
令 $y'=0$ 得唯一驻点 $x=0$．在 $(-\infty,0)$ 内 $y'>0$，所以 $y=e^{-x^2}$ 在 $(-\infty,0]$ 上单调增加；在 $(0,+\infty)$ 内，$y'<0$，所以 $y=e^{-x^2}$ 在 $[0,+\infty)$ 上单调减少，驻点 $x=0$ 是 $y=e^{-x^2}$ 单调增加区间和单调减少区间的分界点(图 3.5)．

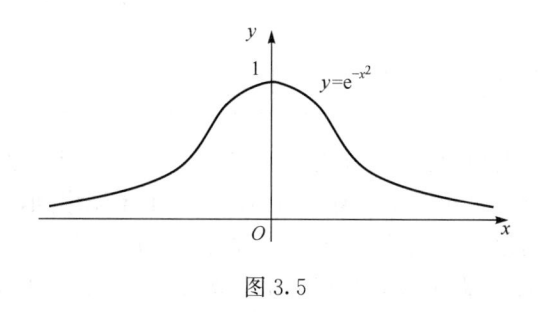

图 3.5

例 2 讨论函数 $y=x^2 e^{-x^2}$ 的单调性．

解 函数 $y=x^2 e^{-x^2}$ 在定义域 $(-\infty,+\infty)$ 内连续可导，
$$y'=2x(1-x)(1+x)e^{-x^2},$$
令 $y'=0$ 得到函数在 $(-\infty,+\infty)$ 内有三个驻点 $x_1=-1,x_2=0,x_3=1$，这些驻点将定义域划分为四个部分区间：$(-\infty,-1]$，$[-1,0]$，$[0,1]$，$[1,+\infty)$．在各个部分区间上导数的符号及函数的单调性见表 3.1.

表 3.1

x	$(-\infty,-1)$	-1	$(-1,0)$	0	$(0,1)$	1	$(1,+\infty)$
y'	$+$	0	$-$	0	$+$	0	$-$
y	↗	e^{-1}	↘	1	↗	e^{-1}	↘

注：表中 ↗ 表示函数单调增加，↘ 表示函数单调减少．

所以，$(-\infty,-1]$ 和 $[0,1]$ 是函数的单调增加区间，$[-1,0]$ 和 $[1,+\infty)$ 是函数的单调减少区间．

例 3 讨论函数 $y=\sqrt[3]{(x^2-a^2)^2}$ $(a>0)$ 的单调性．

解 函数
$$y=\sqrt[3]{(x^2-a^2)^2}$$
在定义域 $(-\infty,+\infty)$ 内连续，并且

$$y' = \frac{2}{3} \cdot (x^2-a^2)^{-\frac{1}{3}} \cdot 2x = \frac{4}{3} \frac{x}{(x-a)^{\frac{1}{3}}(x+a)^{\frac{1}{3}}} \quad (x \neq \pm a).$$

显然，$x=0$ 时 $y'=0$，$x=\pm a$ 时函数不可导．故 $(-\infty,+\infty)$ 可划分为四个部分区间 $(-\infty,-a], [-a,0], [0,a], [a,+\infty)$．

函数 $y=\sqrt[3]{(x^2-a^2)^2}$ 的单调性见表 3.2．表中显示，函数的单调增加区间为 $[-a,0]$ 和 $[a,+\infty)$；单调减少区间为 $(-\infty,-a]$ 和 $[0,a]$．$x=0$ 是函数的驻点，$x=\pm a$ 均为函数的不可导点，它们都是函数单调区间的分界点．

表 3.2

x	$(-\infty,-a)$	$-a$	$(-a,0)$	0	$(0,a)$	a	$(a,+\infty)$
y'	$-$	不存在	$+$	0	$-$	不存在	$+$
y	↘	0	↗	$a\sqrt[3]{a}$	↘	0	↗

利用函数的单调性还可以很方便地证明某些不等式，下面给出利用单调性证明不等式的一般方法．如果已知函数 $f(x)$ 在 $[a,b]$ 上单调增加，那么，$\forall x \in (a,b)$，恒有 $f(a) < f(x)$．此时，若还有 $f(a) \geq 0$ 就有 $f(x) > 0, \forall x \in (a,b]$；同样，如果已知 $f(x)$ 在 $[a,b]$ 上单调减少，且 $f(b) \geq 0$，则 $\forall x \in [a,b), f(x) > f(b) \geq 0$．因此，利用函数的单调性判别法可以证明一些不等式．

例 4 利用单调性判别法证明下面的不等式

$$\ln(1+x) \geq \frac{\arctan x}{1+x} \quad (x \geq 0).$$

利用单调性证明不等式．先要作一个辅助函数，考虑到求导数方便，以及导函数符号易于判断，我们可以对原不等式进行恒等变形，即只要证明

$$(1+x)\ln(1+x) - \arctan x \geq 0 \quad (x \geq 0).$$

证 令 $f(x) = (1+x)\ln(1+x) - \arctan x$，则 $f(x)$ 在 $[0,+\infty)$ 内连续，$f(0)=0$，并且

$$f'(x) = \ln(1+x) + 1 - \frac{1}{1+x^2} = \ln(1+x) + \frac{x^2}{1+x^2}.$$

显然，$\forall x > 0, f'(x) > 0$．由单调性判别法知 $f(x)$ 在 $[0,+\infty)$ 内单调增加．

所以，当 $x > 0$ 时，有 $f(x) > f(0) = 0$．

从而，当 $x \geq 0$ 时，$(1+x)\ln(1+x) - \arctan x \geq 0$，

即 $\ln(1+x) \geq \dfrac{\arctan x}{1+x}$（其中等号仅在 $x=0$ 时成立）．

例 5 证明方程 $xe^x = 2$ 在 $(0,1)$ 内有唯一实根．

证 令 $f(x) = xe^x - 2$，则 $f(x)$ 在 $[0,1]$ 上连续，且

$$f(0) = -2 < 0, \quad f(1) = e - 2 > 0,$$

由零点定理,函数 $f(x)$ 在 $(0,1)$ 内至少有一个零点.

又因为 $f'(x)=e^x+xe^x>0$ $(0<x<1)$,所以函数 $f(x)$ 在 $[0,1]$ 上单调上升. 因此, $y=f(x)$ 的图像与 x 轴至多只能有一个交点,所以 $f(x)$ 在 $(0,1)$ 内有唯一的零点,即方程 $xe^x=2$ 在 $(0,1)$ 内有唯一的实根.

二、曲线的凹凸性及其判别法

定义1 设函数 $f(x)$ 在 $[a,b]$ 上连续,如果对任意的 $x_1, x_2 \in (a,b)$ $(x_1 \neq x_2)$,总有

$$f\left(\frac{x_1+x_2}{2}\right) < \frac{f(x_1)+f(x_2)}{2}, \tag{3.20}$$

则称 $f(x)$ 在 $[a,b]$ 上的图形是(向上)凹的;如果总有

$$f\left(\frac{x_1+x_2}{2}\right) > \frac{f(x_1)+f(x_2)}{2}, \tag{3.21}$$

则称 $f(x)$ 在 $[a,b]$ 上的图形是(向上)凸的.

定义 1 的几何解释:如果曲线 $y=f(x)$ 在 $[a,b]$ 上是凹的,那么对应 (a,b) 内任意两点 x_1 和 x_2 的中点 $\frac{x_1+x_2}{2}$ 处,弦 $\overline{AB}$ 上的点 $\left(\frac{x_1+x_2}{2}, \frac{f(x_1)+f(x_2)}{2}\right)$ 总是位于曲线弧 $\overparen{AB}$ 上点 $\left(\frac{x_1+x_2}{2}, f\left(\frac{x_1+x_2}{2}\right)\right)$ 的上方(即弦在弧上)(图 3.6(a));反之,如果曲线 $y=f(x)$ 在 $[a,b]$ 上是凸的,则上述两点的位置恰好相反(弦在弧下)(图 3.6(b)).

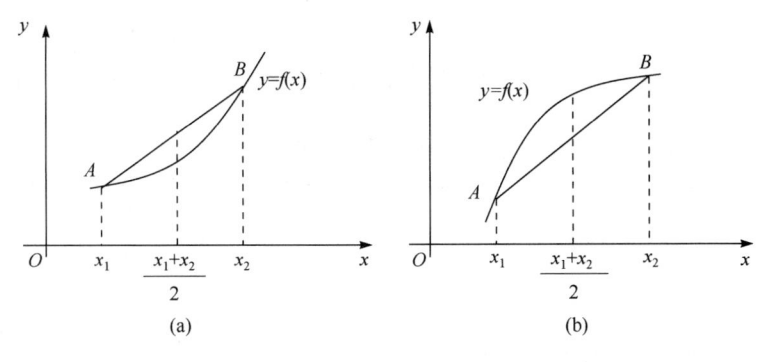

图 3.6

显然,用定义来判断曲线的凹凸性是非常困难的,那么是否可以利用导数来研

究曲线弧的凹凸性呢？我们注意到凹的曲线弧上各点处的切线斜率随着 x 的增大而增大，而对凸的曲线弧上各点处的切线斜率随着 x 的增大而减小(图 3.7). 这就启发我们可以通过讨论 $f'(x)$ 的单调性来判定曲线弧的凹凸性.

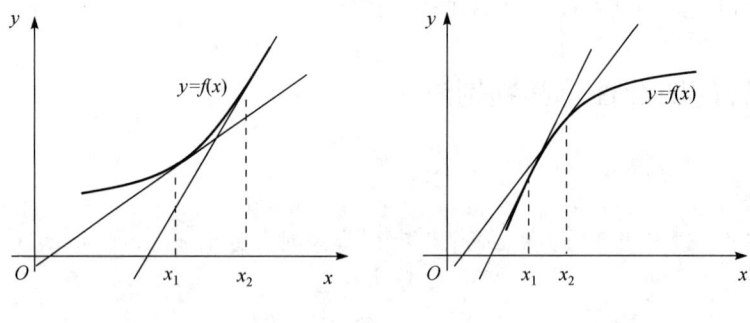

图 3.7

定理 2 设 $f(x)$ 在 $[a,b]$ 上连续，在 (a,b) 内具有二阶导数，那么
(1) 若 $\forall x \in (a,b), f''(x) > 0$，则 $f(x)$ 在 $[a,b]$ 上的图形是凹的；
(2) 若 $\forall x \in (a,b), f''(x) < 0$，则 $f(x)$ 在 $[a,b]$ 上的图形是凸的.

证 我们只证(1)，即 $\forall x_1, x_2 \in (a,b), x_1 \neq x_2$，有
$$f\left(\frac{x_1+x_2}{2}\right) < \frac{f(x_1)+f(x_2)}{2}.$$
为此不妨设 $x_1 < x_2$，令(视 x_2 为变量)
$$F(x) = f\left(\frac{x_1+x}{2}\right) - \frac{f(x_1)+f(x)}{2}, \quad x \in [x_1, x_2],$$
则 $F(x)$ 在 $[x_1, x_2]$ 上连续，且当 $x_1 < x \leqslant x_2$ 时，
$$F'(x) = \frac{1}{2}f'\left(\frac{x_1+x}{2}\right) - \frac{1}{2}f'(x).$$

因 $f''(x) > 0$ $(x \in (a,b))$，故 $f'(x)$ 单调递增，又 $\frac{x_1+x}{2} < x$，故 $F'(x) < 0$ $(x \in [x_1, x_2])$，所以 $F(x)$ 在 $[x_1, x_2]$ 上单调减少，因此
$$F(x_2) < F(x_1) = 0,$$
即
$$f\left(\frac{x_1+x_2}{2}\right) < \frac{f(x_1)+f(x_2)}{2},$$
也就是 $f(x)$ 在 $[a,b]$ 上图形是凹的.

对(2)类似可证.

上述证明的思想方法具有一般性，希望读者认真体会.

例 6 判定曲线 $y=\ln(x^2-1)$ 的凹凸性.

解 函数 $y=\ln(x^2-1)$ 的定义域为 $(-\infty,-1)\cup(1,+\infty)$,且 y 在其定义域内连续,容易求得

$$y'=\frac{2x}{x^2-1}, \quad y''=-\frac{2(x^2+1)}{(x^2-1)^2}.$$

因为当 $x\in(-\infty,-1)$ 或 $x\in(1,+\infty)$ 时,$y''<0$,所以函数 $y=\ln(x^2-1)$ 在 $(-\infty,-1)$ 与 $(1,+\infty)$ 内的图形都是凸的.

例 7 判定曲线 $y=xe^{-x}$ 的凹凸性.

解 函数 $y=xe^{-x}$ 在定义域 $(-\infty,+\infty)$ 内连续,并且 $y'=e^{-x}(1-x)$,$y''=e^{-x}(x-2)$.

因为当 $x\in(-\infty,2)$ 时,$y''<0$,所以曲线 $y=xe^{-x}$ 在 $(-\infty,2]$ 上是凸的,当 $x\in(2,+\infty)$ 时,$y''>0$,所以曲线 $y=xe^{-x}$ 在 $[2,+\infty)$ 上是凹的.

通常我们称 $(-\infty,2]$ 为 $y=xe^{-x}$ 的凸区间,称 $[2,+\infty)$ 为 $y=xe^{-x}$ 的凹区间,并注意到,对应于 $x=2$ 曲线上的点 $(2,2e^{-2})$ 恰好是曲线凹与凸的分界点,此时,$f''(2)=0$.

定义 2 设 $P(x_0,f(x_0))$ 为曲线 $y=f(x)$ 上的点,如果曲线在点 P 的两侧具有不同的凹凸性,那么称点 P 为曲线 $y=f(x)$ 的拐点.

根据拐点的定义以及定理 2,拐点 $P(x_0,f(x_0))$ 的横坐标 x_0 是 $f''(x)$ 符号发生改变的分界点. 如果函数 $f(x)$ 在区间 (a,b) 内具有二阶连续导数,那么在拐点横坐标处必有 $f''(x)=0$;除此之外,$f''(x)$ 不存在的点,也可能是 $f''(x)$ 的符号发生改变的分界点. 因此,判定曲线的凹凸性与求曲线拐点一般可按下面步骤进行:

(1) 确定 $f(x)$ 的定义域,并求 $f''(x)$;

(2) 令 $f''(x)=0$,求出方程在定义域内所有实根,并找出那些使 $f''(x)$ 不存在的点 x_i;

(3) 判别 $f''(x)$ 在上述各点 x_i 两侧的符号变化,从而确定曲线的凹凸区间和拐点.

例 8 求曲线 $y=3x^4-4x^3+1$ 的凹凸区间和拐点.

解 函数的定义域为 $(-\infty,+\infty)$,且 y 在 $(-\infty,+\infty)$ 内连续.

$$y'=12x^3-12x^2, \quad y''=36x^2-24x=36x\left(x-\frac{2}{3}\right).$$

显然没有 y'' 不存在的点,令 $y''=0$ 得,$x_1=0$,$x_2=\frac{2}{3}$,这两点将定义域划分为三个部分区间 $(-\infty,0]$,$\left[0,\frac{2}{3}\right]$,$\left[\frac{2}{3},+\infty\right)$,函数在各个部分区间上 y'' 的符号及曲线的凹凸性见表 3.3.

表 3.3

x	$(-\infty,0)$	0	$\left(0,\dfrac{2}{3}\right)$	$\dfrac{2}{3}$	$\left(\dfrac{2}{3},+\infty\right)$
y''	+	0	−	0	+
y	∪	1	∩	$\dfrac{11}{27}$	∪

注：表中符号"∪"表示曲线凹，"∩"表示曲线凸.

从表 3.3 中可知，曲线 $y=3x^4-4x^3+1$ 的凸区间为 $\left[0,\dfrac{2}{3}\right]$，凹区间为 $(-\infty,0]$ 和 $\left[\dfrac{2}{3},+\infty\right)$，曲线上有两个拐点分别为 $(0,1)$ 和 $\left(\dfrac{2}{3},\dfrac{11}{27}\right)$.

例 9 求曲线 $y=(x-2)\sqrt[3]{x^5}$ 的凹凸区间和拐点.

解 函数 $y=(x-2)\sqrt[3]{x^5}$ 定义域为 $(-\infty,+\infty)$.

由 $y=x^{\frac{8}{3}}-2x^{\frac{5}{3}}$，得

$$y'=\dfrac{8}{3}x^{\frac{5}{3}}-\dfrac{10}{3}x^{\frac{2}{3}},$$

$$y''=\dfrac{40}{9}x^{\frac{2}{3}}-\dfrac{20}{9}x^{-\frac{1}{3}}=\dfrac{40}{9}\cdot\dfrac{x-\dfrac{1}{2}}{\sqrt[3]{x}}\quad (x\neq 0).$$

令 $y''=0$，得 $x=\dfrac{1}{2}$；当 $x=0$ 时，y'' 不存在.

用 $\dfrac{1}{2}$ 及 0 将定义域划分为三个区间，列表如下（表 3.4）.

表 3.4

x	$(-\infty,0)$	0	$\left(0,\dfrac{1}{2}\right)$	$\dfrac{1}{2}$	$\left(\dfrac{1}{2},+\infty\right)$
y''	+	不存在	−	0	+
y	∪	0	∩	$-\dfrac{3}{8}\sqrt[3]{2}$	∪

由表 3.4 可得，曲线凹区间为 $(-\infty,0]$ 和 $\left[\dfrac{1}{2},+\infty\right)$，凸区间为 $\left[0,\dfrac{1}{2}\right]$；曲线有两个拐点 $(0,0)$ 和 $\left(\dfrac{1}{2},-\dfrac{3}{8}\sqrt[3]{2}\right)$.

习 题 3.4

(A)

1. 研究函数 $y=x-\ln(1+x)$ 在 $(0,+\infty)$ 内的单调性.

2. 确定下列函数的单调区间:

(1) $y=2x^3-2x+5$;

(2) $y=x^4-2x^2-5$;

(3) $y=\sqrt{2x-x^2}$;

(4) $y=\dfrac{x^2-2x+2}{x-1}$;

(5) $y=x\cdot\sqrt{x-x^2}$;

(6) $y=x+\cos x$;

(7) $y=x^4\cdot e^{-2x}$;

(8) $y=\ln(x+\sqrt{1+x^2})$.

3. 证明下列不等式:

(1) $x-\dfrac{x^3}{6}<\sin x<x \quad (x>0)$;

(2) $\ln(1+x)<x \quad (x>0)$;

(3) $1+x\ln(x+\sqrt{1+x^2})>\sqrt{1+x^2} \quad (x>0)$;

(4) $\dfrac{2x}{\pi}<\sin x<x \quad \left(0<x<\dfrac{\pi}{2}\right)$;

(5) $2x<\sin x+\tan x \quad \left(0<x<\dfrac{\pi}{2}\right)$.

4. 证明方程 $x-\sin x=0$ 只有一个实根.

5. 求下列函数的凹凸区间和拐点:

(1) $y=x^3+3x^2-1$;

(2) $y=xe^{-x}$;

(3) $y=(x-2)^{\frac{5}{3}}$;

(4) $y=(x+1)^4+e^x$;

(5) $y=\dfrac{x^3}{x^2+3a^2} \quad (a>0)$;

(6) $y=x+\cos x$.

6. 求曲线 $y=x^3-3x^2+24x-19$ 在拐点处的切线方程和法线方程.

7. 试确定常数 a,b 使 $(1,2)$ 是曲线 $y=ax^3+bx^2+1$ 的拐点.

8. 利用函数的凹凸性,证明下列不等式:

(1) $\dfrac{e^x+e^y}{2}>e^{\frac{x+y}{2}} \quad (x>0,y>0,x\neq y)$;

(2) $x\ln x+y\ln y>(x+y)\ln\dfrac{x+y}{2} \quad (x>0,y>0,x\neq y)$;

(3) $\dfrac{1}{2}(x^n+y^n)>\left(\dfrac{x+y}{2}\right)^n \quad (x>0,y>0,x\neq y,n>1)$;

(4) $\cos\dfrac{x+y}{2}>\dfrac{\cos x+\cos y}{2}, \quad \forall x,y\in\left(-\dfrac{\pi}{2},\dfrac{\pi}{2}\right)$.

(B)

1. 证明下列不等式:

(1) 若 $0<x<1$,则 $e^{2x}<\dfrac{1+x}{1-x}$;

(2) 已知 $x\geqslant a$ 时 $|f'(x)|\leqslant g'(x)$,则 $|f(x)-f(a)|\leqslant g(x)-g(a)$.

2. 试问方程 $\ln x=ax(a>0)$ 共有几个实根.

3. 已知 $f(x)$ 在 (a,b) 内可导，且单调递增，试证明在 (a,b) 内 $f'(x) \geqslant 0$.

4. 证明：曲线 $y=\dfrac{x+1}{x^2+1}$ 有三个拐点，且它们位于同一条直线上.

5. 证明：曲线 $y=\dfrac{\sin x}{x}$ 的拐点均在曲线 $(4+x^4)y^2=4$ 上.

3.5　函数的极值与最大值最小值

一、函数的极值和最值及其求法

在第 1 章中我们已经知道，若函数 $f(x)$ 在 $[a,b]$ 上连续，则 $f(x)$ 在 $[a,b]$ 上必存在最大（小）值，但如何求最大（小）值？第 1 章并未介绍具体方法，在实际应用中我们又往往需要求函数的最大（小）值. 为此，我们先从极值谈起.

> **定义**　设函数 $f(x)$ 在点 x_0 的某个邻域 $U(x_0)$ 内有定义，若对去心邻域 $\overset{\circ}{U}(x_0)$ 内的所有 x，恒有 $f(x)<f(x_0)$（或 $f(x)>f(x_0)$），那么，称 $f(x_0)$ 是 $f(x)$ 的一个极大值（或极小值）.
>
> 函数的极大值和极小值统称为极值. 使函数取得极值的点称为极值点.

值得注意的是，$f(x_0)$ 是函数 $f(x)$ 的一个极大（或极小）值，只能表明它是 $U(x_0)$ 内的最大（或最小）值. 因此，极值反映了函数的局部性态，它与函数的最值是两个不同的概念. 后者反映的是函数在某个区间上的整体性态. 同时，极值要求函数在极值点两侧都要有意义，因此，在闭区间的端点处，函数不可能有极值，如果已知函数 $f(x)$ 的最值是在开区间内部取到，那么必定是在那些极值点处取到最值（图 3.8）. 特别地，闭区间 $[a,b]$ 上的连续函数，如果在 (a,b) 内只有一个极值，那么该极值也必为函数在 $[a,b]$ 上的最值（极大值即为最大值，极小值即为最小值）.

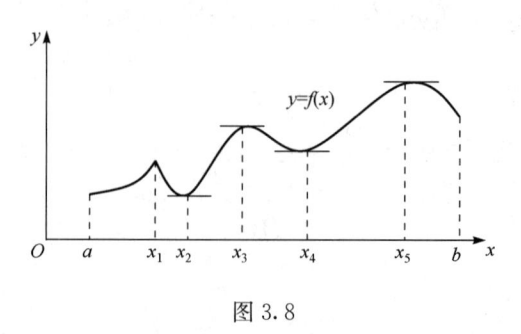

图 3.8

因此，求函数 $f(x)$ 在闭区间 $[a,b]$ 上的最大值和最小值的一般步骤是
第一步，先求出 $f(x)$ 在开区间 (a,b) 内的全部极值；

第二步，比较区间端点值 $f(a),f(b)$ 及 (a,b) 内全部极值的大小，其中最大(最小)者即为 $f(x)$ 在 $[a,b]$ 上的最大(最小)值.

下面我们先解决第一个问题，讨论 $f(x)$ 极值的求法.

从图 3.8 的直观启示，并借助 3.1 节中的费马定理不难知道，如果 $f(x)$ 在点 x_0 可导，并且在点 x_0 取得极值，那么必定满足 $f'(x_0)=0$，即 x_0 是 $f(x)$ 的一个驻点. 但是，函数的驻点却不一定是极值点.

例如，函数 $f(x)=x^3, x=0$ 是其驻点，但是 $f(x)$ 在 $(-\infty,+\infty)$ 内单调增加(图 3.9)，$x=0$ 不可能是它的极值点. 除此还应该注意函数在一些不可导的点处也可能会取得极值(见图 3.8 中 x_1 点). 因此，今后为了叙述方便计，我们将函数的驻点和导数不存在的点统称为可疑极值点. 为了进一步确定极值，有下面两个称之为极值存在的充分条件的定理.

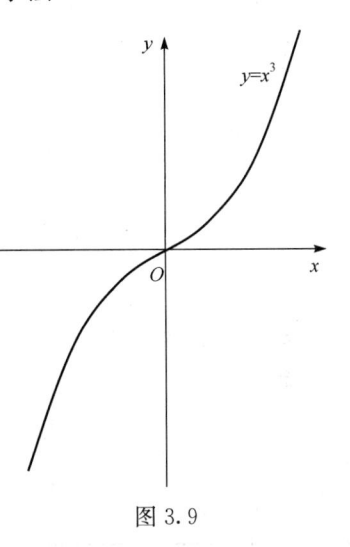

图 3.9

定理 1(第一充分条件) 设函数 $f(x)$ 在点 x_0 连续，在 x_0 的某个去心领域 $\overset{\circ}{U}(x_0,\delta)$ 内可导，且 x_0 为 $f(x)$ 的可疑极值点，那么

(1) 若当 $x\in(x_0-\delta,x_0)$ 时，$f'(x)>0$，当 $x\in(x_0,x_0+\delta)$ 时，$f'(x)<0$，则 $f(x)$ 在点 x_0 取得极大值；

(2) 若当 $x\in(x_0-\delta,x_0)$ 时，$f'(x)<0$，当 $x\in(x_0,x_0+\delta)$ 时，$f'(x)>0$，则 $f(x)$ 在点 x_0 取得极小值；

(3) 若在 $x\in(x_0-\delta,x_0)$ 和 $x\in(x_0,x_0+\delta)$ 内 $f'(x)$ 的符号保持不变，则 $f(x)$ 在点 x_0 不取得极值.

证 (1) 根据 3.3 节定理 1，$f(x)$ 在 $(x_0-\delta,x_0)$ 内单调增加，在 $(x_0,x_0+\delta)$ 内单调减少，所以 $f(x)$ 在点 x_0 取到极大值；

(2) 类似(1)可证结论成立；

(3) 由条件知 $f(x)$ 在 $(x_0-\delta,x_0)$ 和 $(x_0,x_0+\delta)$ 上或同为单调增加或同为单调减少. 因此 $f(x_0)$ 不是 $f(x)$ 的极值.

根据定理 1，我们可以按下面步骤来求极值：

(1) 求出 $f(x)$ 的导数 $f'(x)$；

(2) 找出 $f(x)$ 的所有可疑极值点(包括 $f(x)$ 的驻点和不可导点)；

(3) 考察每个可疑极值点两侧导数的符号,从而确定该点是否为极值点,如果是极值点,再进一步判断是极大值点还是极小值点.

例1 求函数 $y=(x-1)\sqrt[3]{x^2}$ 的极值.

解 函数 $y=(x-1)\sqrt[3]{x^2}$ 的定义域为 $(-\infty,+\infty)$,并且当 $x\neq 0$ 时,

$$y'=\frac{5}{3}\cdot\frac{x-\frac{2}{5}}{\sqrt[3]{x}},$$

函数有驻点 $x=\frac{2}{5}$ 和不可导点 $x=0$,通过列表判断极值(见表 3.5).

表 3.5

x	$(-\infty,0)$	0	$\left(0,\frac{2}{5}\right)$	$\frac{2}{5}$	$\left(\frac{2}{5},+\infty\right)$
y'	+	不存在	−	0	+
y	↗	极大值 $f(0)$	↘	极小值 $f\left(\frac{2}{5}\right)$	↗

由表中可知,函数有极大值 $f(0)=0$;极小值 $f\left(\frac{2}{5}\right)=-\frac{3}{25}\sqrt[3]{20}$.

定理 2(第二充分条件) 设函数 $f(x)$ 在点 x_0 具有二阶导数,并且 $f'(x_0)=0, f''(x_0)\neq 0$,那么

(1) 当 $f''(x_0)<0$ 时,$f(x)$ 在点 x_0 取极大值;

(2) 当 $f''(x_0)>0$ 时,$f(x)$ 在点 x_0 取极小值.

证 (1) 按照导数定义,及 $f'(x_0)=0$ 有

$$f''(x_0)=\lim_{x\to x_0}\frac{f'(x)-f'(x_0)}{x-x_0}=\lim_{x\to x_0}\frac{f'(x)}{x-x_0}.$$

由于 $f''(x_0)<0$,故根据极限的保号性,在 x_0 的去心领域 $\mathring{U}(x_0,\delta)$ 内有

$$\frac{f'(x)}{x-x_0}<0,$$

因此,当 $x\in(x_0-\delta,x_0)$,即 $x-x_0<0$ 时,$f'(x)>0$,函数 $f(x)$ 在 $(x_0-\delta,x_0)$ 内单调增加;当 $x\in(x_0,x_0+\delta)$,即 $x-x_0>0$ 时,$f'(x)<0$,函数 $f(x)$ 在 $(x_0,x_0+\delta)$ 内单调减少,所以 $f(x)$ 在点 x_0 取得极大值.

同理可以证明(2)成立.

注意 定理 2(第二充分条件)中当 $f''(x_0)=0$ 时失效,这时可用定理 1(第一充分条件)来判断.

例 2 求函数 $f(x)=(x-1)^2(x-2)$ 的极值.

解 函数的定义域为 $(-\infty,+\infty)$.
$$f'(x)=(x-1)(3x-5), \quad f''(x)=6x-8,$$
令 $f'(x)=0$,得驻点 $x=1$ 和 $x=\dfrac{5}{3}$,

因为 $f''(1)=-2<0$,所以 $f(1)=0$ 是函数的极大值;

又因为 $f''\left(\dfrac{5}{3}\right)=2>0$,所以 $f\left(\dfrac{5}{3}\right)=-\dfrac{4}{27}$ 是函数的极小值.

例 3 试确定 a,使函数 $f(x)=a\sin x+\dfrac{1}{3}\sin 3x$ 在 $x=\dfrac{\pi}{3}$ 处取得极值,并问 $f\left(\dfrac{\pi}{3}\right)$ 是极大值还是极小值? 求该极值.

解 $\forall x\in(-\infty,+\infty)$ 有
$$f'(x)=a\cos x+\cos 3x,$$
根据题意,$f(x)$ 在 $\dfrac{\pi}{3}$ 处取得极值,则必有
$$f'\left(\dfrac{\pi}{3}\right)=0,$$
即 $a\cos\dfrac{\pi}{3}+\cos\pi=0$,所以 $a=2$.

又 $f''(x)=-2\sin x-3\sin 3x$,因为 $f''\left(\dfrac{\pi}{3}\right)=-\sqrt{3}<0$,所以 $f(x)$ 在点 $x=\dfrac{\pi}{3}$ 处取得极大值,极大值为 $f\left(\dfrac{\pi}{3}\right)=\sqrt{3}$.

解决了函数极值的判别和求法之后,下面来进行第二步求函数的最值,由前面的讨论,要求函数在闭区间上的最大值和最小值,只要将函数在开区间内所有极值与函数在区间端点值进行比较,就可以确定其在区间上的最大值和最小值,且由于函数的极值只能在那些可疑极值点处取得的,因此,为了简化最值的判别过程,我们只需将在开区间内部那些可疑极值点处的函数值与区间端点值进行比较,从而确定函数在整个区间上的最大值和最小值.

例 4 求函数 $f(x)=x^4-2x^2+5$ 在 $[-2,3]$ 上的最大值和最小值.

解 $f(x)=x^4-2x^2+5$ 在 $[-2,3]$ 上连续,且
$$f'(x)=4x^3-4x=4x(x-1)(x+1),$$
令 $f'(x)=0$,得 $f(x)$ 的三个驻点:
$$x=-1, \quad x=0, \quad x=1,$$
$$f(-1)=4, \quad f(0)=5, \quad f(1)=4.$$

$f(x)$ 在区间端点值为 $f(-2)=13, f(3)=68$.

比较上述各值得:函数在 $[-2,3]$ 上的最大值为 $f(3)=68$,最小值为 $f(\pm 1)=4$.

例 5 利用极值方法证明:当 $|x|\leqslant 2$ 时,$|3x-x^3|\leqslant 2$.

证 令 $f(x)=|3x-x^3|$,则 $f(x)$ 在 $[-2,2]$ 上连续,

因为

$$f(x)=\begin{cases}3x-x^3, & x\in[-2,-\sqrt{3}]\cup[0,\sqrt{3}],\\ x^3-3x, & x\in(-\sqrt{3},0)\cup(\sqrt{3},2),\end{cases}$$

故

$$f'(x)=\begin{cases}3-3x^2, & x\in(-2,-\sqrt{3})\cup(0,\sqrt{3}),\\ 3x^2-3, & x\in(-\sqrt{3},0)\cup(\sqrt{3},2),\end{cases}$$

易知 $f(x)$ 在 $(-2,2)$ 内有两个驻点分别为 $x=\pm 1$,在 $x=-\sqrt{3},0,\sqrt{3}$ 三点处不可导.

比较下列各点的函数值:

$$f(\pm 1)=f(\pm 2)=2, f(0)=f(\pm\sqrt{3})=0$$

可知函数 $f(x)$ 在 $[-2,2]$ 上的最大值等于 2.

因此,当 $|x|\leqslant 2$ 时,$|3x-x^3|\leqslant 2$. 得证.

二、函数最值的应用问题

最大值、最小值问题,在人类活动的各个领域中有着非常广泛的应用,制造商总希望达到最低的生产成本,而经销商总希望获取最大的利润,诸如此类在一定条件下,使"用料最省"、"产量最多"、"成本最低"、"效率最高"等问题,在数学上都可归结为求一个函数 $f(x)$ 在某个区间上的最大值或最小值问题,解决这类问题的一般步骤是

(1) 建立与所求问题相关的函数(称为目标函数);

(2) 求目标函数的最值,在实际问题中,如果由问题本身能够确定可导的目标函数在区间内部一定存在最大值或最小值,且在区间内只有一个极值点,则可断定该极值点就是最值点,且极大(或极小)值点就是最大(或最小)值点.

例 6 试在抛物线 $y^2=2x$ 上找一点,使之与定点 $P(1,1)$ 的距离最短.

解 据题意分析可知,所求点应该在上半段抛物线 $y=\sqrt{2x}$ 上(图 3.10).

设在上半段抛物线上任取一点 $M(x,\sqrt{2x})$,则 P 点到 M 点的距离为

$$s=\sqrt{(x-1)^2+(\sqrt{2x}-1)^2}.$$

取目标函数为 $f(x)=s^2=(x-1)^2+(\sqrt{2x}-1)^2 \quad (x>0)$,

$$f'(x) = 2(x-1) + 2(\sqrt{2x} - 1) \cdot \frac{1}{\sqrt{2x}}$$

$$= \frac{2(\sqrt{2x^3} - 1)}{\sqrt{2x}},$$

令 $f'(x)=0$,可得 $f(x)$ 在 $(0,+\infty)$ 内唯一驻点 $x=\dfrac{1}{\sqrt[3]{2}}$,且当 $x<\dfrac{1}{\sqrt[3]{2}}$ 时,$f'(x)<0$;当 $x>\dfrac{1}{\sqrt[3]{2}}$ 时,$f'(x)>0$. 所以 $x=\dfrac{1}{\sqrt[3]{2}}$ 是 $f(x)$ 的唯一极小值点,就是最小值点. 故当所求曲线上点的坐标 $x=\dfrac{1}{\sqrt[3]{2}}$,$y=\sqrt[3]{2}$ 时,$f(x)$ 最小,即到定点 $P(1,1)$ 的距离 s 最小.

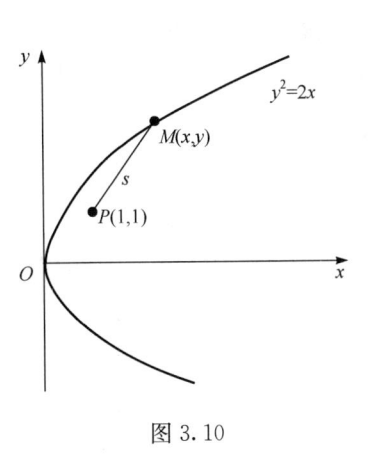

图 3.10

例 7 某煤油厂需要制作一批容积为 V 的带盖的圆柱形油桶,试问如何选择油桶的尺寸才能使用料最省?

解 设油桶的底面半径为 r,桶高为 h(图 3.11),并设制作油桶用料的面积为 S. 由于油桶容积 V 为常量,且 $\pi r^2 h = V$,从而 $h = \dfrac{V}{\pi r^2}$,所以

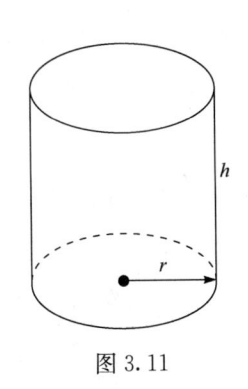

$$S = S(r) = 2\pi r^2 + 2\pi r \cdot \frac{V}{\pi r^2} = 2\pi r^2 + \frac{2V}{r}$$

为目标函数,其中 $0<r<+\infty$.

$$\frac{dS}{dr} = 4\pi r - \frac{2V}{r^2} = \frac{2(2\pi r^3 - V)}{r^2},$$

令 $\dfrac{dS}{dr}=0$,得驻点 $r=\sqrt[3]{\dfrac{V}{2\pi}}$,根据实际问题可知油桶用料的最小值必存在,且只有唯一驻点,所以当油桶底面半径 $r=\sqrt[3]{\dfrac{V}{2\pi}}$,高 $h=2\sqrt[3]{\dfrac{V}{2\pi}}$ 时,制作油桶用料最省.

图 3.11

例 8 某地为改进现有的运输状况,使更大的轮船能进入内河. 计划将内河加宽并使之与长江垂直交汇,设长江宽 a 米,加宽后的内河宽 b 米,试问能够驶入内河的轮船的最大长度是多少米?

解 建立坐标系(图 3.12),设长江与内河交于 O' 点,过 O' 点作直线分别交 x 轴和 y 轴于 A 点和 B 点. 记线段 $\overline{AB}$ 的长为 L,与 x 轴的夹角为 φ,那么

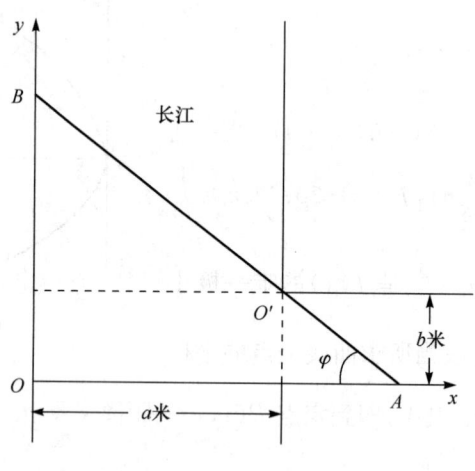

图 3.12

$$L=\frac{a}{\cos\varphi}+\frac{b}{\sin\varphi} \quad \left(0<\varphi<\frac{\pi}{2}\right).$$

根据实际问题意义,不妨忽略轮船的宽度,分析可知能够驶入内河的轮船的最大长度恰好是 L 的最小值

$$\frac{dL}{d\varphi}=\frac{a\sin\varphi}{\cos^2\varphi}-\frac{b\cos\varphi}{\sin^2\varphi}=\frac{a\sin^3\varphi-b\cos^3\varphi}{\cos^2\varphi\sin^2\varphi},$$

令 $\dfrac{dL}{d\varphi}=0$,即 $a\sin^3\varphi-b\cos^3\varphi=0$,可求得 $\varphi=\arctan\sqrt[3]{\dfrac{b}{a}}$ 且是 L 在 $\left(0,\dfrac{\pi}{2}\right)$ 内唯一驻点.

根据实际问题意义可知,L 的最小值确实存在,所以当 $\varphi=\arctan\sqrt[3]{\dfrac{b}{a}}$ 时,L 最小,又由 $\tan\varphi=\sqrt[3]{\dfrac{b}{a}}$,得

$$\cos\varphi=\frac{a^{\frac{1}{3}}}{(a^{\frac{2}{3}}+b^{\frac{2}{3}})^{\frac{1}{2}}}, \quad \sin\varphi=\frac{b^{\frac{1}{3}}}{(a^{\frac{2}{3}}+b^{\frac{2}{3}})^{\frac{1}{2}}}.$$

所以 L 的最小值为 $L_{\min}=(a^{\frac{2}{3}}+b^{\frac{2}{3}})^{\frac{3}{2}}$,即能够驶入内河的最大轮船的长为 $(a^{\frac{2}{3}}+b^{\frac{2}{3}})^{\frac{3}{2}}$ 米.

例 9 某银行的统计资料表明,银行中的存款总量正比于银行付给存户年利率的平方,现在如果银行可以利用 12% 的利率再投资这笔钱,试问为了得到最大

利润,银行所支付给存户的利率应该定为多少合适?

解 设银行支付给存户的年利率为 $r(0<r\leqslant 1)$,那么银行的存款总量为 $Q=kr^2(k>0$ 为比例系数).

将这笔钱以 12% 的年利率贷出,一年后可获得款额为 $(1+0.12)Q$;而一年后银行需要支付给存户的款额为 $(1+r)Q$. 故一年后银行获利为

$$P=(1+0.12)Q-(1+r)Q=(0.12-r)kr^2,$$

$$\frac{\mathrm{d}P}{\mathrm{d}r}=2kr(0.12-r)-kr^2=kr(0.24-3r).$$

令 $\dfrac{\mathrm{d}P}{\mathrm{d}r}=0$,可得 $r=0.08$ 是 $(0,1]$ 内唯一驻点,且当 $r<0.08$ 时, $\dfrac{\mathrm{d}P}{\mathrm{d}r}>0$, 当 $r>0.08$ 时, $\dfrac{\mathrm{d}P}{\mathrm{d}r}<0$, 故 $r=0.08$ 是获利函数 $P(r)$ 在 $(0,1]$ 内唯一极大值点,也就是最大值点,所以银行如果以 8% 的年利率付息给存户可获得最大利润.

习 题 3.5

(A)

1. 根据下面给出的 $f'(x)$ 的图形(图 3.13),指出 $f(x)$ 的极值点是极大值点还是极小值点.

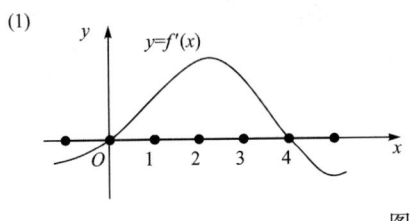

图 3.13

2. 求下列函数的极值:

(1) $y=x^2(x-1)^3$;

(2) $y=(2x-5)\sqrt[3]{x^2}$;

(3) $y=x+\dfrac{1}{x}$;

(4) $y=x-2\sin x$ $(0\leqslant x\leqslant 2\pi)$;

(5) $y=\dfrac{x}{x^2+1}$ $(-5\leqslant x\leqslant 5)$;

(6) $y=\dfrac{x^2-7x+6}{x-10}$;

(7) $y=x-\ln(1+x)$;

(8) $y=\mathrm{e}^x\cos x$;

(9) $y=\sqrt{x}\ln 2x$;

(10) $y=\arctan x-\ln\sqrt{1+x^2}$;

(11) $y=x^2\mathrm{e}^{-x}$;

(12) $y=\dfrac{1}{1+\sin^2 x}$.

3. 求下列函数在指定区间上的最值:

(1) $y=x^4-8x^2+2$, $x\in[-1,3]$;

(2) $y=x+\sqrt{1-x}$, $x\in[0,1]$;

(3) $y = x^2 - \dfrac{54}{x}$, $x \in (-\infty, 0)$;　　(4) $y = |x^2 - 3x + 2|$, $x \in [-3, 4]$;

(5) $y = \sin x + \cos x$, $x \in [0, 2\pi]$;　　(6) $y = x^{\frac{1}{x}}$, $x \in (0, +\infty)$.

4. 已知函数 $y = ax^3 + bx^2 + cx + d$ 在 $x = 0$ 点取得极大值1，在 $x = 2$ 点取得极小值为零，试确定 a, b, c, d 的取值.

5. 求点 $(0, a)(a > 0)$ 到曲线 $x^2 - 4y = 0$ 的最短距离.

6. 求曲线 $xy = 1$ 在第一象限内的切线方程，使切线在两坐标轴上的截距之和最小.

7. 现有一块边长为1的正方形薄铁片，将其四角各截去一个小方块，并将剩余部分折成一个无盖的方盒子. 若要使其容积最大，问截去小方块的边长是多少？

8. 在一个半径为 R 的球内，内接一个正圆锥. 若要使该圆锥的体积最大，其高应取多少？

9. 自来水厂计划建造一容积为 V 的开口圆柱形水池，已知水池底面每平米的造价是其侧面每平米造价的两倍，问水池的底半径与高成怎样的比例才能使水池的造价最低？

10. 从半径为 R 的圆形铁片中剪去一个扇形，并将剩余部分围成一个圆锥形漏斗，问剪去的扇形的圆心角多大时，做成的漏斗容积最大？（图 3.14）

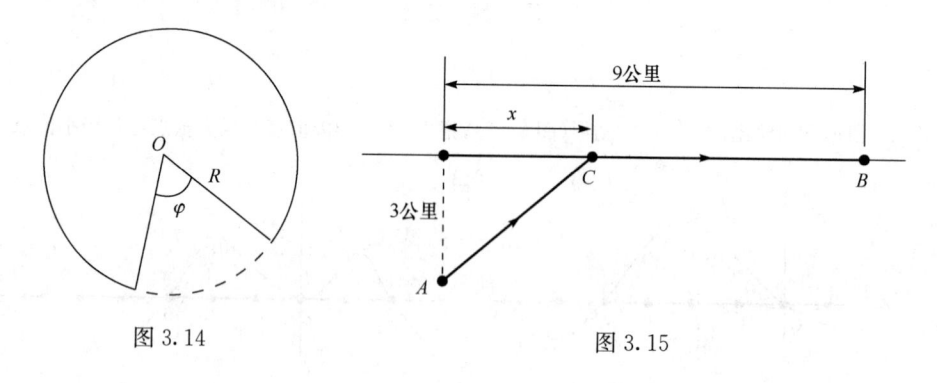

图 3.14

图 3.15

11. 位于野外的旅行者想尽快返回城市，在其所在 A 地的正前方3公里处，有条公路，在公路右方9公里的 B 处有个汽车站，假定该旅行者在野地中的行进速度是6公里/时，沿公路行进的速度是8公里/小时，为了尽快返回城市他选择沿 $A \to C \to B$ 的路径（图3.15）问旅行者要尽快赶到 B 点的车站，C 点应该选在公路右方多远处？旅行者最快能在多少时间内到达 B 点的车站？

(B)

1. 证明：如果 $b^2 - 3ac < 0$，那么函数 $y = ax^3 + bx^2 + cx + d$ 没有极值.

2. 已知函数 $y = x + a\cos x(a > 1)$ 在区间 $(0, 2\pi)$ 内有极小值，且极小值为零，求函数在区间 $(0, 2\pi)$ 内的极大值.

3. 已知两正数 x 与 y 的乘积为36，试确定 x 与 y 的取值，使 $x^3 + y^3$ 最小.

4. 设 $f(x)$ 在 $(-\infty,+\infty)$ 可微,且函数 $g(x)=\dfrac{f(x)}{x}$ 在 $x=a(a\neq 0)$ 处有极值,试证:曲线 $y=f(x)$ 在点 $(a,f(a))$ 处的切线过原点.

5. 试证明在底边及周长为一定的三角形中以等腰三角形的面积最大.

6. 等腰三角形的周长为 $2l$,问它的腰长多大时面积最大?并求出最大面积.

3.6 函数图形的描绘与曲率

一、曲线的渐近线

有些函数的定义域和值域都是有限区间,其图形局限于一定范围之内,如椭圆、圆等. 有些函数的定义域或值域是无穷区间,其图形向无穷远处延伸,如抛物线、双曲线等. 为了把握曲线的变化趋势,我们先介绍曲线的渐近线.

定义 如果曲线 $y=f(x)$ 上的动点 P 沿曲线移向无穷远时,P 点到某定直线 L 的距离趋向于零,那么就称定直线 L 是曲线 $y=f(x)$ 的一条渐近线.

曲线的渐近线可以帮助我们了解曲线无限延伸时的趋势. 曲线的渐近线一般分为三类.

1. 水平渐近线

如果 $\lim\limits_{x\to+\infty}f(x)=b$,或 $\lim\limits_{x\to-\infty}f(x)=b$($b$ 为常数),那么就称 $y=b$ 是曲线 $y=f(x)$ 的一条水平渐近线.

例如 $\lim\limits_{x\to+\infty}\arctan x=\dfrac{\pi}{2}$,故 $y=\dfrac{\pi}{2}$ 是曲线 $y=\arctan x$ 的一条水平渐近线;又因为 $\lim\limits_{x\to-\infty}\arctan x=-\dfrac{\pi}{2}$,故 $y=-\dfrac{\pi}{2}$ 是曲线 $y=\arctan x$ 的另一条水平渐近线.

2. 铅直渐近线

如果 $\lim\limits_{x\to x_0^+}f(x)=\infty(\pm\infty)$,或 $\lim\limits_{x\to x_0^-}f(x)=\infty(\pm\infty)$,那么就称 $x=x_0$ 是曲线 $y=f(x)$ 的一条铅直渐近线.

例如曲线 $y=\dfrac{1}{x^2-1}$,由于

$$\lim_{x\to-1^-}\dfrac{1}{x^2-1}=+\infty,\ \lim_{x\to-1^+}\dfrac{1}{x^2-1}=-\infty;\ \lim_{x\to 1^-}\dfrac{1}{x^2-1}=-\infty,\ \lim_{x\to 1^+}\dfrac{1}{x^2-1}=+\infty.$$

所以 $x=-1$ 和 $x=1$ 分别是曲线 $y=\dfrac{1}{x^2-1}$ 的两条铅直渐近线. 且由上面所得极限

可见,在曲线渐近线两侧曲线的趋势也是不一样的.

3. 斜渐近线

如果 $\lim\limits_{x\to+\infty}[f(x)-(ax+b)]=0$ 或 $\lim\limits_{x\to-\infty}[f(x)-(ax+b)]=0$(其中 a,b 为常数),那么就称 $y=ax+b$ 为曲线 $y=f(x)$ 的一条斜渐近线.

其中常数 a,b 可按下面方法求得.

设当 $x\to+\infty$($x\to-\infty$ 情形类似讨论)时,$y=ax+b$ 是曲线 $y=f(x)$ 的斜渐近线,则有

$$\lim_{x\to+\infty}[f(x)-(ax+b)]=0, \tag{3.22}$$

因此

$$\lim_{x\to+\infty}\frac{1}{x}[f(x)-(ax+b)]=0,$$

即

$$\lim_{x\to+\infty}\frac{f(x)-ax-b}{x}=\lim_{x\to+\infty}\left[\frac{f(x)}{x}-a-\frac{b}{x}\right]=\lim_{x\to+\infty}\frac{f(x)}{x}-a=0,$$

所以

$$a=\lim_{x\to+\infty}\frac{f(x)}{x}. \tag{3.23}$$

如果 a 确实存在.再由(3.22)式可得

$$b=\lim_{x\to+\infty}[f(x)-ax]. \tag{3.24}$$

从而,可通过(3.23)式和(3.24)式求得 a,b,进而得到曲线 $y=f(x)$ 的斜渐近线 $y=ax+b$.

如果 $\lim\limits_{x\to+\infty}\dfrac{f(x)}{x}$ 不存在,或者 $\lim\limits_{x\to+\infty}\dfrac{f(x)}{x}=a$ 存在,但是 $\lim\limits_{x\to+\infty}[f(x)-ax]$ 不存在.那么可以断定曲线 $y=f(x)$ 没有斜渐近线.

例 1 讨论曲线 $y=f(x)=\dfrac{2x(x-1)}{x+3}$ 的渐近线.

解 由于函数 $y=f(x)$ 在 $x=-3$ 点间断,且

$$\lim_{x\to-3}\frac{2x(x-1)}{x+3}=\infty,$$

所以 $x=-3$ 是曲线 $y=\dfrac{2x(x-1)}{x+3}$ 的一条铅直渐近线;

由于 $\lim\limits_{x\to\infty}\dfrac{2x(x-1)}{x+3}$ 不存在,所以曲线没有水平渐近线.

又因为 $\lim\limits_{x\to\infty}\dfrac{f(x)}{x}=\lim\limits_{x\to\infty}\dfrac{2(x-1)}{x+3}=2=a$,且

$$\lim_{x\to\infty}[f(x)-ax]=\lim_{x\to\infty}\left[\dfrac{2x(x-1)}{x+3}-2x\right]=\lim_{x\to\infty}\dfrac{-8x}{x+3}=-8=b,$$

所以曲线 $y=\dfrac{2x(x-1)}{x+3}$ 有一条斜渐近线 $y=2x-8$.

例 2 说明曲线 $y=x+\ln x$ 不存在斜渐近线.

解 由于

$$\lim_{x\to+\infty}\dfrac{f(x)}{x}=\lim_{x\to+\infty}\left(1+\dfrac{\ln x}{x}\right)=1=a,$$

但是

$$\lim_{x\to+\infty}[f(x)-ax]=\lim_{x\to+\infty}[x+\ln x-x]=\lim_{x\to+\infty}\ln x=+\infty,$$

不存在,所以曲线 $y=x+\ln x$ 不存在斜渐近线.

二、函数图形的描绘

我们已经掌握了利用函数的一阶导数研究函数的单调性和极值,利用函数二阶导数研究函数的凹凸性和拐点,现在我们运用导数方法来描绘函数在定义域内的图形.随着现代计算机技术飞速发展,尽管有许多的数学软件可帮助人们画出函数图形,可是对函数图形中的一些关键点和作图区域的选择仍需要人工干预.因此,掌握利用导数描绘函数图形的方法和步骤还是十分必要的.应用导数方法描绘函数图形一般按下列步骤进行:

(1) 确定函数的定义域,考察函数是否具有奇偶性和周期性;

(2) 求出 $f'(x),f''(x)$ 的零点和不存在的点,包括 $f(x)$ 的间断点,并利用上述点将定义域划分为一些既不相交也不相互包含的部分区间;

(3) 列表判定 $f'(x),f''(x)$ 在各部分区间上的符号,并由此确定函数图形的升降、凹凸和拐点等;

(4) 找出函数的所有渐近线;

(5) 求出曲线的一些特殊点(零点,极值点、拐点,还可适当补充一些点),结合函数在各部分区间的走势用光滑的曲线,把它们连接起来.

例 3 画出函数 $y=\dfrac{1}{x^2-1}$ 的图形.

解 (1) 函数 $y=f(x)$ 的定义域为 $(-\infty,-1)\cup(-1,1)\cup(1,+\infty)$,

$$f'(x)=-\dfrac{2x}{(x^2-1)^2},\quad f''(x)=\dfrac{2(1+3x^2)}{(x^2-1)^3}=\dfrac{2(1+3x^2)}{(x-1)^3(x+1)^3};$$

(2) $f(x)$的间断点为 $x=-1$ 和 $x=1$.

$f'(x)$的零点为 $x=0$, 而 $f''(x)$没有零点.

利用上述点 $-1, 0, 1$ 将定义域分成下列四个部分区间:
$$(-\infty, -1), \quad (-1, 0], \quad [0, 1), \quad (1, +\infty).$$

(3) 列表并判断如下(表 3.6):

表 3.6

x	$(-\infty,-1)$	-1	$(-1,0)$	0	$(0,1)$	1	$(1,+\infty)$
y'	$+$	不	$+$	0	$-$	不	$-$
y''	$+$	存	$-$	-2	$-$	存	$+$
$y=f(x)$	↗	在	↗	极大值 $f(0)=-1$	↘	在	↘

注:"↗"表曲线凹着上升,"↗"表曲线凸着上升;
"↘"表曲线凸着下降,"↘"表曲线凹着下降.

(4) 由于 $\lim\limits_{x \to -1^-} f(x) = +\infty$, $\lim\limits_{x \to -1^+} f(x) = -\infty$ 及 $\lim\limits_{x \to 1^-} f(x) = -\infty$, $\lim\limits_{x \to 1^+} f(x) = +\infty$, 故函数曲线有两条铅直渐近线 $x=-1$ 和 $x=1$.

又 $\lim\limits_{x \to -\infty} f(x) = 0$ 及 $\lim\limits_{x \to +\infty} f(x) = 0$, 故函数有水平渐近线 $y=0$.

(5) 根据以上分析,可描绘出 $y=f(x)$ 图像如图 3.16.

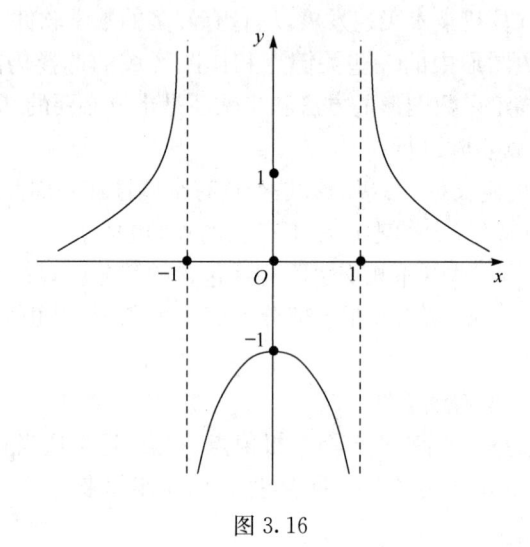

图 3.16

例 4 画出函数 $y = \dfrac{1}{\sqrt{2\pi}} e^{-\frac{x^2}{2}}$ 的图形.

解 (1) 函数 $y=f(x)$ 的定义域为 $(-\infty, +\infty)$, 注意到函数是偶函数, 故它

的图形关于 y 轴对称. 因此可以只讨论其在 $[0,+\infty)$ 上的图形,然后利用对称性来得到它在整个定义域内的图形.

$$y' = \frac{1}{\sqrt{2\pi}} e^{-\frac{x^2}{2}} \cdot (-x) = -\frac{1}{\sqrt{2\pi}} x \cdot e^{-\frac{x^2}{2}},$$

$$y'' = -\frac{1}{\sqrt{2\pi}} [e^{-\frac{x^2}{2}} + x e^{-\frac{x^2}{2}} \cdot (-x)] = \frac{1}{\sqrt{2\pi}} e^{-\frac{x^2}{2}} \cdot (x^2 - 1).$$

(2) 在 $[0,+\infty)$ 上, $f'(x)$ 的零点为 $x=0$, $f''(x)$ 的零点为 $x=1$,由 $x=0,x=1$,划分 $[0,+\infty)$ 为两个部分区间 $[0,1]$, $[1,+\infty)$.

(3) 列表判断如下(表 3.7):

表 3.7

x	0	(0,1)	1	$(1,+\infty)$
y'	0	$-$	$-$	$-$
y''	$-$	$-$	0	$+$
$y=f(x)$	极大值 $f(0)=\frac{1}{\sqrt{2\pi}}$	↘	有拐点	↘

(4) 因为 $\lim\limits_{x \to +\infty} f(x) = 0$,所以 $y=0$ 为曲线 $y=f(x)$ 的水平渐近线.

(5) 计算出曲线上达到极大值的点 $M_1 \left(0, \frac{1}{\sqrt{2\pi}}\right)$,和曲线的拐点 $M_2 \left(1, \frac{1}{\sqrt{2\pi e}}\right)$,并利用对称性画出函数 $y=f(x)$ 的图形(图 3.17).

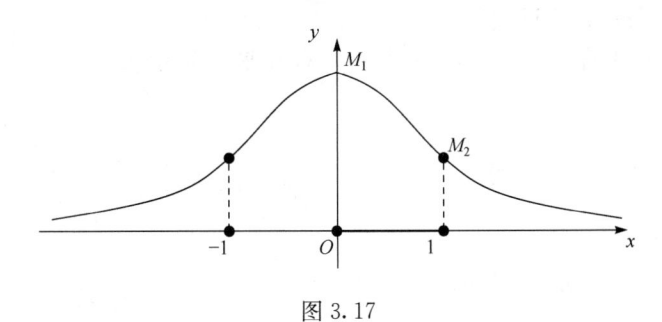

图 3.17

例 5 画出函数 $y = \frac{x^2}{2x+1} + \frac{1}{4}$ 的图形.

解 (1) 函数 $y=f(x)$ 定义域为 $\left(-\infty, -\frac{1}{2}\right) \cup \left(-\frac{1}{2}, +\infty\right)$,且

$$y'=\frac{2x(1+2x)-2x^2}{(2x+1)^2}=\frac{2x^2+2x}{(2x+1)^2}=\frac{2x(x+1)}{(2x+1)^2},$$

$$y''=\frac{(4x+2)(2x+1)^2-(2x^2+2x)2(2x+1)\cdot 2}{(2x+1)^4}=\frac{2}{(2x+1)^3}.$$

(2) 函数 $f(x)$ 的间断点 $x=-\frac{1}{2}$，$f'(x)$ 的零点为 $x=-1$ 和 $x=0$，$f''(x)$ 没有零点.

依次用 $x=-1$，$x=-\frac{1}{2}$，$x=0$ 将定义域划分为下列部分区间：

$(-\infty,-1]$，$\left[-1,-\frac{1}{2}\right)$，$\left(-\frac{1}{2},0\right]$，$[0,+\infty)$.

(3) 列表并判断如下（表 3.8）：

表 3.8

x	$(-\infty,-1)$	-1	$\left(-1,-\frac{1}{2}\right)$	$-\frac{1}{2}$	$\left(-\frac{1}{2},0\right)$	0	$(0,+\infty)$
y'	$+$	0	$-$		$-$	0	$+$
y''	$-$	$-$	$-$	不存在	$+$	$+$	$+$
$y=f(x)$	↗	极大值 $f(-1)=-\frac{3}{4}$	↘		↘	极小值 $f(0)=\frac{1}{4}$	↗

(4) 由于 $x=-\frac{1}{2}$ 为 $f(x)$ 的间断点，且 $\lim\limits_{x\to-\frac{1}{2}}f(x)=\infty$，所以 $x=-\frac{1}{2}$ 为曲线 $y=f(x)$ 的一条铅直渐近线.

而 $\lim\limits_{x\to\infty}f(x)$ 不存在，故曲线 $y=f(x)$ 不存在水平渐近线.

$$\lim_{x\to\infty}\frac{f(x)}{x}=\lim_{x\to\infty}\frac{\frac{x^2}{2x+1}+\frac{1}{4}}{x}=\lim_{x\to\infty}\frac{4x^2+2x+1}{4(2x+1)x}=\frac{1}{2}=a,$$

及

$$\lim_{x\to\infty}[f(x)-ax]=\lim_{x\to\infty}\left(\frac{x^2}{2x+1}+\frac{1}{4}-\frac{1}{2}x\right)=\lim_{x\to\infty}\frac{1}{4(2x+1)}=0=b,$$

故曲线 $y=f(x)$ 有一条斜渐近线 $y=\frac{1}{2}x$.

(5) 曲线 $y=f(x)$ 取得极大值和极小值的点分别为 $M_1\left(-1,-\frac{3}{4}\right)$ 和 $M_2\left(0,\frac{1}{4}\right)$，

故函数 $y=\dfrac{x^2}{2x+1}+\dfrac{1}{4}$ 的图形为(图 3.18).

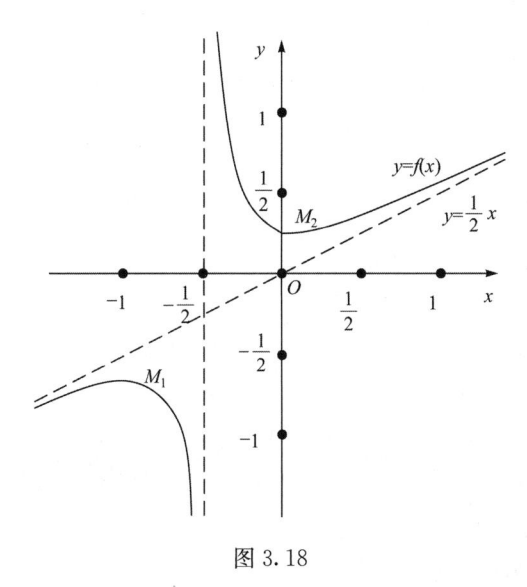

图 3.18

三、平面曲线的曲率

生产实践中人们常常会遇到这样一些问题,为了保证快速行进中的列车在弯道上运行得平稳安全,需要研究铁轨的弯曲程度;建筑结构中的钢梁,机床的转轴等等,受到外力的作用也会产生弯曲变形,设计中当然也要考虑到它们的弯曲程度,而这些问题在数学上就可归结为研究平面曲线的弯曲程度,为了对曲线弯曲程度作定量描述就产生了曲率概念. 为了研究曲率,我们先介绍弧微分的概念.

1. 弧微分

设函数 $f(x)$ 在区间 (a,b) 内具有连续导数,在曲线 $y=f(x)$ 上取定一点 $M_0(x_0,y_0)$ 作为度量曲线弧长的基点(图 3.19),并规定依 x 增大的方向作为曲线的正向,对曲线上任意一点 $M(x,y)$,规定有向弧段 $\overset{\frown}{M_0M}$ 的值[①] s(简称为弧 s)如下:s 的绝对值就等于这段弧的长度,当 $\overset{\frown}{M_0M}$ 与曲线正向一致时 $s>0$,相反时 $s<0$. 显然,弧 $s=\overset{\frown}{M_0M}$ 是 x 的函数:$s=s(x)$,而且 $s(x)$ 是 x 的单调增加的函数. 下面来求 $s(x)$ 的导数和微分.

设 $x,x+\Delta x$ 为 (a,b) 内任意两个相邻近的点,对应曲线 $y=f(x)$ 上的点 M 和

[①] 有向弧段 $\overset{\frown}{M_0M}$ 的值也常记作 $\overset{\frown}{M_0M}$,即记号 $\overset{\frown}{M_0M}$ 表示有向弧段,也表示有向弧段的值.

图 3.19

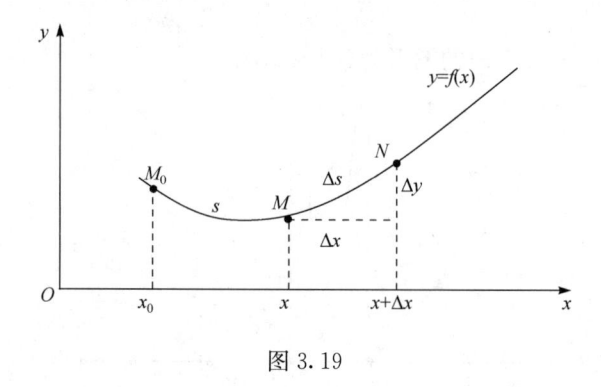

N，并记对应点 x 的增量 Δx，弧 s 的增量为 Δs，即 $\Delta s = \widehat{M_0 N} - \widehat{M_0 M} = \widehat{MN}$，于是

$$\left(\frac{\Delta s}{\Delta x}\right)^2 = \left(\frac{\widehat{MN}}{\Delta x}\right)^2 = \left(\frac{\widehat{MN}}{|MN|}\right)^2 \cdot \frac{|MN|^2}{(\Delta x)^2} = \left(\frac{\widehat{MN}}{|MN|}\right)^2 \cdot \frac{(\Delta x)^2 + (\Delta y)^2}{(\Delta x)^2}$$

$$= \left(\frac{\widehat{MN}}{|MN|}\right)^2 \left[1 + \left(\frac{\Delta y}{\Delta x}\right)^2\right].$$

因为当 $\Delta x \to 0$ 时，$N \to M$，此时弧的长度与弦的长度之比的极限等于 1，即

$$\lim_{N \to M} \left(\frac{\widehat{MN}}{|MN|}\right)^2 = 1,$$

所以 $\left(\dfrac{\mathrm{d}s}{\mathrm{d}x}\right)^2 = \lim\limits_{\Delta x \to 0} \left(\dfrac{\Delta s}{\Delta x}\right)^2 = 1 + \left(\dfrac{\mathrm{d}y}{\mathrm{d}x}\right)^2$，从而 $\dfrac{\mathrm{d}s}{\mathrm{d}x} = \pm\sqrt{1 + \left(\dfrac{\mathrm{d}y}{\mathrm{d}x}\right)^2}$。

由于 $s(x)$ 是 x 的单调增加的函数，从而上式根号前应取正号，所以弧微分公式为

$$\mathrm{d}s = \sqrt{1 + (y')^2}\, \mathrm{d}x. \tag{3.25}$$

也可写成

$$\mathrm{d}s = \sqrt{(\mathrm{d}x)^2 + (\mathrm{d}y)^2} \tag{3.26}$$

2. 曲率及其计算公式

根据直觉，直线不弯曲，半径较小的圆周比半径较大的圆周更弯曲。一般地，曲线在不同点处弯曲程度也不一定相同。比如抛物线 $y = x^2$ 上越接近顶点也越弯曲。那么怎样用数量来描述曲线的弯曲程度呢？

设有两条等长的曲线弧 $\widehat{M_1 M_2}$ 和 $\widehat{M_1 M_3}$ 它们在 M_1 点有公共的切线（见图 3.20），直觉告诉我们曲线弧 $\widehat{M_1 M_3}$ 比 $\widehat{M_1 M_2}$ 更加弯曲，显而易见，$\widehat{M_1 M_3}$ 的切线转角 ψ 也比 $\widehat{M_1 M_2}$ 的切线转角 φ 大一些。

然而单一地考虑曲线弧的转角还不能完全反映曲线的弯曲程度，设有相同转

角的两段曲线弧$\overset{\frown}{M_1M_2}$和$\overset{\frown}{N_1N_2}$(见图3.21)$\overset{\frown}{M_1M_2}$要比$\overset{\frown}{N_1N_2}$更长,同时弧长较长的曲线弧$\overset{\frown}{M_1M_2}$要比弧长较短的曲线弧$\overset{\frown}{N_1N_2}$的弯曲程度也小一些.

从以上分析可以看出,曲线的弯曲程度与曲线弧段的长度、切线的转角有着密切关系,一般来讲,曲线弧长越短,且切线的转角越大,则曲线越弯曲.由此,下面引入曲率的概念:

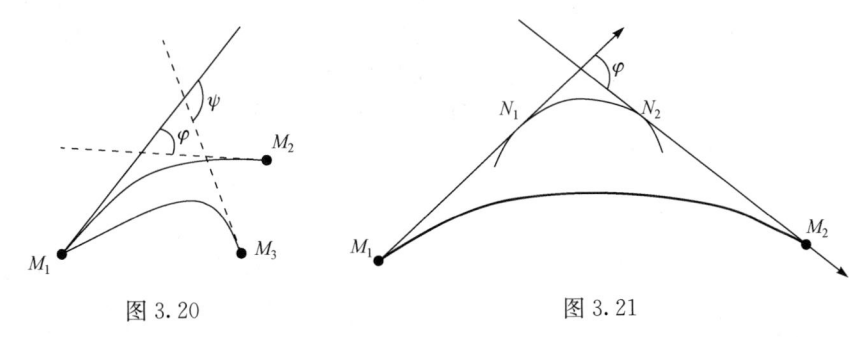

图 3.20

图 3.21

设平面曲线 C 是光滑的[①],在 C 上选定一点 M_0 作为度量弧 s 的基点,设曲线上任意点 M 对应弧 $s=\overset{\frown}{M_0M}$,点 M 的切线倾角为 α,曲线上另一点 N 对应弧 $s+\Delta s=\overset{\frown}{M_0N}$,且点 N 处对应的切线倾角为 $\alpha+\Delta\alpha$(图 3.22),由此,弧段 $\overset{\frown}{MN}$ 的长度为 $|\Delta s|$,且当动点从 M 处移动到 N 处对应切线的转角为 $|\Delta\alpha|$.

我们用的比值 $\dfrac{|\Delta\alpha|}{|\Delta s|}$ 表示曲线弧 $\overset{\frown}{MN}$ 的平均弯曲程度,并称其为曲线弧 $\overset{\frown}{MN}$ 的平均曲率,记作 $\overline{K}$,即

$$\overline{K}=\dfrac{|\Delta\alpha|}{|\Delta S|}.$$

如果当 $\Delta s\to 0$ 时(即点 N 沿曲线无限趋于点 M 时),平均曲率 $\overline{K}$ 的极限存在,则称该极限为曲线 C 在点 M 处的**曲率**,记作 K,即

图 3.22

$$K=\lim_{\Delta s\to 0}\left|\dfrac{\Delta\alpha}{\Delta s}\right|. \tag{3.27}$$

如果 $\lim\limits_{\Delta s\to 0}\dfrac{\Delta\alpha}{\Delta s}=\dfrac{\mathrm{d}\alpha}{\mathrm{d}s}$ 存在,那么

---

① 设曲线 $C:\begin{cases}x=\varphi(t)\\y=\psi(t),\end{cases}$当 $\varphi'(t),\psi'(t)$ 均连续,且 $[\varphi'(t)]^2+[\psi'(t)]^2\neq 0$,则称曲线 C 光滑.

$$K = \left| \frac{d\alpha}{ds} \right|. \tag{3.28}$$

我们知道,直线上任意点的切线就是其自身,当点沿直线移动时,切线的转角 $\Delta\alpha=0, \frac{\Delta\alpha}{\Delta s}=0$,从而 $\overline{K}=0$,即 $K=0$,符合人们的直觉"直线不弯曲". 我们也知道,半径为 R 的圆周上各点的弯曲程度是相同的. 事实上,圆周上两点 M 和 N 对应的切线转角 $\Delta\alpha$ 等于圆心角 $\angle MO'N$(见图 3.23),于是

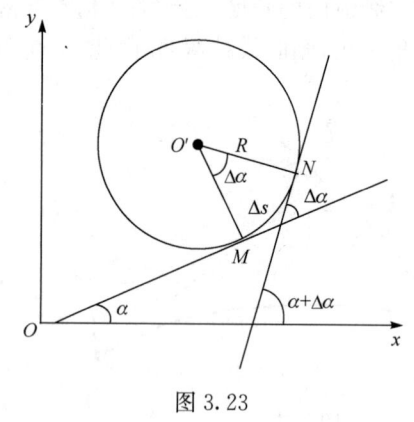

$$\Delta\alpha = \angle MO'N = \frac{\Delta s}{R}.$$

所以 $\overline{K} = \left| \frac{\Delta\alpha}{\Delta s} \right| = \left| \frac{\frac{\Delta s}{R}}{\Delta s} \right| = \frac{1}{R}$,圆周的曲

图 3.23

率为 $K = \lim\limits_{\Delta s \to 0} \left| \frac{\Delta\alpha}{\Delta s} \right| = \frac{1}{R}$.

上述结果表明,圆周上各点的曲率相同,都等于圆半径 R 的倒数,其半径 R 越小,曲率越大,即弯曲得越厉害.

下面根据(3.28)式来推导便于计算的曲率公式.

设曲线的直角坐标方程是 $y=f(x)$,且 $f(x)$ 具有二阶导数. 由于 $\tan\alpha=y'$,$\alpha=\arctan y'$,故

$$d\alpha = \frac{y''}{1+(y')^2}dx,$$

由弧微分公式(3.25)知 $ds = \sqrt{1+(y')^2}dx$,再由(3.28)式可得曲线 $y=f(x)$ 在点 $M(x,y)$ 处的曲率公式

$$K = \frac{|y''|}{(1+y'^2)^{\frac{3}{2}}}. \tag{3.29}$$

当曲线 C 由参数方程

$$\begin{cases} x=\varphi(t), \\ y=\psi(t) \end{cases}$$

表示时,根据参数方程求导法则,不难由(3.29)式推出

$$K = \frac{|\varphi'(t)\psi''(t) - \varphi''(t)\psi'(t)|}{[\varphi'^2(t)+\psi'^2(t)]^{\frac{3}{2}}}. \tag{3.30}$$

例 6 求抛物线 $y=ax^2(a>0)$ 上任一点的曲率,并指出抛物线上曲率最大的点.

解 因为 $y'=2ax, y''=2a$,由曲率公式(3.29)得抛物线上任意点处的曲率为

$$K=\frac{|y''|}{(1+y'^2)^{3/2}}=\frac{2a}{(1+4a^2x^2)^{3/2}}.$$

由上式可见,当 $x=0$ 时,K 值达到最大,所以抛物线上对应 $x=0$ 的点,即抛物线 $y=ax^2$ 的顶点(0,0)处曲率最大.

例 7 计算摆线 $\begin{cases} x=a(\theta-\sin\theta), \\ y=a(1-\cos\theta) \end{cases}$ 在 $\theta=\pi$ 处的曲率.

解 因为 $\dfrac{dy}{d\theta}=a\sin\theta, \dfrac{dx}{d\theta}=a(1-\cos\theta)$,

故

$$\frac{dy}{dx}=\frac{\sin\theta}{1-\cos\theta}.$$

而

$$\frac{d^2y}{dx^2}=\frac{d}{d\theta}\left(\frac{dy}{dx}\right)\cdot\frac{d\theta}{dx}=\frac{\cos\theta(1-\cos\theta)-\sin\theta\sin\theta}{(1-\cos\theta)^2}\cdot\frac{1}{a(1-\cos\theta)}$$

$$=\frac{\cos\theta-1}{a(1-\cos\theta)^3}=\frac{-1}{a(1-\cos\theta)^2},$$

令 $\theta=\pi$,$\dfrac{dy}{dx}\bigg|_{\theta=\pi}=0$,$\dfrac{d^2y}{dx^2}\bigg|_{\theta=\pi}=-\dfrac{1}{4a}$,由(3.29)式得所求曲率为

$$K=\frac{|y''|}{(1+y'^2)^{\frac{3}{2}}}\bigg|_{\theta=\pi}=\frac{1}{4a}.$$

3. 曲率半径和曲率圆

我们已经知道,曲率可以对曲线的弯曲程度作出定量的描述,为了能使曲线的弯曲程度更加形象.又由于半径为 R 的圆周上各点的曲率等于圆半径的倒数 $\dfrac{1}{R}$,我们引进曲率圆的概念.设曲线 $C: y=f(x)$ 在点 $M(x,y)$ 处的曲率为 $K(K\neq 0)$,在点 M 处的曲线的法线上,在凹的一侧取一点 O',使 $|O'M|=\dfrac{1}{K}=R$.以 O' 为中心,R 为半径作圆(图 3.24),这个圆称为点 M 处的**曲率圆**,曲率圆的圆心 O' 叫做点 M 处的**曲率中心**,曲率圆的半径 R 叫做点 M 处的**曲率半径**.

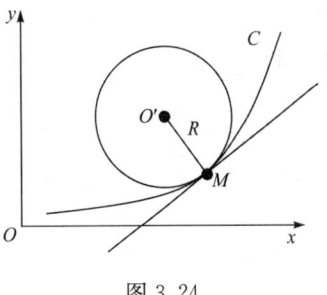

图 3.24

显然,在曲线 $C: y=f(x)$ 上点 M 处的曲率圆与曲线有如下密切关系:

(1) 圆 O' 与曲线 C 在点 M 处相切;

(2) 圆 O' 与曲线 C 在点 M 邻近有相同的凹(凸)性;

(3) 圆 O' 与曲线 C 在点 M 的曲率相同.

在实际问题中,常用曲率圆在点 M 邻近的一段圆弧近似替代该点邻近的曲线弧,使问题简单化.

例 8 设有一金属工件的内表面截线为抛物线 $y=0.4x^2$,要将其内侧表面打磨光滑,问应该选用多大直径的砂轮比较合适?

解 根据实际问题,如果砂轮直径过大,将会造成加工点附近部分磨去太多,如果砂轮直径过小势必会延长打磨时间造成浪费.前面例 6 表明,抛物线 $y=0.4x^2$ 在其顶点(0,0)处的曲率最大,也即在该点的曲率半径最小.

由于抛物线 $y=0.4x^2$ 的曲率半径为

$$R=\frac{1}{K}=\frac{[1+(0.8x)^2]^{\frac{3}{2}}}{0.8},$$

当 $x=0$ 时,曲率半径取最小值,$R_{\min}=\dfrac{1}{0.8}=1.25$(长度单位).因此,选用的砂轮直径最大不能超过 $2R_{\min}=2.5$(长度单位)比较合适.

例 9 铁路弯道的缓和曲线.

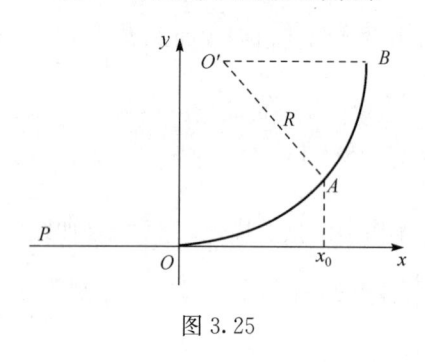

在修建铁路时,需要把铁轨由直线段转向半径为 R 的圆弧路段,为了避免离心率的突变,确保快速行进中的列车在转弯处平稳运行,要求轨道曲线有连续变化的曲率. 因此需要在直线路段到圆弧路段之间衔接一段叫作缓和曲线的弯道 $\stackrel{\frown}{OA}$(见图 3.25),以便铁轨的曲率从零连续地递增到 $\dfrac{1}{R}$.

图 3.25

解 实践中通常采用三次抛物线作为缓和曲线.

图 3.25 中,$\overline{PO}$ 为直轨,$\stackrel{\frown}{AB}$ 为圆弧路轨,而 $\stackrel{\frown}{OA}$ 为缓和曲线,根据实际经验其方程选用 $y=\dfrac{ax^3}{R}(a>0$ 为待定系数).

下面选定 a 使曲线 $y=\dfrac{ax^3}{R}$ 从原点 O 到点 A 这一段曲线弧的曲率从 0 增大到 $\dfrac{1}{R}$,记点 A 的横坐标为 x_0,$|\stackrel{\frown}{OA}|=l$,由 y 的表达式有 $y'=\dfrac{3ax^2}{R}$,$y''=\dfrac{6ax}{R}$,并令

$K|_A = \dfrac{1}{R}$. 故由曲率公式(3.29)得

$$\frac{1}{R} = K|_A = \frac{\left|\dfrac{6ax_0}{R}\right|}{\left(1+\dfrac{9a^2 x_0^{\ 4}}{R^2}\right)^{\frac{3}{2}}}.$$

现实中 R 要比 l 大很多，于是 $x_0 \approx l$，$\dfrac{3ax_0^2}{R} \approx 0$，于是 $\dfrac{1}{R} \approx \dfrac{6al}{R}$，所以可取 $a \approx \dfrac{1}{6l}$，从而所求的缓和曲线方程为 $y \approx \dfrac{x^3}{6lR}$.

习　题　3.6

1. 求下列曲线的渐近线：

   (1) $y = e^{-\frac{1}{x}}$；

   (2) $y = xe^{\frac{1}{x^2}}$；

   (3) $y = x + e^{-x}$；

   (4) $y = \dfrac{x^3}{(x-1)^2}$.

2. 画出下列函数的图形：

   (1) $y = \dfrac{1}{3}x^3 - x^2 + 2$；

   (2) $y = \dfrac{x}{1+x^2}$；

   (3) $y = x + \dfrac{1}{x}$；

   (4) $y = \dfrac{e^x}{x}$；

   (5) $y = 1 + \dfrac{x}{(x+3)^2}$；

   (6) $y = \ln\dfrac{1+x}{1-x}$.

3. 计算下列曲线在指定点处的曲率和曲率半径：

   (1) $y = x^2 - 4x + 3$，$M_0(2,1)$；

   (2) $y = \ln\csc x$，$M_0\left(\dfrac{\pi}{4}, \dfrac{1}{2}\ln 2\right)$；

   (3) $\begin{cases} x = a\cos^3 t \\ y = a\sin^3 t \end{cases}$，对应 $t = \dfrac{\pi}{4}$ 的点；

   (4) $\rho = a \cdot \theta$ $(a > 0)$，对应 $\theta = \pi$ 点处.

4. 求悬链线 $y = \dfrac{a}{2}(e^{\frac{x}{a}} + e^{-\frac{x}{a}})$ $(a > 0)$ 的曲率半径并算出曲率半径的最小值.

5. 试问对数曲线 $y = \ln x$ 上哪一点处的曲率半径最小？并求该点处的曲率半径.

6. 计算椭圆 $4x^2 + y^2 = 4$ 在点 $(0, 2)$ 处的曲率和曲率半径.

7. 确定常数 a, b 使曲线 $y = ax + b$ 与曲线 $y = x^3 - 3x^2 + 2$ 相切，并使曲线在切点处曲率等于零.

8. 要使曲线 $y = ax^2 + bx + c$ 和 $y = e^x$ 在 $x = 0$ 点处，具有公切线及相同的曲率半径，那么

a,b,c 应取何值?

9. 一飞机沿抛物线路径 $y=\dfrac{x^2}{10000}$(y 轴铅直向上,单位为米)作俯冲飞行.在坐标原点 O 处飞机的速度为 $v=200$ 米/秒,飞行员体重 $G=70$ 千克,求飞机俯冲至最低点,即坐标原点 O 处时座椅对飞行员的作用力.(已知作匀速圆周运动的物体所受的向心力为 $F=\dfrac{mv^2}{R}$,m 为物体的质量,v 为速度,R 为圆半径).

10. 设曲线的极坐标方程为 $\rho=\rho(\theta)$,证明曲线上任意点 (ρ,θ) 处的曲率为
$$K=\frac{|\rho^2+2\rho'^2-\rho\rho''|}{(\rho^2+\rho'^2)^{\frac{3}{2}}}.$$

小　　结

本章介绍了微分学的几个中值定理,求不定型极限的洛必达法则和导数在研究函数性态中的应用.

1. 在中值定理这部分内容中,要求理解费马定理、罗尔中值定理和拉格朗日中值定理,并了解柯西中值定理;学会应用中值定理证明简单的不等式和证明方程根的存在性、唯一性问题.学习中应注意以下几点:

(1) 要注意几个中值定理的条件和结论中的共同点与不同点,并了解它们的关系:罗尔中值定理可视为拉格朗日中值定理的特例,拉格朗日中值定理又可视为柯西中值定理的特例.

(2) 要注意罗尔中值定理、拉格朗日中值定理、柯西中值定理中的中值点 ξ 是开区间 (a,b) 内一个理论值,并非指定值,也非任意值.

(3) 要结合罗尔中值定理、拉格朗日中值定理和柯西中值定理在本章中及以后章节中的应用,反复体会这几个定理在微分学中的意义及作用.

2. 在洛必达法则这部分内容的学习中.首先,要掌握运用洛必达法则求不定式极限的方法.明确洛必达法则应用的基本类型是 $\dfrac{0}{0}$ 型和 $\dfrac{\infty}{\infty}$ 型不定式,而对其他类型的不定式需要变形化为 $\dfrac{0}{0}$ 型和 $\dfrac{\infty}{\infty}$ 型,用洛必达法则(如方框图所示).学习中应注意:

(1) 要懂得洛必达法则是解决 $\dfrac{0}{0}$ 型与 $\dfrac{\infty}{\infty}$ 型不定式极限的一种较为有效的方法,但是必须要注意洛必达法则应用的条件:只有当 $\lim\dfrac{f'(x)}{g'(x)}$ 存在或为 ∞ 时,用洛必达法则求得的极限 $\lim\dfrac{f(x)}{g(x)}$ 才是正确的.同时,应了解洛必达法则的条件是

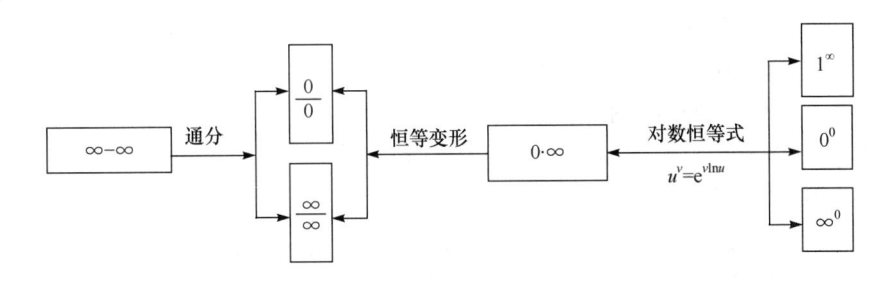

不定式极限存在的充分条件,而非必要条件,也就是说,当 $\lim\dfrac{f'(x)}{g'(x)}$ 不存在或也不是 ∞ 时,极限 $\lim\dfrac{f(x)}{g(x)}$ 仍然可能存在.

(2) 要注意洛必达法则并不是求 $\dfrac{0}{0}$ 型和 $\dfrac{\infty}{\infty}$ 型不定式的唯一方法,也不一定是最佳方法. 读者在求不定式极限时如能结合运用等价无穷小的替换、重要极限公式、变量代换等方法,可以使法则应用更加灵活简便.

(3) 要注意在每次应用洛必达法则之前,必须要验证一下所求极限是否为 $\dfrac{\infty}{\infty}$ 型或 $\dfrac{0}{0}$ 型不定式,避免造成错误.

3. 在研究函数 $f(x)$ 的单调区间时,我们用 $f'(x)=0$ 的点(驻点)与 $f'(x)$ 不存在的点来划分区间,进而通过 $f'(x)$ 的符号判别其在各区间上的单调性. 研究函数 $f(x)$ 的凹凸区间时,我们用 $f''(x)=0$ 的点与 $f''(x)$ 不存在的点(当然也包括 $f'(x)$ 不存在的点)来划分区间进而判别其凹凸性.

在极值的第一充分条件中 x_0 可以是驻点,可以是 $f'(x)$ 不存在的点;而第二充分条件中 x_0 只能是驻点,且 $f''(x_0)\neq 0$. 当 $f''(x_0)=0$ 时就用第一充分条件判断.

4. 不等式是高等数学中重要问题之一,这一章介绍了不少证明不等式的方法,其方法为

(1) 应用拉格朗日中值定理;

(2) 利用单调性;

(3) 利用极值与最大(小)值;

(4) 利用凹凸性.

希望大家认真体会,特别是证明凹凸性判别定理的方法对相当一类不等式证明具有借鉴作用.

5. 最大(小)值问题涉及两方面问题,一是函数 $f(x)$ 在闭区间 $[a,b]$ 上连续,求

最大(小)值;二是应用问题,这时函数 $f(x)$ 的区间可以是闭区间,也可以是开区间.

求 $f(x)$ 在闭区间 $[a,b]$ 上最值的一般步骤:

(1) 求 $f(x)$ 在 (a,b) 内的所有驻点和不可导点 $x_1,x_2,\cdots,x_n$;

(2) 计算 $f(x_1),f(x_2),\cdots,f(x_n)$ 及 $f(a),f(b)$;

(3) 比较上述计算结果:

$$\max_{x\in[a,b]}f(x)=\max\{f(x_1),f(x_2),\cdots,f(x_n),f(a),f(b)\};$$

$$\max_{x\in[a,b]}f(x)=\min\{f(x_1),f(x_2),\cdots,f(x_n),f(a),f(b)\}.$$

实际问题中的最值应用题:关键是目标函数的建立,如果在 $f(x)$ 的定义域内只有唯一驻点,且实际问题又能判断出在定义域内 $f(x)$ 的最值确实存在.则该唯一驻点即为最值点,不必另行判定.

学习中应该注意:函数的最值和极值是"全局"和"局部"两个不同的概念不能混为一谈,也不要把函数的驻点和极值点混为一谈.必须清楚驻点只是对可导函数而言,而函数的极值点可以是其可导点,也可以是其不可导点,甚至是其不连续点.驻点是函数的可疑极值点.

第 3 章习题课　　　　第 3 章课件

复习练习题 3

1. 判断题

(1) 函数 $f(x)=\begin{cases}\sin x, & x\leqslant 0,\\ x^2+x, & x>0\end{cases}$ 在 $\left[-\dfrac{\pi}{2},\pi\right]$ 上,满足拉格朗日中值定理的条件,且中值 ξ 唯一;(　　)

(2) 如果 $a^2-3b<0$,则方程 $x^3+ax^2+bx+c=0$ 有唯一实根;(　　)

(3) 如果 $f'(x_0)=0$,则 $f(x)$ 在 $x=x_0$ 点必取得极值;(　　)

(4) 如果 $f(x_0)$ 为函数 $f(x)$ 的极值,必有 $f'(x_0)=0$;(　　)

(5) 如果点 $(x_0,f(x_0))$ 是曲线 $y=f(x)$ 的拐点,则必有 $f''(x_0)=0$;(　　)

(6) 存在这样的函数 $f(x)$,$\forall x\in(-\infty,+\infty)$ 有 $f(x)>0,f'(x)<0,f''(x)>0$;如果将上面的 $f(x)>0$ 改为 $f(x)<0$,那么这样的函数 $f(x)$ 必不存在;(　　)

(7) 若 $f(x),g(x)$ 均在区间 (a,b) 上单调增加,则 $f(x)+g(x)$ 在 (a,b) 上不一定单调增加;(　　)

(8) 若 $f(x),g(x)$ 均在区间 (a,b) 上单调增加,那么 $f(x)\cdot g(x)$ 在 (a,b) 上一定单调增

加;(   )

(9) 如果 $f(x)$ 是区间 (a,b) 上的正值单调增加的函数,则其倒数 $\frac{1}{f(x)}$ 在 (a,b) 上单调减少.(   )

2. 试举出一个函数 $f(x)$ 满足: $f(x)$ 在 $[a,b]$ 上连续,在 (a,b) 内除去某一点之外处处可导,但是在 (a,b) 内不存在 ξ,使 $\frac{f(b)-f(a)}{b-a}=f'(\xi)$.

3. 证明方程 $x^{101}+x^{51}+x-1=0$ 有且仅有一个实根.

4. 证明函数 $f(x)=(x-a)\ln[\sin(b-x)+1]$ $(a<b)$ 的导数在 (a,b) 内必存在零点.

5. 设函数 $f(x)$ 在 $[a,+\infty)$ 上连续,在 $(a,+\infty)$ 内可导,且 $f'(x)>1$,若 $f(a)<0$,证明函数 $f(x)$ 在区间 $(a,a-f(a))$ 内有唯一零点.

6. 设 $f(x)$ 在 $[a,b]$ 上连续,在 (a,b) 内可导,且 $f(x)\neq 0(x\in(a,b))$,若 $f(a)=f(b)=0$,试证明对任意数 k,存在点 $\xi\in(a,b)$,使 $\frac{f'(\xi)}{f(\xi)}=k$.

7. 求下列极限:

(1) $\lim\limits_{x\to-\infty}(\sqrt{x^2+x+1}-\sqrt{x^2-x})$;

(2) $\lim\limits_{x\to 0}\frac{\ln(1+x^2)}{\sec x-\cos x}$;

(3) $\lim\limits_{x\to 0^+}\frac{\sin x\ln\sin x}{(e^x-1)\ln(e^x-1)}$;

(4) $\lim\limits_{x\to 1}(2-x)^{\tan\frac{\pi}{2}x}$;

(5) $\lim\limits_{x\to+\infty}\left(\frac{\pi}{2}-\arctan x\right)^{\frac{1}{\ln x}}$;

(6) $\lim\limits_{n\to\infty}n(e^{\frac{a}{n}}-e^{\frac{b}{n}})$ $(a\cdot b\neq 0$ 且 $a\neq b)$.

8. 证明下列不等式:

(1) 当 $x>0$ 时, $\frac{1}{x+1}<\ln(x+1)-\ln x<\frac{1}{x}$;

(2) 当 $0<x<\frac{\pi}{2}$ 时, $\frac{\sin x}{x}>\sqrt[3]{\cos x}$.

9. 设 $f(x)=\begin{cases}x^{2x}, & x>0, \\ x+2, & x\leqslant 0,\end{cases}$ 求 $f(x)$ 的极值.

10. 证明:若函数 $f(x)\geqslant 0$,则函数 $F(x)=af^2(x)$ (a 为正常数)与函数 $f(x)$ 有相同的极值点.

11. 设 $f(x)$ 在 $(-\infty,+\infty)$ 内二阶可导,当 $x\neq 0$ 时, $f'(x)>0$,且 $f(x)$ 在 $(-\infty,0)$ 内图形是凸的,在 $(0,+\infty)$ 内图形是凹的, $g(x)=f(x^2)$. (1) $g(x)$ 在何处取得极值? (2) 讨论 $g(x)$ 的凹凸性.

12. 证明平面上点 (x_0,y_0) 到直线 $Ax+By+C=0$ 的最短距离为 $\frac{|Ax_0+By_0+C|}{\sqrt{A^2+B^2}}$.

13. 将长 240 厘米的铁丝剪成两段,一段做成圆框,另一段做成正方形框,应如何剪才能使做成的圆和正方形围成的面积之和最小?

14. 两辆公路赛车沿着笔直的路段进行比赛.设 A 车曾经有两次超过了 B 车,试证明在比赛中的某一时刻,两车的加速度相等.

第4章 不定积分

在微分学中,我们讨论了求已知函数的导数或微分问题.但是,在很多实际问题中,有时还需要解决相反的问题,即在一个函数的导数或微分已知的情况下,求出这个函数,这就是本章要讨论的原函数和不定积分等概念.

4.1 不定积分的概念与性质

一、不定积分的概念与性质

定义1 设 $f(x)$ 是定义在区间 I 上的一个函数,如果存在区间 I 上的可导函数 $F(x)$,使得对该区间上的任意点 $x \in I$,均有
$$F'(x) = f(x) \quad \text{或} \quad dF(x) = f(x)dx.$$
则称函数 $F(x)$ 是 $f(x)$ 在区间 I 的一个原函数.

例如,因为 $(x^3)' = 3x^2$,故 x^3 是 $3x^2$ 的一个原函数,又 $(\cos 2x)' = -2\sin 2x$,故 $\cos 2x$ 是 $-2\sin 2x$ 的一个原函数,而 $(\cos 2x + 1)' = -2\sin 2x$,$(\cos 2x + 2)' = -2\sin 2x$,因此 $\cos 2x + 1, \cos 2x + 2$ 也都是 $-2\sin 2x$ 的原函数等.因此关于原函数,我们首先要解决两个问题:

$1°$ 一个函数满足什么条件,才能保证它有原函数?

$2°$ 如果函数 $f(x)$ 在区间 I 上存在原函数,那么有多少? 如何表示这些原函数?

不定积分的概念

关于第一个问题将在第5章讨论,这里先给出一个结论:

原函数存在定理 如果函数 $f(x)$ 在区间 I 上连续,则 $f(x)$ 在区间 I 上一定存在原函数,即存在区间 I 上的可导函数 $F(x)$,使得对任意 $x \in I$,有 $F'(x) = f(x)$.

简单地说,连续函数一定存在原函数.

关于第二个问题我们有下列结论:

如果函数 $F(x)$ 是函数 $f(x)$ 在区间 I 上的一个原函数,则 $f(x)$ 的所有原函数都在函数族 $F(x) + C$(其中 C 是任意常数)内.

证 首先,对任意的常数 C,因为 $[F(x)+C]'=F'(x)=f(x)$,所以 $F(x)+C$ 都是 $f(x)$ 在区间 I 上的原函数.

其次,设 $G(x)$ 是 $f(x)$ 在区间 I 上的任意一个原函数,即 $G'(x)=f(x)$,又知 $F'(x)=f(x)$,所以 $[G(x)-F(x)]'=G'(x)-F'(x)=f(x)-f(x)\equiv 0$.

由第 3 章拉格朗日中值定理的推论得 $G(x)-F(x)=C$,故 $G(x)=F(x)+C$ (C 为某一常数),即 $G(x)=F(x)+C$. 由 $G(x)$ 的任意性可知结论成立.

据此,我们引入不定积分的概念.

> **定义 2** 在区间 I 上函数 $f(x)$ 的所有原函数称为 $f(x)$ 的不定积分,记作
> $$\int f(x)\mathrm{d}x.$$
> 其中记号"$\int$"称为积分号,$f(x)$ 称为被积函数,$f(x)\mathrm{d}x$ 称为积分表达式,x 称为积分变量.

由定义 2 以及前面的讨论可知,如果 $F(x)$ 是 $f(x)$ 在区间 I 上的一个原函数,那么 $F(x)+C$ 就是 $f(x)$ 的不定积分,即
$$\int f(x)\mathrm{d}x=F(x)+C.$$
其中 C 是任意常数,也称为积分常数. 因此求函数 $f(x)$ 的不定积分,就是求 $f(x)$ 的所有原函数. 事实上,只要先求出 $f(x)$ 的任意一个原函数 $F(x)$,再加上积分常数 C 即可.

例 1 求 $\int 3x^2\mathrm{d}x$.

解 因为 $(x^3)'=3x^2$,所以 x^3 是 $3x^2$ 的一个原函数. 于是
$$\int 3x^2\mathrm{d}x=x^3+C.$$

例 2 求 $\int \dfrac{1}{1+x^2}\mathrm{d}x$.

解 因为 $(\arctan x)'=\dfrac{1}{1+x^2}$,所以 $\arctan x$ 是 $\dfrac{1}{1+x^2}$ 的一个原函数. 于是
$$\int \frac{1}{1+x^2}\mathrm{d}x=\arctan x+C.$$

应该注意,由于 $f(x)$ 的不定积分是 $f(x)$ 的所有原函数,因此求不定积分时,不能把积分常数丢掉.

如果 $F(x)$ 是函数 $f(x)$ 的一个原函数,那么函数 $y=F(x)$ 的图形称为函数 $f(x)$ 的积分曲线. 由于 $F'(x)=f(x)$,所以积分曲线上横坐标为 x 的点 (x,y) 处的

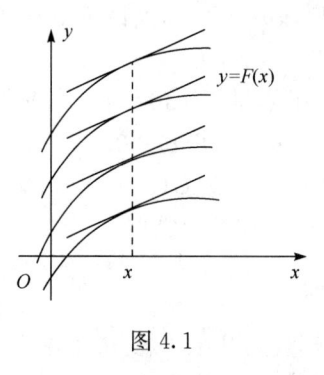

切线斜率恰好等于函数值 $f(x)$. 又因为函数 $f(x)$ 的不定积分是 $F(x)+C$(C 是任意常数), 对于每一个确定的常数 C, $y=F(x)+C$ 都对应着一条确定的积分曲线, 故 $f(x)$ 的不定积分的图形是 $f(x)$ 的所有积分曲线所构成的积分曲线族(如图 4.1).

这族积分曲线中的每一条都可看作曲线 $y=F(x)$ 的图形沿 y 轴方向上、下移动而得到.

例 3 设曲线经过点 $(0,2)$, 且其上任一点处的切线斜率等于 $-\sin x$, 求该曲线方程.

图 4.1

解 设所求曲线方程为 $y=f(x)$, 由题意知

$$\frac{\mathrm{d}y}{\mathrm{d}x}=-\sin x.$$

即

$$y=f(x)=\int(-\sin x)\mathrm{d}x=\cos x+C.$$

又所求曲线经过点 $(0,2)$, 故有

$$2=\cos 0+C,$$

所以

$$C=1.$$

于是所求曲线方程为

$$y=f(x)=\cos x+1.$$

根据不定积分的定义及导数的运算法则, 可以得到不定积分的如下性质:

性质 1 $\left[\int f(x)\mathrm{d}x\right]'=f(x)$ 或 $\mathrm{d}\left[\int f(x)\mathrm{d}x\right]=f(x)\mathrm{d}x.$

证 设 $F(x)$ 是函数 $f(x)$ 的一个原函数, 即 $F'(x)=f(x)$, 则

$$\left[\int f(x)\mathrm{d}x\right]'=[F(x)+C]'=F'(x)=f(x)$$

或

$$\mathrm{d}\left[\int f(x)\mathrm{d}x\right]=\mathrm{d}[F(x)+C]=\mathrm{d}F(x)=F'(x)\mathrm{d}x=f(x)\mathrm{d}x.$$

性质 1 表明, 对函数 $f(x)$ 先求积分, 再求导数(或微分), 则两者作用相互抵消.

性质 2 $\int F'(x)\mathrm{d}x=F(x)+C$ 或 $\int \mathrm{d}F(x)=F(x)+C.$

证 记 $F'(x)=f(x)$, 则 $F(x)$ 是函数 $f(x)$ 的一个原函数, 从而

$$\int F'(x)\mathrm{d}x=\int f(x)\mathrm{d}x=F(x)+C$$

或

$$\int \mathrm{d}F(x) = \int F'(x)\mathrm{d}x = \int f(x)\mathrm{d}x = F(x) + C.$$

性质 2 表明,对函数 $F(x)$ 先求导数(或微分),再求不定积分,则两者作用相互抵消后,还留有积分常数 C. 由性质 1、2 可知:不定积分运算与微分运算在不计常数时是互为逆运算的.

性质 3 $\int [f(x) \pm g(x)]\mathrm{d}x = \int f(x)\mathrm{d}x \pm \int g(x)\mathrm{d}x.$

证 因为

$$\left[\int f(x)\mathrm{d}x \pm \int g(x)\mathrm{d}x\right]' = \left[\int f(x)\mathrm{d}x\right]' \pm \left[\int g(x)\mathrm{d}x\right]' = f(x) \pm g(x).$$

所以 $\int f(x)\mathrm{d}x \pm \int g(x)\mathrm{d}x$ 是 $f(x) \pm g(x)$ 的原函数,又 $\int f(x)\mathrm{d}x \pm \int g(x)\mathrm{d}x$ 含有两个积分号,形式上含有两个任意常数,但任意常数之和仍为任意常数,故实际上等效于一个任意常数,所以 $\int f(x)\mathrm{d}x \pm \int g(x)\mathrm{d}x$ 就是 $f(x) \pm g(x)$ 的不定积分. 因此有

$$\int [f(x) \pm g(x)]\mathrm{d}x = \int f(x)\mathrm{d}x \pm \int g(x)\mathrm{d}x.$$

性质 3 表明,两个函数的和(或差)的不定积分等于这两个函数的不定积分的和(或差),且该性质对于有限个函数的代数和也成立.

性质 4 $\int kf(x)\mathrm{d}x = k\int f(x)\mathrm{d}x$ ($k \neq 0$ 且为常数).

证 因为 $\left[\int kf(x)\mathrm{d}x\right]' = k\left[\int f(x)\mathrm{d}x\right]' = kf(x)$,所以 $k\int f(x)\mathrm{d}x$ 是 $kf(x)$ 的原函数,又 $k\int f(x)\mathrm{d}x$ 含有积分号,形式上含有任意常数,所以 $k\int f(x)\mathrm{d}x$ 就是 $kf(x)$ 的不定积分,故有

$$\int kf(x)\mathrm{d}x = k\int f(x)\mathrm{d}x.$$

性质 4 表明,求不定积分时,被积函数中的常数因子可以提到积分号外面.

性质 3、性质 4 可推广到任意有限个函数的情形,统称为线性性质,即

$$\int \left(\sum_{i=1}^{n} k_i f_i(x)\right)\mathrm{d}x = \sum_{i=1}^{n} k_i \int f_i(x)\mathrm{d}x \quad (k_i \text{ 为不全为 } 0 \text{ 的常数}, i = 1, 2, \cdots, n).$$

二、基本积分表

既然积分运算是微分运算的逆运算,因此,自然地我们可以从导数的基本公式得到相应的不定积分的基本公式. 例如,由 $\left(\dfrac{x^{\mu+1}}{\mu+1}\right)' = x^\mu$,得到

$$\int x^\mu dx = \frac{1}{\mu+1}x^{\mu+1} + C \quad (\mu \neq -1).$$

类似地可以得到其他积分公式. 下面我们把一些基本的积分公式列成一个表, 这个表通常称为**基本积分表**.

(1) $\int k dx = kx + C$ （k 是常数）;

(2) $\int x^\mu dx = \frac{1}{\mu+1}x^{\mu+1} + C$ （$\mu \neq -1$）;

(3) $\int \frac{1}{x} dx = \ln|x| + C$;

(4) $\int e^x dx = e^x + C$;

(5) $\int a^x dx = \frac{a^x}{\ln a} + C$ （$a>0, a \neq 1$）;

(6) $\int \cos x dx = \sin x + C$;

(7) $\int \sin x dx = -\cos x + C$;

(8) $\int \frac{1}{\cos^2 x} dx = \int \sec^2 x dx = \tan x + C$;

(9) $\int \frac{1}{\sin^2 x} dx = \int \csc^2 x dx = -\cot x + C$;

(10) $\int \sec x \tan x dx = \sec x + C$;

(11) $\int \csc x \cot x dx = -\csc x + C$;

(12) $\int \frac{1}{\sqrt{1-x^2}} dx = \arcsin x + C = -\arccos x + C$;

(13) $\int \frac{1}{1+x^2} dx = \arctan x + C = -\arccot x + C$.

基本积分公式是求不定积分的基础, 必须牢记, 并能熟练地应用.

三、直接积分法

在求函数的不定积分时, 若可以直接利用不定积分的性质及基本积分公式得到结果, 或对被积函数进行代数或三角的恒等变形, 化为可直接应用积分公式得到结果, 则称这样的积分法为**直接积分法**.

例 4 求 $\int \sqrt{x}(x+1) dx$.

解 $\int \sqrt{x}(x+1)\mathrm{d}x = \int (x^{\frac{3}{2}}+x^{\frac{1}{2}})\mathrm{d}x = \int x^{\frac{3}{2}}\mathrm{d}x + \int x^{\frac{1}{2}}\mathrm{d}x$

$$= \frac{2}{5}x^{\frac{5}{2}} + \frac{2}{3}x^{\frac{3}{2}} + C = \frac{2}{5}x^2\sqrt{x} + \frac{2}{3}x\sqrt{x} + C.$$

例 5 求 $\int \dfrac{(1-x)^2}{\sqrt[3]{x}}\mathrm{d}x$.

解 $\int \dfrac{(1-x)^2}{\sqrt[3]{x}}\mathrm{d}x = \int \dfrac{1-2x+x^2}{x^{\frac{1}{3}}}\mathrm{d}x$

$$= \int x^{-\frac{1}{3}}\mathrm{d}x - 2\int x^{\frac{2}{3}}\mathrm{d}x + \int x^{\frac{5}{3}}\mathrm{d}x$$

$$= \frac{3}{2}x^{\frac{2}{3}} - \frac{6}{5}x^{\frac{5}{3}} + \frac{3}{8}x^{\frac{8}{3}} + C$$

$$= \frac{3}{2}\sqrt[3]{x^2} - \frac{6}{5}x\sqrt[3]{x^2} + \frac{3}{8}x^2\sqrt[3]{x^2} + C.$$

例 6 求 $\int 2^x(\mathrm{e}^x - 5)\mathrm{d}x$.

解 因为 $2^x \mathrm{e}^x = (2\mathrm{e})^x$,利用积分公式(4)有

$$\int 2^x(\mathrm{e}^x - 5)\mathrm{d}x = \int [(2\mathrm{e})^x - 5 \cdot 2^x]\mathrm{d}x$$

$$= \frac{(2\mathrm{e})^x}{\ln(2\mathrm{e})} - 5\frac{2^x}{\ln 2} + C$$

$$= 2^x\left(\frac{\mathrm{e}^x}{1+\ln 2} - \frac{5}{\ln 2}\right) + C.$$

例 7 求 $\int \dfrac{1+x+x^2}{x(1+x^2)}\mathrm{d}x$.

解 因为

$$\frac{1+x+x^2}{x(1+x^2)} = \frac{(1+x^2)+x}{x(1+x^2)} = \frac{1}{x} + \frac{1}{1+x^2}.$$

所以

$$\int \frac{1+x+x^2}{x(1+x^2)}\mathrm{d}x = \int \left(\frac{1}{x} + \frac{1}{1+x^2}\right)\mathrm{d}x$$

$$= \int \frac{1}{x}\mathrm{d}x + \int \frac{1}{1+x^2}\mathrm{d}x = \ln|x| + \arctan x + C.$$

例 8 求 $\int \dfrac{x^4}{1+x^2}\mathrm{d}x$.

解 $\int \dfrac{x^4}{1+x^2}\mathrm{d}x = \int \dfrac{x^4-1+1}{1+x^2}\mathrm{d}x = \int \dfrac{(x^2+1)(x^2-1)+1}{1+x^2}\mathrm{d}x$

$$= \int \left(x^2 - 1 + \frac{1}{x^2+1}\right)dx$$

$$= \int x^2 dx - \int dx + \int \frac{1}{x^2+1}dx$$

$$= \frac{x^3}{3} - x + \arctan x + C.$$

例 9 求 $\int \cos^2 \frac{x}{2} dx$.

解 利用三角恒等式 $\cos^2 \frac{x}{2} = \frac{1}{2}(1 + \cos x)$，得

$$\int \cos^2 \frac{x}{2} dx = \int \frac{1}{2}(1 + \cos x)dx = \frac{1}{2}\left(\int dx + \int \cos x dx\right)$$

$$= \frac{1}{2}(x + \sin x) + C.$$

例 10 求 $\int \frac{1}{\sin^2 x \cos^2 x} dx$.

解 利用三角恒等式 $\sin^2 x + \cos^2 x = 1$，将被积函数变形，得

$$\frac{1}{\sin^2 x \cos^2 x} = \frac{\sin^2 x + \cos^2 x}{\sin^2 x \cos^2 x} = \frac{1}{\cos^2 x} + \frac{1}{\sin^2 x}$$

$$= \sec^2 x + \csc^2 x.$$

于是

$$\int \frac{1}{\sin^2 x \cos^2 x} dx = \int \sec^2 x dx + \int \csc^2 x dx$$

$$= \tan x - \cot x + C.$$

例 11 求 $\int \tan^2 x dx$.

解 利用三角恒等式 $\tan^2 x = \sec^2 x - 1$，得

$$\int \tan^2 x dx = \int (\sec^2 x - 1)dx = \tan x - x + C.$$

直接积分法的关键是恒等变形，把不能直接用公式积分的函数通过恒等变形化为可以用公式积分的函数。

习 题 4.1

(A)

1. 设 $f(x)$ 的一个原函数为 e^{-2x+1}，求 $f(x)$.

2. 设 $\int f(x)dx = \left(\frac{x^3}{3} + \frac{3x^2}{2} + x\right)\ln x - \frac{x^3}{9} - \frac{3x^2}{4} - x + C$，求 $f(x)$.

3. 设 $f(x)$ 是积分曲线族 $\int \sin x dx$ 中过点 $\left(\dfrac{\pi}{6},1\right)$ 的曲线，求 $f(x)$.

4. 下列不定积分：

(1) $\displaystyle\int \dfrac{1-x^2}{x\sqrt{x}}dx$;

(2) $\displaystyle\int e^x\left(1+\dfrac{2e^{-x}}{\sqrt{1-x^2}}\right)dx$;

(3) $\displaystyle\int \dfrac{1+2x^2}{x^2(1+x^2)}dx$;

(4) $\displaystyle\int \dfrac{\sqrt{1+x^2}}{\sqrt{1-x^4}}dx$;

(5) $\displaystyle\int 4^x e^{x-4}dx$;

(6) $\displaystyle\int \dfrac{x^2}{1+x^2}dx$;

(7) $\displaystyle\int \dfrac{\cos 2x}{\cos x+\sin x}dx$;

(8) $\displaystyle\int \dfrac{1}{1+\cos 2x}dx$;

(9) $\displaystyle\int \sec x(\sec x-\tan x)dx$;

(10) $\displaystyle\int \cot^2 x dx$;

(11) $\displaystyle\int \cos\theta(\tan\theta+\sec\theta)d\theta$;

(12) $\displaystyle\int \dfrac{3x^4+2x^2}{1+x^2}dx$.

5. 一曲线过点 $(1,2)$，且在曲线的任意点处的切线的斜率为 $\dfrac{1}{x}$，求该曲线方程.

6. 一物体作变速直线运动，其速度是 $3t-2$，且 $t=0$ 时，$s=5$. 求物体的运动规律.

4.2 换元积分法

对于一些较简单的函数，可以利用不定积分的性质和基本积分公式求出其原函数，但对于较为复杂的函数如何求其原函数呢？下面我们来讨论这个问题.

例如，求不定积分 $\int \sin 2x dx$，由于被积函数 $\sin 2x$ 是 x 的复合函数，在基本积分表中虽然有 $\int \sin x dx=-\cos x+C$，但并不能直接应用，为了套用这个公式，可把原积分作下列变形再用公式：

$$\int \sin 2x dx = \dfrac{1}{2}\int \sin 2x d(2x) \xrightarrow{\text{令} 2x=u} \dfrac{1}{2}\int \sin u du$$

$$\xrightarrow{\text{用积分公式}} -\dfrac{1}{2}\cos u+C \xrightarrow{\text{回代} u=2x} -\dfrac{1}{2}\cos 2x+C.$$

容易验证，$-\dfrac{1}{2}\cos 2x$ 的确是 $\sin 2x$ 的一个原函数，所以上述方法是正确的. 本例解法的特点是引入新变量 $u=2x$，把原积分化为新积分变量为 u 的积分，再用基本积分公式求解. 利用中间变量的代换而求解的积分法，称为**换元积分法**，简称**换**

元法. 由于换元的形式不同,换元法可分为两类:第一类换元法和第二类换元法.

一、第一类换元法(凑微分法)

换元积分法

定理 1 设函数 $f(u)$ 具有原函数 $F(u)$,且 $u=\varphi(x)$ 可导,则有换元公式
$$\int f[\varphi(x)]\varphi'(x)\mathrm{d}x = \int f[\varphi(x)]\mathrm{d}[\varphi(x)] = F[\varphi(x)] + C. \tag{4.1}$$

证 只要证明换元公式(4.1)右端对 x 的导数恰好等于左端的被积函数即可. 利用复合函数的求导法则,得
$$\frac{\mathrm{d}\{F[\varphi(x)]\}}{\mathrm{d}x} = \frac{\mathrm{d}F(u)}{\mathrm{d}u} \cdot \frac{\mathrm{d}u}{\mathrm{d}x} = f(u)\varphi'(x) = f[\varphi(x)]\varphi'(x).$$
即 $F[\varphi(x)]$ 是 $f[\varphi(x)]\varphi'(x)$ 的原函数,所以有
$$\int f[\varphi(x)]\varphi'(x)\mathrm{d}x = F[\varphi(x)] + C.$$

定理 1 表明:若不定积分的被积函数以复合函数形式出现,且能把被积表达式整理成 $f[\varphi(x)]\varphi'(x)\mathrm{d}x = f[\varphi(x)]\mathrm{d}\varphi(x)$,而 $f(u)$ 具有原函数 $F(u)$ 时,可设 $u=\varphi(x)$,则 $\int f[\varphi(x)]\varphi'(x)\mathrm{d}x = \int f[\varphi(x)]\mathrm{d}\varphi(x) = \int f(u)\mathrm{d}u = F(u)+C$. 最后再代回原积分变量 x,就得到所要求的不定积分.

通常把这种换元方法称为**第一类换元法**. 由于中间出现将 $\varphi'(x)\mathrm{d}x$ 凑成微分 $\mathrm{d}\varphi(x)$ 的情况,所以又称为**凑微分法**.

例 1 求 $\int (2x-3)^{100}\mathrm{d}x$.

解 因为
$$(2x-3)^{100}\mathrm{d}x = \frac{1}{2}(2x-3)^{100}\mathrm{d}(2x-3) \xrightarrow{\diamondsuit u=2x-3} \frac{1}{2}u^{100}\mathrm{d}u,$$
所以
$$\int(2x-3)^{100}\mathrm{d}x \xrightarrow{\diamondsuit u=2x-3} \frac{1}{2}\int u^{100}\mathrm{d}u \xrightarrow{积分} \frac{1}{2}\cdot\frac{1}{101}u^{101}+C$$
$$\xrightarrow{代回} \frac{1}{202}(2x-3)^{101}+C.$$

例 2 求 $\int x\mathrm{e}^{x^2}\mathrm{d}x$.

解 因为
$$x\mathrm{d}x = \frac{1}{2}\mathrm{d}(x^2) \xrightarrow{\diamondsuit u=x^2} \frac{1}{2}\mathrm{d}u,$$

所以
$$\int x\mathrm{e}^{x^2}\mathrm{d}x = \int \frac{1}{2}\mathrm{e}^{x^2}\mathrm{d}x^2 \xrightarrow{\text{令}u=x^2} \frac{1}{2}\int \mathrm{e}^u\mathrm{d}u$$
$$= \frac{1}{2}\mathrm{e}^u + C \xrightarrow{\text{回代}} \frac{1}{2}\mathrm{e}^{x^2} + C.$$

例 3 求 $\int x\sqrt{1+x^2}\,\mathrm{d}x$.

解 因为
$$x\mathrm{d}x = \frac{1}{2}\mathrm{d}(1+x^2) \xrightarrow{\text{令}u=1+x^2} \frac{1}{2}\mathrm{d}u,$$
所以
$$\int x\sqrt{1+x^2}\,\mathrm{d}x = \frac{1}{2}\int \sqrt{1+x^2}\,\mathrm{d}(x^2+1) \xrightarrow{\text{令}u=1+x^2} \frac{1}{2}\int u^{\frac{1}{2}}\mathrm{d}u$$
$$= \frac{1}{3}u^{\frac{3}{2}} + C \xrightarrow{\text{回代}} \frac{1}{3}(1+x^2)\sqrt{1+x^2} + C.$$

例 4 求 $\int \frac{\mathrm{e}^x}{1+\mathrm{e}^{2x}}\mathrm{d}x$.

解 因为
$$\mathrm{e}^x\mathrm{d}x = \mathrm{d}(\mathrm{e}^x) \xrightarrow{\text{令}u=\mathrm{e}^x} \mathrm{d}u,$$
所以
$$\int \frac{\mathrm{e}^x}{1+\mathrm{e}^{2x}}\mathrm{d}x = \int \frac{1}{1+\mathrm{e}^{2x}}\mathrm{d}\mathrm{e}^x \xrightarrow{\text{令}u=\mathrm{e}^x} \int \frac{1}{1+u^2}\mathrm{d}u$$
$$= \arctan u + C \xrightarrow{\text{回代}} \arctan \mathrm{e}^x + C.$$

例 5 求 $\int \tan x\,\mathrm{d}x$.

解 因为
$$\tan x\,\mathrm{d}x = \frac{\sin x}{\cos x}\mathrm{d}x = \frac{1}{\cos x}\cdot \sin x\,\mathrm{d}x$$
$$= -\frac{1}{\cos x}\mathrm{d}\cos x \xrightarrow{\text{令}u=\cos x} -\frac{1}{u}\mathrm{d}u,$$
所以
$$\int \tan x\,\mathrm{d}x = -\int \frac{1}{\cos x}\mathrm{d}\cos x \xrightarrow{\text{令}u=\cos x} -\int \frac{1}{u}\mathrm{d}u$$
$$= -\ln|u| + C \xrightarrow{\text{回代}} -\ln|\cos x| + C.$$

类似地可得, $\int \cot x\,\mathrm{d}x = \ln|\sin x| + C$.

从以上例子可以看出,第一类换元法关键是要从被积表达式中分离出因子"$\varphi'(x)\mathrm{d}x$",凑成微分"$\mathrm{d}\varphi(x)$",而余下的部分又恰是"$\varphi(x)$"的函数 $f[\varphi(x)]$,从而可引入变量代换 $u=\varphi(x)$,即

$$\int g(x)\mathrm{d}x \xrightarrow{\text{变形}} \int f[\varphi(x)]\varphi'(x)\mathrm{d}x \xrightarrow{\text{凑微分}} \int f[\varphi(x)]\mathrm{d}\varphi(x)$$

$$\xrightarrow{\diamondsuit u=\varphi(x)} \int f(u)\mathrm{d}u \xrightarrow{\text{积分}} F(u)+C$$

$$\xrightarrow{\text{回代}} F[\varphi(x)]+C.$$

例 6 求 $\int \dfrac{1}{x(\ln x+3)}\mathrm{d}x$.

解 $\int \dfrac{1}{x(\ln x+3)}\mathrm{d}x = \int \dfrac{1}{\ln x+3}\mathrm{d}(\ln x+3)$

$$\xrightarrow{\diamondsuit u=\ln x+3} \int \dfrac{1}{u}\mathrm{d}u = \ln|u|+C$$

$$\xrightarrow{\text{回代}} \ln|\ln x+3|+C.$$

例 7 求 $\int \dfrac{\sin(\sqrt{x}+1)}{\sqrt{x}}\mathrm{d}x$.

解 $\int \dfrac{\sin(\sqrt{x}+1)}{\sqrt{x}}\mathrm{d}x = 2\int \sin(\sqrt{x}+1)\mathrm{d}(\sqrt{x}+1)$

$$\xrightarrow{\diamondsuit u=\sqrt{x}+1} 2\int \sin u\,\mathrm{d}u = -2\cos u+C$$

$$\xrightarrow{\text{回代}} -2\cos(\sqrt{x}+1)+C.$$

例 8 求 $\int \dfrac{\sec^2 \dfrac{1}{x}}{x^2}\mathrm{d}x$.

解 $\int \dfrac{\sec^2 \dfrac{1}{x}}{x^2}\mathrm{d}x = -\int \sec^2 \dfrac{1}{x}\mathrm{d}\dfrac{1}{x} \xrightarrow{\diamondsuit u=\frac{1}{x}} -\int \sec^2 u\,\mathrm{d}u$

$$= -\tan u+C \xrightarrow{\text{回代}} -\tan\dfrac{1}{x}+C.$$

当换元运算比较熟练后,运算的过程可以写得简单些,甚至可把所设的变量代换也省略掉.

例 9 求 $\int \dfrac{1}{a^2+x^2}\mathrm{d}x$.

解 $\int \dfrac{1}{a^2+x^2}\mathrm{d}x = \dfrac{1}{a}\int \dfrac{1}{1+\left(\dfrac{x}{a}\right)^2}\mathrm{d}\dfrac{x}{a} = \dfrac{1}{a}\arctan\dfrac{x}{a}+C.$

例 10 求 $\int \dfrac{1}{a^2-x^2}\mathrm{d}x\,(a\neq 0)$.

解 $\int \dfrac{1}{a^2-x^2}\mathrm{d}x = \dfrac{1}{2a}\int\left(\dfrac{1}{a-x}+\dfrac{1}{a+x}\right)\mathrm{d}x$

$\qquad = \dfrac{1}{2a}\left[\int \dfrac{-1}{a-x}\mathrm{d}(a-x) + \int \dfrac{1}{a+x}\mathrm{d}(a+x)\right]$

$\qquad = \dfrac{1}{2a}[-\ln|a-x|+\ln|a+x|]+C$

$\qquad = \dfrac{1}{2a}\ln\left|\dfrac{a+x}{a-x}\right|+C.$

例 11 求 $\int \dfrac{1}{1+\cos x}\mathrm{d}x$.

解 $\int \dfrac{1}{1+\cos x}\mathrm{d}x = \int \dfrac{1}{2\cos^2\dfrac{x}{2}}\mathrm{d}x = \int \dfrac{1}{\cos^2\dfrac{x}{2}}\mathrm{d}\dfrac{x}{2} = \tan\dfrac{x}{2}+C.$

例 12 求 $\int \sin^2 x\cos^3 x\mathrm{d}x$.

解 $\int \sin^2 x\cos^3 x\mathrm{d}x = \int \sin^2 x\cos^2 x\cdot\cos x\mathrm{d}x = \int \sin^2 x(1-\sin^2 x)\mathrm{d}\sin x$

$\qquad = \int(\sin^2 x - \sin^4 x)\mathrm{d}\sin x$

$\qquad = \dfrac{1}{3}\sin^3 x - \dfrac{1}{5}\sin^5 x + C.$

例 13 求 $\int \sec^4 x\mathrm{d}x$.

解 $\int \sec^4 x\mathrm{d}x = \int \sec^2 x\sec^2 x\mathrm{d}x = \int(\tan^2 x+1)\mathrm{d}\tan x$

$\qquad = \dfrac{1}{3}\tan^3 x + \tan x + C.$

例 14 求 $\int \tan^3 x\sec x\mathrm{d}x$.

解 $\int \tan^3 x\sec x\mathrm{d}x = \int \tan^2 x(\tan x\sec x)\mathrm{d}x = \int(\sec^2 x-1)\mathrm{d}\sec x$

$\qquad = \dfrac{1}{3}\sec^3 x - \sec x + C.$

例 15 求 $\int \csc x\mathrm{d}x$.

解 **解法一** $\int \csc x \, dx = \int \dfrac{1}{\sin x} dx = \int \dfrac{1}{2\sin\dfrac{x}{2}\cos\dfrac{x}{2}} dx$

$$= \int \dfrac{1}{\tan\dfrac{x}{2}\cos^2\dfrac{x}{2}} d\dfrac{x}{2}$$

$$= \int \dfrac{1}{\tan\dfrac{x}{2}} d\tan\dfrac{x}{2} = \ln\left|\tan\dfrac{x}{2}\right| + C.$$

因为

$$\tan\dfrac{x}{2} = \dfrac{\sin\dfrac{x}{2}}{\cos\dfrac{x}{2}} = \dfrac{2\sin^2\dfrac{x}{2}}{2\sin\dfrac{x}{2}\cos\dfrac{x}{2}} = \dfrac{1-\cos x}{\sin x} = \csc x - \cot x,$$

所以上述不定积分又可表示为

$$\int \csc x \, dx = \ln|\csc x - \cot x| + C.$$

解法二 $\int \csc x \, dx = \int \dfrac{\csc x (\csc x - \cot x)}{\csc x - \cot x} dx$

$$= \int \dfrac{d(\csc x - \cot x)}{\csc x - \cot x}$$

$$= \ln|\csc x - \cot x| + C$$

类似地可得

$$\int \sec x \, dx = \int \dfrac{1}{\cos x} dx = \ln|\sec x + \tan x| + C.$$

上述所举例子，使我们认识到公式(4.1)在求不定积分中所起的作用. 与复合函数的求导法则在微分学中的重要性一样，公式(4.1)在积分学中也是经常使用的. 利用公式(4.1)求不定积分，一般比利用复合函数的求导法则求函数的导数困难，需要一定的技巧，而且如何在被积表达式中凑出合适的微分因子，进而进行变量代换，也无一般规律可循，但熟记如下一些微分公式很有帮助.

$$dx = \dfrac{1}{a} d(ax+b) = -\dfrac{1}{a} d(b-ax) \quad (a\neq 0); \quad x\,dx = \dfrac{1}{2} dx^2 = \dfrac{1}{2a} d(ax^2+b) \quad (a\neq 0);$$

$$\frac{1}{x}\mathrm{d}x=\mathrm{d}\ln|x|; \qquad \frac{1}{x^2}\mathrm{d}x=-\mathrm{d}\frac{1}{x};$$

$$\frac{1}{\sqrt{x}}\mathrm{d}x=2\mathrm{d}\sqrt{x}; \qquad \mathrm{e}^x\mathrm{d}x=\mathrm{de}^x;$$

$$\sin x\mathrm{d}x=-\mathrm{d}\cos x; \qquad \sec^2 x\mathrm{d}x=\mathrm{d}\tan x;$$

$$\frac{1}{\sqrt{1-x^2}}\mathrm{d}x=\mathrm{d}\arcsin x; \qquad \frac{1}{1+x^2}\mathrm{d}x=\mathrm{d}\arctan x.$$

常见的几种凑微分形式如下：

(1) $\int f(ax+b)\mathrm{d}x=\dfrac{1}{a}\int f(ax+b)\mathrm{d}(ax+b) \quad (a\neq 0)$；

(2) $\int f(x^n)x^{n-1}\mathrm{d}x=\dfrac{1}{n}\int f(x^n)\mathrm{d}x^n$；

(3) $\int f(x^n)\dfrac{1}{x}\mathrm{d}x=\dfrac{1}{n}\int f(x^n)\dfrac{1}{x^n}\mathrm{d}x^n$；

(4) $\int f(\sin x)\cos x\mathrm{d}x=\int f(\sin x)\mathrm{d}\sin x$；

(5) $\int f(\cos x)\sin x\mathrm{d}x=-\int f(\cos x)\mathrm{d}\cos x$；

(6) $\int f(\tan x)\sec^2 x\mathrm{d}x=\int f(\tan x)\mathrm{d}\tan x$；

(7) $\int f(\mathrm{e}^x)\mathrm{e}^x\mathrm{d}x=\int f(\mathrm{e}^x)\mathrm{de}^x$；

(8) $\int f(\ln x)\dfrac{1}{x}\mathrm{d}x=\int f(\ln x)\mathrm{d}\ln x$.

要掌握好这类积分法，除了需要熟悉典型的例子之外，还要多做练习，不断总结才行.

例 16 求 $\int \dfrac{\mathrm{e}^x f'(\mathrm{e}^x)}{1+f^2(\mathrm{e}^x)}\mathrm{d}x$.

解 $\int \dfrac{\mathrm{e}^x f'(\mathrm{e}^x)}{1+f^2(\mathrm{e}^x)}\mathrm{d}x = \int \dfrac{1}{1+f^2(\mathrm{e}^x)}\mathrm{d}f(\mathrm{e}^x) = \arctan f(\mathrm{e}^x)+C.$

例 17 已知 $f'(\cos x+2)=\sin^2 x+\tan^2 x$，求 $f(\cos x+2)$.

解 由于 $f'(\cos x+2)=\sin^2 x+\tan^2 x$

$$=1-\cos^2 x+\frac{1-\cos^2 x}{\cos^2 x}=\frac{1}{\cos^2 x}-\cos^2 x.$$

故设 $\cos x+2=t$，则 $\cos x=t-2$. 于是

$$f'(t)=\frac{1}{(t-2)^2}-(t-2)^2.$$

从而
$$f(t) = \int\left[\frac{1}{(t-2)^2} - (t-2)^2\right]dt = -\frac{1}{t-2} - \frac{(t-2)^3}{3} + C.$$
所以
$$f(\cos x + 2) = -\frac{1}{\cos x} - \frac{\cos^3 x}{3} + C.$$

二、第二类换元法

第一类换元法是通过变量代换 $u = \varphi(x)$ 将不定积分 $\int f[\varphi(x)]\varphi'(x)dx$ 化为 $\int f(u)du$，再用直接积分法求出。

下面介绍第二类换元法：适当地选择变量代换 $x = \varphi(t)$，将积分 $\int f(x)dx$ 化为积分 $\int f[\varphi(t)]\varphi'(t)dt$，同样可求出积分 $\int f(x)dx$，但这种换元法是需要一定条件的，具体见如下定理。

定理 2 设 $x = \varphi(t)$ 是单调、可导函数，且 $\varphi'(t) \neq 0$。且 $f[\varphi(t)]\varphi'(t)$ 具有原函数 $\Phi(t)$，则有换元公式

$$\int f(x)dx \xrightarrow{x=\varphi(t)} \int f[\varphi(t)]\varphi'(t)dt = \Phi(t) + C$$
$$\xrightarrow{\text{代回 } t=\varphi^{-1}(x)} \Phi[\varphi^{-1}(x)] + C. \qquad (4.2)$$

其中 $t = \varphi^{-1}(x)$ 是 $x = \varphi(t)$ 的反函数。

证 只要证明 (4.2) 式右端对 x 的导数恰好等于左端的被积函数即可。利用复合函数及反函数的求导法则得

$$\frac{d}{dx}\{\Phi[\varphi^{-1}(x)]\} = \frac{d\Phi}{dt} \cdot \frac{dt}{dx} = f[\varphi(t)]\varphi'(t) \cdot \frac{1}{\varphi'(t)}$$
$$= f[\varphi(t)] = f(x).$$

即 $\Phi[\varphi^{-1}(x)]$ 是 $f(x)$ 的原函数，所以 (4.2) 式成立。

通常把这种换元方法称为**第二类换元法**。第二类换元法的关键是对积分 $\int f(x)dx$ 能否找到适当的变量代换 $x = \varphi(t)$，使积分 $\int f[\varphi(t)]\varphi'(t)dt$ 容易积出。

下面我们按所设变量代换 $x = \varphi(t)$ 的类型，分别进行讨论。

1. 三角换元

例 18 求 $\int \sqrt{a^2 - x^2}\,dx \quad (a > 0)$。

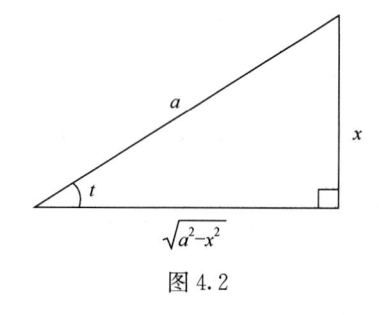

解 设 $x=a\sin t\left(-\dfrac{\pi}{2}<t<\dfrac{\pi}{2}\right)$,

则 $\sqrt{a^2-x^2}=\sqrt{a^2-a^2\sin^2 t}=a\cos t$, $dx=a\cos t dt$. 于是

$$\int \sqrt{a^2-x^2}\, dx = \int a\cos t \cdot a\cos t\, dt = a^2\int \cos^2 t\, dt$$

$$= a^2\int \dfrac{1+\cos 2t}{2}\, dt = \dfrac{a^2}{2}t + \dfrac{a^2}{4}\sin 2t + C$$

$$= \dfrac{a^2}{2}t + \dfrac{a^2}{2}\sin t\cos t + C.$$

为了将变量 t 还原为变量 x,根据 $\sin t = \dfrac{x}{a}\left(-\dfrac{\pi}{2}<t<\dfrac{\pi}{2}\right)$,可得

$$\cos t = \sqrt{1-\sin^2 t} = \sqrt{1-\dfrac{x^2}{a^2}} = \dfrac{\sqrt{a^2-x^2}}{a},$$

并由 $\sin t = \dfrac{x}{a}$ 得 $t=\arcsin\dfrac{x}{a}$,因此

$$\int \sqrt{a^2-x^2}\, dx = \dfrac{a^2}{2}\arcsin\dfrac{x}{a} + \dfrac{a^2}{2}\cdot\dfrac{x}{a}\dfrac{\sqrt{a^2-x^2}}{a} + C$$

$$= \dfrac{a^2}{2}\arcsin\dfrac{x}{a} + \dfrac{x}{2}\sqrt{a^2-x^2} + C.$$

为将函数 $\cos t$ 换成变量 x 的函数,也可以根据 $\sin t = \dfrac{x}{a}$ 作辅助直角三角形(图 4.2)得到.

例 19 求 $\int \dfrac{1}{\sqrt{a^2+x^2}}\, dx$ $(a>0)$.

解 设 $x=a\tan t\left(-\dfrac{\pi}{2}<t<\dfrac{\pi}{2}\right)$,

则

$$\sqrt{a^2+x^2}=\sqrt{a^2+a^2\tan^2 t}=a\sec t,$$
$$dx=a\sec^2 t\, dt.$$

图 4.2

于是

$$\int \dfrac{1}{\sqrt{a^2+x^2}}\, dx = \int \dfrac{a\sec^2 t}{a\sec t}\, dt = \int \sec t\, dt.$$

利用例 15 的结果,得

$$\int \dfrac{1}{\sqrt{a^2+x^2}}\, dx = \int \sec t\, dt = \ln|\sec t + \tan t| + C_1.$$

为了将变量 t 还原为变量 x，根据 $\tan t = \dfrac{x}{a} \left(-\dfrac{\pi}{2} < t < \dfrac{\pi}{2}\right)$，可得

$$\sec t = \sqrt{1+\tan^2 t} = \sqrt{1+\dfrac{x^2}{a^2}} = \dfrac{\sqrt{a^2+x^2}}{a}.$$

因此

$$\int \dfrac{1}{\sqrt{a^2+x^2}} dx = \ln|\sec t + \tan t| + C_1 = \ln\left|\dfrac{\sqrt{a^2+x^2}}{a} + \dfrac{x}{a}\right| + C_1$$

$$= \ln(\sqrt{a^2+x^2}+x) + C \quad (\text{其中 } C = C_1 - \ln a).$$

为将函数 $\sec t$ 换成变量 x 的函数，也可以根据 $\tan t = \dfrac{x}{a}$ 作辅助直角三角形（图 4.3）得到.

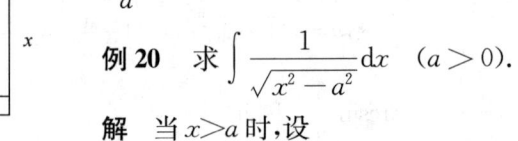

例 20 求 $\displaystyle\int \dfrac{1}{\sqrt{x^2-a^2}} dx \quad (a > 0)$.

解 当 $x > a$ 时，设

$$x = a\sec t \quad \left(0 < t < \dfrac{\pi}{2}\right),$$

图 4.3

则

$$\sqrt{x^2-a^2} = \sqrt{a^2\sec^2 t - a^2} = a\tan t, \quad dx = a\sec t \tan t \, dt,$$

于是

$$\int \dfrac{1}{\sqrt{x^2-a^2}} dx = \int \dfrac{1}{a\tan t} \cdot a\sec t \tan t \, dt.$$

$$= \int \sec t \, dt = \ln|\sec t + \tan t| + C_1.$$

根据 $\sec t = \dfrac{x}{a} \left(0 < t < \dfrac{\pi}{2}\right)$，可得

$$\tan t = \sqrt{\sec^2 x - 1} = \sqrt{\dfrac{x^2}{a^2}-1} = \dfrac{\sqrt{x^2-a^2}}{a}.$$

因此

$$\int \dfrac{1}{\sqrt{x^2-a^2}} dx = \ln|\sec t + \tan t| + C_1 = \ln\left|\dfrac{x}{a} + \dfrac{\sqrt{x^2-a^2}}{a}\right| + C_1$$

$$= \ln\left|x + \sqrt{x^2-a^2}\right| + C \quad (\text{其中 } C = C_1 - \ln a).$$

当 $x < -a$ 时，设 $x = -u$，则 $u > 0$，于是

$$\int \dfrac{1}{\sqrt{x^2-a^2}} dx = -\int \dfrac{1}{\sqrt{u^2-a^2}} du = -\ln\left|u + \sqrt{u^2-a^2}\right| + C_1$$

$$= -\ln\left|-x+\sqrt{x^2-a^2}\right|+C_1$$
$$= -\ln\left|\frac{a^2}{-x-\sqrt{x^2-a^2}}\right|+C_1$$
$$= \ln\left|x+\sqrt{x^2-a^2}\right|+C \quad (\text{其中 } C=C_1-\ln a).$$

为将函数 $\tan t$ 换成变量 x 的函数,也可以根据 $\sec t=\dfrac{x}{a}$ 作辅助直角三角形(图 4.4)得到.

从以上三例可以看出,若被积函数中含有 $\sqrt{a^2-x^2}$,可用代换 $x=a\sin t$(或 $x=a\cos t$);若被积函数中含有 $\sqrt{x^2+a^2}$,可用代换 $x=a\tan t$(或 $x=a\cot t$);若被积函数中含有 $\sqrt{x^2-a^2}$,可用代换 $x=a\sec t$(或 $x=a\csc t$).以上所用的代换统称为**三角代换**.

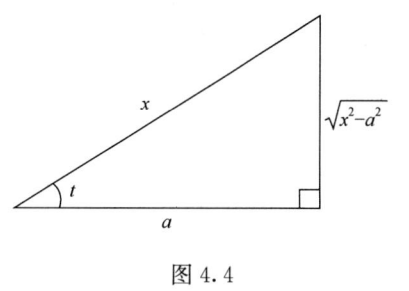

图 4.4

2. 根式代换

例 21 求 $\displaystyle\int\frac{1}{1+\sqrt{2+x}}\mathrm{d}x$.

解 为了去掉根号,可设 $\sqrt{2+x}=t$,则 $x=t^2-2$,$\mathrm{d}x=2t\mathrm{d}t$,于是
$$\int\frac{1}{1+\sqrt{2+x}}\mathrm{d}x = \int\frac{2t}{1+t}\mathrm{d}t = 2\int\left(1-\frac{1}{1+t}\right)\mathrm{d}t$$
$$= 2(t-\ln|1+t|)+C$$
$$= 2\sqrt{x+2}-2\ln(1+\sqrt{x+2})+C.$$

例 22 求 $\displaystyle\int\frac{1}{\sqrt{x}+\sqrt[4]{x}}\mathrm{d}x$.

解 设 $\sqrt[4]{x}=t$,则 $x=t^4$,$\mathrm{d}x=4t^3\mathrm{d}t$. 于是
$$\int\frac{1}{\sqrt{x}+\sqrt[4]{x}}\mathrm{d}x = \int\frac{4t^3}{t^2+t}\mathrm{d}t = 4\int\frac{t^2-1+1}{t+1}\mathrm{d}t$$
$$= 4\int\left(t-1+\frac{1}{t+1}\right)\mathrm{d}t$$
$$= 4\left(\frac{t^2}{2}-t+\ln|t+1|\right)+C$$
$$= 2\sqrt{x}-4\sqrt[4]{x}+4\ln(\sqrt[4]{x}+1)+C.$$

当被积函数中同时含有根式 $\sqrt[m]{ax+b}$ 及 $\sqrt[n]{ax+b}$ 时,设 $t=\sqrt[r]{ax+b}$(r 取 m,n 的最小公倍数).

例 23 求 $\int \dfrac{1}{\sqrt{e^x+1}}dx$.

解 设 $\sqrt{e^x+1}=t$，则 $x=\ln(t^2-1)$，$dx=\dfrac{2t}{t^2-1}dt$，于是

$$\int \dfrac{1}{\sqrt{e^x+1}}dx = \int \dfrac{1}{t}\cdot\dfrac{2t}{t^2-1}dt = 2\int \dfrac{1}{t^2-1}dt$$

$$= \int\left(\dfrac{1}{t-1}-\dfrac{1}{t+1}\right)dt = \ln\left|\dfrac{t-1}{t+1}\right|+C$$

$$= \ln\left(\dfrac{\sqrt{e^x+1}-1}{\sqrt{e^x+1}+1}\right)+C$$

$$= \ln\dfrac{(\sqrt{1+e^x}-1)^2}{e^x}+C$$

$$= 2\ln(\sqrt{1+e^x}-1)-x+C.$$

3. 倒代换

例 24 求 $\int \dfrac{1}{x^4\sqrt{x^2+1}}dx$.

解 设 $x=\dfrac{1}{t}$，$dx=-\dfrac{1}{t^2}dt$，则

$$\int \dfrac{1}{x^4\sqrt{x^2+1}}dx = \int \dfrac{1}{\left(\dfrac{1}{t}\right)^4\sqrt{\left(\dfrac{1}{t}\right)^2+1}}\left(-\dfrac{1}{t^2}\right)dt = -\int \dfrac{t^2|t|}{\sqrt{1+t^2}}dt.$$

当 $x>0$ 时，$t>0$，则

$$\int \dfrac{1}{x^4\sqrt{x^2+1}}dx = -\int \dfrac{t^3}{\sqrt{1+t^2}}dt = -\dfrac{1}{2}\int\left[\dfrac{t^2}{\sqrt{1+t^2}}\right]dt^2$$

$$= -\dfrac{1}{2}\int\left[\sqrt{1+t^2}-\dfrac{1}{\sqrt{1+t^2}}\right]d(1+t^2)$$

$$= -\dfrac{1}{2}\cdot\dfrac{2}{3}(\sqrt{1+t^2})^3+\dfrac{1}{2}\cdot 2\sqrt{1+t^2}+C$$

$$\xlongequal{t=\frac{1}{x}} -\dfrac{1}{3}\dfrac{(\sqrt{x^2+1})^3}{x^3}+\dfrac{\sqrt{x^2+1}}{x}+C.$$

当 $x<0$ 时，有相同结果.

注意 对于分式，若分母中 x 的次数比分子中次数高二次或二次以上的，可

选用倒代换,这样往往能降低分母的次数.

在换元法的例题中,有些积分是经常遇到的,所以也可以把它们当作公式使用. 这样,为方便起见,现归纳如下(接前面基本积分表(P178). 其中常数 $a>0$):

(14) $\int \tan x \mathrm{d}x = -\ln|\cos x| + C$;

(15) $\int \cot x \mathrm{d}x = \ln|\sin x| + C$;

(16) $\int \sec x \mathrm{d}x = \ln|\sec x + \tan x| + C$;

(17) $\int \csc x \mathrm{d}x = \ln|\csc x - \cot x| + C$;

(18) $\int \dfrac{1}{a^2 + x^2} \mathrm{d}x = \dfrac{1}{a} \arctan \dfrac{x}{a} + C$;

(19) $\int \dfrac{1}{\sqrt{a^2 - x^2}} \mathrm{d}x = \arcsin \dfrac{x}{a} + C$;

(20) $\int \dfrac{1}{\sqrt{x^2 \pm a^2}} \mathrm{d}x = \ln\left|x + \sqrt{x^2 \pm a^2}\right| + C$;

(21) $\int \dfrac{1}{x^2 - a^2} \mathrm{d}x = \dfrac{1}{2a} \ln\left|\dfrac{x-a}{x+a}\right| + C$.

例 25 求 $\int \dfrac{\cos x}{4 + \sin^2 x} \mathrm{d}x$.

解 $\int \dfrac{\cos x}{4 + \sin^2 x} \mathrm{d}x = \int \dfrac{1}{4 + \sin^2 x} \mathrm{d}\sin x \xrightarrow{u = \sin x} \int \dfrac{\mathrm{d}u}{4 + u^2}$.

利用公式(18)得

$$\int \dfrac{\cos x}{4 + \sin^2 x} \mathrm{d}x = \dfrac{1}{2} \arctan \dfrac{\sin x}{2} + C.$$

习 题 4.2

(A)

1. 在下列括号内填入适当的函数:

   (1) d( ) = $\sin x \mathrm{d}x$;　　　　　　(2) d( ) = $\sec^2 x \mathrm{d}x$;

   (3) d( ) = $2\mathrm{e}^{2x} \mathrm{d}x$;　　　　　　(4) ( )' = $\dfrac{1}{\sqrt{x}}$;

   (5) ( )' = $\dfrac{1}{(x-1)^2}$;　　　　　(6) ( )' = $\dfrac{1}{\sqrt{1-x^2}}$.

2. 计算下列不定积分：

(1) $\int \dfrac{x}{\sqrt{x^2+1}}\mathrm{d}x$；

(2) $\int x^2\sqrt{5+x^3}\,\mathrm{d}x$；

(3) $\int \dfrac{1}{\sqrt{x}(1+x)}\mathrm{d}x$；

(4) $\int \dfrac{\ln^2 x}{x(1+\ln^2 x)}\mathrm{d}x$；

(5) $\int \dfrac{1}{x^2}\mathrm{e}^{-\frac{1}{x}}\mathrm{d}x$；

(6) $\int \dfrac{1}{x^2-1}\mathrm{d}x$；

(7) $\int \dfrac{1}{\sqrt{25-4x^2}}\mathrm{d}x$；

(8) $\int \dfrac{1-\sin x}{x+\cos x}\mathrm{d}x$；

(9) $\int (\tan x+1)^2 \mathrm{d}x$；

(10) $\int \dfrac{1}{1+\sqrt{x}}\mathrm{d}x$；

(11) $\int \dfrac{1}{(x+1)\sqrt{x+2}}\mathrm{d}x$；

(12) $\int \dfrac{\sqrt{x^2-9}}{x}\mathrm{d}x$；

(13) $\int \dfrac{x^3}{\sqrt{4-x^2}}\mathrm{d}x$；

(14) $\int \dfrac{1}{x^2\sqrt{x^2+9}}\mathrm{d}x$；

(15) $\int \dfrac{1}{\cos^4 x}\mathrm{d}x$；

(16) $\int \dfrac{\mathrm{e}^{2x}}{1+\mathrm{e}^x}\mathrm{d}x$.

(B)

计算下列不定积分：

(1) $\int \dfrac{1}{1+\mathrm{e}^x}\mathrm{d}x$；

(2) $\int \dfrac{1}{\sin x\cos x}\mathrm{d}x$；

(3) $\int \dfrac{1}{x}\sqrt{\dfrac{1+x}{x}}\mathrm{d}x$；

(4) $\int \dfrac{1}{x(x^7+2)}\mathrm{d}x$；

(5) $\int \dfrac{1}{x\ln x\ln(\ln x)}\mathrm{d}x$；

(6) $\int \dfrac{\ln\tan x}{\sin x\cos x}\mathrm{d}x$；

(7) $\int \sin 5x\sin 7x\,\mathrm{d}x$；

(8) $\int \dfrac{x^2}{\sqrt{a^2-x^2}}\mathrm{d}x$；

(9) $\int \dfrac{1}{x\sqrt{x^2-1}}\mathrm{d}x$；

(10) $\int \dfrac{1}{1+\sqrt{1-x^2}}\mathrm{d}x$；

(11) $\int \dfrac{1}{x+\sqrt{1-x^2}}\mathrm{d}x$；

(12) $\int \dfrac{x^3+1}{(1+x^2)^2}\mathrm{d}x$.

4.3 分部积分法

换元积分法是由复合函数的求导法则推导所得的，但对于被积函数是不同类型函数乘积的不定积分，例如 $\int x\mathrm{e}^x\mathrm{d}x$，$\int x\sin x\mathrm{d}x$，$\int x\arctan x\mathrm{d}x$ 等等，换元法就无能为力了. 而由函数乘积的求导法则就可推出另一种求积分的基本方法：分部积分法.

设函数 $u=u(x), v=v(x)$ 具有连续导数,由乘积的求导法则得
$$(uv)'=u'v+uv',$$
移项得
$$uv'=(uv)'-u'v,$$
两边积分得
$$\int uv'\mathrm{d}x = uv - \int vu'\mathrm{d}x.$$
或
$$\int u\mathrm{d}v = uv - \int v\mathrm{d}u. \qquad (4.3)$$

公式(4.3)称为**分部积分公式**.

分部积分公式的作用在于,当左边积分 $\int u\mathrm{d}v$ 不易积出,而右边积分 $\int v\mathrm{d}u$ 又比较容易积出时,就可以使用这个公式把求不定积分 $\int u\mathrm{d}v$ 转化为求另一个不定积分 $\int v\mathrm{d}u$. 通常把用分部积分公式求不定积分的方法称为**分部积分法**.

例 1 求 $\int x\mathrm{e}^x\mathrm{d}x$.

解 设 $u=x, \mathrm{e}^x\mathrm{d}x=\mathrm{d}v$,则 $\mathrm{d}u=\mathrm{d}x, v=\mathrm{e}^x$. 于是
$$\int x\mathrm{e}^x\mathrm{d}x = \int x\mathrm{d}\mathrm{e}^x = x\mathrm{e}^x - \int \mathrm{e}^x\mathrm{d}x = x\mathrm{e}^x - \mathrm{e}^x + C.$$

例 2 求 $\int x\cos x\mathrm{d}x$.

解 设 $u=x, \mathrm{d}v=\cos x\mathrm{d}x$,则 $\mathrm{d}u=\mathrm{d}x, v=\sin x$. 代入分部积分公式(4.3)得
$$\int x\cos x\mathrm{d}x = \int x\mathrm{d}(\sin x) = x\sin x - \int \sin x\mathrm{d}x = x\sin x + \cos x + C.$$

如果设 $u=\cos x, \mathrm{d}v=x\mathrm{d}x$,则 $\mathrm{d}u=-\sin x\mathrm{d}x, v=\dfrac{1}{2}x^2$. 于是
$$\int x\cos x\mathrm{d}x = \int \cos x\mathrm{d}\left(\frac{1}{2}x^2\right) = \frac{x^2}{2}\cos x + \frac{1}{2}\int x^2\sin x\mathrm{d}x.$$

显然,右边的积分 $\int x^2\sin x\mathrm{d}x$ 比原来积分更复杂些,所以说这样选择 u 和 $\mathrm{d}v$(或 v)是不合适的.

应用分部积分法的关键是恰当地选择 u 和 $\mathrm{d}v$(或 v). 一般来说选择 u 和 $\mathrm{d}v$(或 v)的原则是

(1) v 要容易求得;

(2) $\int v du$ 要比 $\int u dv$ 容易积出.

例 3 求 $\int x^2 \sin x dx$.

解 设 $u = x^2, dv = \sin x dx$, 则 $du = 2x dx, v = -\cos x$, 于是

$$\int x^2 \sin x dx = \int x^2 d(-\cos x) = -x^2 \cos x + \int \cos x dx^2$$

$$= -x^2 \cos x + 2\int x \cos x dx.$$

这里 $\int x \cos x dx$ 比 $\int x^2 \sin x dx$ 容易积出,因为被积函数中 x 的幂次前者比后者降低了一次,由例 2 可知,对 $\int x \cos x dx$ 再使用一次分部积分法就可以了. 于是

$$\int x^2 \sin x dx = -x^2 \cos x + 2\int x \cos x dx = -x^2 \cos x + 2\int x d\sin x$$

$$= -x^2 \cos x + 2\left(x \sin x - \int \sin x dx\right)$$

$$= -x^2 \cos x + 2x \sin x + 2\cos x + C.$$

例 4 求 $\int x^2 e^x dx$.

解 设 $u = x^2, dv = e^x dx$, 则 $du = 2x dx, v = e^x$, 于是

$$\int x^2 e^x dx = \int x^2 d(e^x) = x^2 e^x - \int e^x dx^2$$

$$= x^2 e^x - 2\int x e^x dx = x^2 e^x - 2\int x de^x$$

$$= x^2 e^x - 2\left(x e^x - \int e^x dx\right)$$

$$= x^2 e^x - 2(x e^x - e^x) + C$$

$$= e^x(x^2 - 2x + 2) + C.$$

由以上四个例子可以看出,如果被积函数是幂函数与指数函数、正弦或余弦函数的乘积,则可用分部积分法,并设幂函数为 u,其余部分凑成 dv. 若被积函数中幂函数的幂次为 2 次,则需要连续两次运用分部积分法,依次类推. 需要强调的是,在同一个题目中,如果多次使用分部积分,每次选择 u 以及 dv 的函数必须是同类函数,否则,两次积分后就会还原成原来的不定积分.

例 5 求 $\int \ln x dx$.

解 设 $u = \ln x, dv = dx$, 则 $du = \dfrac{1}{x} dx, v = x$. 于是

$$\int \ln x \mathrm{d}x = x\ln x - \int x \mathrm{d}\ln x = x\ln x - \int x \cdot \frac{1}{x}\mathrm{d}x$$
$$= x\ln x - x + C.$$

例 6 求 $\int x\ln x \mathrm{d}x$.

解 设 $u=\ln x, \mathrm{d}v=x\mathrm{d}x$, 则 $\mathrm{d}u=\frac{1}{x}\mathrm{d}x, v=\frac{x^2}{2}$. 于是

$$\int x\ln x \mathrm{d}x = \int \ln x \mathrm{d}\frac{x^2}{2} = \frac{x^2}{2}\ln x - \int \frac{x^2}{2}\mathrm{d}\ln x$$
$$= \frac{x^2}{2}\ln x - \int \frac{x^2}{2} \cdot \frac{1}{x}\mathrm{d}x$$
$$= \frac{x^2}{2}\ln x - \frac{x^2}{4} + C.$$

例 7 求 $\int \arcsin x \mathrm{d}x$.

解 设 $u=\arcsin x, \mathrm{d}v=\mathrm{d}x$, 则 $\mathrm{d}u=\frac{1}{\sqrt{1-x^2}}\mathrm{d}x, v=x$. 于是

$$\int \arcsin x \mathrm{d}x = x\arcsin x - \int \frac{x}{\sqrt{1-x^2}}\mathrm{d}x$$
$$= x\arcsin x + \sqrt{1-x^2} + C.$$

例 8 求 $\int x\arctan x \mathrm{d}x$.

解 设 $u=\arctan x, \mathrm{d}v=x\mathrm{d}x$, 则 $\mathrm{d}u=\frac{1}{1+x^2}\mathrm{d}x, v=\frac{x^2}{2}$. 于是

$$\int x\arctan x \mathrm{d}x = \frac{1}{2}\int \arctan x \mathrm{d}x^2 = \frac{x^2}{2}\arctan x - \frac{1}{2}\int x^2 \mathrm{d}\arctan x$$
$$= \frac{x^2}{2}\arctan x - \frac{1}{2}\int \frac{x^2}{1+x^2}\mathrm{d}x$$
$$= \frac{x^2}{2}\arctan x - \frac{1}{2}\int \left(1-\frac{1}{1+x^2}\right)\mathrm{d}x$$
$$= \frac{x^2}{2}\arctan x - \frac{x}{2} + \frac{1}{2}\arctan x + C$$
$$= \frac{1}{2}(x^2+1)\arctan x - \frac{x}{2} + C.$$

以上四个例子说明,如果被积函数是幂函数与对数函数或反三角函数的乘积形式,则仍使用分部积分法,并设对数函数或反三角函数为 u,其余部分凑成 $\mathrm{d}v$.

例9 求 $\int e^x \sin x dx$.

解 **解法一** $\int e^x \sin x dx = \int \sin x d(e^x) = e^x \sin x - \int e^x d\sin x$

$$= e^x \sin x - \int e^x \cos x dx$$

$$= e^x \sin x - \int \cos x de^x$$

$$= e^x \sin x - \left(e^x \cos x - \int e^x d\cos x\right)$$

$$= e^x \sin x - e^x \cos x - \int e^x \sin x dx.$$

移项整理得

$$\int e^x \sin x dx = \frac{1}{2} e^x (\sin x - \cos x) + C.$$

解法二 $\int e^x \sin x dx = -\int e^x d(\cos x) = -e^x \cos x + \int \cos x e^x dx$

$$= -e^x \cos x + \int e^x d\sin x$$

$$= -e^x \cos x + e^x \sin x - \int e^x \sin x dx.$$

移项整理得

$$\int e^x \sin x dx = \frac{1}{2} e^x (\sin x - \cos x) + C.$$

例 9 说明,如果不定积分经过几次分部积分后虽还没有求出,但出现了与原来积分相同的形式,这时可用代数方法解出所求积分. 值得注意的是,由于移项后,等式右边已不再含有不定积分,因此须加上任意常数 C.

例10 求 $\int \sec^3 x dx$.

解 $\int \sec^3 x dx = \int \sec x d\tan x = \sec x \tan x - \int \tan x d\sec x$

$$= \sec x \tan x - \int \tan^2 x \sec x dx$$

$$= \sec x \tan x - \int (\sec^2 x - 1) \sec x dx$$

$$= \sec x \tan x - \int \sec^3 x dx + \int \sec x dx$$

$$= \sec x \tan x + \ln|\sec x + \tan x| - \int \sec^3 x dx.$$

移项整理得

$$\int \sec^3 x dx = \frac{1}{2} (\sec x \tan x + \ln|\sec x + \tan x|) + C.$$

利用分部积分法，还可以导出一些递推公式.

例 11 求 $I_n = \int \sin^n x \, dx$，其中 n 为正整数.

解 $I_n = \int \sin^n x \, dx = -\int \sin^{n-1} x \, d\cos x$

$= -\sin^{n-1} x \cos x + \int \cos x \, d(\sin^{n-1} x)$

$= -\sin^{n-1} x \cos x + (n-1) \int \sin^{n-2} x \cos^2 x \, dx$

$= -\sin^{n-1} x \cos x + (n-1) \int \sin^{n-2} x (1 - \sin^2 x) \, dx$

$= -\sin^{n-1} x \cos x + (n-1) \int \sin^{n-2} x \, dx - (n-1) \int \sin^n x \, dx$

$= -\sin^{n-1} x \cos x + (n-1) I_{n-2} - (n-1) I_n.$

移项，便得递推公式

$$I_n = -\frac{1}{n} \sin^{n-1} x \cos x + \frac{n-1}{n} I_{n-2}.$$

这是一个递推公式，由

$$I_1 = \int \sin x \, dx = -\cos x + C,$$

$$I_2 = \int \sin^2 x \, dx = \int \frac{1 - \cos 2x}{2} \, dx = \frac{x}{2} - \frac{\sin 2x}{4} + C$$

就可得 I_n.

有些积分既可以用分部积分法，也可以用换元积分法. 如 4.2 节中的例 18：

$\int \sqrt{a^2 - x^2} \, dx = \sqrt{a^2 - x^2} \cdot x - \int x \, d\sqrt{a^2 - x^2} = x \sqrt{a^2 - x^2} + \int \frac{x^2}{\sqrt{a^2 - x^2}} \, dx$

$= x \sqrt{a^2 - x^2} + \int \frac{a^2 - (a^2 - x^2)}{\sqrt{a^2 - x^2}} \, dx$

$= x \sqrt{a^2 - x^2} + \int \frac{a^2}{\sqrt{a^2 - x^2}} \, dx - \int \sqrt{a^2 - x^2} \, dx.$

移项整理得

$$\int \sqrt{a^2 - x^2} \, dx = \frac{x}{2} \sqrt{a^2 - x^2} + \frac{a^2}{2} \int \frac{1}{\sqrt{a^2 - x^2}} \, dx$$

$$= \frac{x}{2} \sqrt{a^2 - x^2} + \frac{a^2}{2} \arcsin \frac{x}{a} + C.$$

还有些不定积分需要综合运用这两种方法才可求出.

例 12 求 $\int \sin \sqrt{x} \, dx$.

解 $\int \sin\sqrt{x}\,dx \xrightarrow{\text{令}\sqrt{x}=t} 2\int t\sin t\,dt = -2\int t\,d\cos t$

$\xrightarrow{\text{分部}} -2\left(t\cos t - \int \cos t\,dt\right)$

$= -2(t\cos t - \sin t) + C$

$= 2(-\sqrt{x}\cos\sqrt{x} + \sin\sqrt{x}) + C.$

习 题 4.3

(A)

计算下列不定积分：

(1) $\int x2^x\,dx$;

(2) $\int x\cos 2x\,dx$;

(3) $\int \ln(x+1)\,dx$;

(4) $\int \arcsin x\,dx$;

(5) $\int \dfrac{\ln x}{x^2}\,dx$;

(6) $\int \dfrac{x}{\cos^2 x}\,dx$;

(7) $\int x^2\ln x\,dx$;

(8) $\int e^{-2x}\sin\dfrac{x}{2}\,dx$;

(9) $\int x\tan^2 x\,dx$;

(10) $\int x\ln(x-1)\,dx$.

(B)

1. 计算下列不定积分：

(1) $\int e^{-x}\cos x\,dx$;

(2) $\int \cos(\ln x)\,dx$;

(3) $\int e^{\sqrt[3]{x}}\,dx$;

(4) $\int (\arcsin x)^2\,dx$;

(5) $\int e^x\sin^2 x\,dx$;

(6) $\int x\ln^2 x\,dx$.

2. 已知 $f(x)$ 的一个原函数是 $\dfrac{\cos x}{x}$，求 $\int xf'(x)\,dx$.

4.4 有理函数的积分

前面我们介绍了求不定积分的两类基本方法：换元法与分部积分法. 本节首先讨论两类特殊函数：有理函数及三角函数有理式的积分，再讨论初等函数的积分.

一、有理函数的积分

有理函数 $R(x)$ 是指两个多项式的商，即

$$R(x)=\frac{P(x)}{Q(x)}=\frac{a_n x^n+a_{n-1}x^{n-1}+\cdots+a_1 x+a_0}{b_m x^m+b_{m-1}x^{m-1}+\cdots+b_1 x+b_0}.$$

其中 m 和 n 都是非负整数，$a_0,a_1,\cdots,a_n,b_0,b_1,\cdots,b_m$ 均为实常数，且 $a_n\neq 0,b_n\neq 0$，并假设多项式 $P(x)$ 与 $Q(x)$ 之间没有公因式.

当 $n<m$ 时，称 $R(x)$ 为真分式；当 $n\geqslant m$ 时，称 $R(x)$ 为假分式. 假分式总可以利用多项式的除法将它化为多项式与真分式之和，例如

$$\frac{x^3+x+1}{x^2+1}=x+\frac{1}{x^2+1}.$$

多项式的积分容易求得，因此，讨论有理函数的积分，只需讨论真分式的积分.

1. 有理真分式分解为部分分式之和

由代数学知道，一个实系数多项式在实数范围内总可以分解为一次因式和二次质因式的乘积的形式. 因此，一个真分式总可按分母的因式，分解为若干个简单分式的代数和，其中每个简单分式称为**部分分式**.

把有理真分式 $\dfrac{P(x)}{Q(x)}$ 分解为部分分式之和时，可按下列法则来确定它的形式.

(1) 如果 $Q(x)$ 的分解式中含有单重一次因式 $x-a$，则 $\dfrac{P(x)}{Q(x)}$ 的分解式中将含有形如 $\dfrac{A}{x-a}$ 的项，其中 A 是待定的常数.

(2) 如果 $Q(x)$ 的分解式含有 k 重一次因式 $(x-a)^k$，则 $\dfrac{P(x)}{Q(x)}$ 的分解式中将含有下列形式的 k 项之和 $\dfrac{A_1}{x-a}+\dfrac{A_2}{(x-a)^2}+\cdots+\dfrac{A_k}{(x-a)^k}$，其中 $A_1,A_2,\cdots,A_k$ 都是待定的常数.

(3) 如果 $Q(x)$ 的分解式中含有单重二次质因式 $x^2+px+q(p^2-4q<0)$，则 $\dfrac{P(x)}{Q(x)}$ 的分解式中将含有形如 $\dfrac{Mx+N}{x^2+px+q}$ 的项，其中 M 与 N 是待定的常数.

(4) 如果 $Q(x)$ 的分解式中含有 l 重二次质因式 $(x^2+px+q)^l(p^2-4q<0)$，则 $\dfrac{P(x)}{Q(x)}$ 的分解式中将含有下列形式的 l 项之和

$$\frac{M_1 x+N_1}{x^2+px+q}+\frac{M_2 x+N_2}{(x^2+px+q)^2}+\cdots+\frac{M_l x+N_l}{(x^2+px+q)^l},$$

其中 $M_1,M_2,\cdots,M_l,N_1,N_2,\cdots,N_l$ 都是待定常数.

下面举例说明将真分式分解为部分分式之和的方法与步骤.

例 1 将 $\dfrac{2x+1}{x^3-2x^2+x}$ 分解为部分分式.

解 先将分母 x^3-2x^2+x 分解为一次因式的乘积，即 $x^3-2x^2+x=x(x-1)^2$，再将真分式分解为部分分式之和的形式，即设

$$\frac{2x+1}{x^3-2x^2+x}=\frac{A}{x}+\frac{B}{(x-1)^2}+\frac{C}{x-1},$$

通分得

$$\frac{2x+1}{x^3-2x^2+x}=\frac{A(x-1)^2+Bx+Cx(x-1)}{x(x-1)^2},$$

去分母得恒等式

$$2x+1=A(x-1)^2+Bx+Cx(x-1)=(A+C)x^2+(B-2A-C)x+A. \tag{4.4}$$

最后用待定系数法确定常数 A,B,C，常用的方法有以下两种：

解法一（比较系数法）

比较(4.4)式中 x 的同次幂系数及常数项得 $\begin{cases}A+C=0,\\ B-2A-C=2,\\ A=1,\end{cases}$ 解此方程组得 $A=1, B=3, C=-1$. 所以 $\dfrac{2x+1}{x^3-2x^2+x}=\dfrac{1}{x}+\dfrac{3}{(x-1)^2}-\dfrac{1}{x-1}$.

解法二 由于(4.4)式是恒等式，对于任何 x 值都成立. 若令 $x=0$ 代入(4.4)式，得 $A=1$；令 $x=1$ 代入(4.4)式，得 $B=3$；再令 $x=2$ 代入(4.4)式，得 $C=-1$. 同样得到

$$\frac{2x+1}{x^3-2x^2+x}=\frac{1}{x}+\frac{3}{(x-1)^2}-\frac{1}{x-1}.$$

例2 将 $\dfrac{x}{(x^2+2x+1)(x^2+3)}$ 分解为部分分式.

解 因为 $(x^2+2x+1)(x^2+3)=(x+1)^2(x^2+3)$，所以设

$$\frac{x}{(x^2+2x+1)(x^2+3)}=\frac{A}{x+1}+\frac{B}{(x+1)^2}+\frac{Cx+D}{x^2+3}$$

$$=\frac{A(x+1)(x^2+3)+B(x^2+3)+(Cx+D)(x+1)^2}{(x+1)^2(x^2+3)}.$$

去分母得恒等式

$$x=A(x+1)(x^2+3)+B(x^2+3)+(Cx+D)(x+1)^2.$$

令 $x=-1$，代入上式得 $B=-\dfrac{1}{4}$. 再用比较系数法，得 $A=\dfrac{1}{8}, C=-\dfrac{1}{8}, D=\dfrac{3}{8}$. 于是

$$\frac{x}{(x^2+2x+1)(x^2+3)}=\frac{1}{8(x+1)}-\frac{1}{4}\frac{1}{(x+1)^2}+\frac{-x+3}{8(x^2+3)}.$$

2. 有理真分式的积分

从以上讨论可知,有理真分式总能分解为部分分式之和,所以有理真分式的积分就可化为部分分式的积分,部分分式的积分归纳起来有下面四种情形:

(1) $\int \frac{A}{x-a}dx = A\ln|x-a|+C$;

(2) $\int \frac{A}{(x-a)^n}dx = \frac{A}{-n+1}(x-a)^{-n+1}+C$ ($n>1$ 且是整数);

(3) $\int \frac{Mx+N}{x^2+px+q}dx$ ($p^2-4q<0$);

(4) $\int \frac{Mx+N}{(x^2+px+q)^n}dx$ ($p^2-4q<0, n>1$ 且是整数).

下面通过例题来说明有理真分式的积分求法.

例 3 求 $\int \frac{2x+1}{x^3-2x^2+x}dx$.

解 由例 1 知

$$\frac{2x+1}{x^3-2x^2+x}=\frac{1}{x}+\frac{3}{(x-1)^2}-\frac{1}{x-1}.$$

所以

$$\int \frac{2x+1}{x^3-2x^2+x}dx = \int \frac{1}{x}dx + 3\int \frac{1}{(x-1)^2}dx - \int \frac{1}{x-1}dx$$

$$= \ln|x| - \frac{3}{x-1} - \ln|x-1| + C$$

$$= \ln\left|\frac{x}{x-1}\right| - \frac{3}{x-1} + C.$$

例 4 求 $\int \frac{x}{(x^2+2x+1)(x^2+3)}dx$.

解 由例 2 知

$$\frac{x}{(x^2+2x+1)(x^2+3)}=\frac{1}{8(x+1)}-\frac{1}{4}\frac{1}{(x+1)^2}+\frac{-x+3}{8(x^2+3)}.$$

所以

$$\int \frac{x}{(x^2+2x+1)(x^2+3)}dx$$

$$= \frac{1}{8}\int \frac{1}{x+1}dx - \frac{1}{4}\int \frac{1}{(x+1)^2}dx - \frac{1}{8}\int \frac{x-3}{x^2+3}dx$$

$$= \frac{1}{8}\ln|x+1| + \frac{1}{4(x+1)} - \frac{1}{8}\int \frac{x}{x^2+3}dx + \frac{3}{8}\int \frac{1}{x^2+3}dx$$

$$= \frac{1}{8}\ln|x+1| + \frac{1}{4(x+1)} - \frac{1}{16}\ln|x^2+3| + \frac{\sqrt{3}}{8}\arctan\frac{x}{\sqrt{3}} + C$$

$$= \frac{1}{8}\ln\frac{|x+1|}{\sqrt{x^2+3}} + \frac{1}{4(x+1)} + \frac{\sqrt{3}}{8}\arctan\frac{x}{\sqrt{3}} + C.$$

例 5 求 $\int \frac{x-2}{x^2+2x+3}dx$.

解 因为 $p^2 - 4q = -8 < 0$,于是 x^2+2x+3 为二次质因式,由于 $(x^2+2x+3)' = 2x+2$,所以

$$\int \frac{x-2}{x^2+2x+3}dx = \int \frac{\frac{1}{2}(2x+2)-3}{x^2+2x+3}dx$$

$$= \frac{1}{2}\int \frac{1}{x^2+2x+3}d(x^2+2x+3) - 3\int \frac{1}{x^2+2x+3}dx$$

$$= \frac{1}{2}\ln|x^2+2x+3| - 3\int \frac{1}{(x+1)^2+(\sqrt{2})^2}dx$$

$$= \frac{1}{2}\ln(x^2+2x+3) - \frac{3}{\sqrt{2}}\arctan\frac{x+1}{\sqrt{2}} + C.$$

例 6 求 $\int \frac{1}{(x^2+2x+5)^2}dx$.

解 因为 $p^2 - 4q = -16 < 0$,所以 x^2+2x+5 是二次质因式,且 $x^2+2x+5 = (x+1)^2+4$.应用第二类换元法,令 $x+1 = 2\tan t$,于是

$$\int \frac{1}{(x^2+2x+5)^2}dx = \int \frac{1}{[(x+1)^2+4]^2}dx$$

$$= \int \frac{1}{(4\tan^2 t+4)^2} \cdot 2\sec^2 t\, dt$$

$$= \frac{1}{8}\int \cos^2 t\, dt = \frac{1}{16}\int (1+\cos 2t)dt$$

$$= \frac{1}{16}\left(t + \frac{1}{2}\sin 2t\right) + C$$

$$= \frac{1}{16}\arctan\frac{x+1}{2} + \frac{x+1}{8(x^2+2x+5)} + C.$$

以上介绍的是有理函数积分的一般方法. 在具体解题时, 应首先考虑有无其他简便方法.

例 7 求 $\int \dfrac{1}{x^2(x+1)}\mathrm{d}x$.

解 因为
$$\dfrac{1}{x^2(x+1)}=\dfrac{1}{x}\left(\dfrac{1}{x}-\dfrac{1}{x+1}\right)=\dfrac{1}{x^2}-\dfrac{1}{x(x+1)}=\dfrac{1}{x^2}-\dfrac{1}{x}+\dfrac{1}{x+1},$$
所以
$$\int \dfrac{1}{x^2(x+1)}\mathrm{d}x=\int \dfrac{1}{x^2}\mathrm{d}x-\int \dfrac{1}{x}\mathrm{d}x+\int \dfrac{1}{x+1}\mathrm{d}x$$
$$=-\dfrac{1}{x}-\ln|x|+\ln|x+1|+C.$$

例 8 求 $\int \dfrac{1}{x(x^3+1)}\mathrm{d}x$.

解
$$\int \dfrac{1}{x(x^3+1)}\mathrm{d}x=\int \dfrac{x^2}{x^3(x^3+1)}\mathrm{d}x=\int x^2\left(\dfrac{1}{x^3}-\dfrac{1}{x^3+1}\right)\mathrm{d}x$$
$$=\int \dfrac{1}{x}\mathrm{d}x-\int \dfrac{x^2}{x^3+1}\mathrm{d}x=\ln|x|-\dfrac{1}{3}\ln|x^3+1|+C.$$

有理函数分解为多项式部分分式之和以后, 各个部分的积分都可以用初等函数表示出来, 所以说有理函数的积分也可以用初等函数表示. 在这种意义下, 我们称有理函数总是可积的.

将有理函数分解为部分分式进行积分虽然可行, 但是不一定简便. 因此要注意根据被积函数的结构寻求简便的方法.

例 9 求 $\int \dfrac{2x^3+2x^2+5x+5}{x^4+5x^2+4}\mathrm{d}x$.

解
$$\int \dfrac{2x^3+2x^2+5x+5}{x^4+5x^2+4}\mathrm{d}x=\int \dfrac{(2x^3+5x)+(2x^2+5)}{x^4+5x^2+4}\mathrm{d}x$$
$$=\int \dfrac{2x^3+5x}{x^4+5x^2+4}\mathrm{d}x+\int \dfrac{2x^2+5}{x^4+5x^2+4}\mathrm{d}x$$
$$=\dfrac{1}{2}\int \dfrac{\mathrm{d}(x^4+5x^2+4)}{x^4+5x^2+4}+\int \dfrac{(x^2+1)+(x^2+4)}{(x^2+1)(x^2+4)}\mathrm{d}x$$
$$=\dfrac{1}{2}\ln(x^4+5x^2+4)+\dfrac{1}{2}\arctan\dfrac{x}{2}+\arctan x+C.$$

例 10 求 $\int \dfrac{x^2}{(x^2+2x+2)^2}\mathrm{d}x$.

解 $\int \dfrac{x^2}{(x^2+2x+2)^2}dx = \int \dfrac{(x^2+2x+2)-(2x+2)}{(x^2+2x+2)^2}dx$

$\qquad\qquad\qquad = \int \dfrac{1}{x^2+2x+2}dx - \int \dfrac{2x+2}{(x^2+2x+2)^2}dx$

$\qquad\qquad\qquad = \int \dfrac{1}{(x+1)^2+1}dx - \int \dfrac{d(x^2+2x+2)}{(x^2+2x+2)^2}$

$\qquad\qquad\qquad = \arctan(x+1) + \dfrac{1}{x^2+2x+2} + C.$

例 11 求 $\int \dfrac{1}{x^4+1}dx (x \neq 0)$.

解 $\int \dfrac{1}{x^4+1}dx = \dfrac{1}{2}\int \dfrac{(x^2+1)-(x^2-1)}{x^4+1}dx$

$\qquad\qquad\qquad = \dfrac{1}{2}\int \dfrac{1+\dfrac{1}{x^2}}{x^2+\dfrac{1}{x^2}}dx - \dfrac{1}{2}\int \dfrac{1-\dfrac{1}{x^2}}{x^2+\dfrac{1}{x^2}}dx$

$\qquad\qquad\qquad = \dfrac{1}{2}\int \dfrac{d\left(x-\dfrac{1}{x}\right)}{\left(x-\dfrac{1}{x}\right)^2+2} - \dfrac{1}{2}\int \dfrac{d\left(x+\dfrac{1}{x}\right)}{\left(x+\dfrac{1}{x}\right)^2-2}$

$\qquad\qquad\qquad = \dfrac{1}{2\sqrt{2}}\arctan \dfrac{x^2-1}{\sqrt{2}x} - \dfrac{1}{4\sqrt{2}}\ln\left|\dfrac{x^2-\sqrt{2}x+1}{x^2+\sqrt{2}x+1}\right| + C(x \neq 0).$

二、三角函数有理式的积分

三角函数有理式是指由三角函数和常数经过有限次四则运算所构成的函数. 通常把三角函数有理式用符号 $R(\sin x, \cos x)$ 表示.

三角函数有理式的积分 $\int R(\sin x, \cos x)dx$, 可用变量代换 $u = \tan \dfrac{x}{2}$ 化为有理函数的积分. 由三角公式有

$$\sin x = 2\sin \dfrac{x}{2} \cos \dfrac{x}{2} = \dfrac{2\tan \dfrac{x}{2}}{\sec^2 \dfrac{x}{2}} = \dfrac{2\tan \dfrac{x}{2}}{1+\tan^2 \dfrac{x}{2}},$$

$$\cos x = \cos^2 \dfrac{x}{2} - \sin^2 \dfrac{x}{2} = \dfrac{1-\tan^2 \dfrac{x}{2}}{\sec^2 \dfrac{x}{2}} = \dfrac{1-\tan^2 \dfrac{x}{2}}{1+\tan^2 \dfrac{x}{2}}.$$

令 $u=\tan\dfrac{x}{2}$,则

$$x=2\arctan u, \quad dx=\dfrac{2}{1+u^2}du,$$

$$\sin x=\dfrac{2u}{1+u^2}, \quad \cos x=\dfrac{1-u^2}{1+u^2}.$$

所以

$$\int R(\sin x,\cos x)dx=\int R\left(\dfrac{2u}{1+u^2},\dfrac{1-u^2}{1+u^2}\right)\cdot\dfrac{2}{1+u^2}du.$$

上式右端是有理函数积分,可用前面的方法求不定积分,代换 $u=\tan\dfrac{x}{2}$ 也称为**万能代换**.

例 12 求 $\int\dfrac{1}{5+4\cos x}dx$.

解 设 $u=\tan\dfrac{x}{2}$,则 $x=2\arctan u, dx=\dfrac{2}{1+u^2}du, \cos x=\dfrac{1-u^2}{1+u^2}$,

所以

$$\int\dfrac{1}{5+4\cos x}dx=\int\dfrac{\dfrac{2}{1+u^2}}{5+4\dfrac{1-u^2}{1+u^2}}du=\int\dfrac{2}{9+u^2}du$$

$$=\dfrac{2}{3}\arctan\dfrac{u}{3}+C=\dfrac{2}{3}\arctan\left(\dfrac{\tan\dfrac{x}{2}}{3}\right)+C.$$

例 13 求 $\int\dfrac{1+\sin x}{\sin x(1+\cos x)}dx$.

解 设 $u=\tan\dfrac{x}{2}$,则

$$\int\dfrac{1+\sin x}{\sin x(1+\cos x)}dx=\int\dfrac{1+\dfrac{2u}{1+u^2}}{\dfrac{2u}{1+u^2}\left(1+\dfrac{1-u^2}{1+u^2}\right)}\cdot\dfrac{2}{1+u^2}du$$

$$=\dfrac{1}{2}\int\dfrac{1+2u+u^2}{u}du=\dfrac{1}{2}\int\left(\dfrac{1}{u}+2+u\right)du$$

$$=\dfrac{1}{2}\ln|u|+u+\dfrac{1}{4}u^2+C$$

$$= \frac{1}{2}\ln\left|\tan\frac{x}{2}\right| + \tan\frac{x}{2} + \frac{1}{4}\tan^2\frac{x}{2} + C.$$

万能代换是求三角函数有理式积分的一般方法,对任何三角函数有理式积分都适用.但对于许多三角函数有理式的积分,万能代换的方法并不是较简捷的方法,因此在具体解题时,应尽量采用前面介绍的其他简便的方法.

例 14 求 $\int \dfrac{\sin x}{1+\sin x}\mathrm{d}x$.

解 被积函数分子、分母同乘以 $(1-\sin x)$,得

$$\int \frac{\sin x}{1+\sin x}\mathrm{d}x = \int \frac{\sin x(1-\sin x)}{1-\sin^2 x}\mathrm{d}x = \int \frac{\sin x - \sin^2 x}{\cos^2 x}\mathrm{d}x$$

$$= \int \frac{\sin x}{\cos^2 x}\mathrm{d}x - \int \tan^2 x\,\mathrm{d}x = \sec x - \int(\sec^2 x - 1)\mathrm{d}x$$

$$= \sec x - \tan x + x + C.$$

三、初等函数的积分

由上面的例子可以看到,求积分比求微分要困难得多,有些积分要用很高的技巧才能算出,而有些积分计算很复杂;还有些积分,即使被积函数很简单,也无法积出,如 $\int \mathrm{e}^{-x^2}\mathrm{d}x, \int \sin x^2 \mathrm{d}x, \int \dfrac{\sin x}{x}\mathrm{d}x, \int \dfrac{\mathrm{d}x}{\ln x}, \int \dfrac{\mathrm{d}x}{\sqrt{1+x^4}}$ 等等.这些积分的被积函数都是初等函数,在其定义域内都连续,因此其原函数一定存在,但其原函数不是初等函数.能用初等函数表示的积分叫积得出,否则叫积不出.究竟哪些积分积得出?哪些积分积不出?没有一般的判别方法.为了方便,人们已将积得出的常用初等函数的积分编成积分表(见附录 4)以供查阅.但是,不能认为有了积分表就不需要掌握前面所讲的积分法了,因为不熟练掌握积分法,特别是换元法与分部积分法,积分表也无法查用.当然,随着计算机科学的发展,可以利用数学软件包(见附录 1)在计算机上直接计算积分.

习　题　4.4

(A)

1. 计算下列不定积分:

(1) $\displaystyle\int \dfrac{1}{(x+1)(x^2+1)}\mathrm{d}x$;

(2) $\displaystyle\int \dfrac{2x+3}{x^2+3x-10}\mathrm{d}x$;

(3) $\int \dfrac{\cot x}{\sin x+\cos x-1}\mathrm{d}x$;

(4) $\int \dfrac{1}{2+\sin x}\mathrm{d}x$;

(5) $\int \dfrac{1}{(2x+1)(x^2+1)}\mathrm{d}x$;

(6) $\int \dfrac{1}{x^4-1}\mathrm{d}x$;

(7) $\int \dfrac{(1+x)^2}{(x^2+1)^2}\mathrm{d}x$;

(8) $\int \dfrac{-x^2-2}{(1+x+x^2)^2}\mathrm{d}x$.

2. 计算下列不定积分:

(1) $\int \dfrac{\sin(\ln x)}{x}\mathrm{d}x$;

(2) $\int \dfrac{x+(\arctan x)^2}{1+x^2}\mathrm{d}x$;

(3) $\int \sqrt{\mathrm{e}^x-1}\mathrm{d}x$;

(4) $\int \dfrac{\mathrm{d}x}{(4-x^2)^{\frac{3}{2}}}$;

(5) $\int x\cos^2 2x\mathrm{d}x$;

(6) $\int \sec^6 x\mathrm{d}x$.

(B)

求下列不定积分:

(1) $\int \dfrac{1-\tan x}{1+\tan x}\mathrm{d}x$;

(2) $\int \dfrac{x\mathrm{e}^x}{\sqrt{1+\mathrm{e}^x}}\mathrm{d}x$;

(3) $\int \dfrac{\mathrm{d}x}{x^4\sqrt{1+x^2}}$;

(4) $\int \sqrt{x}\sin\sqrt{x}\mathrm{d}x$;

(5) $\int \dfrac{1}{(a\sin x+b\cos x)^2}\mathrm{d}x$;

(6) $\int \dfrac{1}{\sin^3 x\cos x}\mathrm{d}x$.

小　　结

本章系统地学习了不定积分的概念和求不定积分的基本方法,不定积分是导数(或微分)的逆运算,它是整个积分学的基础,学习中还应注意如下问题.

1. 求不定积分的基本思想是想方设法将所求的不定积分化为基本积分公式表中已有的形式,然后再利用积分公式求出结果.因此,基本积分表中的 13 个公式是求不定积分的基础,而不定积分的性质、换元积分法、分部积分法以及对被积函数作代数或三角恒等变形等,都是将被积函数化为基本积分表中形式的手段.

2. 换元积分法和分部积分法是求不定积分的基本方法.需要做大量的练习才能真正掌握它.

3. 第一类换元法是最基本,也是最灵活且用得最多的积分方法.要用好第一类换元法,必须熟记一些常见的微分公式,例如

$$\mathrm{d}x = \frac{1}{a}\mathrm{d}(ax+b) = -\frac{1}{a}\mathrm{d}(b-ax)\,(a\neq 0); \quad x\mathrm{d}x = \frac{1}{2}\mathrm{d}x^2 = \frac{1}{2a}\mathrm{d}(ax^2+b)\,(a\neq 0);$$

$$\frac{1}{x}\mathrm{d}x = \mathrm{d}\ln|x|; \quad \frac{1}{x^2}\mathrm{d}x = -\mathrm{d}\frac{1}{x}; \quad \frac{1}{\sqrt{x}}\mathrm{d}x = 2\mathrm{d}\sqrt{x};$$

$$e^x\mathrm{d}x = \mathrm{d}e^x; \quad \sin x\mathrm{d}x = -\mathrm{d}\cos x; \quad \sec^2 x\mathrm{d}x = \mathrm{d}\tan x;$$

$$\frac{1}{\sqrt{1-x^2}}\mathrm{d}x = \mathrm{d}\arcsin x; \quad \frac{1}{1+x^2}\mathrm{d}x = \mathrm{d}\arctan x.$$

4. 利用第二类换元法求不定积分,要熟记如下一些常见的代换:

(1) 被积函数中含有 $\sqrt{a^2-x^2}$,可用代换 $x=a\sin t$(或 $x=a\cos t$);

(2) 被积函数中含有 $\sqrt{x^2+a^2}$,可用代换 $x=a\tan t$(或 $x=a\cot t$);

(3) 被积函数中含有 $\sqrt{x^2-a^2}$,可用代换 $x=a\sec t$(或 $x=a\csc t$);

(4) 被积函数中含有根式 $\sqrt[m]{ax+b}$ 及 $\sqrt[n]{ax+b}$ 时,可用代换 $\sqrt[r]{ax+b}=t$(其中 r 为 m,n 的最小公倍数);

(5) 被积函数中含有根式 $\sqrt{\dfrac{ax+b}{cx+d}}$,可用代换 $\sqrt{\dfrac{ax+b}{cx+d}}=t$.

5. 当被积函数是两个不同类型函数的乘积时,通常使用分部积分法. 如果 $f(x)$ 与 $g(x)$ 是两个不同类型的函数,求积分 $\int f(x)g(x)\mathrm{d}x$ 时,适当选择一个因子 ($f(x)$ 或 $g(x)$) 与 $\mathrm{d}x$ 凑成微分 $\mathrm{d}v$,而将另一个因子作为 u 进行分部积分.

6. 很多不定积分存在多种解法,应尽量选择最简便的方法(特别是有理函数与三角函数有理式的积分),并且不定积分的结果形式不唯一.

第4章习题课　　　第4章课件

复习练习题 4

1. 选择题

(1) 下列函数对中是同一函数的原函数的是(　　)

　(A) $\sqrt{x+1}$,　$2\sqrt{x+1}$ 　　　　　(B) $\sin x$,　$\cos x$

　(C) e^{x^2},　e^{2x} 　　　　　　　　(D) $\sin^2 x - \cos^2 x$,　$2\sin^2 x$

(2) 在积分曲线族 $\int x\sqrt{x}\,\mathrm{d}x$ 中,过点 $(0,1)$ 的曲线方程是(　　)

　(A) $y = 2\sqrt{x}+1$ 　　　　　　　(B) $y = \dfrac{5}{2}\sqrt[5]{x^2}+C$

(C) $y=2\sqrt{x}+C$ (D) $y=\dfrac{2}{5}\sqrt{x^5}+1$

(3) 若 $f(x)$ 的导数为 $\sin x$, 则 $f(x)$ 的一个原函数是（　　）

 (A) $1+\sin x$ (B) $1-\sin x$ (C) $1+\cos x$ (D) $1-\cos x$

(4) 下列积分能用初等函数表示出来的是（　　）

 (A) $\displaystyle\int e^{-x^2}dx$ (B) $\displaystyle\int \dfrac{\sin x}{x}dx$ (C) $\displaystyle\int \dfrac{1}{\ln x}dx$ (D) $\displaystyle\int \dfrac{\ln x}{x}dx$

2. 填空题

(1) 设 $f'(\cos x)=\sin x$, 则 $f(\cos x)=$ _____ .

(2) $\displaystyle\int d\left[\int d\dfrac{1}{\ln x}\right]=$ _____ .

(3) 设 $f(x+1)=\dfrac{x}{x+2}$, 则 $\displaystyle\int f(x)dx=$ _____ .

(4) 设 e^{-x} 是 $f(x)$ 的一个原函数, 则 $\displaystyle\int x^2 f(\ln x)dx=$ _____ .

3. 求下列不定积分：

(1) $\displaystyle\int \dfrac{4x+6}{x^2+3x-8}dx$;   (2) $\displaystyle\int \dfrac{x^3}{\sqrt{4-x^2}}dx$;

(3) $\displaystyle\int \dfrac{x^4+1}{x^3-x^2}dx$;   (4) $\displaystyle\int xa^x dx\ (a>0, a\neq 1)$;

(5) $\displaystyle\int x^5 e^{x^2}dx$;   (6) $\displaystyle\int \dfrac{e^{3x}+1}{e^x+1}dx$;

(7) $\displaystyle\int \dfrac{1}{(1+e^x)^2}dx$;   (8) $\displaystyle\int \ln^2 x\, dx$;

(9) $\displaystyle\int \ln(1+x^2)dx$;   (10) $\displaystyle\int \dfrac{1}{a^2\cos^2 x+b^2\sin^2 x}dx$;

(11) $\displaystyle\int \dfrac{x+\sin x}{1+\cos x}dx$;   (12) $\displaystyle\int \dfrac{1}{\cos^4 x}dx$;

(13) $\displaystyle\int x^2\cos x\, dx$;   (14) $\displaystyle\int x\tan^2 x\, dx$;

(15) $\displaystyle\int x^2\arctan x\, dx$;   (16) $\displaystyle\int (\arcsin x)^2 dx$.

4. 已知 $\displaystyle\int x^5 f(x)dx=\sqrt{x^2-1}+C$, 求 $\displaystyle\int f(x)dx$.

5. 试用下列不同方法求不定积分 $\displaystyle\int \dfrac{dx}{x\sqrt{x^2-1}}\ (|x|>1)$.

 (1) 设 $x=\sec t$; (2) 设 $\sqrt{x^2-1}=t$; (3) 设 $x=\dfrac{1}{t}$.

第 5 章 定 积 分

本章讨论一元函数积分学的另一重要内容——定积分.我们首先从几何与物理中的两个典型问题出发引出定积分的概念,再讨论它的一些基本性质,建立微积分学的基本公式,并阐述定积分与不定积分之间的关系,然后介绍求定积分的两类基本方法:换元法和分部积分法,最后介绍两类反常积分.

5.1 定积分的概念及性质

一、定积分问题举例

本节将从平面曲线所围图形的面积、变速直线运动的路程这样两个典型问题出发,导出定积分的概念.

1. 曲边梯形的面积

在初等数学里,无法解决由任意封闭曲线围成的平面图形的面积,例如,初等数学可以求梯形的面积,但无法求曲边梯形的面积.所谓曲边梯形是指在平面四边形中,有三条边是直线,其中有两条边是同时垂直于第三条边,第四条边是一条曲线段(如图 5.1).

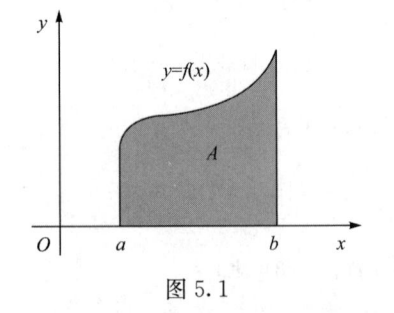

图 5.1

定积分的概念

设 $y=f(x)$ 是区间 $[a,b]$ 上的非负连续函数,求由直线 $x=a$、$x=b$、x 轴及曲线 $y=f(x)$ 所围成一个曲边梯形(如图 5.1)的面积 A.

要计算曲边梯形的面积,困难在于曲边 $y=f(x)$ 是弯曲的,因此,如何处理曲边的"弯曲性"就成为求解的关键. 由于曲边 $y=f(x)$ 在 $[a,b]$ 上是连续的,而由连续函数的性质表明:在很小一段区间上函数值的变化也是很微小的. 因此,下面对曲边梯形采用"分割取近似,求和取极限"的方法求其面积.

第一步:分割 先将图形分割成 n 个小"窄曲边梯形"(如图 5.2),具体说就是在 $[a,b]$ 内任意插入 $n-1$ 个分点

$$a=x_0<x_1<x_2<\cdots<x_{n-1}<x_n=b.$$

把区间 $[a,b]$ 分成 n 个小区间

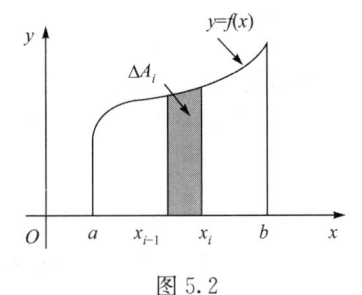

$$[x_0,x_1], [x_1,x_2], \cdots, [x_{n-1},x_n].$$

图 5.2

记它们的长度依次为

$$\Delta x_1=x_1-x_0, \Delta x_2=x_2-x_1, \cdots, \Delta x_n=x_n-x_{n-1}.$$

即 $\Delta x_i=x_i-x_{i-1}, i=1,2,\cdots,n.$

经过每一分点作平行于 y 轴的直线段,把曲边梯形分成 n 个窄曲边梯形. 记小区间 $[x_{i-1},x_i]$ 所对应的窄曲边梯形的面积为 ΔA_i,则

$$A=\sum_{i=1}^{n}\Delta A_i.$$

第二步:取近似 当 Δx_i 充分小时,由于 $f(x)$ 在区间 $[x_{i-1},x_i]$ 上变化很小,因此,窄曲边梯形近似于矩形,任取 $\xi_i\in[x_{i-1},x_i]$,得面积 ΔA_i 的近似值

$$\Delta A_i\approx f(\xi_i)\Delta x_i \quad (i=1,2,\cdots,n).$$

第三步:求和 把所有小矩形的面积加起来得曲边梯形面积 A 的近似值

$$A\approx\sum_{i=1}^{n}f(\xi_i)\Delta x_i. \tag{5.1}$$

第四步:取极限 如果把区间 $[a,b]$ 分割得越来越细,那么这 n 个小矩形的面积之和 $\sum_{i=1}^{n}f(\xi_i)\Delta x_i$ 就越来越逼近曲边梯形的面积 A. 为了保证所有小区间的长度无限缩小,就要求小区间长度中的最大值趋于零. 如记 $\lambda=\max\{\Delta x_1,\Delta x_2,\cdots,\Delta x_n\}$,则当 $\lambda\to 0$ 时,取和式(5.1)的极限就得到了曲边梯形的面积

$$A=\lim_{\lambda\to 0}\sum_{i=1}^{n}f(\xi_i)\Delta x_i. \tag{5.2}$$

2. 变速直线运动的路程

设一质点以速度 $v=v(t)$ 做直线运动(假设 $v(t)$ 是在 $[T_1,T_2]$ 上的非负连续函数),求从时刻 $t=T_1$ 到时刻 $t=T_2$ 的时间段内质点经过的路程 s.

我们知道,如果质点以匀速度 v 运动,则在时间 t 内所经过的路程有公式 $s=vt$,但是,现在我们处理的是变速直线运动问题,因此就不能直接用上述公式来计

算,但由于速度函数 $v(t)$ 是连续函数,因此质点运动的速度在很短的时间段内变化不大,故在很短的时间段内,我们可以用"匀速运动"来近似代替变速运动.

在时间间隔 $[T_1,T_2]$ 内任意插入 $n-1$ 个分点
$$T_1=t_0<t_1<t_2<\cdots<t_{n-1}<t_n=T_2.$$
将时间段 $[T_1,T_2]$ 分割成 n 个小时间段 $[t_{i-1},t_i](i=1,2,\cdots,n)$,第 i 个小时间段的长度记为 $\Delta t_i=t_i-t_{i-1}$,在相应时间段 $[t_{i-1},t_i]$ 内质点经过的路程记为 Δs_i,则有
$$s=\sum_{i=1}^{n}\Delta s_i.$$
当 Δt_i 充分小时,$v(t)$ 在时间段 $[t_{i-1},t_i]$ 内变化也很小,近似于匀速运动,任取 $\xi_i\in[t_{i-1},t_i]$,得到 Δs_i 的近似值
$$\Delta s_i\approx v(\xi_i)\Delta t_i \quad (i=1,2,\cdots,n).$$
从而有
$$s=\sum_{i=1}^{n}\Delta s_i\approx\sum_{i=1}^{n}v(\xi_i)\Delta t_i.$$
当小时间段无限细分时,和式 $\sum_{i=1}^{n}v(\xi_i)\Delta t_i$ 就越来越趋向于 s. 如记
$$\lambda=\max\{\Delta t_1,\Delta t_2,\cdots,\Delta t_n\},$$
则
$$s=\lim_{\lambda\to 0}\sum_{i=1}^{n}v(\xi_i)\Delta t_i. \tag{5.3}$$

上面两个实际问题分别来自不同的学科,一个是几何学的问题,一个是物理学的问题,尽管它们各自的实际意义不同,但处理的方法是一样的,都是"分割取近似,求和取极限".并且,它们都可归纳为具有相同结构的一种特殊和式的极限,即
$$\text{面积 } A=\lim_{\lambda\to 0}\sum_{i=1}^{n}f(\xi_i)\Delta x_i,$$
$$\text{路程 } s=\lim_{\lambda\to 0}\sum_{i=1}^{n}v(\xi_i)\Delta t_i.$$
还有许多实际问题都可以采用上述的处理方法,抽取其实际意义,这就是数学上定积分的基本概念.

二、定积分的定义

现在我们撇开(5.2)式和(5.3)式的实际背景,抓住它们在数量关系上的共同性质加以概括,抽象出下面的定积分的定义.

定义 1 设函数 $f(x)$ 在区间 $[a,b]$ 上有界,在 $[a,b]$ 中任意插入 $n-1$ 个分点
$$a=x_0<x_1<x_2<\cdots<x_{n-1}<x_n=b.$$
把区间 $[a,b]$ 分成 n 个小区间

$$[x_0,x_1],\quad [x_1,x_2],\quad \cdots,\quad [x_{n-1},x_n].$$

各小区间的长度依次记为

$$\Delta x_1=x_1-x_0,\quad \Delta x_2=x_2-x_1,\quad \cdots,\quad \Delta x_n=x_n-x_{n-1}.$$

在每个小区间 $[x_{i-1},x_i]$ 上任取一点 $\xi_i\in[x_{i-1},x_i]$,作函数值 $f(\xi_i)$ 与小区间长度 Δx_i 的乘积 $f(\xi_i)\Delta x_i(i=1,2,\cdots,n)$,并作和

$$\sum_{i=1}^n f(\xi_i)\Delta x_i.$$

记 $\lambda=\max\{\Delta x_1,\Delta x_2,\cdots,\Delta x_n\}$.如果对区间 $[a,b]$ 的任意分割法以及小区间 $[x_{i-1},x_i]$ 上的点 ξ_i 的任意取法,当 $\lambda\to 0$ 时,和式 $\sum_{i=1}^n f(\xi_i)\Delta x_i$ 总趋于同一极限值 A,则称函数 $f(x)$ 在区间 $[a,b]$ 上可积,并称极限值 A 为函数 $f(x)$ 在区间 $[a,b]$ 上的定积分,记作 $\int_a^b f(x)\mathrm{d}x$,即

$$\int_a^b f(x)\mathrm{d}x=\lim_{\lambda\to 0}\sum_{i=1}^n f(\xi_i)\Delta x_i.$$

其中 $f(x)$ 叫做被积函数,$f(x)\mathrm{d}x$ 叫做被积表达式,x 叫做积分变量,数 a,b 分别叫做积分下限和积分上限,和式 $\sum_{i=1}^n f(\xi_i)\Delta x_i$ 叫做黎曼和,区间 $[a,b]$ 叫做积分区间.

由定积分的定义可以看出,前段讨论的曲边梯形的面积 A 和变速直线运动的路程 s 可以分别用定积分表示为

$$A=\int_a^b f(x)\mathrm{d}x,$$

$$s=\int_{T_1}^{T_2} v(t)\mathrm{d}t.$$

下面对定积分的定义作几点说明:

1. 定积分 $\int_a^b f(x)\mathrm{d}x$ 表示一个数,它是由被积函数 $f(x)$ 和积分区间 $[a,b]$ 唯一确定.

2. 定积分 $\int_a^b f(x)\mathrm{d}x$ 的值与积分变量的选取无关,积分变量 x 可换成其他字母.例如 t 和 u,这时定积分的值不变,即 $\int_a^b f(x)\mathrm{d}x=\int_a^b f(t)\mathrm{d}t=\int_a^b f(u)\mathrm{d}u.$

3. 在定积分的定义中,为了方便我们规定了 $\int_a^b f(x)\mathrm{d}x$ 的下限 a 比上限 b 小,为了便于应用,现对定积分 $\int_a^b f(x)\mathrm{d}x$ 作如下补充规定:

(1) 当 $a = b$ 时，$\int_a^a f(x)dx = 0$；

(2) 当 $a > b$ 时，$\int_a^b f(x)dx = -\int_b^a f(x)dx$.

4. 在定积分的定义中，当小区间长度的最大值 $\lambda \to 0$ 时，在区间内任意插入的点数 $n \to \infty$，反之不一定成立.

在给出定积分的定义之后，首先面临一个重要问题：什么样的函数是可积的，对这个问题，我们不作深入讨论，仅不加证明地给出下面两个定理.

定理 1　设 $f(x)$ 在区间 $[a,b]$ 上连续，则 $f(x)$ 在 $[a,b]$ 上可积.

定理 2　设 $f(x)$ 在区间 $[a,b]$ 上有界，且只有有限个间断点，则 $f(x)$ 在 $[a,b]$ 上可积.

三、定积分的几何意义

设 $y = f(x)$ 在区间 $[a,b]$ 上连续，如果在 $[a,b]$ 上，$f(x) \geq 0$，则定积分 $\int_a^b f(x)dx$ 在几何上表示由曲线 $y = f(x)$、直线 $x = a$ 和 $x = b$ 以及 x 轴围成的曲边梯形的面积. 如果在 $[a,b]$ 上，$f(x) \leq 0$，则定积分 $\int_a^b f(x)dx$ 表示由曲线 $y = f(x)$、直线 $x = a$ 和 $x = b$ 以及 x 轴所围成的曲边梯形面积的负值（此时，曲边梯形在 x 轴的下方）.

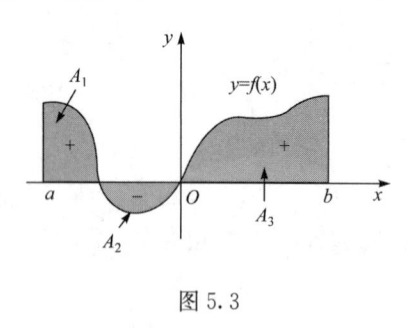

一般地，如果 $f(x)$ 在 $[a,b]$ 上既有正值，又有负值，即函数图形的某些部分在 x 轴上方，而其他部分在 x 轴下方，例如图 5.3. 若记图中各部分面积为 A_1, A_2, A_3，则有

$$\int_a^b f(x)dx = A_1 - A_2 + A_3.$$

上式表明，定积分 $\int_a^b f(x)dx$ 的几何意义

图 5.3

为：定积分 $\int_a^b f(x)dx$ 表示由曲线 $y = f(x)$、直线 $x = a$ 和 $x = b$ 以及 x 轴所围图形的各部分面积的代数和（代数和的意思是指：介于 x 轴上方图形的面积减去介于 x 轴下方图形的面积）.

例 1　利用定积分的几何意义计算下面的积分.

(1) $\int_{-\pi}^{\pi} \sin x \, dx$；　　　　(2) $\int_0^1 \sqrt{1^2 - x^2} \, dx$.

解 （1）如图5.4，由于 $y=\sin x$ 在 $[-\pi,\pi]$ 上为奇函数，因此 $y=\sin x$ 与 $x=-\pi$，$x=\pi$ 以及 x 轴所围成的左、右半平面的两块图形的面积相等，但一块在 x 轴上方，另一块在 x 轴下方. 故两者的代数和为零. 所以

$$\int_{-\pi}^{\pi} \sin x \, dx = 0.$$

（2）由曲线 $y=\sqrt{1-x^2}$，x 轴及 y 轴所围成的图形（如图5.5）为半径为 1 的圆的四分之一，其面积为 $\dfrac{\pi}{4}$.

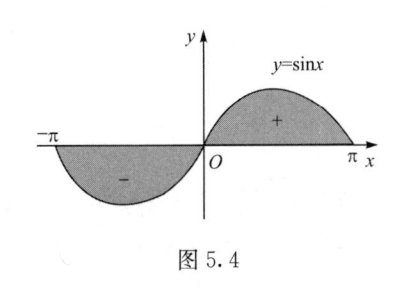

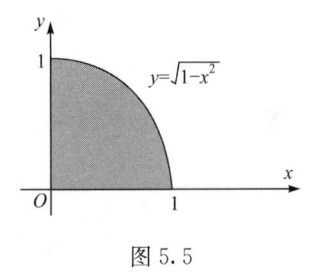

图 5.4

图 5.5

由定积分的几何意义得

$$\int_0^1 \sqrt{1-x^2} \, dx = \frac{\pi}{4}.$$

我们也可以利用定积分的定义计算定积分.

例 2 利用定义计算定积分 $\int_0^1 x^2 \, dx$.

解 因为被积函数 $f(x)=x^2$ 在积分区间 $[0,1]$ 上连续，而连续函数是可积的，所以积分值与区间 $[0,1]$ 的分法及点 ξ_i 的取法无关，为了便于计算，不妨把区间 $[0,1]$ 分成 n 等分，分点为 $x_i = \dfrac{i}{n}(i=0,1,2,\cdots,n)$. 这样，每个小区间 $[x_{i-1}, x_i]$ 的长度 $\Delta x_i = \dfrac{1}{n}(i=1,2,\cdots,n)$. 选取 $\xi_i = x_i = \dfrac{i}{n}$ $(i=1,2,\cdots,n)$ 得和式

$$\sum_{i=1}^{n} f(\xi_i) \Delta x_i = \sum_{i=1}^{n} \left(\frac{i}{n}\right)^2 \cdot \frac{1}{n} = \frac{1}{n^3} \sum_{i=1}^{n} i^2$$

$$= \frac{1}{n^3} \cdot \frac{1}{6} n(n+1)(2n+1)$$

$$= \frac{1}{6} \left(1 + \frac{1}{n}\right)\left(2 + \frac{1}{n}\right).$$

当 $\lambda = \max\{\Delta x_1, \Delta x_2, \cdots, \Delta x_n\} = \dfrac{1}{n} \to 0$，即 $n \to \infty$，取上式右端的极限，得

$$\int_0^1 x^2 \mathrm{d}x = \lim_{\lambda \to 0} \sum_{i=1}^n f(\xi_i) \Delta x_i = \lim_{n \to \infty} \frac{1}{6}\left(1+\frac{1}{n}\right)\left(2+\frac{1}{n}\right) = \frac{1}{3}.$$

从上例的计算过程表明,根据定义计算定积分将不可避免地遇到求 n 项和的极限问题,而此类极限的计算往往是非常困难的. 为了建立一种计算定积分的简便方法,下面我们先讨论定积分的一些基本性质,然后在 5.2 节给出定积分的简便计算方法.

以下讨论中,均假定各性质中列出的定积分都是存在的.

性质 1 在区间 $[a,b]$ 上,若 $f(x) \equiv 1$,则
$$\int_a^b 1 \mathrm{d}x = \int_a^b \mathrm{d}x = b-a.$$

证 $\int_a^b 1 \mathrm{d}x = \lim_{\lambda \to 0} \sum_{i=1}^n 1 \cdot \Delta x_i = \lim_{\lambda \to 0}(b-a) = b-a.$

性质 2 函数的和(差)的定积分等于它们的定积分的和(差),即
$$\int_a^b [f(x) \pm g(x)] \mathrm{d}x = \int_a^b f(x) \mathrm{d}x \pm \int_a^b g(x) \mathrm{d}x.$$

证
$$\int_a^b [f(x) \pm g(x)] \mathrm{d}x = \lim_{\lambda \to 0} \sum_{i=1}^n [f(\xi_i) \pm g(\xi_i)] \Delta x_i$$
$$= \lim_{\lambda \to 0} \sum_{i=1}^n f(\xi_i) \Delta x_i \pm \lim_{\lambda \to 0} \sum_{i=1}^n g(\xi_i) \Delta x_i$$
$$= \int_a^b f(x) \mathrm{d}x \pm \int_a^b g(x) \mathrm{d}x.$$

性质 2 对于任意有限个函数都是成立的. 即
$$\int_a^b \Big(\sum_{i=1}^n f_i(x)\Big) \mathrm{d}x = \sum_{i=1}^n \int_a^b f_i(x) \mathrm{d}x.$$

性质 3 被积函数的常数因子可以提到积分号外面,即
$$\int_a^b k f(x) \mathrm{d}x = k \int_a^b f(x) \mathrm{d}x \quad (\text{其中 } k \text{ 为常数}).$$

这个性质的证明请读者自己完成.

性质 4 如果将积分区间分成无公共部分(除端点外)的两部分,则在整个区间上的定积分等于这两部分区间上定积分之和,即设 $a < c < b$,则
$$\int_a^b f(x) \mathrm{d}x = \int_a^c f(x) \mathrm{d}x + \int_c^b f(x) \mathrm{d}x.$$

证 因为函数 $f(x)$ 在 $[a,b]$ 上可积,因此 $\int_a^b f(x) \mathrm{d}x$ 与区间 $[a,b]$ 上的分点的

取法无关. 故总可将点 c 取为其中一个分点. 不妨设 $x_k = c$, 即
$$a = x_0 < x_1 < x_2 < \cdots < x_{k-1} < x_k = c < x_{k+1} < \cdots < x_n = b.$$
则
$$\sum_{i=1}^{n} f(\xi_i) \Delta x_i = \sum_{i=1}^{k} f(\xi_i) \Delta x_i + \sum_{i=k+1}^{n} f(\xi_i) \Delta x_i.$$
当 $\lambda = \max\{\Delta x_1, \Delta x_2, \cdots, \Delta x_n\} \to 0$ 时, 上式两端同时取极限, 即得
$$\int_a^b f(x) \mathrm{d}x = \int_a^c f(x) \mathrm{d}x + \int_c^b f(x) \mathrm{d}x.$$
这个性质表明定积分对积分区间具有可加性.

事实上, 不论 a、b、c 的相对位置如何, 只要式中出现的积分都存在, 则该式总成立. 例如, 当 $a < b < c$ 时, 由于
$$\int_a^c f(x) \mathrm{d}x = \int_a^b f(x) \mathrm{d}x + \int_b^c f(x) \mathrm{d}x.$$
所以
$$\int_a^b f(x) \mathrm{d}x = \int_a^c f(x) \mathrm{d}x - \int_b^c f(x) \mathrm{d}x = \int_a^c f(x) \mathrm{d}x + \int_c^b f(x) \mathrm{d}x.$$

性质 5 设在区间 $[a,b]$ 上, $f(x) \geqslant 0$, 则
$$\int_a^b f(x) \mathrm{d}x \geqslant 0 \quad (a < b).$$

证 因为 $f(x) \geqslant 0$, 所以
$$f(\xi_i) \geqslant 0 \quad (i = 1, 2, \cdots, n),$$
而 $\Delta x_i \geqslant 0$. 因此
$$\sum_{i=1}^{n} f(\xi_i) \Delta x_i \geqslant 0.$$
从而由极限的保号性得
$$\int_a^b f(x) \mathrm{d}x = \lim_{\lambda \to 0} \sum_{i=1}^{n} f(\xi_i) \Delta x_i \geqslant 0.$$

推论 1 如果在区间 $[a,b]$ 上, $f(x) \leqslant g(x)$, 则
$$\int_a^b f(x) \mathrm{d}x \leqslant \int_a^b g(x) \mathrm{d}x \quad (a < b).$$

证 因为 $g(x) - f(x) \geqslant 0$, 由性质 5 得
$$\int_a^b [g(x) - f(x)] \mathrm{d}x \geqslant 0.$$
再利用性质 2, 便得到要证的不等式.

推论 2 $\left| \int_a^b f(x) \mathrm{d}x \right| \leqslant \int_a^b |f(x)| \mathrm{d}x \quad (a < b).$

证 因为 $-|f(x)| \leqslant f(x) \leqslant |f(x)|$，所以由推论 1 可得

$$-\int_a^b |f(x)|\,dx \leqslant \int_a^b f(x)\,dx \leqslant \int_a^b |f(x)|\,dx.$$

从而

$$\left|\int_a^b f(x)\,dx\right| \leqslant \int_a^b |f(x)|\,dx.$$

在性质 5 和推论 1 中，若被积函数连续，且条件中不等式"$\leqslant$"有不相等的点，则最后结果不含等式，即成立"$<$"。详见本节习题(B)的第 2 题。

性质 6 设函数 $f(x)$ 在区间 $[a,b]$ 上的最大值为 M，最小值为 m，则

$$m(b-a) \leqslant \int_a^b f(x)\,dx \leqslant M(b-a) \quad (a<b).$$

容易证明上述不等式，请读者自行完成。

利用上述性质，可以对定积分的数值加以估计。

例 3 估计下列积分值：

(1) $\int_{\frac{1}{2}}^1 x^4\,dx$；   (2) $\int_0^2 e^{x-x^2}\,dx.$

解 (1) $f(x)=x^4$ 在 $\left[\dfrac{1}{2},1\right]$ 上的最大值 $M=1$，最小值 $m=\dfrac{1}{16}$。故

$$\frac{1}{16}\left(1-\frac{1}{2}\right) \leqslant \int_{\frac{1}{2}}^1 x^4\,dx \leqslant 1 \cdot \left(1-\frac{1}{2}\right).$$

即

$$\frac{1}{32} \leqslant \int_{\frac{1}{2}}^1 x^4\,dx \leqslant \frac{1}{2}.$$

(2) 令 $f(x)=e^{x-x^2}$，则由 $f'(x)=e^{x-x^2}(1-2x)=0$，得 $x=\dfrac{1}{2}$。而

$$f(0)=1,\quad f\left(\frac{1}{2}\right)=e^{\frac{1}{4}},\quad f(2)=e^{-2}=\frac{1}{e^2}.$$

故 $f(x)$ 在 $[0,2]$ 上的最大值 $M=e^{\frac{1}{4}}$，最小值 $m=\dfrac{1}{e^2}$，于是

$$\frac{2}{e^2} \leqslant \int_0^2 e^{x-x^2}\,dx \leqslant 2e^{\frac{1}{4}}.$$

例 4 比较下列各组积分值的大小。

(1) $\int_0^1 x^2\,dx$ 与 $\int_0^1 x^3\,dx$；   (2) $\int_0^{\frac{\pi}{2}} \cos x\,dx$ 与 $\int_0^{\frac{\pi}{2}}\left(1-\dfrac{x^2}{2}\right)dx.$

解 (1) 当 $x\in[0,1]$ 时，$x^2 \geqslant x^3$，且等式只在 $x=0$ 与 $x=1$ 处成立，所以

$$\int_0^1 x^2 \mathrm{d}x > \int_0^1 x^3 \mathrm{d}x.$$

(2) 设 $f(x) = \cos x - \left(1 - \dfrac{x^2}{2}\right)$，则 $f'(x) = x - \sin x$，$f''(x) = 1 - \cos x \geqslant 0$. 所以当 $x \in \left[0, \dfrac{\pi}{2}\right]$ 时，$f'(x) \geqslant f'(0) = 0$，从而 $f(x) \geqslant f(0) = 0$，因此

$$\cos x \geqslant 1 - \dfrac{x^2}{2} \quad \left(x \in \left[0, \dfrac{\pi}{2}\right]\right).$$

上式等式只有在 $x = 0$ 处成立，所以

$$\int_0^{\frac{\pi}{2}} \cos x \mathrm{d}x > \int_0^{\frac{\pi}{2}} \left(1 - \dfrac{x^2}{2}\right) \mathrm{d}x.$$

性质 7(积分中值定理) 如果函数 $f(x)$ 在闭区间 $[a,b]$ 上连续，则在积分区间 $[a,b]$ 上至少存在一点 ξ，使下式成立

$$\int_a^b f(x) \mathrm{d}x = f(\xi)(b-a) \quad (a \leqslant \xi \leqslant b).$$

这个公式叫做**积分中值公式**.

证 因为 $f(x)$ 在 $[a,b]$ 上的连续，所以一定存在最大值 M 和最小值 m，由性质 6 知，

$$m \leqslant \dfrac{1}{b-a} \int_a^b f(x) \mathrm{d}x \leqslant M.$$

这表明数值 $\dfrac{1}{b-a} \int_a^b f(x) \mathrm{d}x$ 介于 $f(x)$ 在 $[a,b]$ 上的最大值 M 与最小值 m 之间，根据闭区间上连续函数的介值定理，在 $[a,b]$ 上至少存在一点 ξ，使下式成立

$$f(\xi) = \dfrac{1}{b-a} \int_a^b f(x) \mathrm{d}x.$$

即

$$\int_a^b f(x) \mathrm{d}x = f(\xi)(b-a) \quad (a \leqslant \xi \leqslant b).$$

积分中值公式的几何意义是：以区间 $[a,b]$ 为底边，以连续曲线 $y = f(x)$ 为曲边的曲边梯形的面积等于底为 $b-a$，高为 $f(\xi)$ 的矩形的面积(如图 5.6). 从几何角度看，$f(\xi)$ 也反映了曲边梯形在 $[a,b]$ 上的平均高度，亦即函数 $f(x)$ 在区间 $[a,b]$ 上的平均值，所以我们把比值

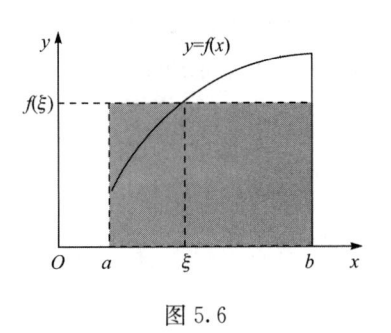

图 5.6

$$\frac{\int_a^b f(x)\mathrm{d}x}{b-a}$$

称为函数 $f(x)$ 在 $[a,b]$ 上的平均值.

函数的平均值在实际生活中有着广泛的应用.例如,已知某地某日自 0 时到 24 时的温度曲线为 $T=f(t)$,其中 t 表示时间,T 表示温度,则平均值

$$\bar{T}=\frac{1}{24}\int_0^{24}f(t)\mathrm{d}t$$

表示该地该日的平均温度.

习 题 5.1

(A)

1. 利用定积分定义计算下列积分：

    (1) $\int_0^2 x\mathrm{d}x$；　　　　　　(2) $\int_0^1 \mathrm{e}^x\mathrm{d}x$.

2. 利用定积分的几何意义,计算下列积分：

    (1) $\int_0^1 x\mathrm{d}x$；　　(2) $\int_0^a \sqrt{a^2-x^2}\mathrm{d}x$；　　(3) $\int_0^\pi \cos x\mathrm{d}x$.

3. 比较下列每组积分值的大小：

    (1) $\int_1^2 x^2\mathrm{d}x$ 与 $\int_1^2 x^3\mathrm{d}x$；(2) $\int_1^2 \ln x\mathrm{d}x$ 与 $\int_1^2 (\ln x)^2\mathrm{d}x$.

4. 估计下列定积分的值：

    (1) $\int_1^2 (x^2+1)\mathrm{d}x$；　　(2) $\int_1^2 \frac{1}{x}\mathrm{d}x$；　　(3) $\int_{-3}^0 (x^2+2x)\mathrm{d}x$.

5. 证明不等式：$3\mathrm{e}^{-4}<\int_{-1}^2 \mathrm{e}^{-x^2}\mathrm{d}x<3$.

(B)

1. 比较下列每组积分值的大小：

    (1) $\int_0^1 \mathrm{e}^x\mathrm{d}x$ 与 $\int_0^1 (1+x)\mathrm{d}x$；　　(2) $\int_0^1 \ln(1+x)\mathrm{d}x$ 与 $\int_0^1 x\mathrm{d}x$.

2. 设 $f(x)$ 及 $g(x)$ 在 $[a,b]$ 上连续,证明：

    (1) 若在 $[a,b]$ 上,$f(x)\geqslant 0$,且 $\int_a^b f(x)\mathrm{d}x=0$,则在 $[a,b]$ 上,$f(x)\equiv 0$；

    (2) 若在 $[a,b]$ 上,$f(x)\geqslant 0$,且 $f(x)\not\equiv 0$,则 $\int_a^b f(x)\mathrm{d}x>0$；

    (3) 若在 $[a,b]$ 上,$f(x)\leqslant g(x)$,且 $f(x)\not\equiv g(x)$,则 $\int_a^b f(x)\mathrm{d}x<\int_a^b g(x)\mathrm{d}x$.

5.2　微积分基本公式

本节将要讨论微积分学中的核心问题——寻找计算定积分的简便方法,并给

出微积分学的一个最重要结果:牛顿-莱布尼茨定理.

微分学产生于变化率问题,而积分学产生于曲边梯形面积的计算问题,从问题的背景和研究的方法看,两者没有必然的联系.然而事实上,微分学和积分学有着密切的联系.牛顿和莱布尼茨在 17 世纪中叶,各自独立地发现了微分与积分之间的联系,并且通过这一发现,找到了计算定积分的简便方法.

一、变速直线运动中位移函数与速度函数之间的联系

设质点沿一直线运动,在时间 t 时,其位移函数为 $s(t)$,速度函数为 $v(t)$,则在时间段 $[T_1, T_2]$ 内,由定积分定义知质点经过的路程为

$$s = \int_{T_1}^{T_2} v(t) \mathrm{d}t.$$

另一方面,s 也可用位移函数 $s(t)$ 的增量 $s = s(T_2) - s(T_1)$ 来表示,从而有关系式

$$\int_{T_1}^{T_2} v(t) \mathrm{d}t = s(T_2) - s(T_1). \tag{5.4}$$

也就是说,定积分 $\int_{T_1}^{T_2} v(t) \mathrm{d}t$ 的值可由函数 $s(t)$ 在 $t = T_2$ 的值与 $t = T_1$ 的值之差得到.由于 $s'(t) = v(t)$,即位移函数 $s(t)$ 是速度函数 $v(t)$ 的原函数,所以(5.4)式表示,速度函数 $v(t)$ 在区间 $[T_1, T_2]$ 上的定积分等于 $v(t)$ 的原函数 $s(t)$ 在区间 $[T_1, T_2]$ 上的增量 $s(T_2) - s(T_1)$.

上述从变速直线运动的路程这个特殊问题得出的结论在一定条件下具有普遍性.事实上,我们将在后面证明:如果函数 $f(x)$ 在 $[a,b]$ 上连续,$F(x)$ 为 $f(x)$ 在区间 $[a,b]$ 上的一个原函数,那么有

$$\int_a^b f(x) \mathrm{d}x = F(b) - F(a). \tag{5.5}$$

然而,一个函数的原函数是否存在呢? 为了解决这个问题,我们首先讨论变上限函数.

二、变上限函数及其导数

为了证明(5.5)式,我们构造一个函数.设函数 $f(x)$ 在区间 $[a,b]$ 上连续,则对任意的 $x \in [a,b]$,函数 $f(x)$ 在 $[a,x]$ 上可积,引入以积分形式表示的函数:

$$\Phi(x) = \int_a^x f(t) \mathrm{d}t \quad (a \leqslant x \leqslant b).$$

我们称函数 $\Phi(x)$ 为**变上限函数**(或积分上限函数).

微积分基本公式

变上限函数具有下面重要性质：

> **定理 1** 如果函数 $f(x)$ 在区间 $[a,b]$ 上连续，则变上限函数
> $$\Phi(x) = \int_a^x f(t)dt$$
> 在 $[a,b]$ 上可导，并且它的导数是
> $$\Phi'(x) = \frac{d}{dx}\int_a^x f(t)dt = f(x) \quad (a \leqslant x \leqslant b).$$

证 $\forall x \in [a,b]$ 有增量 $\Delta x(x+\Delta x \in [a,b])$，函数 $\Phi(x)$ 的相应增量为
$$\Delta \Phi(x) = \Phi(x+\Delta x) - \Phi(x)$$
$$= \int_a^{x+\Delta x} f(t)dt - \int_a^x f(t)dt = \int_x^{x+\Delta x} f(t)dt.$$

如图 5.7 所示.

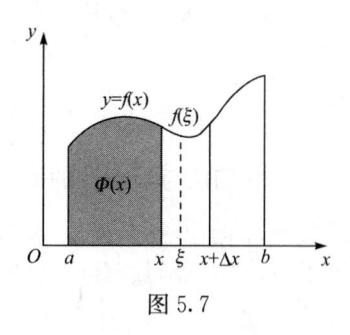

由积分中值定理有
$$\Delta \Phi(x) = \int_x^{x+\Delta x} f(t)dt$$
$$= f(\xi)\Delta x \quad (\text{其中 } \xi \text{ 介于 } x \text{ 与 } x+\Delta x \text{ 之间})$$

因为 $f(x)$ 在区间 $[a,b]$ 上连续，而当 $\Delta x \to 0$ 时，$\xi \to x$，所以，$\lim\limits_{\Delta x \to 0} f(\xi) = f(x)$，

图 5.7

于是
$$\lim_{\Delta x \to 0}\frac{\Delta \Phi}{\Delta x} = \lim_{\Delta x \to 0}\frac{f(\xi)\Delta x}{\Delta x} = \lim_{\xi \to x} f(\xi) = f(x),$$
即 $\Phi'(x) = f(x)$.

类似地，我们可以定义变下限函数和变限函数及其它们的一般形式.

一般形如 $\int_a^{\varphi(x)} f(t)dt, \int_{\psi(x)}^b f(t)dt$ 及 $\int_{\psi(x)}^{\varphi(x)} f(t)dt$ 的函数，统称为**变限函数**，其导数有如下公式（读者自己证明）：

$$\frac{d}{dx}\int_a^{\varphi(x)} f(t)dt = f[\varphi(x)]\varphi'(x),$$

$$\frac{d}{dx}\int_{\psi(x)}^b f(t)dt = -f[\psi(x)]\psi'(x),$$

$$\frac{d}{dx}\int_{\psi(x)}^{\varphi(x)} f(t)dt = f[\varphi(x)]\varphi'(x) - f[\psi(x)]\psi'(x).$$

下面举几个关于变限函数的例子.

例 1 设 $\Phi(x) = \int_0^x e^{t^2} dt$，求 $\Phi'(0)$.

解 因为 $\Phi'(x) = e^{x^2}$,所以 $\Phi'(0) = e^0 = 1$.

例 2 设 $f(x) = \int_0^{x^2} \sin t^2 dt$,求 $f'(x)$.

解 $f'(x) = \sin(x^2)^2 \cdot (x^2)' = 2x\sin x^4$.

例 3 设 $f(x) = \int_{\ln x}^{2} \dfrac{\sin t}{t} dt$,求 $f'(x)$.

解 $f'(x) = -\dfrac{\sin\ln x}{\ln x} \cdot (\ln x)' = -\dfrac{\sin\ln x}{x\ln x}$.

例 4 设 $f(x) = \int_{x^2}^{x^3} \dfrac{1}{\sqrt{1+t^2}} dt$,求 $f'(x)$.

解 $f'(x) = \dfrac{1}{\sqrt{1+(x^3)^2}}(x^3)' - \dfrac{1}{\sqrt{1+(x^2)^2}}(x^2)' = \dfrac{3x^2}{\sqrt{1+x^6}} - \dfrac{2x}{\sqrt{1+x^4}}$.

例 5 求 $\lim\limits_{x \to 0} \dfrac{\int_{\cos x}^{1} e^{-t^2} dt}{x^2}$.

解 易知这是一个 "$\dfrac{0}{0}$" 型的未定型,利用洛必达法则来计算.

由于

$$\dfrac{d}{dx}\int_{\cos x}^{1} e^{-t^2} dt = -e^{-\cos^2 x} \cdot (\cos x)' = \sin x \cdot e^{-\cos^2 x},$$

所以

$$\lim_{x \to 0} \dfrac{\int_{\cos x}^{1} e^{-t^2} dt}{x^2} = \lim_{x \to 0} \dfrac{\sin x \cdot e^{-\cos^2 x}}{2x} = \dfrac{1}{2e}.$$

例 6 设 $f(x)$ 在 $[0, +\infty)$ 内连续,且 $f(x) > 0$,证明函数 $F(x) = \dfrac{\int_0^x tf(t) dt}{\int_0^x f(t) dt}$ 在 $(0, +\infty)$ 内为单调增加函数.

证 用导数的方法来判定单调性:

$$F'(x) = \dfrac{xf(x)\int_0^x f(t)dt - f(x)\int_0^x tf(t)dt}{\left[\int_0^x f(t)dt\right]^2} = \dfrac{f(x)\int_0^x (x-t)f(t)dt}{\left[\int_0^x f(t)dt\right]^2}.$$

由已知,在$[0,+\infty)$内,$f(x)>0$,故在$[0,x]$上,$f(t)>0$,从而$(x-t)f(x)\geqslant 0$且$(x-t)f(x)$不恒为 0,因此
$$\int_0^x (x-t)f(t)\mathrm{d}t > 0.$$

所以 $F'(x)>0$,从而 $F(x)$ 在 $(0,+\infty)$ 内为单调增加函数.

定理 1 给出了一个重要结论:$\Phi(x)$ 是连续函数 $f(x)$ 的一个原函数,从而得出下面的原函数存在定理:

定理 2 如果函数 $f(x)$ 在 $[a,b]$ 上连续,则函数
$$\Phi(x) = \int_a^x f(t)\mathrm{d}t$$
是 $f(x)$ 在 $[a,b]$ 上的一个原函数.

从 $\Phi(x)$ 的定义可知,
$$\Phi(b) = \int_a^b f(t)\mathrm{d}t = \int_a^b f(x)\mathrm{d}x, \quad \Phi(a) = \int_a^a f(t)\mathrm{d}t = 0.$$

从而
$$\int_a^b f(x)\mathrm{d}x = \Phi(b) - \Phi(a).$$

其中 $\Phi(x)$ 为 $f(x)$ 的一个原函数.因此,只需把 $\Phi(x)$ 换成任一原函数,就得到下面的微积分基本公式.

三、牛顿-莱布尼茨公式

定理 3 如果函数 $F(x)$ 是连续函数 $f(x)$ 在区间 $[a,b]$ 上的一个原函数,则
$$\int_a^b f(x)\mathrm{d}x = F(b) - F(a). \tag{5.6}$$

证 由定理 2 知,$\Phi(x)$ 是 $f(x)$ 的一个原函数,而 $F(x)$ 也是 $f(x)$ 的一个原函数,故
$$\Phi'(x) = F'(x) = f(x).$$

从而
$$[F(x) - \Phi(x)]' = F'(x) - \Phi'(x) = 0.$$

由 3.1 节拉格朗日中值定理的推论可知
$$F(x) - \Phi(x) \equiv C \quad (C\ \text{为常数}).$$

从而
$$F(b) - F(a) = [\Phi(b) + C] - [\Phi(a) + C]$$

$$= \Phi(b) - \Phi(a) = \int_a^b f(x)dx.$$

至此,公式(5.6)成立.

由定积分的补充规定,(5.6)式对于 $a>b$ 时也成立.

为了纪念牛顿和莱布尼茨在微积分发展中的重大贡献,我们通常把公式(5.6)叫做**牛顿-莱布尼茨公式**. 由于这个公式的重要性,我们又把公式(5.6)叫做**微积分基本公式**. 这个公式的重大意义在于,它揭示了微分与积分之间的内在联系,从而找到了计算定积分的一个有效而简便的方法.

为了方便起见,我们通常把 $F(b)-F(a)$ 记为 $[F(x)]_a^b$ 或 $F(x)|_a^b$.

例 7 计算 5.1 节例 2 中的定积分 $\int_0^1 x^2 dx$.

解 由于 $\dfrac{x^3}{3}$ 是 x^2 的一个原函数,所以按牛顿-莱布尼茨公式计算

$$\int_0^1 x^2 dx = \left[\frac{x^3}{3}\right]_0^1 = \frac{1^3}{3} - \frac{0^3}{3} = \frac{1}{3}.$$

例 8 计算 $\int_0^1 e^x dx$.

解 由于 e^x 是 e^x 的一个原函数,所以

$$\int_0^1 e^x dx = [e^x]_0^1 = e^1 - e^0 = e - 1.$$

例 9 计算 $\int_2^4 \dfrac{dx}{x}$.

解 因为当 $x>0$ 时,$(\ln x)' = \dfrac{1}{x}$,所以

$$\int_2^4 \frac{dx}{x} = [\ln x]_2^4 = \ln 4 - \ln 2 = \ln 2.$$

例 10 计算正弦曲线 $y = \sin x$ 在 $[0, \pi]$ 上与 x 轴所围成的平面图形的面积(如图 5.8).

解 这个图形是曲边梯形的一个特例,由定积分的几何意义知,它的面积

$$A = \int_0^\pi \sin x dx = [-\cos x]_0^\pi$$
$$= -(\cos \pi - \cos 0) = 2.$$

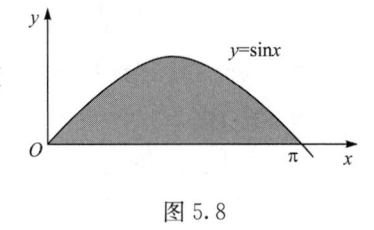

图 5.8

例 11 汽车以每小时 36km 的速度行驶,到某处需要减速停车,设汽车以等加速度 $a = -2 \text{m/s}^2$ 刹车,问从开始刹车到停止,汽车行驶过的距离.

解 设开始刹车时,时间 $t=0$,此时汽车的速度

$$v_0 = 36\text{km/h} = \frac{36 \times 1000}{3600}\text{m/s} = 10\text{m/s},$$

刹车后汽车减速行驶，其速度为

$$v(t) = v_0 + at = 10 - 2t.$$

当汽车停止时，速度 $v(t) = 0$，故

$$v(t) = 10 - 2t = 0.$$

解得汽车刹车到停止所用时间 $t = 5(\text{s})$. 于是在这段时间内，汽车所走过的距离为

$$s = \int_0^5 v(t)\mathrm{d}t = \int_0^5 (10 - 2t)\mathrm{d}t = \left[10t - t^2\right]_0^5 = 25(\text{m}).$$

习　题　5.2

(A)

1. 求下列定积分：

    (1) $\int_1^2 \left(x^2 + \frac{1}{x^2}\right)\mathrm{d}x$;　　(2) $\int_4^9 \sqrt{x}(1 + \sqrt{x})\mathrm{d}x$;　　(3) $\int_8^9 2^x \mathrm{d}x$;

    (4) $\int_0^{\sqrt{3}} \frac{\mathrm{d}x}{1+x^2}$;　　(5) $\int_0^{\frac{\pi}{2}} \frac{\cos 2x}{\cos x - \sin x}\mathrm{d}x$;　　(6) $\int_0^{2\pi} |\sin x| \mathrm{d}x$.

2. 计算下列函数的导数 $\frac{\mathrm{d}y}{\mathrm{d}x}$：

    (1) $y = \int_0^x \sqrt{1+2t}\,\mathrm{d}t$;　　(2) $y = \int_0^{x^2} \sqrt{1+t^3}\,\mathrm{d}t$;　　(3) $y = \int_x^2 \cos t^2 \,\mathrm{d}t$;

    (4) $y = \int_{\frac{1}{x^2}}^0 \sin^3 t \,\mathrm{d}t$;　　(5) $y = \int_{2x}^{3x} \frac{t^2 - 1}{t^2 + 1}\mathrm{d}t$;　　(6) $y = \int_{x^2}^{x^3} \frac{\mathrm{d}t}{\sqrt{1+t^4}}$.

3. 设 $\begin{cases} x = \int_0^t \mathrm{e}^{u^2}\,\mathrm{d}u, \\ y = \int_0^t \mathrm{e}^{-u^2}\,\mathrm{d}u, \end{cases}$ 求 $\frac{\mathrm{d}y}{\mathrm{d}x}$.

4. 如果 $F(x) = \int_0^x f(t)\mathrm{d}t, f(t) = \int_1^{t^2} \frac{\sqrt{1+u^4}}{u}\mathrm{d}u$，求 $F''(2)$.

5. 当 x 为何值时，函数 $I(x) = \int_0^x t^3 \mathrm{e}^{-t^2}\,\mathrm{d}t$ 有极值？

6. 求下列极限：

    (1) $\lim_{x \to 0} \frac{\int_0^x \cos t^2 \,\mathrm{d}t}{x}$;　　(2) $\lim_{x \to 0} \frac{\left[\int_0^x \mathrm{e}^{t^2}\,\mathrm{d}t\right]^2}{\int_0^x t\mathrm{e}^{2t^2}\,\mathrm{d}t}$.

7. 设 $k \in \mathbf{N}_+$，试证明下列各题：

    (1) $\int_{-\pi}^{\pi} \cos kx \,\mathrm{d}x = 0$;　　(2) $\int_{-\pi}^{\pi} \sin kx \,\mathrm{d}x = 0$;

    (3) $\int_{-\pi}^{\pi} \cos^2 kx \,\mathrm{d}x = 0$;　　(4) $\int_{-\pi}^{\pi} \sin^2 kx \,\mathrm{d}x = 0$.

8. 设 $k,l \in \mathbf{N}_+$，且 $k \neq l$，试证明下列各题：

(1) $\int_{-\pi}^{\pi} \cos kx \sin lx \, dx = 0$；　　(2) $\int_{-\pi}^{\pi} \cos kx \cos lx \, dx = 0$；

(3) $\int_{-\pi}^{\pi} \sin kx \sin lx \, dx = 0$.

(B)

1. 求由 $\int_0^y t e^t \, dt + \int_0^x \cos^2 t \, dt = 0$ 所确定的隐函数 $y = y(x)$ 对 x 的导数 $\dfrac{dy}{dx}$.

2. 设 $f(x) = \begin{cases} x^2, & x \in [0,1], \\ x, & x \in (1,2], \end{cases}$ 求 $\Phi(x) = \int_0^x f(t) \, dt$ 在 $[0,2]$ 上的表达式.

3. 设 $f(x)$ 在 $[a,b]$ 上连续，在 (a,b) 内可导，且 $f'(x) \leqslant 0$，

$$F(x) = \frac{1}{x-a} \int_a^x f(t) \, dt.$$

证明在 (a,b) 内恒有 $F'(x) \leqslant 0$.

5.3　定积分的换元法和分部积分法

由牛顿-莱布尼茨公式知道，计算定积分 $\int_a^b f(x) \, dx$ 的简便方法是把它转换为求 $f(x)$ 的原函数的增量. 只要解决了求原函数的问题，定积分的计算也就解决了. 而求原函数等同于求不定积分，因此，对应于求不定积分的两种基本方法：换元法和分部积分法，我们相应地可得到计算定积分的换元法和分部积分法.

一、定积分的第一类换元法

在不定积分里，第一类换元法公式为

$$\int f[\varphi(x)] \varphi'(x) \, dx = \int f[\varphi(x)] \, d[\varphi(x)] = F[\varphi(x)] + C.$$

其中 $F(u)$ 是 $f(u)$ 的原函数.

相应地，我们只要把定积分的上、下限代入，便得到了定积分的第一类换元法公式

$$\int_a^b f[\varphi(x)] \varphi'(x) \, dx = \int_a^b f[\varphi(x)] \, d[\varphi(x)] = F[\varphi(x)] \Big|_a^b.$$

例 1　求 $\int_0^1 x e^{x^2} \, dx$.

解　$\int_0^1 x e^{x^2} \, dx = \dfrac{1}{2} \int_0^1 e^{x^2} \, d(x^2) = \left[\dfrac{1}{2} e^{x^2} \right]_0^1 = \dfrac{1}{2}(e - 1)$.

例 2 求 $\int_0^1 x\sqrt{1-x^2}\,dx$.

解 $\int_0^1 x\sqrt{1-x^2}\,dx = -\frac{1}{2}\int_0^1 \sqrt{1-x^2}\,d(1-x^2) = \left[-\frac{1}{3}(1-x^2)^{\frac{3}{2}}\right]_0^1 = \frac{1}{3}.$

例 3 计算 $\int_0^\pi \sqrt{\sin^3 x - \sin^5 x}\,dx$.

解 由于 $\sqrt{\sin^3 x - \sin^5 x} = \sqrt{\sin^3 x(1-\sin^2 x)} = \sin^{\frac{3}{2}}x \cdot |\cos x|$, 在 $\left[0, \frac{\pi}{2}\right]$ 上 $|\cos x| = \cos x$, 而在 $\left[\frac{\pi}{2}, \pi\right]$ 上, $|\cos x| = -\cos x$, 所以

$$\int_0^\pi \sqrt{\sin^3 x - \sin^5 x}\,dx = \int_0^{\frac{\pi}{2}} \sin^{\frac{3}{2}} x \cos x\,dx + \int_{\frac{\pi}{2}}^\pi \sin^{\frac{3}{2}} x(-\cos x)\,dx$$

$$= \int_0^{\frac{\pi}{2}} \sin^{\frac{3}{2}} x\,d\sin x - \int_{\frac{\pi}{2}}^\pi \sin^{\frac{3}{2}} x\,d\sin x$$

$$= \left[\frac{2}{5}\sin^{\frac{5}{2}} x\right]_0^{\frac{\pi}{2}} - \left[\frac{2}{5}\sin^{\frac{5}{2}} x\right]_{\frac{\pi}{2}}^\pi$$

$$= \frac{2}{5} - \left(-\frac{2}{5}\right) = \frac{4}{5}.$$

注意 如果忽略 $\cos x$ 的函数值在 $\left[\frac{\pi}{2}, \pi\right]$ 上为负, 而按 $\sqrt{\sin^3 x - \sin^5 x} = \sin^{\frac{3}{2}} x \cos x$ 计算, 将导致错误.

二、定积分的第二类换元法

对于第二类换元法, 由于积分过程中积分变量发生了变化, 从而导致了积分限也要做相应的变化, 具体方法由下面的定理给出.

定理 假设函数 $f(x)$ 在区间 $[a,b]$ 上连续, 函数 $x = \varphi(t)$ 满足条件:
(1) $\varphi(\alpha) = a, \varphi(\beta) = b$;
(2) $\varphi(t)$ 在区间 $[\alpha, \beta]$(或 $[\beta, \alpha]$)上具有连续导数且对应的函数值 $\varphi(t) \in [a, b]$, 则有

$$\int_a^b f(x)\,dx = \int_\alpha^\beta f[\varphi(t)]\varphi'(t)\,dt. \tag{5.7}$$

证 由假设可知, 函数 $f(x)$ 和 $f[\varphi(t)]\varphi'(t)$ 在它们各自的积分区间上都是连续的, 因此它们的原函数均存在, 故 (5.7) 式中的两个积分都是存在的. 现设 $F(x)$

是函数 $f(x)$ 在 $[a,b]$ 上的原函数,则由牛顿-莱布尼茨公式得

$$\int_a^b f(x)\mathrm{d}x = F(b)-F(a).$$

另一方面,由 $F(x)$ 与 $x=\varphi(t)$ 复合得到的函数记为 $G(t)=F[\varphi(t)]$,它满足

$$G'(t)=F'[\varphi(t)]\varphi'(t)=f[\varphi(t)]\varphi'(t).$$

这表示函数 $G(t)$ 是 $f[\varphi(t)]\varphi'(t)$ 的一个原函数,因此有

$$\int_\alpha^\beta f[\varphi(t)]\varphi'(t)\mathrm{d}t = G(\beta)-G(\alpha).$$

又由 $G(t)=F[\varphi(t)]$ 及 $\varphi(\alpha)=a,\varphi(\beta)=b$ 可知

$$G(\beta)-G(\alpha)=F[\varphi(\beta)]-F[\varphi(\alpha)]=F(b)-F(a).$$

所以

$$\int_a^b f(x)\mathrm{d}x = \int_\alpha^\beta f[\varphi(t)]\varphi'(t)\mathrm{d}t.$$

应用第二类换元法公式时,有两点值得注意:

1. 用 $x=\varphi(t)$ 把原来变量 x 代换成新变量 t 时,积分限也要换成相应的新变量 t 的积分限,并且新旧变量的积分限要保持一致(上限对应上限、下限对应下限).

2. 求出 $f[\varphi(t)]\varphi'(t)$ 的一个原函数 $G(t)$ 后,不必如计算不定积分那样再把 $G(t)$ 变换成原来变量 x 的函数,而只要把新变量 t 的上、下限分别代入 $G(t)$ 中,然后相减就行了.

例 4 计算 $\int_0^1 \dfrac{\mathrm{d}x}{1+\sqrt{1-x}}$.

解 设 $\sqrt{1-x}=t$,则 $x=1-t^2$,$\mathrm{d}x=-2t\mathrm{d}t$,当 $x=0$ 时,$t=1$;当 $x=1$ 时,$t=0$,则

$$\int_0^1 \frac{\mathrm{d}x}{1+\sqrt{1-x}} = \int_1^0 \frac{-2t}{1+t}\mathrm{d}t = 2\int_0^1 \frac{t}{1+t}\mathrm{d}t = 2\int_0^1 \left(1-\frac{1}{1+t}\right)\mathrm{d}t$$
$$= 2[t-\ln(1+t)]_0^1 = 2-2\ln 2.$$

例 5 计算 $\int_0^{\ln 2} \sqrt{\mathrm{e}^x-1}\,\mathrm{d}x$.

解 设 $\sqrt{\mathrm{e}^x-1}=t$,则 $x=\ln(t^2+1)$,$\mathrm{d}x=\dfrac{2t}{1+t^2}\mathrm{d}t$,当 $x=0$ 时,$t=0$;当 $x=\ln 2$ 时,$t=1$,则

$$\int_0^{\ln 2} \sqrt{\mathrm{e}^x-1}\,\mathrm{d}x = \int_0^1 t\cdot\frac{2t}{1+t^2}\mathrm{d}t = 2\int_0^1\left(1-\frac{1}{1+t^2}\right)\mathrm{d}t$$
$$= 2[t-\arctan t]_0^1 = 2\left(1-\frac{\pi}{4}\right).$$

例6 计算 $\int_0^a \sqrt{a^2-x^2}\,\mathrm{d}x$ $(a>0)$.

解 设 $x=a\sin t\left(0\leqslant t\leqslant\dfrac{\pi}{2}\right)$,则 $\mathrm{d}x=a\cos t\mathrm{d}t$.

当 $x=0$ 时,$t=0$;当 $x=a$ 时,$t=\dfrac{\pi}{2}$,则

$$\int_0^a \sqrt{a^2-x^2}\,\mathrm{d}x = \int_0^{\frac{\pi}{2}} \sqrt{a^2-a^2\sin^2 t}\cdot a\cos t\mathrm{d}t = a^2\int_0^{\frac{\pi}{2}} \cos^2 t\,\mathrm{d}t$$

$$= \frac{a^2}{2}\int_0^{\frac{\pi}{2}}(1+\cos 2t)\mathrm{d}t = \frac{a^2}{2}\left[t+\frac{1}{2}\sin 2t\right]_0^{\frac{\pi}{2}} = \frac{\pi a^2}{4}.$$

例7 证明:

(1) 若 $f(x)$ 在 $[-l,l]$ 上连续且为偶函数,则

$$\int_{-l}^{l} f(x)\mathrm{d}x = 2\int_0^l f(x)\mathrm{d}x;$$

(2) 若 $f(x)$ 在 $[-l,l]$ 上连续且为奇函数,则

$$\int_{-l}^{l} f(x)\mathrm{d}x = 0.$$

证 仅对(1)加以证明,(2)的证明留给读者完成.

利用定积分对区间的可加性有

$$\int_{-l}^{l} f(x)\mathrm{d}x = \int_{-l}^{0} f(x)\mathrm{d}x + \int_0^l f(x)\mathrm{d}x.$$

可见,要证明结论成立,只需证明

$$\int_{-l}^{0} f(x)\mathrm{d}x = \int_0^l f(x)\mathrm{d}x.$$

对积分 $\int_{-l}^{0} f(x)\mathrm{d}x$ 作变换 $x=-t$,则有

$$\int_{-l}^{0} f(x)\mathrm{d}x = \int_l^0 f(-t)\mathrm{d}(-t) = -\int_l^0 f(t)\mathrm{d}t$$

$$= \int_0^l f(t)\mathrm{d}t = \int_0^l f(x)\mathrm{d}x.$$

从而

$$\int_{-l}^{l} f(x)\mathrm{d}x = \int_{-l}^{0} f(x)\mathrm{d}x + \int_0^l f(x)\mathrm{d}x = 2\int_0^l f(x)\mathrm{d}x.$$

本例的几何意义如图 5.9、图 5.10 所示,其结果可以作为公式应用.

图 5.9　　　　　　　　　　图 5.10

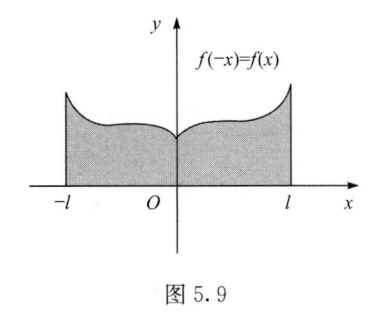

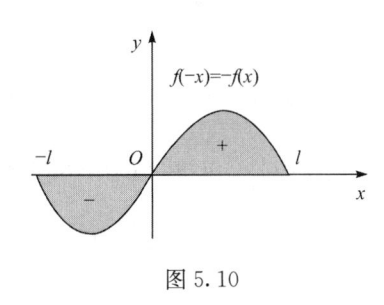

例 8　计算 $\int_{-\frac{\pi}{2}}^{\frac{\pi}{2}} (x^3+1)\sin^2 x \mathrm{d}x$.

解　$\int_{-\frac{\pi}{2}}^{\frac{\pi}{2}} (x^3+1)\sin^2 x \mathrm{d}x = \int_{-\frac{\pi}{2}}^{\frac{\pi}{2}} x^3 \sin^2 x \mathrm{d}x + \int_{-\frac{\pi}{2}}^{\frac{\pi}{2}} \sin^2 x \mathrm{d}x.$

由于 $x^3 \sin^2 x$ 在 $\left[-\dfrac{\pi}{2}, \dfrac{\pi}{2}\right]$ 上是奇函数,而 $\sin^2 x$ 在 $\left[-\dfrac{\pi}{2}, \dfrac{\pi}{2}\right]$ 上是偶函数,因此有

$$\int_{-\frac{\pi}{2}}^{\frac{\pi}{2}} (x^3+1)\sin^2 x \mathrm{d}x = 0, \quad \int_{-\frac{\pi}{2}}^{\frac{\pi}{2}} \sin^2 x \mathrm{d}x = 2\int_{0}^{\frac{\pi}{2}} \sin^2 x \mathrm{d}x.$$

从而

$$\int_{-\frac{\pi}{2}}^{\frac{\pi}{2}} (x^3+1)\sin^2 x \mathrm{d}x = 2\int_{0}^{\frac{\pi}{2}} \sin^2 x \mathrm{d}x = \int_{0}^{\frac{\pi}{2}} (1-\cos 2x) \mathrm{d}x$$

$$= \left[x - \frac{1}{2}\sin 2x\right]_{0}^{\frac{\pi}{2}} = \frac{\pi}{2}.$$

定积分的计算 方法 2

例 9　若 $f(x)$ 在 $[0,1]$ 上连续,证明:

(1) $\int_{0}^{\frac{\pi}{2}} f(\sin x) \mathrm{d}x = \int_{0}^{\frac{\pi}{2}} f(\cos x) \mathrm{d}x$;

(2) $\int_{0}^{\pi} x f(\sin x) \mathrm{d}x = \dfrac{\pi}{2} \int_{0}^{\pi} f(\sin x) \mathrm{d}x$,并由此计算 $\int_{0}^{\pi} \dfrac{x \sin x}{1+\cos^2 x} \mathrm{d}x.$

证　(1) 设 $x = \dfrac{\pi}{2} - t$,则 $\mathrm{d}x = -\mathrm{d}t$.

当 $x=0$ 时,$t=\dfrac{\pi}{2}$;当 $x=\dfrac{\pi}{2}$ 时,$t=0$,则

$$\int_{0}^{\frac{\pi}{2}} f(\sin x) \mathrm{d}x = -\int_{\frac{\pi}{2}}^{0} f\left[\sin\left(\frac{\pi}{2}-t\right)\right] \mathrm{d}t$$

$$= \int_{0}^{\frac{\pi}{2}} f(\cos t) \mathrm{d}t = \int_{0}^{\frac{\pi}{2}} f(\cos x) \mathrm{d}x.$$

(2) 设 $x=\pi-t$，则 $\mathrm{d}x=-\mathrm{d}t$.

当 $x=0$ 时，$t=\pi$；当 $x=\pi$ 时，$t=0$，则

$$\int_0^\pi xf(\sin x)\mathrm{d}x = -\int_\pi^0 (\pi-t)f[\sin(\pi-t)]\mathrm{d}t = \int_0^\pi (\pi-t)f(\sin t)\mathrm{d}t$$

$$= \pi\int_0^\pi f(\sin t)\mathrm{d}t - \int_0^\pi tf(\sin t)\mathrm{d}t$$

$$= \pi\int_0^\pi f(\sin x)\mathrm{d}x - \int_0^\pi xf(\sin x)\mathrm{d}x.$$

所以

$$\int_0^\pi xf(\sin x)\mathrm{d}x = \frac{\pi}{2}\int_0^\pi f(\sin x)\mathrm{d}x.$$

利用上述结论，即得

$$\int_0^\pi \frac{x\sin x}{1+\cos^2 x}\mathrm{d}x = \int_0^\pi \frac{x\sin x}{1+1-\sin^2 x}\mathrm{d}x = \frac{\pi}{2}\int_0^\pi \frac{\sin x}{1+1-\sin^2 x}\mathrm{d}x$$

$$= \frac{\pi}{2}\int_0^\pi \frac{\sin x}{1+\cos^2 x}\mathrm{d}x = -\frac{\pi}{2}\int_0^\pi \frac{\mathrm{d}(\cos x)}{1+\cos^2 x}$$

$$= -\frac{\pi}{2}[\arctan(\cos x)]_0^\pi = -\frac{\pi}{2}\left(-\frac{\pi}{4} - \frac{\pi}{4}\right) = \frac{\pi^2}{4}.$$

三、定积分的分部积分

在不定积分里，分部积分法公式为

$$\int uv'\mathrm{d}x = uv - \int vu'\mathrm{d}x$$

或

$$\int u\mathrm{d}v = uv - \int v\mathrm{d}u.$$

相应地，我们只要把定积分的上、下限代入，便得到了定积分的分部积分法公式

$$\int_a^b uv'\mathrm{d}x = [uv]_a^b - \int_a^b vu'\mathrm{d}x$$

或

$$\int_a^b u\mathrm{d}v = [uv]_a^b - \int_a^b v\mathrm{d}u.$$

例 10 计算 $\int_0^1 x\ln(1+x)\mathrm{d}x$.

解 $\int_0^1 x\ln(1+x)\mathrm{d}x = \frac{1}{2}\int_0^1 \ln(1+x)\mathrm{d}(x^2)$

$$= \left[\frac{x^2}{2}\ln(1+x)\right]_0^1 - \frac{1}{2}\int_0^1 x^2 \mathrm{d}[\ln(1+x)]$$

$$= \frac{1}{2}\ln 2 - \frac{1}{2}\int_0^1 \frac{x^2}{1+x}\mathrm{d}x$$

$$= \frac{1}{2}\ln 2 - \frac{1}{2}\int_0^1 \frac{x^2-1+1}{1+x}\mathrm{d}x$$

$$= \frac{1}{2}\ln 2 - \frac{1}{2}\int_0^1 \left(x-1+\frac{1}{1+x}\right)\mathrm{d}x$$

$$= \frac{1}{2}\ln 2 - \frac{1}{2}\left[\frac{x^2}{2}-x+\ln(1+x)\right]_0^1 = \frac{1}{4}.$$

例 11 计算 $\int_0^{\frac{\pi}{2}} x^2 \cos x \mathrm{d}x$.

解 $\int_0^{\frac{\pi}{2}} x^2 \cos x \mathrm{d}x = \int_0^{\frac{\pi}{2}} x^2 \mathrm{d}\sin x = \left[x^2 \sin x\right]_0^{\frac{\pi}{2}} - \int_0^{\frac{\pi}{2}} \sin x \mathrm{d}x^2$

$$= \frac{\pi^2}{4} + 2\int_0^{\frac{\pi}{2}} x \mathrm{d}\cos x$$

$$= \frac{\pi^2}{4} + 2\left[x\cos x\right]_0^{\frac{\pi}{2}} - 2\int_0^{\frac{\pi}{2}} \cos x \mathrm{d}x$$

$$= \frac{\pi^2}{4} - 2.$$

例 12 求 $\int_0^{\frac{1}{2}} \arccos x \mathrm{d}x$.

解 $\int_0^{\frac{1}{2}} \arccos x \mathrm{d}x = \left[x\arccos x\right]_0^{\frac{1}{2}} - \int_0^{\frac{1}{2}} x \mathrm{d}\arccos x$

$$= \frac{\pi}{6} + \int_0^{\frac{1}{2}} \frac{x}{\sqrt{1-x^2}}\mathrm{d}x$$

$$= \frac{\pi}{6} - \frac{1}{2}\int_0^{\frac{1}{2}} \frac{1}{\sqrt{1-x^2}}\mathrm{d}(1-x^2)$$

$$= \frac{\pi}{6} - \left[\sqrt{1-x^2}\right]_0^{\frac{1}{2}} = \frac{\pi}{6} - \frac{\sqrt{3}}{2} + 1.$$

例 13 证明定积分公式

$$I_n = \int_0^{\frac{\pi}{2}} \sin^n x \mathrm{d}x = \int_0^{\frac{\pi}{2}} \cos^n x \mathrm{d}x$$

$$= \begin{cases} \dfrac{n-1}{n} \cdot \dfrac{n-3}{n-2} \cdot \cdots \cdot \dfrac{3}{4} \cdot \dfrac{1}{2} \cdot \dfrac{\pi}{2}, & n \text{ 为正偶数,} \\ \dfrac{n-1}{n} \cdot \dfrac{n-3}{n-2} \cdot \cdots \cdot \dfrac{4}{5} \cdot \dfrac{2}{3}, & n \text{ 为大于 1 的正奇数.} \end{cases}$$

证 $I_n = \int_0^{\frac{\pi}{2}} \sin^n x \, dx = -\int_0^{\frac{\pi}{2}} \sin^{n-1} x \, d\cos x$

$= -[\sin^{n-1} x \cos x]_0^{\frac{\pi}{2}} + \int_0^{\frac{\pi}{2}} \cos x \, d(\sin^{n-1} x)$

$= (n-1) \int_0^{\frac{\pi}{2}} \sin^{n-2} x \cos^2 x \, dx$

$= (n-1) \int_0^{\frac{\pi}{2}} \sin^{n-2} x (1 - \sin^2 x) \, dx$

$= (n-1) \int_0^{\frac{\pi}{2}} \sin^{n-2} x \, dx - (n-1) \int_0^{\frac{\pi}{2}} \sin^n x \, dx$

$= (n-1) I_{n-2} - (n-1) I_n.$

移项,便得递推公式

$$I_n = \frac{n-1}{n} I_{n-2}.$$

反复利用上述递推公式得到

$$I_{2m} = \frac{2m-1}{2m} \cdot \frac{2m-3}{2m-2} \cdot \cdots \cdot \frac{3}{4} \cdot \frac{1}{2} \cdot I_0,$$

$$I_{2m+1} = \frac{2m}{2m+1} \cdot \frac{2m-2}{2m-1} \cdot \cdots \cdot \frac{4}{5} \cdot \frac{2}{3} \cdot I_1.$$

而

$$I_0 = \int_0^{\frac{\pi}{2}} dx = \frac{\pi}{2}, \quad I_1 = \int_0^{\frac{\pi}{2}} \sin x \, dx = 1,$$

因此

$$I_n = \begin{cases} \dfrac{n-1}{n} \cdot \dfrac{n-3}{n-2} \cdot \cdots \cdot \dfrac{3}{4} \cdot \dfrac{1}{2} \cdot \dfrac{\pi}{2}, & n \text{ 为正偶数}, \\ \dfrac{n-1}{n} \cdot \dfrac{n-3}{n-2} \cdot \cdots \cdot \dfrac{4}{5} \cdot \dfrac{2}{3}, & n \text{ 为大于 1 的正奇数}. \end{cases}$$

例 14 设 $I_n = \int_0^{\pi} x \sin^n x \, dx \, (n \geq 2)$,求 I_n.

解 由例 9(2) 可知

$$I_n = \frac{\pi}{2} \int_0^{\pi} \sin^n x \, dx = \frac{\pi}{2} \int_0^{\frac{\pi}{2}} \sin^n x \, dx + \frac{\pi}{2} \int_{\frac{\pi}{2}}^{\pi} \sin^n x \, dx.$$

对于积分 $\int_{\frac{\pi}{2}}^{\pi} \sin^n x \, dx$ 作变量代换 $x = \frac{\pi}{2} + t$,

$$\int_{\frac{\pi}{2}}^{\pi} \sin^n x \, dx = \int_0^{\frac{\pi}{2}} \sin^n \left(\frac{\pi}{2} + t \right) dt = \int_0^{\frac{\pi}{2}} \cos^n t \, dt$$

$$= \int_0^{\frac{\pi}{2}} \sin^n t \, dt = \int_0^{\frac{\pi}{2}} \sin^n x \, dx.$$

所以

$$I_n = \pi \int_0^{\frac{\pi}{2}} \sin^n x \, dx$$

$$= \begin{cases} \dfrac{n-1}{n} \cdot \dfrac{n-3}{n-2} \cdot \cdots \cdot \dfrac{3}{4} \cdot \dfrac{1}{2} \cdot \dfrac{\pi^2}{2}, & n \text{ 为正偶数}, \\ \dfrac{n-1}{n} \cdot \dfrac{n-3}{n-2} \cdot \cdots \cdot \dfrac{4}{5} \cdot \dfrac{2}{3} \cdot \pi, & n \text{ 为大于 1 的正奇数}. \end{cases}$$

习 题 5.3

(A)

1. 计算下列定积分：

(1) $\int_0^1 \sqrt{3x+1} \, dx$;

(2) $\int_{-2}^{-1} \dfrac{dx}{(11+5x)^3}$;

(3) $\int_0^{\frac{\pi}{2}} \sin^3 \varphi \cos\varphi \, d\varphi$;

(4) $\int_0^{\frac{\pi}{2}} \cos^2 \theta \, d\theta$;

(5) $\int_0^1 x e^{-x^2} \, dx$;

(6) $\int_1^e \dfrac{\ln^4 x}{x} \, dx$;

(7) $\int_1^2 \dfrac{dx}{x(1+x^4)}$;

(8) $\int_{\frac{\sqrt{2}}{2}}^1 \dfrac{\sqrt{1-x^2}}{x^2} \, dx$;

(9) $\int_0^a x^2 \sqrt{a^2 - x^2} \, dx$;

(10) $\int_1^{\sqrt{3}} \dfrac{dx}{x^2 \sqrt{1+x^2}}$;

(11) $\int_{-1}^1 \dfrac{x \, dx}{\sqrt{5-4x}}$;

(12) $\int_1^4 \dfrac{dx}{1+\sqrt{x}}$;

(13) $\int_{\frac{3}{4}}^1 \dfrac{dx}{\sqrt{1-x}-1}$;

(14) $\int_{-2}^{-\sqrt{2}} \dfrac{dx}{\sqrt{x^2-1}}$;

(15) $\int_0^{\sqrt{2}a} \dfrac{x \, dx}{\sqrt{3a^2 - x^2}} \quad (a > 0)$;

(16) $\int_0^1 t e^{-\frac{t^2}{2}} \, dt$;

(17) $\int_1^{e^2} \dfrac{dx}{x \sqrt{1+\ln x}}$;

(18) $\int_0^2 \dfrac{x \, dx}{(x^2 - 2x + 2)^2}$;

(19) $\int_{-2}^0 \dfrac{x+2}{x^2+2x+2} \, dx$;

(20) $\int_0^{2\pi} \sqrt{1 + \cos 2x} \, dx$.

2. 利用函数的奇偶性计算下列积分：

(1) $\int_{-\frac{\pi}{2}}^{\frac{\pi}{2}} \cos^4 \theta \, d\theta$;

(2) $\int_{-\pi}^{\pi} (x^3 + x + 1) \sin^2 x \, dx$;

(3) $\int_{-5}^5 \dfrac{x^3 \sin^2 x}{x^4 + x^2 + 1} \, dx$;

(4) $\int_{-\frac{1}{2}}^{\frac{1}{2}} \ln \dfrac{1-x}{1+x} \, dx$.

3. 证明下列等式：

(1) $\int_0^1 x^m(1-x)^n dx = \int_0^1 x^n(1-x)^m dx$；

(2) $\int_a^1 \dfrac{dx}{1+x^2} = \int_1^{\frac{1}{a}} \dfrac{dx}{1+x^2}$ $(a>0)$.

4. 设 $f(x)$ 在 $[a,b]$ 上连续，证明：$\int_a^b f(x)dx = \int_a^b f(a+b-x)dx$.

5. 计算下列定积分：

(1) $\int_0^1 xe^{-x}dx$；

(2) $\int_1^e x\ln x\, dx$；

(3) $\int_1^2 \dfrac{\ln x}{x^2}dx$；

(4) $\int_0^{\frac{\pi}{2}} x\sin x\, dx$；

(5) $\int_{\frac{\pi}{4}}^{\frac{\pi}{3}} \dfrac{x}{\sin^2 x}dx$；

(6) $\int_0^1 x\arctan x\, dx$.

(B)

1. 计算下列定积分：

(1) $\int_0^1 \dfrac{\arcsin\sqrt{x}}{\sqrt{x(1-x)}}dx$；

(2) $\int_{\ln 2}^{2\ln 2} \dfrac{dx}{e^x - 1}$；

(3) $\int_{-\frac{\pi}{2}}^{\frac{\pi}{2}} \sqrt{\cos x - \cos^3 x}\, dx$；

(4) $\int_0^{\pi} \sqrt{1+\cos 2x}\, dx$.

2. 设 $f(x)$ 是连续的周期函数，周期为 T，证明：

(1) $\int_a^{a+T} f(x)dx = \int_0^T f(x)dx$；

(2) $\int_a^{a+nT} f(x)dx = n\int_0^T f(x)dx$ $(n \in \mathbf{N})$.

由此计算：$\int_0^{n\pi} \sqrt{1+\sin 2x}\, dx$.

3. 证明：$\int_0^{\pi} \sin^n x\, dx = 2\int_0^{\frac{\pi}{2}} \sin^n x\, dx$ （n 为自然数）.

4. 若 $f(t)$ 是连续的奇函数，证明 $\int_0^x f(t)dt$ 是偶函数；若 $f(t)$ 是连续的偶函数，证明 $\int_0^x f(t)dt$ 是奇函数.

5. 计算下列定积分：

(1) $\int_0^8 e^{\sqrt{x+1}}dx$；

(2) $\int_0^{\frac{\pi}{2}} e^{2x}\cos x\, dx$；

(3) $\int_{\frac{1}{e}}^e |\ln x|\, dx$；

(4) $\int_0^1 (1-x^2)^{\frac{m}{2}}dx$ （m 为自然数）；

(5) $\int_{\frac{\pi}{4}}^{\frac{\pi}{3}} \dfrac{x}{\sin^2 x}dx$；

(6) $\int_1^4 \dfrac{\ln x}{\sqrt{x}}dx$；

(7) $\int_1^e \sin(\ln x)dx$；

(8) $\int_0^{\pi} (x\sin x)^2 dx$.

5.4 反常积分与 Γ 函数

我们前面讨论的定积分是以积分区间为有限区间,被积函数为有界函数作为前提的,但有些实际问题需要突破这两条限制,即考虑无穷区间上的积分和无界函数的积分,它们已经不属于前面所说的定积分了,因此,我们有必要对定积分概念进行推广,从而形成反常积分的概念.

一、无穷区间上的反常积分

定义 1 设函数 $f(x)$ 在区间 $[a,+\infty)$ 上连续,任取实数 $b>a$,则 $\int_a^b f(x)\mathrm{d}x$ 存在,如果极限 $\lim\limits_{b\to+\infty}\int_a^b f(x)\mathrm{d}x$ 存在,则称此极限为函数 $f(x)$ 在无穷区间 $[a,+\infty)$ 上的**反常积分**(又称为**广义积分**),记作 $\int_a^{+\infty} f(x)\mathrm{d}x$,即

$$\int_a^{+\infty} f(x)\mathrm{d}x = \lim_{b\to+\infty}\int_a^b f(x)\mathrm{d}x.$$

这时也称反常积分 $\int_a^{+\infty} f(x)\mathrm{d}x$ 收敛;如果极限 $\lim\limits_{b\to+\infty}\int_a^b f(x)\mathrm{d}x$ 不存在,则称反常积分 $\int_a^{+\infty} f(x)\mathrm{d}x$ 发散.这时记号 $\int_a^{+\infty} f(x)\mathrm{d}x$ 不再表示数值.

类似地,设函数在区间 $(-\infty,b]$ 上连续,任取 $a<b$,如果极限 $\lim\limits_{a\to-\infty}\int_a^b f(x)\mathrm{d}x$ 存在,则称此极限为 $f(x)$ 在区间 $(-\infty,b]$ 上的反常积分,记作 $\int_{-\infty}^b f(x)\mathrm{d}x$,即

$$\int_{-\infty}^b f(x)\mathrm{d}x = \lim_{a\to-\infty}\int_a^b f(x)\mathrm{d}x.$$

此时也称反常积分 $\int_{-\infty}^b f(x)\mathrm{d}x$ 收敛;如果上述极限不存在,则称反常积分 $\int_{-\infty}^b f(x)\mathrm{d}x$ 发散.

对于整个数轴 $(-\infty,+\infty)$ 上连续的函数 $f(x)$,其反常积分 $\int_{-\infty}^{+\infty} f(x)\mathrm{d}x$ 定义为

$$\int_{-\infty}^{+\infty} f(x)\mathrm{d}x = \int_{-\infty}^0 f(x)\mathrm{d}x + \int_0^{+\infty} f(x)\mathrm{d}x.$$

只有当右边两个反常积分 $\int_{-\infty}^{0} f(x)\mathrm{d}x$ 和 $\int_{0}^{+\infty} f(x)\mathrm{d}x$ 都收敛时,反常积分 $\int_{-\infty}^{+\infty} f(x)\mathrm{d}x$ 才收敛;当反常积分 $\int_{-\infty}^{0} f(x)\mathrm{d}x$ 和 $\int_{0}^{+\infty} f(x)\mathrm{d}x$ 中至少有一个发散时,就称反常积分 $\int_{-\infty}^{+\infty} f(x)\mathrm{d}x$ 发散.

上述反常积分统称为**无穷区间上的反常积分**(或无穷限反常积分).

例 1 计算反常积分 $\int_{0}^{+\infty} x\mathrm{e}^{-x^2}\mathrm{d}x$.

解 $\int_{0}^{+\infty} x\mathrm{e}^{-x^2}\mathrm{d}x = \lim\limits_{b\to+\infty}\int_{0}^{b} x\mathrm{e}^{-x^2}\mathrm{d}x = \lim\limits_{b\to+\infty}\left[-\dfrac{1}{2}\mathrm{e}^{-x^2}\right]_{0}^{b}$

$= \lim\limits_{b\to+\infty}\dfrac{1}{2}(1-\mathrm{e}^{-b^2}) = \dfrac{1}{2}$.

为了方便,一般把 $\lim\limits_{b\to+\infty}\left[F(x)\right]_{a}^{b}$ 简记为 $F(x)\big|_{a}^{+\infty}$,$\lim\limits_{a\to-\infty}\left[F(x)\right]_{a}^{b}$ 简记为 $F(x)\big|_{-\infty}^{b}$,而 $\int_{-\infty}^{+\infty} f(x)\mathrm{d}x \xlongequal{\text{记为}} F(x)\big|_{-\infty}^{+\infty}$(其中 $F'(x)=f(x),x\in(-\infty,+\infty)$).

例 2 计算反常积分 $\int_{0}^{+\infty} x\mathrm{e}^{-x}\mathrm{d}x$.

解 $\int_{0}^{+\infty} x\mathrm{e}^{-x}\mathrm{d}x = -\int_{0}^{+\infty} x\mathrm{d}(\mathrm{e}^{-x}) = -x\mathrm{e}^{-x}\big|_{0}^{+\infty} + \int_{0}^{+\infty}\mathrm{e}^{-x}\mathrm{d}x$

$= 0 - \mathrm{e}^{-x}\big|_{0}^{+\infty} = 1$.

注意 上式中 $x\mathrm{e}^{-x}\big|_{0}^{+\infty} = \lim\limits_{x\to+\infty} x\mathrm{e}^{-x} - 0 = \lim\limits_{x\to+\infty}\dfrac{x}{\mathrm{e}^x} = 0$.

例 3 计算反常积分 $\int_{-\infty}^{+\infty}\dfrac{\mathrm{d}x}{1+x^2}$.

解 $\int_{-\infty}^{+\infty}\dfrac{\mathrm{d}x}{1+x^2} = \arctan x\big|_{-\infty}^{+\infty} = \dfrac{\pi}{2} - \left(-\dfrac{\pi}{2}\right) = \pi$.

例 4 证明反常积分 $\int_{a}^{+\infty}\dfrac{\mathrm{d}x}{x^p}(a>0)$. 当 $p>1$ 时收敛,当 $p\leqslant 1$ 时发散.

证 当 $p=1$ 时,$\int_{a}^{+\infty}\dfrac{\mathrm{d}x}{x^p} = \ln x\big|_{a}^{+\infty} = +\infty$.

当 $p\neq 1$ 时,$\int_{a}^{+\infty}\dfrac{\mathrm{d}x}{x^p} = \dfrac{x^{1-p}}{1-p}\bigg|_{a}^{+\infty} = \begin{cases} +\infty, & p<1, \\ \dfrac{a^{1-p}}{p-1}, & p>1. \end{cases}$

所以,当 $p>1$ 时,这个反常积分收敛,当 $p\leqslant 1$ 时,积分发散.

二、无界函数的反常积分(瑕积分)

定义 2 设函数 $f(x)$ 在区间 $(a,b]$ 上连续,而在点 a 的右邻域内无界,任取 $\varepsilon > 0$,如果极限

$$\lim_{\varepsilon \to 0^+} \int_{a+\varepsilon}^{b} f(x) \mathrm{d}x$$

存在,则称此极限为函数 $f(x)$ 在区间 $(a,b]$ 上的**反常积分**,仍记为 $\int_{a}^{b} f(x) \mathrm{d}x$,即

$$\int_{a}^{b} f(x) \mathrm{d}x = \lim_{\varepsilon \to 0^+} \int_{a+\varepsilon}^{b} f(x) \mathrm{d}x.$$

这时也称反常积分 $\int_{a}^{b} f(x) \mathrm{d}x$ 收敛;如果极限 $\lim_{\varepsilon \to 0^+} \int_{a+\varepsilon}^{b} f(x) \mathrm{d}x$ 不存在,则称反常积分 $\int_{a}^{b} f(x) \mathrm{d}x$ 发散.

类似地,设函数 $f(x)$ 在 $[a,b)$ 上连续,而在点 b 的左邻域内无界,如果极限 $\lim_{\varepsilon \to 0^+} \int_{a}^{b-\varepsilon} f(x) \mathrm{d}x$ 存在,则定义

$$\int_{a}^{b} f(x) \mathrm{d}x = \lim_{\varepsilon \to 0^+} \int_{a}^{b-\varepsilon} f(x) \mathrm{d}x.$$

此时称反常积分 $\int_{a}^{b} f(x) \mathrm{d}x$ 收敛,否则称反常积分 $\int_{a}^{b} f(x) \mathrm{d}x$ 发散.

如果函数 $f(x)$ 在 $[a,b]$ 上除点 $c\,(a<c<b)$ 外连续,而在 c 点的邻域内无界. 定义反常积分 $\int_{a}^{b} f(x) \mathrm{d}x$ 为

$$\int_{a}^{b} f(x) \mathrm{d}x = \int_{a}^{c} f(x) \mathrm{d}x + \int_{c}^{b} f(x) \mathrm{d}x.$$

只有当右边两个反常积分 $\int_{a}^{c} f(x) \mathrm{d}x$ 和 $\int_{c}^{b} f(x) \mathrm{d}x$ 都收敛时,反常积分 $\int_{a}^{b} f(x) \mathrm{d}x$ 才收敛,当反常积分 $\int_{a}^{c} f(x) \mathrm{d}x$ 和 $\int_{c}^{b} f(x) \mathrm{d}x$ 中至少有一个发散,就称反常积分 $\int_{a}^{b} f(x) \mathrm{d}x$ 发散.

无界函数的反常积分通常又称为**瑕积分**,对应的无界点称为**瑕点**.

例 5 计算反常积分 $\int_{0}^{1} \dfrac{\mathrm{d}x}{\sqrt{x}}$.

解 由于 $\lim\limits_{x \to 0^+} \dfrac{1}{\sqrt{x}} = +\infty$，故 $x=0$ 是此积分的瑕点，于是

$$\int_0^1 \frac{dx}{\sqrt{x}} = \lim_{\varepsilon \to 0^+} \int_\varepsilon^1 \frac{dx}{\sqrt{x}} = \lim_{\varepsilon \to 0^+} [2\sqrt{x}]_\varepsilon^1$$
$$= \lim_{\varepsilon \to 0^+} 2(1-\sqrt{\varepsilon}) = 2.$$

例 6 讨论 $\int_{-1}^1 \dfrac{dx}{x^2}$ 的敛散性.

解 由于 $\lim\limits_{x \to 0} \dfrac{1}{x^2} = +\infty$，故 $x=0$ 是所讨论积分的瑕点，于是

$$\int_{-1}^1 \frac{dx}{x^2} = \int_{-1}^0 \frac{dx}{x^2} + \int_0^1 \frac{dx}{x^2},$$

但是 $\int_0^1 \dfrac{dx}{x^2} = \lim\limits_{\varepsilon \to 0^+} \int_\varepsilon^1 \dfrac{dx}{x^2} = \lim\limits_{\varepsilon \to 0^+} \left[-\dfrac{1}{x}\right]_\varepsilon^1 = \lim\limits_{\varepsilon \to 0^+} \left(\dfrac{1}{\varepsilon} - 1\right) = +\infty.$

所以反常积分 $\int_0^1 \dfrac{dx}{x^2}$ 发散，根据前面定义，$\int_{-1}^0 \dfrac{dx}{x^2}$，$\int_0^1 \dfrac{dx}{x^2}$ 中已有一个发散，故反常积分 $\int_{-1}^1 \dfrac{dx}{x^2}$ 发散.

注意 如果疏忽了 $x=0$ 是被积函数的瑕点，就会得到以下的错误结果：

$$\int_{-1}^1 \frac{dx}{x^2} = \left[-\frac{1}{x}\right]_{-1}^1 = -1-1 = -2.$$

为了方便，当瑕点在积分区间端点时，一般把 $\lim\limits_{\varepsilon \to 0^+} [F(x)]_{a+\varepsilon}^b$ 记为 $F(x)|_{a^+}^b$，把 $\lim\limits_{\varepsilon \to 0^+} [F(x)]_a^{b-\varepsilon}$ 也记为 $F(x)|_a^{b^-}$，但瑕点代入时应变为取极限. 需要注意，不要与定积分混淆.

例 7 计算 $\int_0^1 \ln x \, dx$.

解 由于 $\lim\limits_{x \to 0^+} \ln x = \infty$，故 $x=0$ 是所求积分的瑕点，于是

$$\int_0^1 \ln x \, dx = x\ln x \big|_{0^+}^1 - \int_0^1 x \, d\ln x.$$

上式中 $x\ln x \big|_{0^+}^1$ 的下限不能直接代入，此时应变为取极限，即 $\lim\limits_{x \to 0^+} x\ln x = 0$，所以

$$\int_0^1 \ln x \, dx = \ln 1 - 0 - \int_0^1 x \cdot \frac{1}{x} dx = -1.$$

例8 讨论反常积分 $\int_a^b \dfrac{\mathrm{d}x}{(x-a)^q}$ 的敛散性 $(q>0, a<b)$.

解 由于 $\lim\limits_{x\to a}\dfrac{1}{(x-a)^q}=\infty$，可知 $x=a$ 是 $f(x)=\dfrac{1}{(x-a)^q}$ 在积分区间 $(a,b]$ 中的唯一瑕点.

当 $q=1$ 时，$\int_a^b \dfrac{\mathrm{d}x}{(x-a)^q}=\ln(x-a)\big|_{a^+}^b=\infty$（因为 $\lim\limits_{x\to a^+}\ln(x-a)=\infty$）；

当 $q\neq 1$ 时，$\int_a^b \dfrac{\mathrm{d}x}{(x-a)^q}=\dfrac{(x-a)^{1-q}}{1-q}\bigg|_{a^+}^b=\begin{cases}\dfrac{(b-a)^{1-q}}{1-q}, & 0<q<1,\\ \infty, & q>1.\end{cases}$

所以，当 $0<q<1$ 时，这个反常积分收敛，当 $q\geq 1$ 时发散.

最后我们强调一下，两类反常积分与定积分有类似的性质，如线性性质、区间可加性、换元积分法与分部积分法. 参阅下例.

例9 求反常积分 $\int_0^{+\infty}\dfrac{\mathrm{d}x}{\sqrt{x(x+1)^3}}$.

解 这是一个无穷区间上的反常积分，同时被积函数又是无界的，$x=0$ 是瑕点.

$$\int_0^{+\infty}\dfrac{\mathrm{d}x}{\sqrt{x(x+1)^3}}\xlongequal{x=\frac{1}{t}}\int_{+\infty}^0 \dfrac{-\dfrac{1}{t^2}\mathrm{d}t}{\sqrt{\dfrac{1}{t}\left(\dfrac{1}{t}+1\right)^3}}=\int_0^{+\infty}\dfrac{\mathrm{d}t}{(t+1)^{\frac{3}{2}}}$$

$$=-2(t+1)^{-\frac{1}{2}}\big|_0^{+\infty}=2.$$

*三、Γ 函数简介

下面我们介绍在实际问题中应用广泛的一个函数——Γ 函数，它定义如下：

$$\Gamma(s)=\int_0^{+\infty}\mathrm{e}^{-x}x^{s-1}\mathrm{d}x \quad (s>0).$$

可以证明，反常积分 $\int_0^{+\infty}\mathrm{e}^{-x}x^{s-1}\mathrm{d}x(s>0)$ 收敛，它有以下几个重要性质.

1. 递推公式：$\Gamma(s+1)=s\Gamma(s)$ $(s>0)$.

证 $\Gamma(s+1)=\int_0^{+\infty}\mathrm{e}^{-x}x^s\mathrm{d}x=-\int_0^{+\infty}x^s\mathrm{d}(\mathrm{e}^{-x})$

$$=-x^s\mathrm{e}^{-x}\big|_0^{+\infty}+s\int_0^{+\infty}\mathrm{e}^{-x}x^{s-1}\mathrm{d}x,$$

由于

$$\lim_{x\to+\infty} x^s \mathrm{e}^{-x}=0, \quad \lim_{x\to 0^+} x^s \mathrm{e}^{-x}=0.$$

所以
$$\Gamma(s+1)=s\Gamma(s).$$

显然 $\Gamma(1)=\int_0^{+\infty} \mathrm{e}^{-x}\mathrm{d}x=1.$

反复运用递推公式有
$$\Gamma(n+1)=n\Gamma(n)=n(n-1)\Gamma(n-1)=\cdots=n!\cdot\Gamma(1)=n!.$$

2. 当 $s\to 0^+$ 时,$\Gamma(s)\to +\infty$.

证 因为 $\Gamma(s)=\dfrac{\Gamma(s+1)}{s}$,$\Gamma(1)=1$,可以证明函数 $\Gamma(s)$ 在 $(0,+\infty)$ 上连续. 从而
$$\lim_{s\to 0^+}\Gamma(s)=\lim_{s\to 0^+}\frac{\Gamma(s+1)}{s}=+\infty.$$

3. $\Gamma(s)\Gamma(1-s)=\dfrac{\pi}{\sin\pi s}$ $(0<s<1).$

这个公式称为**余元公式**,在此我们不作证明.

当 $s=\dfrac{1}{2}$ 时,由余元公式,得
$$\Gamma\left(\frac{1}{2}\right)=\sqrt{\pi}.$$

4. 在 $\Gamma(s)=\int_0^{+\infty}\mathrm{e}^{-x}x^{s-1}\mathrm{d}x$ 中作代换 $x=u^2$,有
$$\Gamma(s)=2\int_0^{+\infty}\mathrm{e}^{-u^2}u^{2s-1}\mathrm{d}u.$$

再令 $2s-1=t$ 即得
$$\int_0^{+\infty}\mathrm{e}^{-u^2}u^t\mathrm{d}u=\frac{1}{2}\Gamma\left(\frac{1+t}{2}\right) \quad (t>-1).$$

上式中取 $t=0$ 得
$$\int_0^{+\infty}\mathrm{e}^{-u^2}\mathrm{d}u=\frac{1}{2}\Gamma\left(\frac{1}{2}\right)=\frac{\sqrt{\pi}}{2}.$$

上式左端的积分 $\int_0^{+\infty}\mathrm{e}^{-u^2}\mathrm{d}u$ 在概率中是常用的积分.

习 题 5.4

(A)

判定下列各反常积分的收敛性. 如果收敛, 计算反常积分的值:

(1) $\int_1^{+\infty} \dfrac{dx}{x^3}$;

(2) $\int_1^{+\infty} \dfrac{dx}{\sqrt{x}}$;

(3) $\int_0^{+\infty} e^{-ax} dx \quad (a>0)$;

(4) $\int_{-\infty}^0 e^{2x} dx$;

(5) $\int_0^{+\infty} x^2 e^{-x} dx$;

(6) $\int_e^{+\infty} \dfrac{dx}{x(\ln x)^2}$;

(7) $\int_{-\infty}^{+\infty} \dfrac{dx}{x^2+2x+2}$;

(8) $\int_1^2 \dfrac{dx}{(1-x)^2}$;

(9) $\int_0^2 \dfrac{dx}{x^2-4x+3}$;

(10) $\int_1^2 \dfrac{x dx}{\sqrt{x-1}}$;

(11) $\int_1^e \dfrac{dx}{x\sqrt{1-(\ln x)^2}}$;

(12) $\int_{\frac{\pi}{4}}^{\frac{3\pi}{4}} \sec^2 x \, dx$.

(B)

1. 当 k 为何值时, 反常积分 $\int_2^{+\infty} \dfrac{dx}{x(\ln x)^k}$ 收敛? 当 k 为何值时, 这个反常积分发散? 又当 k 为何值时, 这个反常积分取得最小值?

2. 利用递推公式计算反常积分 $I_n = \int_0^{+\infty} x^n e^{-x} dx$ (n 为自然数).

*3. 用 Γ 函数表示下列积分:

(1) $\int_0^{+\infty} e^{-x^n} dx \quad (n>0)$;

(2) $\int_0^{+\infty} x^m e^{-x^n} dx \quad \left(n \neq 0, \dfrac{m+1}{n}>0\right)$;

(3) $\int_0^1 \left(\ln \dfrac{1}{x}\right)^p dx \quad (p>-1)$.

*4. 证明: $\Gamma\left(n+\dfrac{1}{2}\right) = \dfrac{1 \cdot 3 \cdot 5 \cdots (2n-1)}{2^n} \sqrt{\pi}$, 其中 n 为自然数.

小　　结

定积分是整个微积分学的核心内容. 微积分的基本公式: 牛顿-莱布尼茨公式建立了微分与积分之间的关系, 将求定积分转化为求被积函数的原函数或不定积分大大简化了定积分的计算, 但学习中还应注意以下问题.

1. 定积分与不定积分是两个不同的概念, 但牛顿-莱布尼茨公式将其紧紧地联系在一起, 学习时要注意它们的异同.

2. 与计算不定积分相类似，换元积分法和分部积分法是求定积分的两种基本方法，必须熟练掌握. 在应用定积分的第一类换元法和分部积分法时，积分过程中定积分的上、下限一般不变（不换元不换限），但在应用定积分的第二类换元法时，特别要注意的问题是：换元时积分上、下限要做相应的变换. 并记住：换元换限，不换元不换限，换元时还要注意上限对应上限，下限对应下限.

3. 积分上、下限函数的导数公式

$$\frac{\mathrm{d}}{\mathrm{d}x}\int_{\phi(x)}^{\varphi(x)}f(t)\mathrm{d}t = f[\varphi(x)]\varphi'(x) - f[\phi(x)]\phi'(x).$$

是高等数学中一个重要公式，在很多领域有着广泛的应用，应熟练掌握.

4. 在计算定积分时，常用到下面几个结论：

(1) 若 $f(x)$ 为奇函数，则 $\int_{-a}^{a}f(x)\mathrm{d}x = 0$；

(2) 若 $f(x)$ 为偶函数，则 $\int_{-a}^{a}f(x)\mathrm{d}x = 2\int_{0}^{a}f(x)\mathrm{d}x$；

(3) 若 $f(x)$ 是周期为 T 的周期函数，则对任意的常数 a 有 $\int_{a}^{a+T}f(x)\mathrm{d}x = \int_{0}^{T}f(x)\mathrm{d}x$，$\int_{0}^{nT}f(x)\mathrm{d}x = n\int_{0}^{T}f(x)\mathrm{d}x$ （n 为整数）；

(4) $\int_{0}^{\pi}f(\sin x)\mathrm{d}x = 2\int_{0}^{\frac{\pi}{2}}f(\sin x)\mathrm{d}x$，$\int_{-\frac{\pi}{2}}^{\frac{\pi}{2}}f(\cos x)\mathrm{d}x = 2\int_{0}^{\frac{\pi}{2}}f(\cos x)\mathrm{d}x$；

(5) $\int_{0}^{\frac{\pi}{2}}f(\sin x)\mathrm{d}x = \int_{0}^{\frac{\pi}{2}}f(\cos x)\mathrm{d}x$；

(6) $\int_{0}^{\frac{\pi}{2}}f(\sin x,\cos x)\mathrm{d}x = \int_{0}^{\frac{\pi}{2}}f(\cos x,\sin x)\mathrm{d}x$；

(7) $\int_{0}^{\pi}xf(\sin x)\mathrm{d}x = \frac{\pi}{2}\int_{0}^{\pi}f(\sin x)\mathrm{d}x$；

(8) $\int_{0}^{\frac{\pi}{2}}\sin^{n}x\,\mathrm{d}x = \int_{0}^{\frac{\pi}{2}}\cos^{n}x\,\mathrm{d}x$

$$= \begin{cases} \dfrac{n-1}{n}\cdot\dfrac{n-3}{n-2}\cdot\cdots\cdot\dfrac{3}{4}\cdot\dfrac{1}{2}\cdot\dfrac{\pi}{2}, & n \text{ 为正偶数}, \\ \dfrac{n-1}{n}\cdot\dfrac{n-3}{n-2}\cdot\cdots\cdot\dfrac{4}{5}\cdot\dfrac{2}{3}, & n \text{ 为正奇数}(n\geqslant 3). \end{cases}$$

5. 两类反常积分是定积分的推广，其基本要求是掌握相应的概念与计算方法.

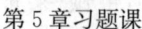

复习练习题 5

1. 填空题

   (1) $\int_{-3}^{3}\left(\frac{|x|+x\cos x}{1+x^2}\right)\mathrm{d}x = $ _____.

   (2) $\int_{0}^{\frac{\pi}{3}} \tan^3 x \sec x \,\mathrm{d}x = $ _____.

   (3) $\int_{\sqrt{2}}^{2} \frac{1}{t^3 \sqrt{t^2-1}} \mathrm{d}t = $ _____.

   (4) 已知 $f(0)=2, f(2)=3, f'(2)=4$,则 $\int_{0}^{2} x f''(x)\mathrm{d}x = $ _____.

2. 计算下列极限：

   (1) $\lim\limits_{n\to\infty} \frac{1}{n} \sum_{i=1}^{n} \sqrt{1+\frac{i}{n}}$;

   (2) $\lim\limits_{n\to\infty} \frac{1+\sqrt{2}+\cdots+\sqrt{n}}{n\sqrt{n}}$;

   (3) $\lim\limits_{n\to\infty} \frac{1^p + 2^p + \cdots + n^p}{n^{p+1}} \quad (p > 0)$;

   (4) $\lim\limits_{x\to+\infty} \frac{\int_0^x (\arctan t)^2 \mathrm{d}t}{\sqrt{x^2+1}}$;

   (5) $\lim\limits_{x\to a} \frac{x}{x-a} \int_a^x f(t)\mathrm{d}t$,其中 $f(x)$ 为连续函数.

3. 计算下列定积分：

   (1) $\int_0^1 (1+\sqrt{x})^8 \mathrm{d}x$;

   (2) $\int_{\frac{\pi}{6}}^{\frac{\pi}{2}} \cot x \ln(\sin x)\mathrm{d}x$;

   (3) $\int_0^3 \arcsin\sqrt{\frac{x}{1+x}}\,\mathrm{d}x$;

   (4) $\int_0^{\frac{\pi}{2}} \sqrt{1-\sin 2x}\,\mathrm{d}x$;

   (5) $\int_0^{\frac{\pi}{2}} \frac{\mathrm{d}x}{1+\cos^2 x}$;

   (6) $\int_0^{\frac{\pi}{2}} \frac{x+\sin x}{1+\cos x}\mathrm{d}x$.

4. 设 $f(x) = \int_0^x (x-2t)\mathrm{e}^{-t^2}\mathrm{d}t$,证明：

   (1) $f(x)$ 是偶函数；　　　(2) $f(x)$ 在 $[0, +\infty)$ 上单调增加.

5. 利用定积分的几何意义计算下列定积分：

   (1) $\int_0^1 \sqrt{1-x^2}\,\mathrm{d}x$;

   (2) $\int_1^3 |x-2|\,\mathrm{d}x$.

6. 证明下列不等式：

   (1) $\frac{\pi}{6} < \int_0^1 \frac{\mathrm{d}x}{\sqrt{4-x^2-x^3}} < \frac{\pi}{4\sqrt{2}}$;

   (2) $\frac{1}{2} < \int_{\frac{\pi}{4}}^{\frac{\pi}{2}} \frac{\sin x}{x}\mathrm{d}x < \frac{\sqrt{2}}{2}$.

7. 设 $f(x)$、$g(x)$ 在区间 $[a, b]$ 上连续. 证明：
$$\left[\int_a^b f(x)g(x)\mathrm{d}x\right]^2 \leqslant \int_a^b f^2(x)\mathrm{d}x \int_a^b g^2(x)\mathrm{d}x.$$

8. 设 $I_n = \int_0^{\frac{\pi}{4}} \tan^n x \,\mathrm{d}x$,其中 n 为大于 1 的整数,证明 $I_n = \frac{1}{n-1} - I_{n-2}$. 并利用此递推公式计算 $\int_0^{\frac{\pi}{4}} \tan^5 x \,\mathrm{d}x$.

9. 计算反常积分:

(1) $\int_1^{+\infty} \dfrac{\arctan x}{x^2} dx$; (2) $\int_{\frac{1}{2}}^{\frac{3}{2}} \dfrac{dx}{\sqrt{|x-x^2|}}$.

10. 设 $f(x)$ 在区间 $[a,b]$ 上连续,且 $f(x)>0$.

$$F(x) = \int_a^x f(t)dt + \int_b^x \dfrac{1}{f(t)} dt, \quad x \in [a,b].$$

证明:(1) $F'(x) \geqslant 2$;

(2) 方程 $F(x)=0$ 在区间 (a,b) 内有且仅有一个根.

11. 求定积分 $\int_0^2 f(x-1)dx$,其中:

$$f(x) = \begin{cases} \dfrac{1}{1+x}, & x \geqslant 0, \\ \dfrac{1}{1+e^x}, & x < 0. \end{cases}$$

第 6 章　定积分的应用

第 5 章我们学习了定积分的基本理论和计算方法,知道了用定积分可以解决曲边梯形的面积和变速直线运动的路程. 事实上,定积分还有更广泛的应用,自然科学、工程学、经济学中的许多问题都可以用定积分的方法来解决. 本章将首先介绍应用定积分处理问题的基本方法——微元法,然后用微元法解决一些几何量和物理量的计算问题.

6.1　定积分的微元法

用定积分解决实际问题的常用方法是**微元法**. 它是贯穿于定积分应用的核心方法,对每一个问题的思考以及对每个公式的推导都是基于这一方法而获得的. 下面介绍这种方法. 先回顾一下用定积分求曲边梯形面积的四个步骤.

设 $f(x)$ 在 $[a,b]$ 上连续,且 $f(x) \geqslant 0$,则以 $y = f(x)$ 为曲边,区间 $[a,b]$ 为底边的曲边梯形的面积 A 可表示为定积分 $\int_a^b f(x) \mathrm{d}x$,它的求解步骤是

第一步:分割　将区间 $[a,b]$ 任意分成 n 个小区间 $[x_{i-1}, x_i]$ $(i=1,2,\cdots,n)$,由此,曲边梯形就分割成相应的 n 个窄曲边梯形(图 6.1),从而,所求曲边梯形面积 A 等于每个小区间上窄曲边梯形面积 ΔA_i 的和,即

$$A = \sum_{i=1}^n \Delta A_i.$$

第二步:求近似　把窄曲边梯形近似看作矩形,得

$$\Delta A_i \approx f(\xi_i) \Delta x_i \quad (x_{i-1} \leqslant \xi_i \leqslant x_i, \Delta x_i = x_i - x_{i-1}).$$

第三步:求和　得到 A 的近似值

$$A \approx \sum_{i=1}^n f(\xi_i) \Delta x_i.$$

第四步:取极限　记 $\lambda = \max\{\Delta x_1, \Delta x_2, \cdots, \Delta x_n\}$,得

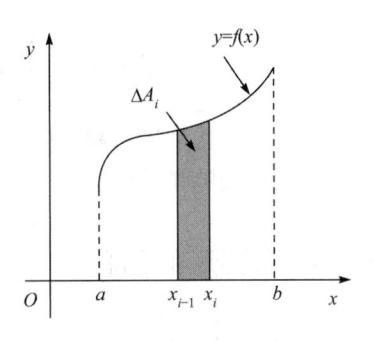

图 6.1

$$A = \lim_{\lambda \to 0} \sum_{i=1}^{n} f(\xi_i) \Delta x_i = \int_a^b f(x)\mathrm{d}x.$$

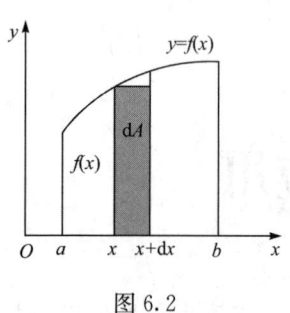

上述四个步骤中，第二步取近似值 $\Delta A_i \approx f(\xi_i)\Delta x_i$ 是解决问题的关键. 在实际应用中，为了简便起见，省略下标 i，如图 6.2 所示，用 $[x, x+\mathrm{d}x]$ 表示任一个小区间 $[x_{i-1}, x_i]$，并选取 ξ_i 为左端点 x，那么，

$\Delta A_i \approx f(\xi_i)\Delta x_i$ 可表示为 $\Delta A \approx f(x)\mathrm{d}x$.

上式右端 $f(x)\mathrm{d}x$ 叫做**面积元素**，记作

$$\mathrm{d}A = f(x)\mathrm{d}x.$$

称 $f(x)\mathrm{d}x$ 为**所求面积 A 的元素**. 则

图 6.2

$$A = \lim \sum f(x)\mathrm{d}x = \int_a^b f(x)\mathrm{d}x.$$

一般地，如果某一实际问题中所求量 M 满足以下条件：(1) M 是与变量 x 的某个区间 $[a,b]$ 有关的量；(2) M 对该区间具有可加性，即如果区间 $[a,b]$ 分成若干部分区间，则 M 相应地分成若干个部分量，而 M 等于所有这些部分量的和. 那么，这个量就可以用定积分来表示. 具体步骤如下：

(1) 根据问题的具体情况选取一个变量，例如 x 为积分变量，并确定它的变化区间 $[a,b]$.

(2) 在区间 $[a,b]$ 上任取一小区间 $[x, x+\mathrm{d}x]$，求出相应于这个小区间的部分量 ΔM 的近似值 $\mathrm{d}M$，并将 $\mathrm{d}M$ 表示成某一函数 $f(x)$ 与 $\mathrm{d}x$ 的乘积，即

$$\mathrm{d}M = f(x)\mathrm{d}x.$$

(3) 写出所求量 M 的积分表达式

$$M = \int_a^b f(x)\mathrm{d}x.$$

这种方法叫做定积分的**微元法**（或**元素法**）.

下面利用定积分的微元法来讨论定积分在几何和物理中的一些应用.

6.2 定积分在几何上的应用

本节我们将利用定积分的微元法来讨论几何中的平面图形的面积、立体的体积和平面曲线的弧长问题.

一、平面图形的面积

1. 直角坐标情形

利用定积分可以计算曲边梯形的面积，下面我们利用定积分

定积分的几何应用

的微元法来计算比曲边梯形更复杂的平面图形的面积.

设 $f(x),g(x)$ 在区间 $[a,b]$ 上连续,且 $f(x) \geqslant g(x)$,求由曲线 $y=f(x),y=g(x)$ 及直线 $x=a,x=b$ 所围成的平面图形的面积 A(图 6.3).

选取横坐标 x 为积分变量,$x \in [a,b]$,在区间 $[a,b]$ 上任取一小区间 $[x,x+\mathrm{d}x]$,设该小区间所对应的面积为 ΔA,则 ΔA 近似于高为 $f(x)-g(x)$,宽为 $\mathrm{d}x$ 的小矩形的面积,从而得到**面积元素**
$$\mathrm{d}A = [f(x)-g(x)]\mathrm{d}x.$$
故
$$A = \int_a^b [f(x)-g(x)]\mathrm{d}x.$$

类似地,由曲线 $x=\varphi(y),x=\psi(y)(\varphi(y) \geqslant \psi(y))$ 及直线 $y=c,y=d(c<d)$ 所围成的平面图形面积为
$$A = \int_c^d [\varphi(y)-\psi(y)]\mathrm{d}y.$$
其中 $[\varphi(y)-\psi(y)]\mathrm{d}y$ 为面积元素 $\mathrm{d}A$(图 6.4).

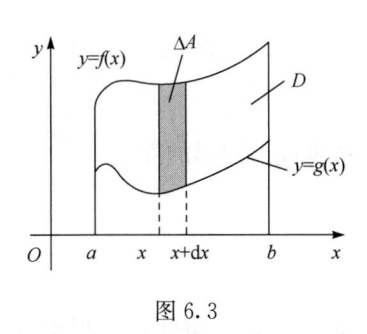

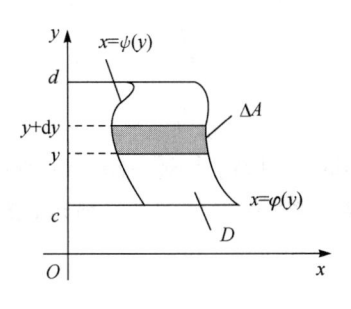

图 6.3

图 6.4

例 1 求由直线 $y=x^2+1,y=x,x=0$ 及 $x=1$ 所围图形的面积.

解 取 x 为积分变量(图 6.5),$x \in [0,1]$,面积元素
$$\mathrm{d}A = (x^2+1-x)\mathrm{d}x.$$
所以,所求图形的面积为
$$A = \int_0^1 (x^2+1-x)\mathrm{d}x = \left[\frac{x^3}{3}+x-\frac{x^2}{2}\right]_0^1 = \frac{5}{6}.$$

例 2 求由抛物线 $y^2=x, y=x^2$ 所围成的图形的面积.

解 这两条抛物线交点的坐标满足方程组
$$\begin{cases} y=x^2, \\ x=y^2, \end{cases}$$
解得两交点的坐标为 $(0,0)$ 和 $(1,1)$.

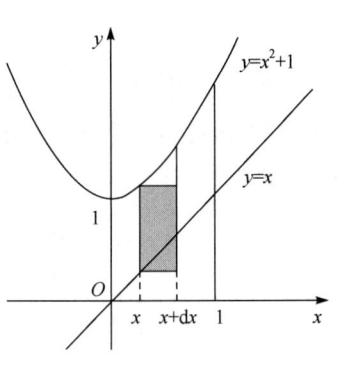

图 6.5

取 x 为积分变量(图 6.6),$x \in [0,1]$,所求面积为

$$A = \int_0^1 (\sqrt{x} - x^2) dx = \left[\frac{2}{3} x^{\frac{3}{2}} - \frac{1}{3} x^3\right]_0^1 = \frac{1}{3}.$$

本题也可以取 y 为积分变量(图 6.7),$y \in [0,1]$,把曲线方程改写为 $x = y^2$ 和 $x = \sqrt{y}$,所求面积为

$$A = \int_0^1 (\sqrt{y} - y^2) dy = \frac{1}{3}.$$

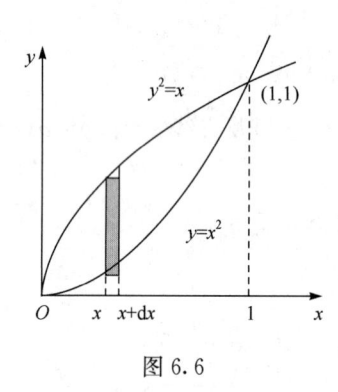

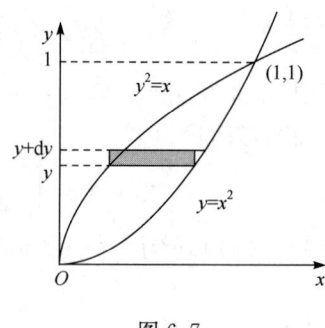

图 6.6

图 6.7

例 3 求抛物线 $y^2 = 2x$ 与直线 $y = x - 4$ 所围成的图形的面积.

解 这个图形如图 6.8 所示,解方程组

$$\begin{cases} y^2 = 2x, \\ y = x - 4, \end{cases}$$

得交点为 $(2, -2)$ 及 $(8, 4)$,取 y 为积分变量,$y \in [-2, 4]$,将曲线方程改写为 $x = \frac{y^2}{2}$ 及 $x = y + 4$,得所求面积为

$$A = \int_{-2}^4 \left[(y+4) - \frac{y^2}{2}\right] dy = \left[\frac{y^2}{2} + 4y - \frac{y^3}{6}\right]_{-2}^4 = 18.$$

注意 本题若取 x 为积分变量,由于 x 从 0 到 2 与 x 从 2 到 8 这两段的情况是不同的,因此需要把图形的面积分成两部分来计算,最后把两部分面积加起来就得图形的面积. 即

$$A = \int_0^2 [\sqrt{2x} - (-\sqrt{2x})] dx + \int_2^8 [\sqrt{2x} - (x-4)] dx$$

$$= \left[\frac{4\sqrt{2}}{3} x^{\frac{3}{2}}\right]_0^2 + \left[\frac{2\sqrt{2}}{3} x^{\frac{3}{2}} - \frac{1}{2} x^2 + 4x\right]_2^8 = 18.$$

这样计算不如前面的方法简便. 因此,选取适当的积分变量,有时可简化计算.

图 6.8

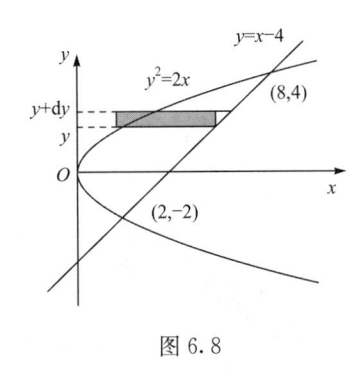

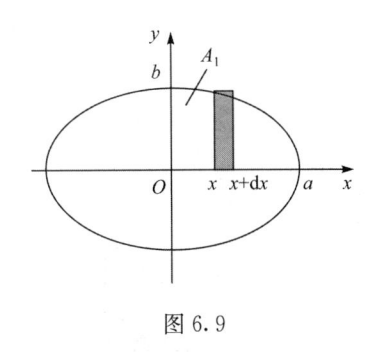

图 6.9

例 4 求椭圆 $\dfrac{x^2}{a^2}+\dfrac{y^2}{b^2}=1$ 的面积 A.

解 利用对称性(图 6.9)有 $A=4A_1$,其中 A_1 是该椭圆在的第一象限部分的面积,因此

$$A = 4A_1 = 4\int_0^a y\mathrm{d}x.$$

利用椭圆的参数方程

$$\begin{cases} x=a\cos t,\\ y=b\sin t, \end{cases}$$

应用定积分换元法,令 $x=a\cos t$, $y=b\sin t$, $\mathrm{d}x=-a\sin t\mathrm{d}t$,当 x 从 0 变到 a 时,对应参数 t 从 $\dfrac{\pi}{2}$ 变到 0,所以

$$A = 4\int_{\frac{\pi}{2}}^{0} b\sin t(-a\sin t)\mathrm{d}t = 4ab\int_0^{\frac{\pi}{2}}\sin^2 t\mathrm{d}t$$

$$=4ab\cdot\dfrac{1}{2}\cdot\dfrac{\pi}{2}=\pi ab.$$

2. 极坐标情形

对于某些平面图形,利用极坐标来计算它们的面积比较方便.下面介绍在极坐标系中平面图形面积的计算公式.

在极坐标系下,由连续函数 $\rho=\rho(\theta)$ $(\alpha\leqslant\theta\leqslant\beta)$ 及射线 $\theta=\alpha$, $\theta=\beta$ 所围成的平面图形称为曲边扇形(图 6.10).下面我们求出它的面积 A 的积分表达式.

取极角 θ 为积分变量,$\theta\in[\alpha,\beta]$,在 $[\alpha,\beta]$ 上任取一小区间 $[\theta,\theta+\mathrm{d}\theta]$,该区间对应的窄曲边扇形的面积可以用半径为 $\rho=\rho(\theta)$,中心角为 $\mathrm{d}\theta$ 的扇形的面积来近似代替,从而得到曲边扇形的面积元素

$$\mathrm{d}A=\dfrac{1}{2}\rho^2(\theta)\mathrm{d}\theta.$$

因此
$$A = \frac{1}{2}\int_\alpha^\beta \rho^2(\theta)\,d\theta.$$

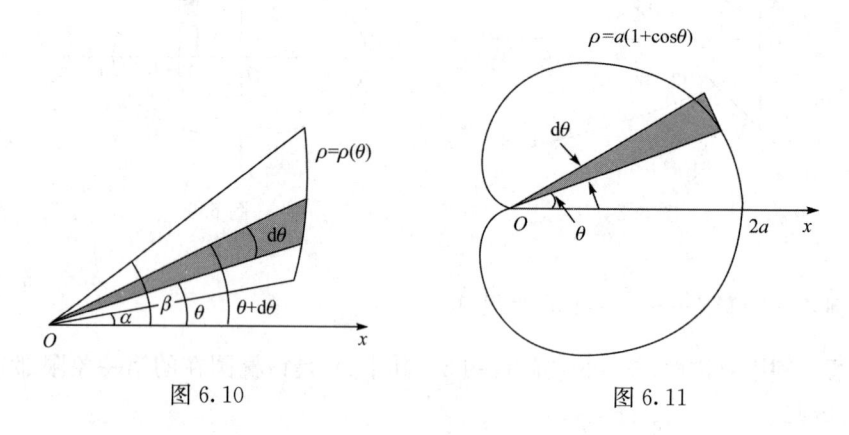

图 6.10

图 6.11

例 5 求心形线 $\rho = a(1+\cos\theta)(a>0)$ 所围图形的面积.

解 心形线所围成的图形(图 6.11)关于极轴对称,因此所求图形的面积 A 是极轴上方图形面积 A_1 的两倍.

对于极轴上方部分图形,积分变量 $\theta \in [0,\pi]$,所以
$$\begin{aligned}A = 2A_1 &= 2 \times \frac{1}{2}\int_0^\pi [a(1+\cos\theta)]^2 d\theta \\ &= a^2 \int_0^\pi (1+2\cos\theta+\cos^2\theta)\,d\theta \\ &= a^2 \int_0^\pi \left(\frac{3}{2}+2\cos\theta+\frac{1}{2}\cos 2\theta\right)d\theta \\ &= a^2\left[\frac{3}{2}\theta+2\sin\theta+\frac{1}{4}\sin 2\theta\right]_0^\pi = \frac{3}{2}\pi a^2.\end{aligned}$$

例 6 求由圆 $\rho=1$ 和圆 $\rho=2\cos\theta$ 所围成的图形的面积.

解 先求出两圆的交点,解方程组
$$\begin{cases}\rho=1, \\ \rho=2\cos\theta,\end{cases}$$

得交点坐标 $\theta = \frac{\pi}{3}$ (只需求出第一象限内交点的 θ 坐标).

由于图形(图 6.12)关于极轴对称,因此所求图形的面积 A 是极轴上方图形面积 A_1 的两倍.

把极轴上方部分图形分为左右两部分,对于右边部分的图形,积分变量 $\theta \in$

$\left[0, \dfrac{\pi}{3}\right]$；左边部分的图形，积分变量 $\theta \in \left[\dfrac{\pi}{3}, \dfrac{\pi}{2}\right]$. 所以

$$A = 2A_1 = 2 \times \left[\dfrac{1}{2}\int_0^{\frac{\pi}{3}} 1^2 d\theta + \dfrac{1}{2}\int_{\frac{\pi}{3}}^{\frac{\pi}{2}} (2\cos\theta)^2 d\theta\right]$$

$$= 2 \times \left[\dfrac{1}{2} \cdot \dfrac{\pi}{3} + \dfrac{1}{2}\int_{\frac{\pi}{3}}^{\frac{\pi}{2}} 2(1+\cos 2\theta) d\theta\right]$$

$$= \dfrac{\pi}{3} + \left[2\theta + \sin 2\theta\right]_{\frac{\pi}{3}}^{\frac{\pi}{2}} = \dfrac{2\pi}{3} - \dfrac{\sqrt{3}}{2}.$$

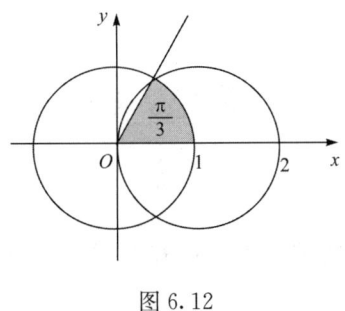

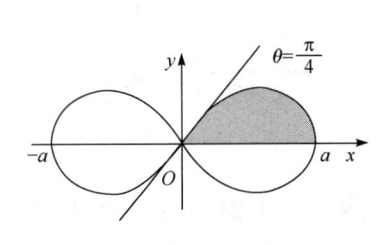

图 6.12

图 6.13

例 7 求双纽线 $\rho^2 = a^2 \cos 2\theta (a>0)$ 所围成图形的面积.

解 由双纽线（图 6.13）的对称性可知，所求图形的面积 A 是极轴右上方图形面积 A_1 的四倍，积分变量 $\theta \in \left[0, \dfrac{\pi}{4}\right]$，所以

$$A = 4A_1 = 4 \times \dfrac{1}{2}\int_0^{\frac{\pi}{4}} a^2 \cos 2\theta d\theta = \left[a^2 \sin 2\theta\right]_0^{\frac{\pi}{4}} = a^2.$$

二、立体的体积

1. 平行截面面积为已知的立体体积

设一立体（图 6.14），它介于过点 $x=a$ 和 $x=b(a<b)$ 且垂直于 x 轴的两平行平面之间. 用过点 $x(a \leqslant x \leqslant b)$ 且垂直 x 轴的平面截此立体，设所得截面的面积为 $A(x)$，且 $A(x)$ 是 x 的已知连续函数. 称此立体为**平行截面面积为已知的立体**. 下面求该立体的体积 V.

取 x 为积分变量，$x \in [a, b]$，在区间 $[a, b]$ 上任取一小区间 $[x, x+dx]$，该小区间上的小立体的体积可以用底面积为 $A(x)$、高为 dx 的柱体的体积近似代替. 因此得到**体积元素**

$$dV = A(x) dx.$$

从而
$$V = \int_a^b A(x)\,\mathrm{d}x.$$

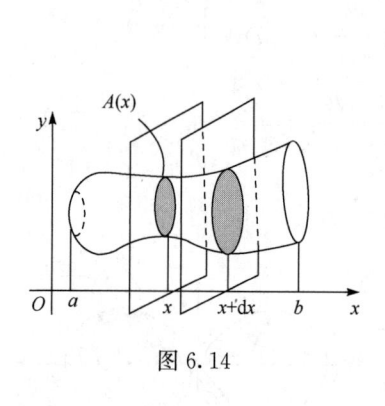

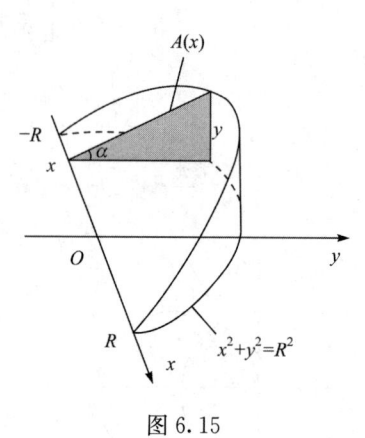

图 6.14

图 6.15

例 8 一平面经过半径为 R 的圆柱体的底圆中心,并与底圆交成角 α (图 6.15),计算这平面截圆柱体所得立体的体积.

解 解法一 取这个平面与圆柱体的底面交线为 x 轴,圆心为原点 O,建立直角坐标系. 底圆面积的方程为
$$x^2 + y^2 = R^2.$$

设 x 是区间 $[-R, R]$ 上的任意一点,现用过点 x 且垂直于 x 轴的平面去截立体,则截得的截面为直角三角形(图 6.15),其面积为
$$A(x) = \frac{1}{2} y \cdot y \tan\alpha = \frac{y^2}{2} \tan\alpha = \frac{1}{2}(R^2 - x^2)\tan\alpha.$$

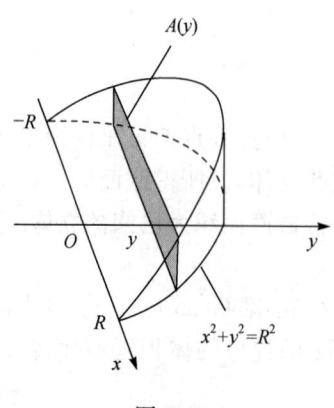

所以
$$V = \int_{-R}^{R} A(x)\,\mathrm{d}x = \int_{-R}^{R} \frac{1}{2}(R^2 - x^2)\tan\alpha\,\mathrm{d}x$$
$$= \frac{1}{2}\tan\alpha \left[R^2 x - \frac{1}{3}x^3\right]_{-R}^{R} = \frac{2R^3}{3}\tan\alpha.$$

解法二 设 y 是区间 $[0, R]$ 上任意一点,现用过点 y 垂直于 y 轴的平面去截立体,则截得的截面为矩形(图 6.16),其面积为
$$A(y) = 2|x| \cdot y\tan\alpha = 2y\sqrt{R^2 - y^2}\,\tan\alpha.$$

所以
$$V = \int_0^R 2y\sqrt{R^2 - y^2}\,\tan\alpha\,\mathrm{d}y$$

图 6.16

$$=\left[-\frac{2\tan\alpha}{3}(R^2-y^2)^{\frac{3}{2}}\right]_0^R=\frac{2}{3}R^3\tan\alpha.$$

2. 旋转体的体积

由一个平面图形绕平面上某条直线旋转而成的立体称为**旋转体**.

设平面图形由连续曲线 $y=f(x)$ 及直线 $x=a, x=b(a<b)$ 与 x 轴所围成,下面来计算该图形绕 x 轴旋转而成的旋转体的体积 V(图 6.17(a)).

对于任意的 $x\in[a,b]$,过 x 轴上该点且垂直于 x 轴的平面去截旋转体,所得的截面面积为

$$A(x)=\pi y^2=\pi f^2(x),$$

从而得到旋转体的体积公式为

$$V=\pi\int_a^b f^2(x)\mathrm{d}x.$$

类似地,由连续曲线 $x=\varphi(y)$ 及直线 $y=c, y=d(c<d)$ 与 y 轴所围成的曲边梯形绕 y 旋转一周而成的旋转体的体积(图 6.17(b))为

$$V=\pi\int_c^d \varphi^2(y)\mathrm{d}y.$$

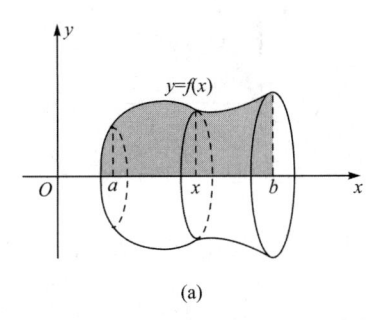

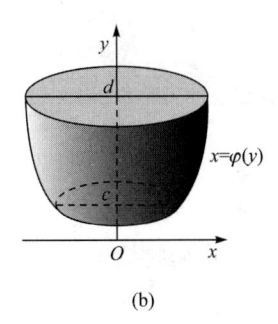

图 6.17

例 9 证明:半径为 R 的球体体积为 $V=\frac{4}{3}\pi R^3$.

证 取球心为原点,建立直角坐标系(图 6.18),则球体是由上半圆周 $y=\sqrt{R^2-x^2}$ 与 x 轴所围图形绕 x 轴旋转而成,所以

$$\begin{aligned}V&=\int_{-R}^R \pi y^2\mathrm{d}x=\int_{-R}^R \pi(R^2-x^2)\mathrm{d}x\\&=2\int_0^R \pi(R^2-x^2)\mathrm{d}x=2\pi\left[R^2 x-\frac{x^3}{3}\right]_0^R\\&=\frac{4}{3}\pi R^3.\end{aligned}$$

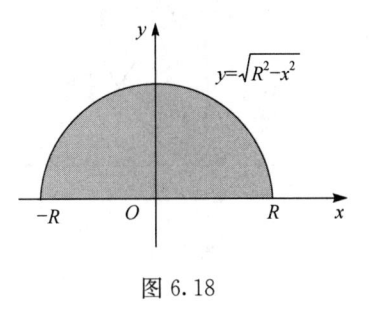

图 6.18

例 10 计算曲线 $y=x^2$ 及直线 $x=1$ 与 x 轴所围成的平面图形分别绕 x 轴和 y 轴旋转而成的旋转体体积.

解 先求绕 x 轴旋转而成旋转体体积(图 6.19). 取 x 为积分变量,$x\in[0,1]$,所求旋转体体积为

$$V_x = \pi\int_0^1 (x^2)^2 \mathrm{d}x = \frac{\pi}{5}.$$

再求绕 y 轴旋转的旋转体体积. 所求旋转体的体积等于一个圆柱体的体积减去阴影部分(图 6.20) y 轴旋转的旋转体体积. 取 y 为积分变量,$y\in[0,1]$,曲线方程 $y=x^2$ 改写成 $x=\sqrt{y}$. 从而所求旋转体的体积为

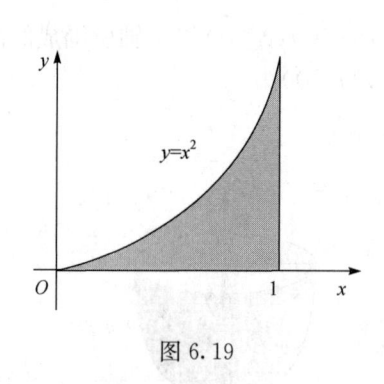

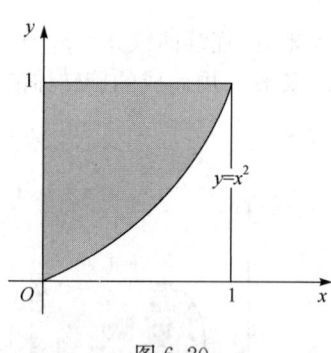

$$V_y = \pi\cdot 1^2\cdot 1 - \pi\int_0^1 x^2 \mathrm{d}y = \pi - \pi\int_0^1 (\sqrt{y})^2 \mathrm{d}y = \frac{\pi}{2}.$$

图 6.19

图 6.20

例 11 求由抛物线 $y=x^2$,$y=2-x^2$ 所围成的图形绕 x 轴旋转一周所成立体的体积.

解 平面图形如图 6.21 所示. 解方程组

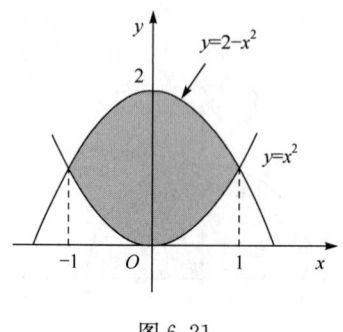

$$\begin{cases} y=x^2, \\ y=2-x^2, \end{cases}$$

得两曲线的交点的横坐标为 $x=-1$ 和 $x=1$,取 x 为积分变量,$x\in[-1,1]$,则此立体体积为

$$\begin{aligned} V &= \int_{-1}^1 \pi(2-x^2)^2 \mathrm{d}x - \int_{-1}^1 \pi(x^2)^2 \mathrm{d}x \\ &= \pi\int_{-1}^1 [(2-x^2)^2 - (x^2)^2] \mathrm{d}x \\ &= 4\pi\int_{-1}^1 (1-x^2) \mathrm{d}x = 8\pi\int_0^1 (1-x^2) \mathrm{d}x \\ &= 8\pi\left[x-\frac{x^3}{3}\right]_0^1 = \frac{16}{3}\pi. \end{aligned}$$

图 6.21

例 12 计算由星形线 $x=a\cos^3 t, y=a\sin^3 t (a>0)$ 绕 x 轴旋转一周所形成的旋转体的体积.

解 按旋转体的体积公式并考虑到对称性,所求的体积为

$$V = 2\int_0^a \pi y^2 \,\mathrm{d}x$$
$$= 2\int_{\frac{\pi}{2}}^0 \pi a^2 \sin^6 t \cdot 3a\cos^2 t(-\sin t)\mathrm{d}t$$
$$= 6\pi a^3 \int_0^{\frac{\pi}{2}} \sin^7 t(1-\sin^2 t)\mathrm{d}t$$
$$= \frac{32}{105}\pi a^3.$$

三、平面曲线的弧长

利用定积分可以计算平面曲线的长度(称为**弧长**). 由于平面曲线可以用直角坐标、极坐标及参数方程表示,所以我们下面用定积分的微元法分别就以上三种曲线的表达形式讨论其弧长的计算公式.

1. 直角坐标情形

设平面曲线弧由直角坐标方程

$$y=f(x) \quad (a\leqslant x\leqslant b)$$

给出,其中 $f(x)$ 在 $[a,b]$ 上具有连续导数.

取 x 为积分变量,$x\in[a,b]$,在区间 $[a,b]$ 上任取一小区间 $[x,x+\mathrm{d}x]$(图 6.22). 设与此小区间对应的曲线弧的长度为 Δs,则

$$\Delta s \approx \sqrt{(\Delta x)^2 + (\Delta y)^2}.$$

由于 $y=f(x)$ 在 $[a,b]$ 上可微,故

$$\Delta y \approx \mathrm{d}y = f'(x)\mathrm{d}x.$$

图 6.22

所以

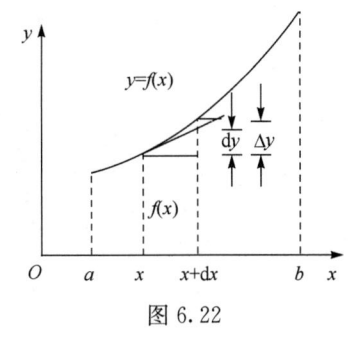

$$\Delta s \approx \sqrt{(\mathrm{d}x)^2 + (\mathrm{d}y)^2} = \sqrt{(\mathrm{d}x)^2 + [f'(x)\mathrm{d}x]^2}$$
$$= \sqrt{1+[f'(x)]^2}\,\mathrm{d}x.$$

从而得到**弧长元素**为

$$\mathrm{d}s = \sqrt{1+[f'(x)]^2}\,\mathrm{d}x.$$

由此可得曲线弧长的计算公式

$$s = \int_a^b \sqrt{1+[f'(x)]^2}\,\mathrm{d}x \quad (a<b).$$

称 $\mathrm{d}s = \sqrt{1+[f'(x)]^2}\,\mathrm{d}x$ 为 $y=f(x)$ 的**弧微分**. 这与我们在第 3 章推出的弧

微分公式是相同的.

例 13 证明:半径为 R 的圆的周长为: $l=2\pi R$.

证 设圆的方程为 $x^2+y^2=R^2$,由圆的对称性可知,圆的周长为上半圆周长的两倍.上半圆的方程为 $y=\sqrt{R^2-x^2}$,则 $y'=\dfrac{-x}{\sqrt{R^2-x^2}}$,所以

$$l = 2\int_{-R}^{R}\sqrt{1+(y')^2}\,dx = 2\int_{-R}^{R}\sqrt{1+\left[\dfrac{-x}{\sqrt{R^2-x^2}}\right]^2}\,dx$$

$$= 2\int_{-R}^{R}\dfrac{R\,dx}{\sqrt{R^2-x^2}} = \left[2R\arcsin\dfrac{x}{R}\right]_{-R}^{R} = 2\pi R.$$

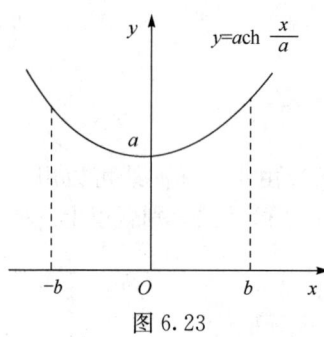

例 14 两根电线杆之间的电线,由于电线本身受重力的作用下垂而形成的曲线叫悬链线.若选取如图 6.23 所示的坐标系,则悬链线方程为

$$y=\dfrac{a}{2}(e^{\frac{x}{a}}+e^{-\frac{x}{a}})=a\operatorname{ch}\dfrac{x}{a}.$$

其中 a 为大于零的常数,求悬链线从 $x=-b$ 到 $x=b$ 的一段弧的长度.

图 6.23

解 因为

$$y'=\left(a\operatorname{ch}\dfrac{x}{a}\right)'=\operatorname{sh}\dfrac{x}{a}.$$

故有

$$s = \int_{-b}^{b}\sqrt{1+y'^2}\,dx = \int_{-b}^{b}\sqrt{1+\operatorname{sh}^2\dfrac{x}{a}}\,dx$$

$$= \int_{-b}^{b}\operatorname{ch}\dfrac{x}{a}\,dx = 2\int_{0}^{b}\operatorname{ch}\dfrac{x}{a}\,dx$$

$$= \left[2a\operatorname{sh}\dfrac{x}{a}\right]_{0}^{b} = 2a\operatorname{sh}\dfrac{b}{a}.$$

2. 参数方程情形

设平面曲线弧的参数方程为

$$\begin{cases} x=\varphi(t), \\ y=\psi(t), \end{cases} \quad (\alpha \leqslant t \leqslant \beta),$$

其中 $\varphi(t),\psi(t)$ 在 $[\alpha,\beta]$ 上具有连续导数.

取参数 t 为积分变量,$t\in[\alpha,\beta]$,相应于 $[\alpha,\beta]$ 上任取一小区间 $[t,t+dt]$ 的小弧段的长度的近似值,即弧长元素为

$$ds = \sqrt{(dx)^2+(dy)^2} = \sqrt{[\varphi'(t)dt]^2+[\psi'(t)dt]^2}$$

$$= \sqrt{[\varphi'(t)]^2 + [\psi'(t)]^2}\,\mathrm{d}t.$$

从而弧长

$$s = \int_\alpha^\beta \sqrt{[\varphi'(t)]^2 + [\psi'(t)]^2}\,\mathrm{d}t.$$

例 15 求摆线 $\begin{cases} x = a(t-\sin t), \\ y = a(1-\cos t) \end{cases}$ 的一拱 $(0 \leqslant t \leqslant 2\pi)$ 的长度.

解 弧长元素为

$$\mathrm{d}s = \sqrt{[x'(t)]^2 + [y'(t)]^2}\,\mathrm{d}t = \sqrt{[a(1-\cos t)]^2 + (a\sin t)^2}\,\mathrm{d}t$$
$$= 2a\sin\frac{t}{2}\mathrm{d}t \quad \left(0 \leqslant \frac{t}{2} \leqslant \pi\right).$$

从而,所求弧长

$$s = \int_0^{2\pi} \sqrt{[x'(t)]^2 + [y'(t)]^2}\,\mathrm{d}t = \int_0^{2\pi} 2a\sin\frac{t}{2}\mathrm{d}t$$
$$= \left[-4a\cos\frac{t}{2}\right]_0^{2\pi} = 8a.$$

3. 极坐标情形

设平面曲线弧由极坐标方程

$$\rho = \rho(\theta) \quad (\alpha \leqslant \theta \leqslant \beta)$$

给出,其中 $\rho(\theta)$ 在 $[\alpha, \beta]$ 上具有连续导数.

将 θ 作为参数,由直角坐标与极坐标的关系可得

$$\begin{cases} x = \rho(\theta)\cos\theta, \\ y = \rho(\theta)\sin\theta \end{cases} \quad (\alpha \leqslant \theta \leqslant \beta).$$

这是以极角 θ 为参数的曲线弧的参数方程. 由于

$$x'(\theta) = \rho'(\theta)\cos\theta - \rho(\theta)\sin\theta,$$
$$y'(\theta) = \rho'(\theta)\sin\theta + \rho(\theta)\cos\theta.$$

从而弧长元素

$$\mathrm{d}s = \sqrt{[x'(\theta)]^2 + [y'(\theta)]^2}\,\mathrm{d}\theta$$
$$= \sqrt{[\rho'(\theta)\cos\theta - \rho(\theta)\sin\theta]^2 + [\rho'(\theta)\sin\theta + \rho(\theta)\cos\theta]^2}\,\mathrm{d}\theta$$
$$= \sqrt{\rho^2(\theta) + \rho'^2(\theta)}\,\mathrm{d}\theta.$$

由此可得曲线弧长的计算公式

$$s = \int_\alpha^\beta \sqrt{\rho^2(\theta) + \rho'^2(\theta)}\,\mathrm{d}\theta.$$

例 16 求阿基米德螺线 $\rho = a\theta\,(a>0)$ 上从 $\theta = 0$ 到 $\theta = 2\pi$ 的一段弧的弧长 (图 6.24).

解 弧长元素为

$$\mathrm{d}s = \sqrt{\rho^2(\theta) + \rho'^2(\theta)}\,\mathrm{d}\theta = \sqrt{(a\theta)^2 + a^2}\,\mathrm{d}\theta = a\sqrt{1+\theta^2}\,\mathrm{d}\theta.$$

从而
$$s = \int_0^{2\pi} \sqrt{\rho^2(\theta)+\rho'^2(\theta)}\,d\theta = a\int_0^{2\pi}\sqrt{1+\theta^2}\,d\theta$$
$$= a\left[\frac{\theta}{2}\sqrt{1+\theta^2}+\frac{1}{2}\ln(\theta+\sqrt{1+\theta^2})\right]_0^{2\pi}$$
$$= a\left[\pi\sqrt{1+4\pi^2}+\frac{1}{2}\ln(2\pi+\sqrt{1+4\pi^2})\right].$$

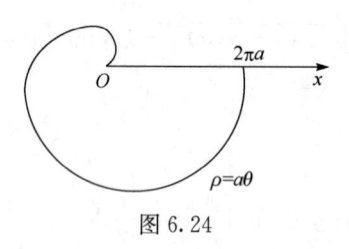

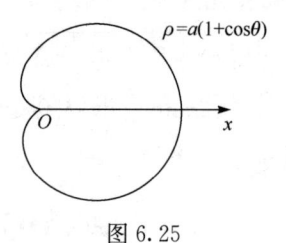

图 6.24　　　　　　图 6.25

例 17　求心形线 $\rho=a(1+\cos\theta)\,(a>0)$ 的全长.

解　曲线弧如图 6.25 所示,由对称性可知．心形线的全长为极轴上方的曲线弧长的 2 倍．弧长元素为
$$ds = \sqrt{\rho^2(\theta)+\rho'^2(\theta)}\,d\theta$$
$$= \sqrt{[a(1+\cos\theta)]^2+(-a\sin\theta)^2}\,d\theta$$
$$= a\sqrt{2(1+\cos\theta)}\,d\theta = 2a\cos\frac{\theta}{2}d\theta \quad (0\leqslant\theta\leqslant\pi).$$

从而得此曲线弧的全长
$$s = 2\int_0^{\pi}\sqrt{\rho^2(\theta)+\rho'^2(\theta)}\,d\theta = 2\int_0^{\pi}2a\cos\frac{\theta}{2}d\theta$$
$$= \left[8a\sin\frac{\theta}{2}\right]_0^{\pi} = 8a.$$

习　题　6.2

(A)

1. 求下列各曲线所围成的图形的面积：

   (1) $y=\dfrac{1}{x^3}, x=1, x=2$ 以及 x 轴；

   (2) $y=x^3, x=-1, x=1$ 以及 x 轴；

   (3) $y=\ln x, y$ 轴及直线 $y=\ln a, y=\ln b \quad (b>a>0)$；

   (4) $y=\dfrac{1}{x}$ 与直线 $y=x$ 及 $x=2$；

   (5) $y^2=2x+1$ 与 $x-y=1$；

(6) $y^2=-4(x-1)$ 与 $y^2=-2(x-2)$.

2. 求曲线 $y=x^3-3x+3$ 在 x 轴上介于两极值点之间的曲边梯形的面积.

3. 求由星形线 $x=a\cos^3t, y=a\sin^3t(0\leqslant t\leqslant 2\pi)$ 所围成的图形的面积 $(a>0)$.

4. 求由摆线 $x=a(t-\sin t), y=a(1-\cos t)$ 的一拱 $(0\leqslant t\leqslant 2\pi)$ 与 x 轴所围成的图形的面积 $(a>0)$.

5. 求由下列各曲线所围成的图形的面积：
   (1) $\rho=2a\cos\theta$；　　(2) $\rho=a\sin\theta$；　　(3) $\rho=2a(1+\cos\theta)$.

6. 求对数螺线 $\rho=ae^{\theta}(-\pi\leqslant\theta\leqslant\pi)$ 及射线 $\theta=\pi$ 所围成的图形的面积.

7. 一立体以长半轴 $a=10$, 短半轴 $b=5$ 的椭圆为底, 而垂直于长轴的截面都是等边三角形, 求此立体的体积.

8. 以半径为 R 的圆为底, 以平行于底且长度等于该圆直径的线段为顶, 高为 h 的正劈锥体的体积 (如图 6.26).

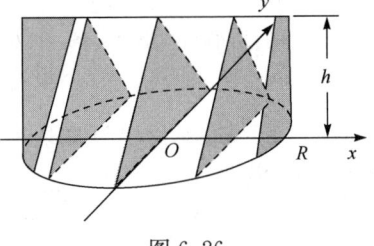

图 6.26

9. 以抛物线 $y=1-x^2$ 及 $y=0$ 所围成的图形为底, 而垂直于 y 轴的所有截面均是高为 3 的矩形的立体的体积.

10. 下列已知曲线所围成的图形, 按指定的轴旋转所成的旋转体的体积：
    (1) $y=\sqrt{x}$ 和 x 轴、$x=1$ 所围图形, 绕 x 轴及 y 轴；
    (2) $y=x^2$ 和 $y^2=8x$, 绕 x 轴及 y 轴；
    (3) $xy=1$ 和 $y=x, x=2, y=0$, 绕 x 轴；
    (4) $x^2+(y-5)^2=16$, 绕 x 轴.

11. 计算曲线 $y=\dfrac{2}{3}x^{\frac{3}{2}}$ 上相应于 $3\leqslant x\leqslant 8$ 的一段弧的弧长.

12. 计算曲线 $y=\ln x$ 上相应于 $\sqrt{3}\leqslant x\leqslant\sqrt{8}$ 的一段弧的长度.

13. 一曲线的方程为 $y=\dfrac{x^3}{6}+\dfrac{1}{2x}$, 求由 $x=1$ 到 $x=3$ 之间这段弧的长度.

14. 求下列曲线相应于指定两点间的弧段的长度.

    (1) $\begin{cases} x=\dfrac{1}{2}\ln(t^2-1), \\ y=\sqrt{t^2-1}, \end{cases}$ 自 $t=3$ 到 $t=7$；

    (2) $\begin{cases} x=e^t\sin t, \\ y=e^t\cos t, \end{cases}$ 自 $t=0$ 到 $t=\dfrac{\pi}{2}$；

    (3) $\begin{cases} x=\displaystyle\int_1^t\dfrac{\cos u}{u}du, \\ y=\displaystyle\int_1^t\dfrac{\sin u}{u}du, \end{cases}$ 自 $t=1$ 到 $t=\text{e}$.

15. 计算星形 $x=a\cos^3t, y=a\sin^3t$ 的全长.

16. 求对数螺线 $\rho=e^{a\theta}$ 相应于自 $\theta=0$ 到 $\theta=\varphi$ 的一段弧长.

(B)

1. 求抛物线 $y=-x^2+4x-3$ 及其在点 $(0,-3)$ 和点 $(3,0)$ 处的切线所围成的图形的面积.
2. 求抛物线 $y^2=2px(p>0)$ 及其点 $\left(\dfrac{p}{2},p\right)$ 处的法线所围成图形的面积.
3. 求下列各曲线所围成图形的公共部分的面积：
   (1) $\rho=2$ 及 $\rho=4\cos\theta$；　(2) $\rho=3\cos\theta$ 及 $\rho=1+\cos\theta$；　(3) $\rho=\sqrt{2}\sin\theta$ 及 $\rho^2=\cos2\theta$.
4. 求位于曲线 $y=e^x$ 下方,该曲线过原点的切线的左方以及 x 轴上方之间的图形的面积.
5. 求圆盘 $x^2+y^2\leqslant a^2$ 绕 $x=-b(b>a>0)$ 旋转所成的旋转体的体积.
6. 证明：由平面图形 $0\leqslant a\leqslant x\leqslant b, 0\leqslant y\leqslant f(x)$ 绕 y 轴旋转所成的旋转体的体积为
$$V=2\pi\int_a^b xf(x)\mathrm{d}x.$$
7. 利用上题的结论,计算曲线 $y=\sin x(0\leqslant x\leqslant \pi)$ 和 x 轴所围成的图形绕 y 轴旋转所成的旋转体的体积.
8. 求曲线 $y=\int_{-\sqrt{3}}^x \sqrt{3-t^2}$ 的全长.
9. 求曲线 $\rho=a\sin^3\dfrac{\theta}{3}$ 的全长.

6.3　定积分在物理上的应用

一、变力沿直线所做的功

设质点在大小为 F 的变力作用下沿 x 轴运动,变力的方向与质点运动的方向一致,其大小是 x 的函数,即 $F=F(x)$,且 $F(x)$ 在 $[a,b]$ 上连续,质点在此变力的作用下从 a 点运动到 b 点(如图 6.27),求变力 F 所做的功 W.

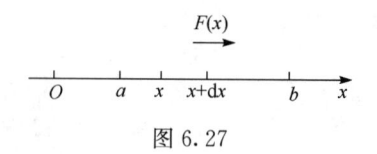

图 6.27　　　　　　定积分的物理应用

如果 F 是常力,那么 $W=Fs=F(b-a)$. 如果 F 是变力,由于函数 $F=F(x)$ 在 $[a,b]$ 上连续,所以在较小的区间内力 F 变化不大. 由微元法,在区间 $[a,b]$ 上任取一小区间 $[x,x+\mathrm{d}x]$,该区间上各点处的力近似于 $F(x)$,因此得到**功元素**为
$$\mathrm{d}W=F(x)\mathrm{d}x.$$
从而从点 a 到点 b 这一段上变力 $F(x)$ 所做的功为
$$W=\int_a^b F(x)\mathrm{d}x.$$

例 1　在 x 轴的坐标原点处放置一电量为 q 的正电荷,在由它产生的电场的

作用下,一个单位正电荷从 $x=a$ 点处沿 x 轴移动到 $x=b(0<a<b)$ 点,求电场力所做的功 W.

解 如图 6.28 所示,位于 x 点处的单位正电荷受到原点处正电荷 q 所产生的电场作用力的大小为

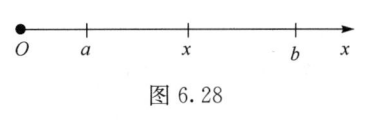

图 6.28

$$F(x)=k\frac{q\times 1}{x^2}=k\frac{q}{x^2} \quad (a\leqslant x\leqslant b).$$

单位正电荷从 x 点运动到 $x+\mathrm{d}x$ 点的过程中,正电荷 q 对它所做的功的近似值为

$$\mathrm{d}W=F(x)\mathrm{d}x=k\frac{q}{x^2}\mathrm{d}x.$$

从而

$$W=\int_a^b F(x)\mathrm{d}x=\int_a^b k\frac{q}{x^2}\mathrm{d}x=\left[-\frac{kq}{x}\right]_a^b=kq\left(\frac{1}{a}-\frac{1}{b}\right).$$

例 2 如果把一个弹簧在其弹性限度内从自然长度拉长 1m 需做功 98J. 今将此弹簧从自然长度拉长 2m(假设仍在弹性限度内). 问需做多少功?

解 以弹簧的平衡位置为原点建立坐标系(如图 6.29). 设弹簧的弹性系数为 k,由胡克定律,当弹簧被拉伸至离平衡位置 x 米处时,弹簧的弹性恢复力 $F=kx$. 于是拉力 $f(x)=kx$. 弹簧从平衡位置被拉长至 1 米,外力所做的功为

$$W=\int_0^1 f(x)\mathrm{d}x=\int_0^1 kx\mathrm{d}x=\frac{k}{2}=98(\mathrm{J}).$$

因此,弹簧的弹性系数 $k=196$. 从而,弹簧从平衡位置被拉长 2m,外力所做的功为

$$W=\int_0^2 f(x)\mathrm{d}x=\int_0^2 kx\mathrm{d}x=\int_0^2 196x\mathrm{d}x=\left[98x^2\right]_0^2=392(\mathrm{J}).$$

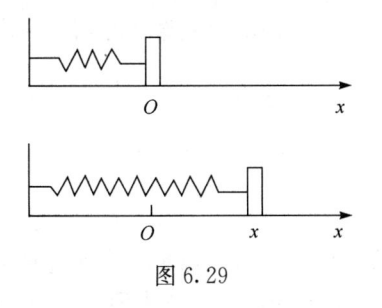

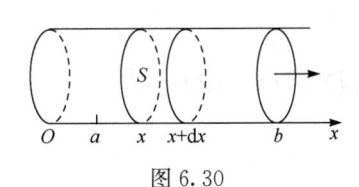

图 6.29

图 6.30

例 3 气体在半径为 R 的圆柱形气缸内膨胀,把活塞从点 a 推移到点 b 处(如图 6.30),计算在移动过程中,气体压力所做的功(假设在等温条件下,压强和气体体积的乘积为 k).

解 选取如图 6.30 所示的坐标系. 设活塞的底面积为 s. 由于 $pv=k$,而 $v=$

sx,所以
$$p=\frac{k}{v}=\frac{k}{sx}.$$

于是,作用在活塞上的力
$$F(x)=p\cdot s=\frac{k}{sx}\cdot s=\frac{k}{x}.$$

从而,气体压力所做的功为
$$W=\int_a^b F(x)\mathrm{d}x=\int_a^b \frac{k}{x}\mathrm{d}x=k\ln\frac{b}{a}.$$

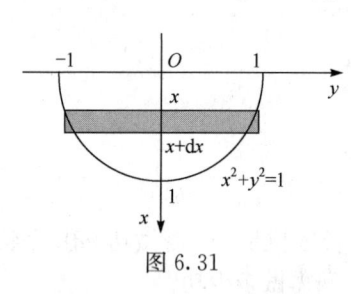

下面再举一个计算功的例子,它虽然不是变力做功问题,但也能用定积分来计算.

例 4 半径为 1m 的半球形水池,池中充满了水,把池内水全部抽完需做多少功?

解 过中心轴作水池的截面图,并建立如图 6.31 的所示的坐标系.半圆的方程为
$$x^2+y^2=1.$$

图 6.31

取水深 x 为积分变量,$x\in[0,1]$,在区间 $[0,1]$ 上任取一小区间 $[x,x+\mathrm{d}x]$.与该区间对应的一薄层水的重量近似为
$$\mathrm{d}m=\rho g\pi y^2\mathrm{d}x=\rho g\pi(1-x^2)\mathrm{d}x.$$
其中 $g=9.8\mathrm{m/s}^2$,$\rho=10^3\mathrm{kg/m}^3$.

将这一小薄层水吸到池口所做的功的近似值为
$$\mathrm{d}w=x\mathrm{d}m=\rho g\pi x(1-x^2)\mathrm{d}x.$$
此即为功元素,于是所求的功为
$$W=\int_0^1 \rho g\pi(x-x^3)\mathrm{d}x=\rho g\pi\left[\frac{x^2}{2}-\frac{x^4}{4}\right]_0^1\approx 10^3\times 9.8\times 3.14\times\frac{1}{4}$$
$$\approx 7.7\times 10^3(\mathrm{J}).$$

二、液体对侧面的压力

由物理学知道,距液体表面 h 深处的液体压强为 $p=\rho gh$(ρ 为液体的密度,g 为重力加速度),如果有一面积为 A 的平板水平放置在距液体表面 h 深处,则平板一侧所受的压力 $F=\rho ghA$.如果将平板垂直地放置在液体中,由于不同水深处的压强 p 不同,平板一侧所受的压力不能直接用上述公式计算.下面,我们用定积分的微元法来解决这个问题.

假设平板的形状为曲边梯形.垂直放置在水中(如图 6.32).设曲边梯形的曲

边方程为
$$y=f(x) \quad (x\in[a,b]).$$
取 x 为积分变量，$x\in[a,b]$. 在 $[a,b]$ 上任取一小区间 $[x,x+dx]$，该区间相对应的小窄条平板上各点处的压强近似于 $\rho g x$，而该小区间的面积近似于 $dA=f(x)dx$，从而得到该小窄条平板所受液体压力的近似值，即压力元素为
$$dF=\rho g x dA=\rho g x f(x)dx.$$
从而，整个平板一侧所受压力为

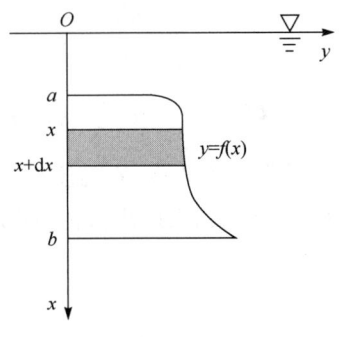

图 6.32

$$F=\int_a^b \rho g x f(x)dx.$$

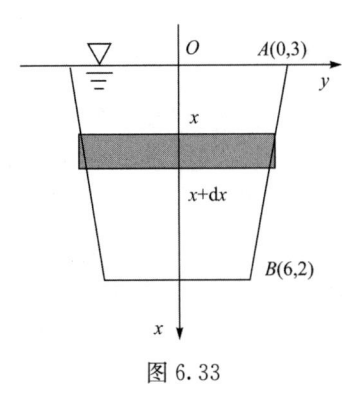

例 5 有一等腰梯形闸门，它的顶宽为 6m，底宽为 4m，高为 6m，水面与闸门顶齐平，试求闸门一侧所受的水压力.

解 建立如图 6.33 所示的坐标系. 直线 AB 的方程为
$$y=-\frac{x}{6}+3.$$

取 x 为积分变量，$x\in[0,6]$. 在 $[0,6]$ 上任取一小区间 $[x,x+dx]$，压力元素为

图 6.33

$$dF=\rho g x \cdot 2y \cdot dx=\rho g\left(-\frac{x^2}{3}+6x\right)dx.$$

从而所求的水压力为
$$F=\int_0^6 \rho g\left(-\frac{x^2}{3}+6x\right)dx$$
$$=10^3 \cdot 9.8 \cdot \left[-\frac{x^3}{9}+3x^2\right]_0^6 \approx 8.23\times 10^5 \text{(N)}.$$

三、引力

由万有引力定律知道：两个质量分别为 m_1 和 m_2，相距为 r 的质点间的引力为
$$F=G\frac{m_1 m_2}{r^2} \quad (G \text{ 为引力常数}).$$

如果要计算一根细棒对一个质点的引力，此时由于细棒上各点与质点的距离不同，所以不能直接用上述公式来计算. 下面我们用定积分的微元法来解决这个问题.

例 6 设有一长为 l 质量为 M 的均匀细棒，另有一质量为 m 的质点和细棒在

一条直线上,且它到细棒近端的距离为 a,计算细棒对质点的引力.

解 建立如图 6.34 所示的坐标系,取 x 为积分变量,$x \in [0, l]$. 在 $[0, l]$ 上任取一小区间 $[x, x+dx]$,此段细棒的质量为 $\frac{M}{l}dx$,由于 dx 很小,则此段细棒可以近似地看作一个质点,它与质点 m 的距离为 $x+a$,由万有引力公式,这一小段细棒对质点 m 的引力的近似值,即引力元素为

$$dF = G\frac{m \cdot \frac{M}{l}dx}{(x+a)^2} = \frac{GmM}{l(x+a)^2}dx.$$

图 6.34

从而所求引力大小为

$$F = \int_0^l \frac{GmM}{l(x+a)^2}dx = \frac{GmM}{l}\left[-\frac{1}{x+a}\right]_0^l$$
$$= \frac{GmM}{l}\left(\frac{1}{a} - \frac{1}{a+l}\right) = \frac{GmM}{a(a+l)}.$$

习 题 6.3

(A)

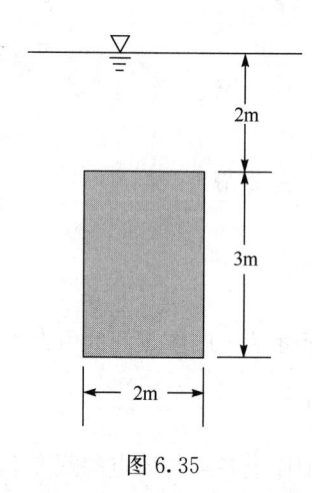

1. 一弹簧原长为 1m,把它压缩 1cm 所用功为 0.05J,求把它从 80cm 压缩到 60cm 所做的功.

2. 直径为 20cm,高为 80cm 的圆柱体内充满压强为 $10\text{N}/\text{cm}^2$ 的蒸汽,设温度保持不变,要使蒸汽体积缩小一半,问需要做多少功?

3. 设一锥形贮水池,深 15m,口径 20m,盛满水.试问:要把贮水池内的水全部吸出需做多少功?

4. 计算上底为 6.4m,下底为 4.2m,高为 2m 的等腰梯形壁,当上底与水面相平时,壁所受的侧压力.

5. 一断面为圆的水管,直径为 6m,水平地放着,里面的水是半满.求水管的竖立闸门上所受的压力.

6. 有一闸门,它的形状和尺寸如图 6.35 所示,水面超过门顶 2m,求闸门上所受的压力.

图 6.35

(B)

1. 一底为 8cm,高为 6cm 的等腰三角形,铅直地沉没在水中,顶在上,底在下,且与水面平行,而顶离水面 3cm,试求它的每面所受的压力.

2. 设有一长为 l,线密度为 ρ 的均匀细直棒,在其垂直平分线上距棒 a 个单位处有一质量为 m 的质点.试计算该棒对质点的引力.

小　　结

1. 微元法(或元素法)是建立定积分表达式的简便而基本的方法,在物理学与工程技术领域得到了广泛的应用,应熟练掌握.

2. 在求平面图形的面积时,围成图形的边界曲线一般有三种形式表示:直角坐标、参数方程和极坐标.对直角坐标与极坐标情形有现成公式,而对参数方程情形,应尽量先列出直角坐标情形下的面积公式,再应用定积分换元将参数方程代入.

3. 由于旋转体是平行截面面积为已知的立体的一种特殊情况,故定积分只能求"平行截面面积为已知的立体"体积,而一般立体体积只能到学完重积分后方可解决.

4. 对弧长,我们这儿介绍的都是可以求长度的光滑曲线弧(即其方程 $y=f(x)$ 在相应区间上具有连续导数).但在现实世界中确存在不可求长的曲线.

5. 定积分的各种物理应用中,重点是用微元法解决问题的思想方法.

第 6 章习题课　　　　　第 6 章课件

复习练习题 6

1. 填空题

(1) 曲线 $y=x^2$ 与 $y=2x-x^2$ 所围成的图形的面积为_____.

(2) 曲线 $y^2=2x+6$ 与直线 $y=x-1$ 所围成的图形的面积为_____.

(3) 曲线 $y=x^2$ 与直线 $y=x$ 所围图形绕 x 轴旋转一周所得旋转体的体积为_____.

(4) 曲线 $\begin{cases} x=\sin^2\theta, \\ y=\cos^2\theta \end{cases} \left(0 \leqslant \theta \leqslant \dfrac{\pi}{2}\right)$ 的弧长为_____.

2. 设曲线 $y=x-x^2$ 与直线 $y=ax$，求参数 a，使这直线与曲线所围图形的面积为 $\dfrac{9}{2}$.

3. 设抛物线 $y=ax^2+bx+c$ 通过原点 $(0,0)$，且当 $x\in[0,1]$ 时，$y\geqslant 0$，试确定 a,b,c 的值，使得抛物线 $y=ax^2+bx+c$ 与直线 $x=1,y=0$ 所围图形的面积为 $\dfrac{4}{9}$，且使该图形绕 x 轴旋转而成的旋转体体积最小.

4. 求圆盘 $(x-2)^2+y^2\leqslant 1$ 绕 y 轴旋转而成的旋转体的体积.

5. 求抛物线 $y=\dfrac{1}{2}x^2$ 被圆 $x^2+y^2=3$ 所截下的有限部分的弧长.

6. 计算曲线 $y=\displaystyle\int_0^x \sqrt{\sin t}\,dt$ 的全长.

7. 半径为 r 的球沉入水中，球的上部与水面相切，球的密度与水相同，现将球从水中取出，需做多少功？

8. 设沙的密度为 $2\times 10^3\,\mathrm{kg/m^3}$，现要堆成一个底半径为 r，高为 h 的圆锥形沙堆，问需做多少功？

9. 水坝中有一直立的矩形闸门. 宽 20m，高 16m，闸门的上边平行于水面，试求下列两种情况闸门所受的侧压力.

(1) 闸门的上边与水面相齐时；

(2) 水面在闸门的顶上 8m 时.

第 7 章 常微分方程

微分方程是描述未知函数、未知函数的导数或微分与自变量之间关系的等式. 微分方程的应用十分广泛,可以解决许多与导数有关的问题. 微分方程在物理、化学、生物、工程技术、经济学和人口统计等领域都有广泛应用. 因此,微分方程的建立与求解在实践中具有重要意义,它是解决实际问题的一种重要的数学工具.

本章主要介绍微分方程的基本的概念以及几种常见的微分方程及其解法.

7.1 微分方程的基本概念

下面通过几何、物理学中的几个具体例子来说明微分方程的基本概念.

例 1 一平面曲线通过点 $(1,1)$,且曲线上任一点 (x,y) 处的切线斜率为 $3x^2$,求该曲线方程.

解 设所求曲线方程为 $y=y(x)$,由导数的几何意义,有

$$\frac{\mathrm{d}y}{\mathrm{d}x}=3x^2 \tag{7.1}$$

或

$$\mathrm{d}y=3x^2\mathrm{d}x.$$

此外,未知函数 $y=y(x)$ 还应满足下列条件:
当 $x=1$ 时,$y=1$,简记为

$$y\big|_{x=1}=1. \tag{7.2}$$

将(7.1)式两端积分,得

$$y=\int 3x^2\mathrm{d}x,$$

即

$$y=x^3+C, \tag{7.3}$$

其中 C 是任意常数. 把条件"当 $x=1$ 时,$y=1$"代入(7.3)式,得

$$1=1+C,$$

由此定出 $C=0$，再把 C 的值代入(7.2)式，得所求曲线方程为 $y=x^3$.

例 2 以初速度 v_0 垂直下抛一物体，假设该物体运动只受重力影响，试求物体下落距离 s 与时间 t 的函数关系.

解 设物体的质量为 m，由于下抛后只受重力作用，故物体所受之力为
$$F=mg.$$
又根据牛顿第二定律，$F=ma$ 及加速度 $a=\dfrac{\mathrm{d}^2 s}{\mathrm{d}t^2}$，所以
$$m\frac{\mathrm{d}^2 s}{\mathrm{d}t^2}=mg,$$
即
$$\frac{\mathrm{d}^2 s}{\mathrm{d}t^2}=g. \tag{7.4}$$

对(7.4)式两端积分，得
$$\frac{\mathrm{d}s}{\mathrm{d}t}=gt+C_1, \tag{7.5}$$
两端再积分，得
$$s=\frac{1}{2}gt^2+C_1 t+C_2, \tag{7.6}$$
这里 C_1, C_2 都是任意的常数.

由题意知 $t=0$ 时，
$$s=0, v=\frac{\mathrm{d}s}{\mathrm{d}t}=v_0, \tag{7.7}$$
将(7.7)式分别代入(7.5)、(7.6)式，得 $C_1=v_0, C_2=0$.

故所求的函数关系为
$$s=\frac{1}{2}gt^2+v_0 t. \tag{7.8}$$

上面两个例子中的等式(7.1)、(7.4)、(7.5)都含有未知函数及未知函数的导数，一般地，称含有未知函数、未知函数的导数(或微分)与自变量之间的等式为**微分方程**，未知函数是一元函数的微分方程，称为**常微分方程**，未知函数是多元函数的微分方程，称为**偏微分方程**. 微分方程有时也简称为方程. 本章只讨论常微分方程.

微分方程中所含未知函数的导数的最高阶数，称为微分方程的**阶**，例如，前面例子中的(7.1)式和(7.5)式是一阶微分方程；(7.4)式是二阶微分方程. 又如

$x^2 \mathrm{d}x - y^2 \mathrm{d}y = 0$ 是一阶方程；

$y''' - y = \sin x$ 是三阶方程；

$\dfrac{\mathrm{d}^4 s}{\mathrm{d}t^4}+\dfrac{\mathrm{d}^2 s}{\mathrm{d}t^2}+s=e^t$ 是四阶方程.

n 阶微分方程的一般形式为
$$F(x,y,y',\cdots,y^{(n)})=0.$$
如果能从上述方程中解出最高阶导数,则可得微分方程
$$y^{(n)}=f(x,y,y',\cdots,y^{(n-1)}),$$
称为 n **阶显式微分方程**.

设函数 $y=y(x)$ 在区间 I 上有定义,若当 $x\in I$ 时,有
$$F(x,y(x),y'(x),y''(x),\cdots,y^{(n)}(x))\equiv 0,$$
则称 $y=y(x)$ 为微分方程 $F(x,y,y',y'',\cdots,y^{(n)}(x))=0$ 的一个解. 例如,在例 1 中,函数 $y=x^3+C$ 和 $y=x^3$ 都是方程 $\dfrac{\mathrm{d}y}{\mathrm{d}x}=3x^2$ 的解. 在例 2 中,函数 $s=\dfrac{1}{2}gt^2+v_0 t$ 和 $s=\dfrac{1}{2}gt^2+C_1 t+C_2$ 都是方程 $\dfrac{\mathrm{d}^2 s}{\mathrm{d}t^2}=g$ 的解.

n 阶微分方程的含有 n 个独立的任意常数的解称为该方程的**通解**,这里所说的 n 个独立的任意常数,简单地说是指这 n 个任意常数不能通过合并而减少个数. 如 $y=x^3+C$(C 为任意常数)为方程(7.1)的通解;函数 $s=\dfrac{1}{2}gt^2+C_1 t+C_2$ 是方程(7.4)的通解. 但 $s=\dfrac{1}{2}gt^2+C_1 t$ 只是方程(7.4)的解,而不是它的通解. 因为方程 $\dfrac{\mathrm{d}^2 s}{\mathrm{d}t^2}=g$ 是二阶方程,而 $s=\dfrac{1}{2}gt^2+C_1 t$ 只含有一个任意常数.

微分方程的通解反映了方程所描写的某一现象的一般运动规律,从几何图形上看,它是一族曲线,称为**积分曲线族**. 为得到某一特定的客观事物的具体规律,即某一特定的积分曲线,就必须根据问题的具体情况,提出一些附加条件,用来确定通解中任意常数的值,这种附加条件称为**定解条件**. 例如例 1 中的(7.2)式,例 2 中的(7.7)式均为定解条件. 这种用以表明曲线的某一特定状态或表明运动的初始状态的定解条件叫做初始条件. 一般地,称用来确定通解中任意常数的条件叫做**初值条件**.

显然,为了确定通解中的任意常数,定解条件的个数应与方程的阶数相等.

微分方程的不含任意常数的解,称为**特解**. 例如,函数 $y=x^3$ 是方程(7.1)满足初值条件(7.2)的特解;函数 $s=\dfrac{1}{2}gt^2+v_0 t$ 是方程(7.4)满足条件(7.7)的特解. 一般地,特解可利用定解条件确定通解中的任意常数后得到. 求解初值问题就是求微分方程满足初值条件的特解.

求微分方程 $y'=f(x,y)$ 满足初值条件 $y|_{x=x_0}=y_0$ 的特解的问题称为一阶微分方程的**初值问题**，记作

$$\begin{cases} y'=f(x,y), \\ y|_{x=x_0}=y_0. \end{cases}$$

二阶微分方程的初值问题为

$$\begin{cases} y''=f(x,y,y'), \\ y|_{x=x_0}=y_0,\ y'|_{x=x_0}=y'_0. \end{cases}$$

例 3 验证函数 $y=C_1\sin2x+C_2\cos2x$ 是微分方程

$$\frac{d^2y}{dx^2}+4y=0 \tag{7.9}$$

的通解，并求出满足初值条件 $y|_{x=0}=1,\ y'|_{x=0}=-1$ 的特解.

解 因为

$$y=C_1\sin2x+C_2\cos2x, \tag{7.10}$$

所以

$$\frac{dy}{dx}=2C_1\cos2x-2C_2\sin2x, \tag{7.11}$$

$$\frac{d^2y}{dx^2}=-4C_1\sin2x-4C_2\cos2x. \tag{7.12}$$

将 $\frac{d^2y}{dx^2}$ 及 y 的表达式代入所给方程，得

$$-4C_1\sin2x-4C_2\cos2x+4(C_1\sin2x+C_2\cos2x)\equiv 0.$$

这表明函数 $y=C_1\sin2x+C_2\cos2x$ 满足方程 $\frac{d^2y}{dx^2}+4y=0$，又函数含有 2 个独立的任意常数. 因此所给函数是所给方程(7.9)的通解.

把初值条件 $y|_{x=0}=1,\ y'|_{x=0}=-1$ 代入(7.10)和(7.11)，得

$$\begin{cases} C_1\sin0+C_2\cos0=1, \\ 2C_1\cos0-2C_2\sin0=-1, \end{cases} \text{即} \begin{cases} C_2=1 \\ 2C_1=-1 \end{cases}$$

解此方程组，得

$$C_1=-\frac{1}{2},\quad C_2=1.$$

因此，方程(7.9)满足初值条件的特解为

$$y=-\frac{1}{2}\sin2x+\cos2x.$$

习 题 7.1

(A)

1. 试指出下列各微分方程的阶数：
   (1) $y^2 dx - x^2 dy = xy$；
   (2) $y'' + 3y' - 2y = \sin x$；
   (3) $xy''' - y' + x = 0$；
   (4) $L\dfrac{d^2 Q}{dt^2} + R\dfrac{dQ}{dt} + \dfrac{Q}{t} = 0$.

2. 下列各题中所给函数是否为所给方程的解？若是解，是通解还是特解？
   (1) $y' + y = 0$，$y = 2e^{-x}$；
   (2) $xy' - y = x\tan\dfrac{y}{x}$，$y = x\arcsin Cx$ （C 为任意常数）；
   (3) $y'' - 2y' + y = 0$，$y = e^x + e^{-x}$；
   (4) $y'' + 3y' + 2y = xe^{-2x}$，$y = C_1 e^{-x} + C_2 e^{-2x} - \left(\dfrac{1}{2}x^2 + x\right)e^{-2x}$ （C_1, C_2 为任意常数）.

3. 验证函数 $y = Ce^{-x} + x - 1$ 是微分方程 $y' + y = x$ 的通解，并求满足初值条件 $y|_{x=0} = 2$ 的特解.

4. 验证 $y = (C_1 + C_2 x)e^{2x}$ 是微分方程 $y'' - 4y' + 4y = 0$ 的通解，并求满足初值条件 $y|_{x=0} = 0, y'|_{x=0} = 1$ 的特解.

(B)

1. 写出由下列条件确定的曲线所满足的微分方程：
   (1) 曲线在点 (x, y) 处的切线的斜率等于该点横坐标的平方；
   (2) 曲线上点 $P(x, y)$ 处的法线与 x 轴的交点为 Q，且线段 PQ 被 y 轴平分.

2. 一物体作直线运动，其运动速度为 $v = 2\cos t$ m/s，当 $t = \dfrac{\pi}{4}$ s 时，物体与原点 O 相距 10 m，求物体在时刻 t 与原点 O 的距离 $s(t)$.

3. 验证 $e^y + C_1 = (x + C_2)^2$ 是微分方程 $y'' - (y')^2 = 2e^{-y}$ 的通解，并求满足初值条件 $y|_{x=0} = 0, y'|_{x=0} = \dfrac{1}{2}$ 的特解.

7.2 可分离变量的微分方程

一阶微分方程的显式形式为

$$\dfrac{dy}{dx} = f(x, y).$$

其中 $f(x, y)$ 是定义在 xOy 平面区域上的二元函数，根据 $f(x, y)$ 的形式一般可将一阶微分方程分为可分离变量方程、齐次方程、一阶线性方程、伯努利方程等. 而可分离变量方程是其中最简单也是最基本的微分方程.

一、可分离变量的微分方程

如果一个一阶微分方程能写成如下形式：

$$\frac{\mathrm{d}y}{\mathrm{d}x} = f(x) \cdot g(y) \tag{7.13}$$

则称为**可分离变量的一阶微分方程**，其中 $f(x), g(y)$ 是一元连续函数.

假设 $g(y) \neq 0$，用 $\dfrac{1}{g(y)}$ 乘以(7.13)式的两边，得

$$\frac{\mathrm{d}y}{g(y)} = f(x)\mathrm{d}x, \tag{7.14}$$

等式(7.14)的左、右两边分别为关于 y 和关于 x 的微分，这种方法称为**分离变量**. 两边积分，得

$$\int \frac{\mathrm{d}y}{g(y)} = \int f(x)\mathrm{d}x,$$

若 $G(y), F(x)$ 分别为 $\dfrac{1}{g(y)}$ 和 $f(x)$ 的原函数，则有

$$G(y) = F(x) + C \quad (C \text{ 为任意常数}). \tag{7.15}$$

(7.15)式为方程(7.13)的隐函数形式的通解，称为微分方程的**隐式通解**.

若有 $g(y_0) = 0$，把 $y = y_0$ 代入(7.13)式可知，$y = y_0$ 也是方程(7.13)的一个解，称为**常数解**.

例1 求微分方程 $xy^2\mathrm{d}x + (1+x^2)\mathrm{d}y = 0$ 的通解.

解 原方程可改写为

$$\frac{\mathrm{d}y}{\mathrm{d}x} = -\frac{x}{1+x^2} \cdot y^2,$$

这是一个可分离变量的微分方程，显然 $y \equiv 0$ 为其特解，当 $y \neq 0$ 时分离变量，得

$$\frac{\mathrm{d}y}{y^2} = -\frac{x}{1+x^2}\mathrm{d}x,$$

两边积分，得

$$\int \frac{\mathrm{d}y}{y^2} = -\int \frac{x}{1+x^2}\mathrm{d}x,$$

即

$$\frac{1}{y} = \frac{1}{2}\ln(1+x^2) + C_1.$$

令 $C_1 = \ln C (C>0)$，于是有

$$\frac{1}{y} = \ln(C\sqrt{1+x^2}) \quad \text{或} \quad y = \frac{1}{\ln(C\sqrt{1+x^2})},$$

这就是所求微分方程的通解.

例 2 求微分方程 $\dfrac{dy}{dx} + y(x+1) = 0$ 的满足初值条件 $y|_{x=-1} = 1$ 的特解.

解 将方程变形为

$$\frac{dy}{dx} = -y(x+1),$$

这也是一个可以分离变量的方程，显然 $y \equiv 0$ 为其特解，当 $y \neq 0$ 时分离变量得

$$\frac{dy}{y} = -(x+1)dx,$$

两边积分，得

$$\ln|y| = -\frac{1}{2}(x+1)^2 + C_1 \quad (C_1 \text{ 为任意常数}),$$

即

$$y = \pm e^{C_1} \cdot e^{-\frac{1}{2}(x+1)^2} = Ce^{-\frac{1}{2}(x+1)^2}.$$

其中，$C = \pm e^{C_1}$ 是非零常数，注意到解 $y=0$ 也可视为上式中 $C=0$ 时对应的解，从而得方程通解为

$$y = Ce^{-\frac{1}{2}(x+1)^2},$$

其中 C 为任意常数.

把初值条件 $y|_{x=-1} = 1$ 代入上式，得 $C=1$，于是所求微分方程的特解为

$$y = e^{-\frac{1}{2}(x+1)^2}.$$

二、齐次方程

有些微分方程虽然不是可分离变量方程，但是，经过适当的变量代换可以化为可分离变量的微分方程，这里重点介绍齐次方程.

如果一阶微分方程

$$\frac{dy}{dx} = f(x,y)$$

中的函数 $f(x,y)$ 可写成 $\dfrac{y}{x}$ 的函数，即 $f(x,y) = \varphi\left(\dfrac{y}{x}\right)$，则称方程

$$\frac{dy}{dx} = \varphi\left(\frac{y}{x}\right) \tag{7.16}$$

为**齐次方程**. 例如 $(x+y)\mathrm{d}x+(y-x)\mathrm{d}y=0$ 是齐次方程,因为其可化为

$$\frac{\mathrm{d}y}{\mathrm{d}x}=\frac{x+y}{x-y}=\frac{1+\dfrac{y}{x}}{1-\dfrac{y}{x}}.$$

下面讨论此类方程的解法.

作代换 $u=\dfrac{y}{x}$,则 $y=ux$,于是

$$\frac{\mathrm{d}y}{\mathrm{d}x}=x\frac{\mathrm{d}u}{\mathrm{d}x}+u.$$

将其代入原方程(7.16),可得

$$x\frac{\mathrm{d}u}{\mathrm{d}x}+u=\varphi(u),$$

即

$$\frac{\mathrm{d}u}{\mathrm{d}x}=\frac{\varphi(u)-u}{x},$$

分离变量得

$$\frac{\mathrm{d}u}{\varphi(u)-u}=\frac{\mathrm{d}x}{x},$$

两端积分得

$$\int\frac{\mathrm{d}u}{\varphi(u)-u}=\int\frac{\mathrm{d}x}{x}.$$

求出通解后,再用 $\dfrac{y}{x}$ 代替 u,即可得所给齐次方程(7.16)的通解.

例 3 求微分方程 $y^2+x^2\dfrac{\mathrm{d}y}{\mathrm{d}x}=xy\dfrac{\mathrm{d}y}{\mathrm{d}x}$ 的通解.

解 原方程可改写为

$$\frac{\mathrm{d}y}{\mathrm{d}x}=\frac{y^2}{xy-x^2}=\frac{\left(\dfrac{y}{x}\right)^2}{\dfrac{y}{x}-1},$$

因此原方程是齐次方程.令 $\dfrac{y}{x}=u$,则 $y=ux$,$\dfrac{\mathrm{d}y}{\mathrm{d}x}=u+x\dfrac{\mathrm{d}u}{\mathrm{d}x}$,代入原方程,则

$$u+x\frac{\mathrm{d}u}{\mathrm{d}x}=\frac{u^2}{u-1},$$

即

$$x\frac{\mathrm{d}u}{\mathrm{d}x}=\frac{u}{u-1}.$$

分离变量,得

$$\left(1-\frac{1}{u}\right)\mathrm{d}u=\frac{\mathrm{d}x}{x}.$$

两边积分,得

$$u-\ln|u|+C_1=\ln|x|,$$

即

$$|xu|=\mathrm{e}^{C_1}\cdot\mathrm{e}^u.$$

用 $\dfrac{y}{x}$ 代替上式中的 u,即可得所给方程的通解为

$$y=C\mathrm{e}^{\frac{y}{x}} \quad (\text{其中 } C=\pm\mathrm{e}^{C_1}).$$

例 4 求微分方程 $(yx^2+y^3)\mathrm{d}x-3xy^2\mathrm{d}y=0$ 的满足初值条件 $y|_{x=-1}=1$ 的特解.

解 将方程变形为

$$\frac{\mathrm{d}y}{\mathrm{d}x}=\frac{yx^2+y^3}{3xy^2},$$

即

$$\frac{\mathrm{d}y}{\mathrm{d}x}=\frac{1}{3}\left(\frac{y}{x}+\frac{x}{y}\right).$$

令 $\dfrac{y}{x}=u$,则 $y=ux,\dfrac{\mathrm{d}y}{\mathrm{d}x}=u+x\dfrac{\mathrm{d}u}{\mathrm{d}x}$,代入原方程可化为

$$\frac{3u}{1-2u^2}\mathrm{d}u=\frac{\mathrm{d}x}{x}.$$

两边积分,得

$$\frac{3}{4}\ln|2u^2-1|=-\ln|x|+\ln|C_1| \quad (C_1 \text{ 为任意非零常数})$$

用 $\dfrac{y}{x}$ 代替上式中的 u,又记 $C=C_1^4$,得

$$(2y^2-x^2)^3=Cx^2,$$

把初值条件 $y|_{x=-1}=1$ 代入上式,得 $C=1$,于是所求微分方程的特解为

$$(2y^2-x^2)^3=x^2.$$

习 题 7.2

(A)

1. 求下列各微分方程的通解：

    (1) $(1+y)\mathrm{d}x+(x-1)\mathrm{d}y=0$；

    (2) $xy'-y\ln y=0$；

    (3) $y'+ay=b$ （a,b 为常数，且 $a\neq 0$）；

    (4) $y'=\sqrt{\dfrac{1-y^2}{1-x^2}}$；

    (5) $\dfrac{\mathrm{d}y}{\mathrm{d}x}=\mathrm{e}^{x+y}$；

    (6) $y'+\sin(x+y)=\sin(x-y)$.

2. 求下列各微分方程满足所给初值条件的特解：

    (1) $(1+\mathrm{e}^x)yy'=\mathrm{e}^x$， $y|_{x=0}=1$；

    (2) $xy\mathrm{d}x+\sqrt{1-x^2}\mathrm{d}y=0$， $y\Big|_{x=1}=\dfrac{1}{2}$；

    (3) $\sin y\cos x\mathrm{d}y-\cos y\sin x\mathrm{d}x=0$， $y\Big|_{x=0}=\dfrac{\pi}{4}$.

3. 求下列齐次方程的通解：

    (1) $y\mathrm{d}x-(y+x)\mathrm{d}y=0$；

    (2) $x\dfrac{\mathrm{d}y}{\mathrm{d}x}=y(\ln y-\ln x)$；

    (3) $(x^3+y^3)\mathrm{d}x-3xy^2\mathrm{d}y=0$；

    (4) $xy'-y-\sqrt{y^2-x^2}=0$.

4. 求下列各齐次方程满足所给初值条件的特解：

    (1) $(y^2-3x^2)\mathrm{d}y+2xy\mathrm{d}x=0$， $y|_{x=0}=1$；

    (2) $(x^2+y^2)\mathrm{d}x-xy\mathrm{d}y=0$， $y|_{x=\mathrm{e}}=2\mathrm{e}$.

(B)

1. 解下列微分方程：

    (1) $xy'-y=y^3$；

    (2) $\sec^2 x\tan y\mathrm{d}x+\sec^2 y\tan x\mathrm{d}y=0$；

    (3) $y\mathrm{d}x+(x^2-4x)\mathrm{d}y=0$.

2. 解下列微分方程：

    (1) $(y^2-2xy)\mathrm{d}x+x^2\mathrm{d}y=0$；

    (2) $(3x^2+2xy-y^2)\mathrm{d}x+(x^2-2xy)\mathrm{d}y=0$；

    (3) $\left(1+2\mathrm{e}^{\frac{x}{y}}\right)\mathrm{d}x+2\mathrm{e}^{\frac{x}{y}}\left(1-\dfrac{x}{y}\right)\mathrm{d}y=0$.

7.3 一阶线性微分方程

一、线性方程

形如
$$\frac{\mathrm{d}y}{\mathrm{d}x}+P(x)y=Q(x) \tag{7.17}$$

的微分方程称为**一阶线性微分方程**,因为它对于未知函数 y 及其导数都是一次的. 如果 $Q(x)\equiv 0$,那么方程(7.17)称为**一阶线性齐次方程**;如果 $Q(x)\not\equiv 0$,那么方程(7.17)称为**一阶线性非齐次方程**.

例如 $\frac{\mathrm{d}y}{\mathrm{d}x}+x^2y=x+1$ 是一阶线性微分方程,而 $\frac{\mathrm{d}y}{\mathrm{d}x}+xy=\sin y$ 不是一阶线性微分方程.

为了求解非齐次方程(7.17),我们先解齐次方程:
$$\frac{\mathrm{d}y}{\mathrm{d}x}+P(x)y=0 \tag{7.18}$$

称为线性非齐次微分方程(7.17)所对应的线性齐次微分方程. 方程(7.18)为可分离变量的方程,分离变量得
$$\frac{\mathrm{d}y}{y}=-P(x)\mathrm{d}x,$$

两边积分,得
$$\ln|y|=-\int P(x)\mathrm{d}x+C_1.$$

即方程(7.18)的通解为
$$y=C\mathrm{e}^{-\int P(x)\mathrm{d}x}, \tag{7.19}$$

其中 $C=\pm\mathrm{e}^{C_1}$.

对于线性非齐次方程(7.17),如何求它的通解呢?下面我们介绍微分方程理论中的一个重要方法——常数变易法.

由于齐次方程(7.18)是非齐次方程(7.17)的特殊情形,两者有密切的联系,我们猜想两个方程的解之间应该也有着某种联系. 为此将齐次方程通解(7.19)中的任意常数 C 换为未知函数 $u(x)$,得函数
$$y=u(x)\mathrm{e}^{-\int P(x)\mathrm{d}x}. \tag{7.20}$$

现确定未知函数 $u(x)$,使(7.20)式为线性非齐次方程(7.17)的解,即使(7.20)式满足方程(7.17). 将(7.20)式代入非齐次方程(7.17)得

$$u'(x)\mathrm{e}^{-\int P(x)\mathrm{d}x} - u(x)\mathrm{e}^{-\int P(x)\mathrm{d}x}P(x) + P(x)u(x)\mathrm{e}^{-\int P(x)\mathrm{d}x} = Q(x),$$

化简得
$$u'(x) = Q(x)\mathrm{e}^{\int P(x)\mathrm{d}x},$$

因此有
$$u(x) = \int Q(x)\mathrm{e}^{\int P(x)\mathrm{d}x}\mathrm{d}x + C.$$

把上式代入(7.20)式,便得非齐次线性方程(7.17)的通解
$$y = \mathrm{e}^{-\int P(x)\mathrm{d}x}\left[\int Q(x)\mathrm{e}^{\int P(x)\mathrm{d}x}\mathrm{d}x + C\right]. \tag{7.21}$$

将(7.21)式改写为成两项之和
$$y = C\mathrm{e}^{-\int P(x)\mathrm{d}x} + \mathrm{e}^{-\int P(x)\mathrm{d}x}\int Q(x)\mathrm{e}^{\int P(x)\mathrm{d}x}\mathrm{d}x.$$

可以看出,线性非齐次方程(7.17)的通解等于对应的线性齐次方程通解与线性非齐次方程的一个特解之和.

例1 求微分方程 $\dfrac{\mathrm{d}y}{\mathrm{d}x} - \dfrac{2y}{x+1} = (x+1)^{\frac{5}{2}}$ 的通解.

解 这是一个线性非齐次方程.先求对应的线性齐次方程的通解
$$\frac{\mathrm{d}y}{\mathrm{d}x} - \frac{2y}{x+1} = 0,$$

即
$$\frac{\mathrm{d}y}{y} = \frac{2\mathrm{d}x}{x+1},$$

两边积分,得
$$\int \frac{\mathrm{d}y}{y} = \int \frac{2}{1+x}\mathrm{d}x,$$

即
$$\ln|y| = 2\ln|1+x| + \ln|C|,$$

于是有
$$y = C(1+x)^2.$$

用常数变易法,把常数 C 换为函数 $u(x)$,即令 $y = u(x)(1+x)^2$,代入所给线性非齐次方程,得
$$u'(x)(x+1)^2 + 2u(x)(x+1) - \frac{2}{x+1}u(x)(x+1)^2 = (x+1)^{\frac{5}{2}},$$

即
$$u'(x) = (x+1)^{\frac{1}{2}}.$$

两边积分,得

$$u(x) = \frac{2}{3}(x+1)^{\frac{3}{2}} + C.$$

再把上式代入 $y = u(x)(1+x)^2$ 中,即得所求方程的通解为

$$y = (x+1)^2 \left[\frac{2}{3}(x+1)^{\frac{3}{2}} + C\right].$$

本题也可以直接用公式(7.21)求解,这里 $P(x) = -\frac{2}{x+1}, Q(x) = (x+1)^{\frac{5}{2}}$,从而原方程的通解为

$$\begin{aligned}
y &= e^{-\int -\frac{2}{x+1}dx}\left[\int (x+1)^{\frac{5}{2}} e^{\int -\frac{2}{x+1}dx}dx + C\right] \\
&= (x+1)^2 \left[\int (x+1)^{\frac{5}{2}} (x+1)^{-2}dx + C\right] \\
&= (x+1)^2 \left[\frac{2}{3}(x+1)^{\frac{3}{2}} + C\right].
\end{aligned}$$

例 2 求微分方程 $(2x-y^2)dy - ydx = 0$ 满足初值条件 $y|_{x=1} = 1$ 的特解.

解 把 y 视为自变量,x 视为未知函数,方程化为

$$\frac{dx}{dy} - \frac{2}{y}x = -y.$$

则上式为以 x 为未知函数的线性非齐次方程,这里 $P(x) = -\frac{2}{y}, Q(x) = -y$. 由公式(7.21)得原方程的通解为

$$\begin{aligned}
x &= e^{-\int -\frac{2}{y}dy}\left[\int (-y) e^{\int -\frac{2}{y}dy}dy + C\right] \\
&= e^{\ln y^2}\left(-\int y e^{-\ln y^2}dy + C\right) \\
&= y^2\left(-\int \frac{1}{y}dy + C\right) \\
&= y^2(C - \ln|y|).
\end{aligned}$$

把初值条件 $y|_{x=1} = 1$ 代入上式,得 $C=1$,于是所求微分方程的特解为

$$x = y^2(1 - \ln|y|).$$

二、伯努利方程

形如

$$\frac{dy}{dx} + P(x)y = Q(x)y^n \quad (n \neq 0, 1) \tag{7.22}$$

的方程称为**伯努利**(Bernoulli)**方程**.

这是一个非线性方程,但可以通过变量代换化为线性方程. 事实上,以 y^n 除方程(7.22)的两端,得

$$y^{-n}\frac{dy}{dx}+P(x)y^{1-n}=Q(x),$$

容易看出,上式左端第一项与 $\frac{d}{dx}(y^{1-n})$ 只差一个常数因子 $1-n$,因此我们引入新的未知函数,令 $z=y^{1-n}$,则 $\frac{dz}{dx}=(1-n)y^{-n}\frac{dy}{dx}$,代入(7.22)式,则伯努利方程(7.22)化为

$$\frac{dz}{dx}+(1-n)P(x)z=(1-n)Q(x).$$

这是一个以 z 为未知函数的一阶线性非齐次方程,求出其通解后再用 y^{1-n} 代替 z 便得到伯努利方程(7.22)的通解.

例3 求微分方程 $\frac{dy}{dx}-\frac{1}{x}y=e^{x^3}y^3$ 的通解.

解 这是一个 $n=3$ 的伯努利方程,令 $z=y^{1-3}=y^{-2}$,方程化为

$$\frac{dz}{dx}+\frac{2}{x}z=-2e^{x^3}.$$

由公式(7.21)得

$$\begin{aligned}z&=e^{-\int\frac{2}{x}dx}\left(\int-2e^{x^3}e^{\int\frac{2}{x}dx}dx+C\right)\\&=\frac{1}{x^2}\left(-2\int e^{x^3}x^2dx+C\right)\\&=\frac{1}{x^2}\left(-\frac{2}{3}e^{x^3}+C\right).\end{aligned}$$

将 $z=y^{-2}$ 代入,得原方程的通解为

$$y^{-2}=\frac{1}{x^2}\left(-\frac{2}{3}e^{x^3}+C\right),$$

即 $x^2=y^2\left(-\frac{2}{3}e^{x^3}+C\right)$.

习 题 7.3

(A)

1. 求下列微分方程的通解:

(1) $\frac{dy}{dx}+y=e^{-x}$;

(2) $(1+x^2)y'-2xy=(1+x^2)^2$;

(3) $y' + y\cos x = e^{-\sin x}$； (4) $y' - 2xy = e^{x^2}\cos x$；

(5) $(x^2 - 1)y' + 2xy = \cos x$； (6) $\dfrac{d\rho}{d\theta} + 3\rho = 2$；

(7) $\dfrac{dy}{dx} + 2xy = 4x$； (8) $(x-2)\dfrac{dy}{dx} = y + 2(x-2)^3$.

2. 求下列微分方程满足所给初值条件的特解：

(1) $\dfrac{dy}{dx} - y\tan x = \sec x$， $y|_{x=0} = 0$；

(2) $\dfrac{dy}{dx} + \dfrac{y}{x} = \dfrac{\cos x}{x}$， $y|_{x=\pi} = 1$；

(3) $\dfrac{dy}{dx} + y\cot x = 5e^{\cos x}$， $y|_{x=\frac{\pi}{2}} = -4$；

(4) $\dfrac{dy}{dx} + \dfrac{2-3x^2}{x^3}y = 1$， $y|_{x=1} = 0$.

3. 求下列伯努利微分方程的通解：

(1) $\dfrac{dy}{dx} - 3xy = xy^2$； (2) $\dfrac{dy}{dx} + \dfrac{y}{x} = a(\ln x)y^2$；

(3) $y' - \dfrac{4y}{x} = x\sqrt{y}$； (4) $y' - y + 2xy^{-1} = 0$.

(B)

1. 解下列微分方程：

(1) $xy' + 2y = x\ln x$； (2) $\dfrac{dy}{dx} = \dfrac{1}{x+y}$；

(3) $\dfrac{dy}{dx} - \dfrac{y}{x} = \dfrac{x\ln x}{y}$； (4) $(y - x^3y^2)dx + x\,dy = 0$.

2. 求一连续可导函数 $f(x)$ 使其满足下列方程：

$$f(x) = \sin x - \int_0^x f(x-t)\,dt.$$

7.4 一阶微分方程应用举例

前面讨论了几种常用的一阶微分方程的解法，本节举例说明一阶微分方程在几何、物理等方面的一些应用．

利用微分方程寻求实际问题中未知函数的一般步骤是

(1) 分析问题，确定要研究的量是几何量还是物理量、化学量等，分清哪个是自变量，哪个是未知函数．

(2) 找出这些量所满足的规律，若是几何量，通常涉及切线斜率、曲率、弧长、面积、体积等量的表示，如物理量则常与速度、加速度、牛顿第二定律、动量守恒、弹性定律、回路电压定律等有关，化学问题则通常涉及浓度、反应速度等，而经济量一般与边际利润、边际成本、增长率等相关.

(3) 运用这些规律列出微分方程,这些规律的表述有的本身就是微分方程(如牛顿第二定律、边际问题等),有的则需要利用变化率、微元法的思想去列微分方程.

(4) 利用反映事物个性的特殊状态确定初值条件.

(5) 根据初值条件确定通解中的任意常数,求出微分方程满足初值条件的特解.

在求得微分的解后,有时还需要检验它是否符合问题的实际意义.

例 1 放射性元素铀由于不断地有原子放射出微粒子而变成其他元素,铀的含量就不断减少,这种现象叫做**衰变**. 由原子物理学知道,铀的衰变速度与当时未衰变的原子的含量 M 成正比. 已知 $t=0$ 时铀的含量为 M_0,求在衰变过程中含量 $M(t)$ 随时间变化的规律.

解 (1) 建立微分方程. 铀的衰变速度就是 $M(t)$ 对时间 t 的导数 $\dfrac{\mathrm{d}M}{\mathrm{d}t}$. 由于铀的衰变速度与其含量成正比,得到微分方程如下:

$$\frac{\mathrm{d}M}{\mathrm{d}t}=-\lambda M, \tag{7.23}$$

其中 $\lambda(\lambda>0)$ 是常数,叫做**衰变系数**. 由于当 t 增加时 M 单调减少,即

$$\frac{\mathrm{d}M}{\mathrm{d}t}<0,$$

所以上式右端前面应加"负号".

初值条件为

$$M|_{t=0}=M_0.$$

(2) 求微分方程的通解. 方程(7.23)是可分离变量的,分离变量后得

$$\frac{\mathrm{d}M}{M}=-\lambda \mathrm{d}t.$$

两端积分得

$$\int \frac{\mathrm{d}M}{M}=\int (-\lambda)\mathrm{d}t.$$

以 $\ln C$ 表示任意常数,因为 $M>0$,得

$$\ln M=-\lambda t+\ln C,$$

即

$$M=C\mathrm{e}^{-\lambda t}. \tag{7.24}$$

(3) 把初值条件 $M|_{t=0}=M_0$ 代入(7.24)式,可得

$$C=M_0,$$

故所求铀的变化规律为
$$M = M_0 e^{-\lambda t}.$$
由此可见,铀的含量随时间的增加而按指数规律衰减.

例2 设某车间内受到二氧化碳(CO_2)污染,需要在短时间内改变这种污染状况.设车间的体积为V,污染程度为空气中含有$b\%$的CO_2,假定新鲜空气中CO_2的含量为0.04%.如果以每分钟向车间内注入$a \text{ m}^3$的新鲜空气,且车间内不再产生新的CO_2.问需多长时间才能将车间内CO_2的含量从$b\%$降到0.06%($b \geqslant 0.06$)?

解 设注入新鲜空气开始时刻为$t = 0$,$x(t)$为t时刻车间内CO_2的浓度,初始时刻车间内CO_2的浓度为$x(0) = b\%$,则在$[t, t + dt]$这段时间,向车间内注入CO_2的总量为$a \cdot 0.04\% \cdot dt$,排出的CO_2的总量为$a \cdot x(t) \cdot dt$,那么在时间隔dt里,车间内CO_2的改变量为
$$a \cdot 0.04\% \cdot dt - a \cdot x(t) \cdot dt.$$
另一方面,在$[t, t+dt]$这段时间,车间内CO_2的总量改变量为
$$V \Delta x = V[x(t + dt) - x(t)] \approx V dx.$$
所以,
$$\frac{dx}{x - 0.04\%} = -\frac{a}{V} dt,$$
解此微分方程得其特解
$$x(t) = (b\% - 0.04\%) e^{-\frac{a}{V} t} + 0.04\%,$$
从中解出
$$t = -\frac{V}{a} \ln \frac{x - 0.0004}{b\% - 0.0004}.$$
若$a = 1000 \text{m}^3$,$V = 12000 \text{m}^3$,$x = 0.0006$,$b = 1.5$,则
$$t = -\frac{12000}{1000} \ln \frac{0.0006 - 0.0004}{0.015 - 0.0004} = 51.7 \text{(min)}.$$

例3 有一跳伞运动员从飞机上跳下,刚跳下时,速度为零,由于重力的作用,他下降的速度逐渐加快,但当下降的速度越来越快时,空气的阻力也越来越大.现假设空气阻力与下降速度成正比,试求跳伞运动员下降速度与时间的函数关系.

解 设运动员的质量为m,t时刻下落速度为$v(t)$,则加速度$a = \dfrac{dv}{dt}$.根据牛顿第二定律$F = ma$得
$$m \frac{dv}{dt} = mg - kv \quad (k > 0), \tag{7.25}$$
且$v(t)$满足下列条件

$$v(0)=0,$$

方程(7.25)是可分离变量的微分方程. 分离变量后得

$$\frac{\mathrm{d}v}{mg-kv}=\frac{\mathrm{d}t}{m},$$

两边积分

$$\int\frac{\mathrm{d}v}{mg-kv}=\int\frac{\mathrm{d}t}{m},$$

得方程的通解

$$-\frac{1}{k}\ln|mg-kv|=\frac{t}{m}+C_1 \quad (\text{其中 } C_1 \text{ 为任意常数}),$$

即

$$v(t)=\frac{mg}{k}+C\mathrm{e}^{-\frac{k}{m}t} \quad \left(\text{其中 } C=\pm\frac{1}{k}\mathrm{e}^{-kC_1}\right). \tag{7.26}$$

把初始条件 $v(0)=0$ 代入(7.26)式,得 $C=-\dfrac{mg}{k}$,于是所求的函数关系为

$$v(t)=\frac{mg}{k}(1-\mathrm{e}^{-\frac{k}{m}t}).$$

由于 $\lim\limits_{t\to+\infty}v(t)=\dfrac{mg}{k}$,因此若降落时间越长,降落到地面时的速度越接近于 $\dfrac{mg}{k}$;k 越大,表示阻力越大,从而落地速度越小;m 越大,即运动员的体重越重,则落地速度越快,这些从微分方程解的分析中得的结论与实际情况是相符的.

例 4（探照灯反射镜的设计） xOy 平面上的一条曲线 L 绕 x 轴旋转一周,形成一旋转曲面,假设由 O 点出发的光线经此旋转曲面形状的凹镜反射后都与 x 轴平行（探照灯内的凹镜就是这种情况）,求曲线 L 的方程.

解 如图 7.1 所示,设由 O 点出发的某条光线经 L 上一点 $M(x,y)$ 反射后是一条与 x 轴平行的直线 MS,L 上过点 M 的切线 AT 与 x 轴的夹角为 α,即 $\angle SMT=\alpha$,另一方面,$\angle OMA$ 是入射角的余角,$\angle SMT$ 是反射角的余角,根据光学中的反射定理知 $\angle OMA=\angle SMT=\alpha$,从而 $AO=OM$.

易见,$\dfrac{\mathrm{d}y}{\mathrm{d}x}=\tan\alpha=\dfrac{MP}{AP}$,而

$$MP=y, \quad AP=AO+OP=OM+OP=\sqrt{x^2+y^2}+x,$$

由此得到下列微分方程

$$\frac{\mathrm{d}y}{\mathrm{d}x}=\frac{y}{x+\sqrt{x^2+y^2}}.$$

这是一个齐次方程,由曲线 L 的对称性,可设 $y>0$,为求解方便,令 $u=\dfrac{x}{y}$,得

图 7.1

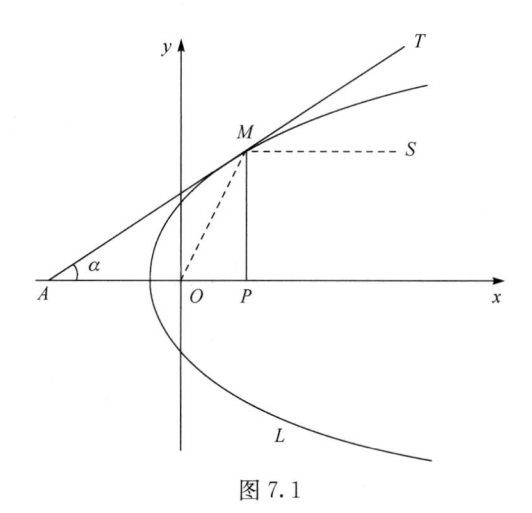

$$u+y\frac{\mathrm{d}u}{\mathrm{d}y}=u+\sqrt{1+u^2},$$

即

$$\frac{\mathrm{d}u}{\sqrt{1+u^2}}=\frac{\mathrm{d}y}{y},$$

两边积分得

$$\ln(u+\sqrt{1+u^2})+C_1=\ln y,$$

即

$$y=C(u+\sqrt{1+u^2}),$$

其中 $C=e^{C_1}$,将上式变形为

$$\left(\frac{y}{C}-u\right)^2=1+u^2,$$

即

$$\frac{y^2}{C^2}-\frac{2yu}{C}=1.$$

将 $u=\dfrac{x}{y}$ 代入上式并整理即得曲线 L 的方程为

$$y^2=2\left(Cx+\frac{C}{2}\right).$$

可见,L 是以 x 轴为对称轴、焦点在原点的抛物线.

例 5 如图 7.2,设 $y=f(x)$ 是第一象限内连接点 $A(0,1)$、$B(1,0)$ 的一段连续曲线,$M(x,y)$ 为该曲线上任意一点,点 C 为 M 在 x 轴上的投影,O 为坐标原点.若

梯形 $OCMA$ 的面积与曲边三角形 CBM 的面积之和为 $\dfrac{x^3}{6}+\dfrac{1}{3}$，求 $f(x)$ 的表达式.

解 根据题意，有 $\dfrac{x}{2}[1+f(x)]+\int_x^1 f(t)\mathrm{d}t=\dfrac{x^3}{6}+\dfrac{1}{3}$. 两边关于 x 求导，得

$$\frac{1}{2}[1+f(x)]+\frac{1}{2}xf'(x)-f(x)=\frac{1}{2}x^2.$$

当 $x\neq 0$ 时，得

$$f'(x)-\frac{1}{x}f(x)=\frac{x^2-1}{x}.$$

此为标准的一阶线性非齐次微分方程，其通解为

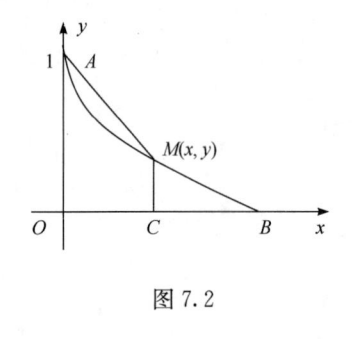

$$\begin{aligned}f(x)&=\mathrm{e}^{-\int-\frac{1}{x}\mathrm{d}x}\left[\int\frac{x^2-1}{x}\mathrm{e}^{\int-\frac{1}{x}\mathrm{d}x}\mathrm{d}x+C\right]\\&=\mathrm{e}^{\ln x}\left[\int\frac{x^2-1}{x}\mathrm{e}^{-\ln x}\mathrm{d}x+C\right]\\&=x\left(\int\frac{x^2-1}{x^2}\mathrm{d}x+C\right)\\&=x^2+1+Cx.\end{aligned}$$

图 7.2

当 $x=0$ 时，$f(0)=1$. 由于 $x=1$ 时，$f(1)=0$，故有 $2+C=0$，从而 $C=-2$. 所以

$$f(x)=x^2+1-2x=(x-1)^2.$$

习　题　7.4

(A)

1. 一曲线通过点 $(2,3)$，它在两坐标轴间的任一切线线段均被切点所平分，求这曲线方程.

2. 有一盛满了水的圆锥形漏斗，高为 10cm，顶角为 $60°$，漏斗下面有面积为 0.5cm^2 的孔，求水面高度变化的规律及流完所需的时间.

3. 镭的衰变有如下的规律：镭的衰变速度与它的现存量 R 成正比. 由经验材料得知，镭经过 1600 年后，只余原始量 R_0 的一半. 试求镭的现存量 R 与时间 t 的函数关系.

4. 设有一质量为 m 的质点作直线运动，从速度等于零的时刻起，有一个与它运动方向一致、大小与时间成正比（比例系数为 k_1）的力作用于它，此外它还受一与速度成正比（比例系数为 k_2）的阻力作用. 求质点运动的速度与时间的函数关系.

5. 关于物体的冷却，牛顿有下面的观察：冷却体的冷却速率跟该物体的温度与室温之温差成正比. 设该物体的温度为 $T(t)$，在 $t=t_0$ 时的温度为 T_0，室温为 H，则牛顿冷却定律为 $T'(t)=-\alpha[T(t)-H]$，其中 $\alpha>0$ 为与该物体有关的常数，通常称之为冷却常数.

某冬季，警察局接到报案，在街头发现一流浪汉的尸体，上午 6:30 时测其体温为 $18℃$，到上午 7:30 时，其体温已经降到 $16℃$，假设室外温度维持在 $10℃$，且人正常体温为 $37℃$，令 $t_0=6.5$，也即上午 6:30，根据以上信息，推断该流浪汉的死亡时间.

6. 设有一个由电阻 $R=10\Omega$、电感 $L=2H$ 和电源电压 $E=20\sin5tV$ 串联组成的电路. 开关 K 合上后, 电路中有电流通过. 求电流 i 与时间 t 的函数关系.

(B)

1. 设有连结点 $O(0, 0)$ 和 $A(1, 1)$ 的一段向上凸的曲线弧 $\overset{\frown}{OA}$, 对于 $\overset{\frown}{OA}$ 上任一点 $P(x,y)$, 曲线弧 $\overset{\frown}{OP}$ 与直线段 $\overline{OP}$ 所围图形的面积为 x^2, 求曲线弧 $\overset{\frown}{OA}$ 的方程.

2. 一容器盛盐水 100L, 含盐 50g, 现以浓度为 $p_1=2g/L$, 流量为 $v_1=3L/min$ 的盐水注入容器, 同时混合液又以流量为 $v_2=2L/min$ 从容器流出, 问 30min 后容器内含盐多少?

7.5 可降阶的高阶微分方程

二阶及二阶以上的微分方程统称为**高阶微分方程**. 对于有些高阶微分方程, 可以通过适当的变量代换, 把它们化为较低阶的微分方程求解, 这样的微分方程就称为**可降阶的高阶微分方程**, 相应的解法称为**降阶法**. 下面用降阶法讨论三种特殊类型的高阶微分方程的解法.

一、$y^{(n)}=f(x)$ 型的微分方程

微分方程

$$y^{(n)}=f(x)$$

的左端是未知函数 y 的导数, 右端仅含自变量 x. 显然, 只要视 $y^{(n-1)}$ 作为新的未知函数, 那么上述方程就是新未知函数的一阶微分方程. 两边直接积分, 就得到一个 $n-1$ 阶的微分方程

$$y^{(n-1)}=\int f(x)dx+C_1.$$

同理可得

$$y^{(n-2)}=\int\left[\int f(x)dx+C_1\right]dx+C_2.$$

依此法继续进行, 只要对原方程积分 n 次, 便可以求出含有 n 个任意常数的通解.

例 1 求微分方程 $y'''=\cos x-e^{-x}$ 的通解.

解 对所给方程连续积分三次得

$$y''=\int(\cos x-e^{-x})dx=\sin x+e^{-x}+C,$$

$$y'=\int(\sin x+e^{-x}+C)dx=-\cos x-e^{-x}+Cx+C_2,$$

$$y=\int(-\cos x-e^{-x}+Cx+C_2)dx=-\sin x+e^{-x}+C_1x^2+C_2x+C_3\left(C_1=\frac{1}{2}C\right),$$

这就是所求方程的通解.

二、$y''=f(x,y')$ 型的微分方程

形如
$$y''=f(x,y')$$
的二阶方程,其特点是不显含未知函数 y. 如果令 $y'=p(x)$,则
$$y''=\frac{\mathrm{d}p}{\mathrm{d}x}=p',$$
于是上述方程可原化成一阶微分方程
$$p'=f(x,p).$$
设此方程的通解为 $p=\varphi(x,C_1)$,则
$$\frac{\mathrm{d}y}{\mathrm{d}x}=\varphi(x,C_1).$$
原方程的通解为
$$y=\int\varphi(x,C_1)\mathrm{d}x+C_2.$$

例 2 求微分方程 $y''=\dfrac{2xy'}{1+x^2}$ 的通解.

解 这是一个不显含未知函数 y 的方程,令 $y'=p(x)$,则 $y''=p'$,原方程化为
$$\frac{\mathrm{d}p}{p}=\frac{2x}{1+x^2}\mathrm{d}x,$$
两端积分,得
$$\ln|p|=\ln(1+x^2)+C,$$
即
$$p=C_1(1+x^2) \quad (C_1=\pm\mathrm{e}^C),$$
于是
$$y'=C_1(1+x^2),$$
再积分得原方程通解为
$$y=C_1\left(x+\frac{1}{3}x^3\right)+C_2.$$

三、$y''=f(y,y')$ 型的微分方程

形如
$$y''=f(y,y')$$

的二阶微分方程,其特点是不显含自变量 x. 对这类方程,可以视 y 为自变量,令 $y'=p(y)$ 为未知函数而使原方程降阶,这时

$$y''=\frac{\mathrm{d}p}{\mathrm{d}x}=\frac{\mathrm{d}p}{\mathrm{d}y}\frac{\mathrm{d}y}{\mathrm{d}x}=p\frac{\mathrm{d}p}{\mathrm{d}y},$$

原方程变为

$$p\frac{\mathrm{d}p}{\mathrm{d}y}=f(y,p).$$

这是一个以 y 为自变量,p 为未知函数的一阶微分方程,设其通解为 $p=\varphi(y,C_1)$,则由 $y'=p=\varphi(y,C_1)$ 分离变量后再积分得原方程的通解为

$$\int\frac{\mathrm{d}y}{\varphi(y,C_1)}=x+C_2.$$

例3 求方程 $2yy''=1+y'^2$ 满足条件 $\begin{cases} y(0)=1, \\ y'(0)=0 \end{cases}$ 的解.

解 这个方程不显含自变量 x. 令 $y'=p(y)$,则 $y''=p\dfrac{\mathrm{d}p}{\mathrm{d}y}$,代入原方程得

$$2yp\frac{\mathrm{d}p}{\mathrm{d}y}=1+p^2,$$

分离变量得

$$\frac{2p\mathrm{d}p}{1+p^2}=\frac{\mathrm{d}y}{y},$$

积分得

$$\ln(1+p^2)=\ln|y|+C,$$

化简得

$$1+p^2=C_1 y \quad (C_1=\pm e^C).$$

将初值条件 $y(0)=1, y'(0)=0$ 代入上式可得 $C_1=1$,故

$$1+p^2=y,$$

即

$$\frac{\mathrm{d}y}{\mathrm{d}x}=p=\pm\sqrt{y-1},$$

分离变量得

$$\frac{\mathrm{d}y}{\sqrt{y-1}}=\pm\mathrm{d}x,$$

积分得

$$2\sqrt{y-1}=\pm x+C_2,$$

再由初值条件 $y(0)=1$ 得 $C_2=0$,故所求解为

即
$$2\sqrt{y-1}=\pm x,$$

$$y=\frac{1}{4}x^2+1.$$

习 题 7.5

(A)

1. 求下列各微分方程的通解：

(1) $y''=\dfrac{1}{1+x^2}$；

(2) $y'''=e^{2x}-\cos x$；

(3) $y''=y'+x$；

(4) $(1-x^2)y''-xy'=2$；

(5) $yy''-(y')^2=0$；

(6) $y^3y''-1=0$.

2. 求下列各微分方程满足所给初值条件的特解：

(1) $y'''=e^{ax}$, $y|_{x=1}=y'|_{x=1}=y''|_{x=1}=0$；

(2) $y''-\dfrac{1}{x}y'=x^2$, $y|_{x=1}=y'|_{x=1}=1$；

(3) $y''=e^{2y}$, $y|_{x=0}=y'|_{x=0}=0$；

(4) $y''=3\sqrt{y}$, $y|_{x=0}=1$, $y'|_{x=0}=2$.

(B)

解下列微分方程：

(1) $y'''=\dfrac{\ln x}{x}$；

(2) $y''=\dfrac{1}{\sqrt{y}}$；

(3) $y''=y'^3+y'$.

7.6　高阶线性微分方程

形如
$$a_0(x)y^{(n)}+a_1(x)y^{(n-1)}+\cdots+a_{n-1}(x)y'+a_n(x)y=f(x)$$
的方程称为 n 阶线性微分方程. 这是由于方程中关于未知函数 y 及其各阶导数 $y',\cdots,y^{(n)}$ 的最高次数都是一次的, 函数 $f(x)$ 称为方程的自由项. 若 $f(x)\equiv 0$, 则称方程为 n 阶线性齐次微分方程；若 $f(x)\not\equiv 0$, 则称方程为 n 阶线性非齐次微分方程.

特别地,当 $n=2$ 时,方程
$$\frac{d^2y}{dx^2}+P(x)\frac{dy}{dx}+Q(x)y=f(x) \tag{7.27}$$
叫做**二阶线性微分方程**.当方程右端 $f(x)\equiv 0$ 时,方程叫做**二阶线性齐次微分方程**;当方程右端 $f(x)\not\equiv 0$ 时,方程叫做**二阶线性非齐次微分方程**.下面来讨论二阶线性微分方程的解的一些性质,这些性质可以类似推广到 n 阶线性方程.

一、二阶线性齐次方程的解的结构

先讨论方程(7.27)所对应的二阶线性齐次微分方程
$$\frac{d^2y}{dx^2}+P(x)\frac{dy}{dx}+Q(x)y=0. \tag{7.28}$$

定理 1 如果 $y_1(x), y_2(x)$ 为二阶线性齐次微分方程(7.28)的两个解,则 $C_1 y_1(x)+C_2 y_2(x)$ 仍为方程(7.28)的解,其中 C_1, C_2 为两个常数.

证 由于 $y_1(x), y_2(x)$ 为方程(7.28)的解,所以 $y_1(x), y_2(x)$ 满足微分方程(7.28),即有
$$y_1''+P(x)y_1'+Q(x)y_1\equiv 0,$$
$$y_2''+P(x)y_2'+Q(x)y_2\equiv 0,$$
从而
$$(C_1 y_1+C_2 y_2)''+P(x)(C_1 y_1+C_2 y_2)'+Q(x)(C_1 y_1+C_2 y_2)$$
$$=C_1[y_1''+P(x)y_1'+Q(x)y_1]+C_2[y_2''+P(x)y_2'+Q(x)y_2]\equiv 0.$$
故 $C_1 y_1(x)+C_2 y_2(x)$ 为方程(7.28)的解.

定理 1 仅指出 $y=C_1 y_1(x)+C_2 y_2(x)$ 是方程(7.28)的解,但未必是通解.例如, $y_1(x)$ 是某二阶齐次方程的解,显然 $y_2(x)=2y_1(x)$ 也是齐次方程的解,但是 $C_1 y_1(x)+C_2 y_2(x)=(C_1+2C_2)y_1(x)$ 并不是方程的通解.那么在什么情况下 $C_1 y_1(x)+C_2 y_2(x)$ 才是方程(7.28)的通解呢?为了解决这个问题,下面引入函数的线性相关与线性无关概念.

定义 设 $y_1(x), y_2(x), \cdots, y_n(x)$ 是定义在区间 I 上的 n 个函数,若存在不全为 0 的常数 $k_1, k_2, \cdots, k_n$,使得
$$k_1 y_1(x)+k_2 y_2(x)+\cdots+k_n y_n(x)\equiv 0, \quad x\in I.$$
则称这 n 个函数在 I 上**线性相关**,否则称为**线性无关**.

例如,函数 $1, \cos^2 x, \sin^2 x$ 在 $(-\infty, +\infty)$ 内线性相关.事实上,若取 $k_1=1, k_2=k_3=-1$,有恒等式
$$1\cdot 1+(-1)\cdot\cos^2 x+(-1)\cdot\sin^2 x\equiv 0.$$

又如,函数 $1, x, x^2$ 在任何区间 I 内线性无关. 这是因为如果存在不全为零的数 k_1, k_2, k_3 使得 $k_1 + k_2 x + k_3 x^2 \equiv 0$,但二次多项式 $k_1 + k_2 x + k_3 x^2$ 在该区间内至多只有两个零点,因此要使它恒等于零,则 k_1, k_2, k_3 必须全为 0.

特别地,对于两个函数,当它们的比值为常数时线性相关;若它们的比值是非常数函数时线性无关.

定理 2 若 $y_1(x), y_2(x)$ 为二阶线性齐次微分方程(7.28)的两个线性无关的解,则

$$y = C_1 y_1(x) + C_2 y_2(x) \tag{7.29}$$

是方程(7.28)的通解,其中 C_1, C_2 为两个任意常数.

由定理 2 可见,对于二阶线性齐次微分方程,只要求得它的两个线性无关的特解,就可求得它的通解. 例如方程 $y'' - y = 0$ 有两特解 $y_1 = e^x, y_2 = e^{-x}$,且 $\dfrac{y_2}{y_1} = e^{-2x} \neq$ 常数,即 y_1, y_2 线性无关,因此方程的通解为 $y = C_1 e^x + C_2 e^{-x}$.

推论 若 $y_1, y_2, \cdots, y_n$ 是 n 阶线性齐次方程

$$y^{(n)} + a_1(x) y^{(n-1)} + \cdots + a_{n-1}(x) y' + a_n(x) y = 0$$

的 n 个线性无关解,则方程的通解为

$$y = C_1 y_1 + \cdots + C_n y_n \quad (C_k \text{ 为任意常数}, k = 1, 2, \cdots, n).$$

二、二阶线性非齐次方程的解的结构

在 7.3 节我们讨论了一阶线性非齐次微分方程的通解,它是对应的齐次方程的通解和它本身的一个特解的和. 关于二阶线性非齐次方程的通解也有类似的结论.

定理 3 设 $y^*(x)$ 是二阶非齐次线性方程

$$y'' + P(x) y' + Q(x) y = f(x) \tag{7.30}$$

的一个特解,$Y(x)$ 是对应的齐次方程

$$y'' + P(x) y' + Q(x) y = 0 \tag{7.31}$$

的通解,那么

$$y = Y(x) + y^*(x) \tag{7.32}$$

是二阶非齐次线性微分方程的通解.

证 将(7.32)式代入方程(7.30)的左端,得

$$(Y'' + y^{*''}) + P(x)(Y' + y^{*'}) + Q(x)(Y + y^*)$$
$$= [Y'' + P(x) Y' + Q(x) Y] + [y^{*''} + P(x) y^{*'} + Q(x) y^*].$$

由于 Y 是方程(7.31)的解,y^* 是方程(7.30)的解,可知第一个括号内的表达式恒等于零,第二个恒等于 $f(x)$,这样,$y=Y+y^*$ 使(7.30)的两端恒等,即(7.30)式是方程(7.32)的解.

由于对应的齐次方程(7.31)的通解 $Y=C_1y_1+C_2y_2$ 中含有两个独立的任意常数,所以 $y=Y+y^*$ 中也含有两个独立的任意常数,从而它就是二阶非齐次线性方程(7.30)的通解.

例如,对于 $y''-y=x$,由于 $y=C_1e^x+C_2e^{-x}$ 为 $y''-y=0$ 的通解,而 $y^*=-x$ 又是其一个特解,故 $y=C_1e^x+C_2e^{-x}-x$ 是方程的通解.

定理 3 给出了二阶线性非齐次方程的通解结构,因此寻找二阶线性非齐次方程的一个特解就成了求它通解的关键之一. 下面给出的定理对于寻求二阶线性非齐次方程的某些特解很有帮助.

定理 4 若二阶线性非齐次方程为
$$y''+P(x)y'+Q(x)y=f_1(x)+f_2(x) \tag{7.33}$$
且 y_1^* 与 y_2^* 分别是方程
$$y''+P(x)y'+Q(x)y=f_1(x) \quad \text{和} \quad y''+P(x)y'+Q(x)y=f_2(x)$$
的特解,则 $y_1^*+y_2^*$ 是方程(7.33)的特解.

证 将 $y=y_1^*+y_2^*$ 代入方程(7.33)的左端,得
$$(y_1^*+y_2^*)''+P(x)(y_1^*+y_2^*)'+Q(x)(y_1^*+y_2^*)$$
$$=[y_1^{*''}+P(x)y_1^{*'}+Q(x)y_1^*]+[y_2^{*''}+P(x)y_2^{*'}+Q(x)y_2^*]$$
$$\equiv f_1(x)+f_2(x),$$
因此 $y_1^*+y_2^*$ 是方程(7.33)的一个特解.

这一定理通常称为非齐次线性微分方程的解的**叠加原理**.

定理 3 和定理 4 的结论对于 n 阶线性非齐次方程也同样成立,这里不再赘述.

习 题 7.6

(A)

1. 下列函数组在其定义区间内哪些是线性无关的?
   (1) e^{2x}, e^{3x};   (2) x, $2x$;
   (3) $\cos x$, $\sin x$;   (4) e^{x^2}, $2xe^{x^2}$;
   (5) $\cos x \sin x$, $\sin 2x$;   (6) $\ln x$, $x^2 \ln x$.

2. 验证 $y_1=\sin 3x$ 及 $y_2=2\sin 3x$ 都是方程 $y''+9y=0$ 的解,能否由此说明 $y=C_1y_1(x)+C_2y_2(x)$ 是该方程的通解? 又 $y_3=\cos 3x$ 也满足方程,则 $y=C_1y_1(x)+C_3y_3(x)$ 是该方程的通解吗? 为什么?

3. 验证 $y_1=e^x$ 及 $y_2=xe^x$ 都是方程 $y''-2y'+y=0$ 的解,并写出该方程的通解.

4. 验证 $y=C_1\mathrm{e}^x+C_2\mathrm{e}^{2x}+\dfrac{1}{12}\mathrm{e}^{5x}$ (C_1,C_2是任意常数)是方程 $y''-3y'+2y=\mathrm{e}^{5x}$ 的通解.

5. 验证 $y=C_1\cos3x+C_2\sin3x+\dfrac{1}{32}(4x\cos x+\sin x)$ (C_1,C_2是任意常数)是方程 $y''+9y=x\cos x$ 的通解.

6. 验证 $y=\dfrac{1}{x}(C_1\mathrm{e}^x+C_2\mathrm{e}^{-x})+\dfrac{\mathrm{e}^x}{2}$ (C_1,C_2是任意常数)是方程 $xy''+2y'-xy=\mathrm{e}^x$ 的通解.

(B)

1. 已知微分方程 $y''+p(x)y'+q(x)y=f(x)$ 有三个解 $y_1=x,y_2=\mathrm{e}^x,y_3=\mathrm{e}^{2x}$, 求此方程满足初值条件 $y(0)=1,y'(0)=3$ 的特解.

2. 已知二阶线性方程 $x^2y''-4xy'+6y=0$ 的一个特解为 $y_1=x^3$, 利用变换 $y_2(x)=u(x)y_1(x)$ 求该方程的另一解, 并求该方程的通解.

7.7 常系数线性齐次微分方程

如果线性微分方程中的系数为常数, 则称其为常系数线性微分方程, 二阶常系数线性齐次微分方程的一般形式为

$$y''+py'+qy=0. \tag{7.34}$$

其中 p,q 为常数.

由 7.6 节定理 2 知, 求方程(7.34)的通解, 关键在于求出它的两个线性无关的特解 $y_1(x),y_2(x)$. 什么样的函数 y 有可能成为方程(7.34)的特解呢? 由于方程(7.34)是 y'',y',y 各乘上常数因子后相加等于零, 所以如果函数 y 和它的导数 y'', y' 之间只相差常数因子, 函数 y 便可能是方程(7.34)的特解. 而指数函数 $y=\mathrm{e}^{rx}$ 的导数是 $y'=r\mathrm{e}^{rx},y''=r^2\mathrm{e}^{rx}$ 它们之间只相差常数因子, 因此只要选择适当的 r 的值, 就有可能使 $y=\mathrm{e}^{rx}$ 是方程(7.34)的解.

设 $y=\mathrm{e}^{rx}$(r 为待定常数)是方程(7.34)的解, 将其代入方程(7.34)得

$$(r^2+pr+q)\mathrm{e}^{rx}\equiv 0,$$

由于 $\mathrm{e}^{rx}\neq 0$, 故消去 e^{rx}, 得

$$r^2+pr+q=0. \tag{7.35}$$

这就是说, 只要 r 是代数方程(7.35)的根, 那么, $y=\mathrm{e}^{rx}$ 就是微分方程(7.34)的解. 于是微分方程(7.34)的求解问题, 就转化为求代数方程(7.35)的根的问题. 代数方程(7.35)称为微分方程(7.34)的**特征方程**, 其根称为微分方程(7.34)的**特征根**.

特征方程(7.35)是一个以 r 为未知数的一元二次方程, 因此特征根有三种可能情况, 下面就三种情况分别讨论方程(7.34)的通解形式.

(1) 当 $p^2-4q>0$ 时, 特征方程(7.35)有两个不相等的实根 r_1 与 r_2. 这时方

程(7.34)有两个特解 $y_1 = e^{r_1 x}, y_2 = e^{r_2 x}$,并且由于 $\dfrac{y_1}{y_2} = \dfrac{e^{r_1 x}}{e^{r_2 x}} = e^{(r_1 - r_2)x} \neq$ 常数,所以 $y_1 = e^{r_1 x}, y_2 = e^{r_2 x}$ 是(7.34)的两个线性无关的特解.因此,方程(7.34)的通解为

$$y = C_1 e^{r_1 x} + C_2 e^{r_2 x}.$$

(2) 当 $p^2 - 4q = 0$ 时,特征方程(7.35)有两个相等的实根 $r_1 = r_2$. 这时方程(7.34)只能得到一个特解 $y_1 = e^{r_1 x}$,还需设法找出另一个与 y_1 线性无关的特解 y_2,即 y_2 与 y_1 应满足 $\dfrac{y_2}{y_1} \neq$ 常数,所以 $\dfrac{y_2}{y_1}$ 应是 x 的某个函数,设 $\dfrac{y_2}{y_1} = u(x)$,即 $y_2 = u(x) e^{r_1 x}$,其中 $u(x)$ 待定.将 y_2, y_2', y_2'' 代入方程(7.34)得

$$u'' e^{r_1 x} + 2u' r_1 e^{r_1 x} + u r_1^2 e^{r_1 x} + p(u' e^{r_1 x} + r_1 u e^{r_1 x}) + q u e^{r_1 x}$$
$$= e^{r_1 x} [u'' + (2r_1 + p) u' + (r_1^2 + pr_1 + q) u] \equiv 0.$$

由于 $r_1 = r_2$ 是特征方程的根(二重根),所以 $r_1^2 + pr_1 + q = 0$,又由二次方程根与系数的关系可知 $2r_1 + p = 0$,故上述含 u 的导数的方程可简化为 $u'' = 0$,满足此式而又不是常数的函数 $u(x)$ 很多,我们取其中最简单的一个:$u(x) = x$.于是 $y_2 = x e^{r_1 x}$ 就是方程(7.34)的另一个与 $y_1 = e^{r_1 x}$ 线性无关的特解,因此方程(7.34)的通解为

$$y = (C_1 + C_2 x) e^{r_1 x}.$$

(3) 当 $p^2 - 4q < 0$ 时,特征方程(7.35)有一对共轭复根 $r_1 = \alpha + i\beta, r_2 = \alpha - i\beta$. 这时方程(7.34)有两个复值函数形式的线性无关的特解 $y_1 = e^{(\alpha + i\beta)x}, y_2 = e^{(\alpha - i\beta)x}$,因此方程(7.34)的复数形式的通解为 $y = C_1 e^{(\alpha + i\beta)x} + C_2 e^{(\alpha - i\beta)x}$. 但在实际应用中往往需要实数形式的通解.为此,利用欧拉(Euler)公式 $e^{i\theta} = \cos\theta + i\sin\theta$ 将 y_1, y_2 改写成如下形式

$$y_1 = e^{(\alpha + i\beta)x} = e^{\alpha x}(\cos\beta x + i\sin\beta x),$$
$$y_2 = e^{(\alpha - i\beta)x} = e^{\alpha x}(\cos\beta x - i\sin\beta x).$$

由 7.6 节定理 1 知

$$\bar{y}_1 = \frac{1}{2}(y_1 + y_2) = e^{\alpha x} \cos\beta x,$$

$$\bar{y}_2 = \frac{1}{2i}(y_1 - y_2) = e^{\alpha x} \sin\beta x$$

仍为方程(7.34)的解,且 $\dfrac{\bar{y}_1}{\bar{y}_2} = \dfrac{e^{\alpha x} \cos\beta x}{e^{\alpha x} \sin\beta x} = \cot\beta x \neq$ 常数,故 $e^{\alpha x} \cos\beta x, e^{\alpha x} \sin\beta x$ 线性无关.因此方程(7.34)的实数形式的通解为

$$y = e^{\alpha x}(C_1 \cos\beta x + C_2 \sin\beta x).$$

至此,我们已经完全解决了求二阶常系数线性齐次微分方程(7.34)的通解的问题,步骤如下:

第一步,写出微分方程的特征方程 $r^2 + pr + q = 0$;

第二步，求出特征方程的两个根 r_1, r_2；

第三步，根据特征方程的两个根的不同情况，写出微分方程的通解. 即

若 $r_1 \neq r_2$，r_1, r_2 为实根，则通解是 $y = C_1 e^{r_1 x} + C_2 e^{r_2 x}$；

若 $r_1 = r_2$，则通解是 $y = (C_1 + C_2 x) e^{r_1 x}$；

若 $r_{1,2} = \alpha \pm i\beta$，则通解是 $y = e^{\alpha x}(C_1 \cos\beta x + C_2 \sin\beta x)$.

例1 求微分方程 $y'' + 5y' + 6y = 0$ 的通解.

解 所给微分方程的特征方程为

$$r^2 + 5r + 6 = 0,$$

其根 $r_1 = -2, r_2 = -3$ 是两个不相等的实根，因此所求通解为

$$y = C_1 e^{-2x} + C_2 e^{-3x}.$$

例2 求方程 $y'' + 2y' + y = 0$ 满足初值条件 $y|_{x=0} = 0, y'|_{x=0} = 1$ 的特解.

解 所给方程的特征方程为

$$r^2 + 2r + 1 = 0,$$

其根 $r_1 = r_2 = -1$ 是两个相等的实根，因此所求微分方程的通解为

$$y = (C_1 + C_2 x) e^{-x}.$$

将条件 $y|_{x=0} = 0, y'|_{x=0} = 1$ 代入通解，得 $C_1 = 0, C_2 = 1$，从而

$$y = x e^{-x}.$$

例3 求微分方程 $y'' - 4y' + 13y = 0$ 的通解.

解 所给微分方程的特征方程为

$$r^2 - 4r + 13 = 0,$$

其根 $r_{1,2} = 2 \pm 3i$ 为一对共轭复根，因此所求通解为

$$y = e^{2x}(C_1 \cos 3x + C_2 \sin 3x).$$

上面讨论二阶常系数线性齐次微分方程通解的方法可以类似推广到 n 阶常系数线性齐次微分方程. 设有 n 阶常系数线性齐次微分方程

$$y^{(n)} + p_1 y^{(n-1)} + \cdots + p_{n-1} y' + p_n y = 0, \tag{7.36}$$

其中 $p_1, p_2, \cdots, p_n$ 均为常数，方程(7.36)的特征方程为

$$r^n + p_1 r^{n-1} + \cdots + p_{n-1} r + p_n = 0.$$

这是一个以 r 为未知数的 n 次代数方程，它有 n 个根（k 重根看作是 k 个根）. 根据特征根的各种不同情况，可写出所对应的方程(7.36)的解（表 7.1）：

表 7.1

特征根的情况	微分方程通解中的对应项
单实根 r	一项 Ce^{rx}
共轭复根 $r_{1,2}=\alpha\pm i\beta$	两项 $e^{\alpha x}(C_1\cos\beta x+C_2\sin\beta x)$
k 重实根 r	k 项 $e^{rx}(C_1+C_2x+\cdots+C_kx^{k-1})$
k 重共轭复根 $r_{1,2}=\alpha\pm i\beta$	$2k$ 项 $e^{\alpha x}[(C_1+C_2x+\cdots+C_kx^{k-1})\cos\beta x+(C_{k+1}+C_{k+2}x+\cdots+C_{2k}x^{k-1})\sin\beta x]$

于是每个特征根对应着方程(7.36)通解中的一项,且每项各含一个任意常数,这 n 项含任意常数的解相加就得到方程(7.36)的通解.

例 4 求微分方程 $y^{(4)}-2y'''+10y''=0$ 的通解.

解 所给微分方程的特征方程为
$$r^4-2r^3+10r^2=0,$$
其根是 $r_1=r_2=0$ 和 $r_{3,4}=1\pm 3i$,因此所给微分方程的通解为
$$y=C_1+C_2x+e^x(C_3\cos 3x+C_4\sin 3x).$$

习 题 7.7

(A)

1. 求下列各微分方程的通解:

(1) $y''-2y'-3y=0$;

(2) $y''-4y'=0$;

(3) $y''-10y'+25y=0$;

(4) $y''+y=0$;

(5) $y''-2y'+5y=0$;

(6) $4\dfrac{d^2x}{dt^2}-20\dfrac{dx}{dt}+25x=0$.

2. 求下列各微分方程满足所给初值条件的特解:

(1) $y''-4y'+3y=0$, $y|_{x=0}=6$, $y'|_{x=0}=10$;

(2) $y''+4y'+29y=0$, $y|_{x=0}=0$, $y'|_{x=0}=15$;

(3) $4y''+4y'+y=0$, $y|_{x=0}=2$, $y'|_{x=0}=0$.

(B)

解下列微分方程:

(1) $y^{(4)}-y=0$;

(2) $y^{(4)}-2y'''+y''=0$;

(3) $y^{(4)}+2y''+y=0$.

7.8 常系数线性非齐次微分方程

二阶常系数线性非齐次微分方程的一般形式为
$$y'' + py' + qy = f(x), \tag{7.37}$$
其中 p, q 为常数.

由 7.6 节定理 3 知,方程(7.37)的通解等于它的一个特解 y^* 加上对应齐次方程(7.34)的通解,而齐次微分方程(7.34)的通解的求法上节已经解决,因而这里只需讨论求非齐次微分方程(7.37)的一个特解的方法.

对于方程(7.37)的 $f(x)$ 的一般形式求特解还是比较困难的,本节只介绍 $f(x)$ 为指数函数、多项式函数和 $\sin\beta x, \cos\beta x$ 或它们的乘积形式时,可以根据这种函数形式来推断出特解的形式,再把形式解代入方程,确定解中所含的待定常数,故称这种方法为**待定系数法**.

一、$f(x) = e^{\lambda x} P_m(x)$ 型

$P_m(x)$ 是 x 的 m 次多项式,λ 为一常数,这时方程(7.37)为
$$y'' + py' + qy = P_m(x) e^{\lambda x}, \tag{7.38}$$
方程(7.38)的右端是多项式函数 $P_m(x)$ 与指数函数 $e^{\lambda x}$ 的乘积. 要找一特解 y^* 满足方程(7.38),由于多项式函数与指数函数乘积的导数仍然是多项式函数与指数函数的乘积,因此可推测特解形式为 $y^* = e^{\lambda x} Q(x)$,其中 $Q(x)$ 是待定的多项式. 能否选取合适的多项式函数 $Q(x)$,使 $y^* = e^{\lambda x} Q(x)$ 为方程(7.38)的解呢?

为此,将
$$y^* = e^{\lambda x} Q(x),$$
$$y^{*\prime} = e^{\lambda x} [\lambda Q(x) + Q'(x)],$$
$$y^{*\prime\prime} = e^{\lambda x} [\lambda^2 Q(x) + 2\lambda Q'(x) + Q''(x)],$$
代入方程(7.37)并约去 $e^{\lambda x}$ 得
$$Q''(x) + (2\lambda + p) Q'(x) + (\lambda^2 + p\lambda + q) Q(x) \equiv P_m(x). \tag{7.39}$$
由于 $2\lambda + p, \lambda^2 + p\lambda + q$ 都是常数,而 $Q(x)$ 是多项式,$Q(x)$ 的导数仍为多项式,且每求一次导数,多项式的次数就降低一次,所以(7.39)式左边是一个多项式,要使它恒等于(7.39)式右边的 m 次多项式 $P_m(x)$,故应有:

(1) 当 $\lambda^2 + p\lambda + q \neq 0$,即 λ 不是齐次方程(7.34)的特征根时,(7.39)式右边多项式的次数即为 $Q(x)$ 的次数,所以 $Q(x)$ 应是一个 m 次多项式,故设
$$y^* = e^{\lambda x} Q_m(x).$$

(2) 当 $\lambda^2 + p\lambda + q = 0$,而 $2\lambda + p \neq 0$,即 λ 是齐次方程(7.34)的单特征根时,

$Q'(x)$ 应为 m 次多项式, 故 $Q(x)$ 为 $m+1$ 次多项式, 故可设
$$y^* = xQ_m(x)e^{\lambda x}.$$

(3) 当 $\lambda^2+p\lambda+q=0$ 且 $2\lambda+p=0$, 即 λ 是齐次方程(7.34)的二重特征根时, $Q(x)$ 应是 $m+2$ 次多项式, 类似于上面的讨论, 可设
$$y^* = x^2 Q_m(x)e^{\lambda x}.$$

综上所述, 我们得到以下结论:

二阶常系数线性非齐次微分方程
$$y'' + py' + qy = P_m(x)e^{\lambda x}$$
的特解 y^* 具有形式
$$y^* = x^k Q_m(x)e^{\lambda x},$$
其中 $Q_m(x)$ 是与 $P_m(x)$ 同次的多项式, k 按 λ 不是特征根、是单特征根或二重特征根依次取 0、1 或 2.

将 y^* 代入方程, 比较方程两边 x 的同次幂的系数, 就可确定出 $Q_m(x)$ 的系数而得到特解 y^*.

例 1 求微分方程 $y'' - 2y' - 3y = 3x+1$ 的一个特解.

解 所给方程对应的齐次方程为
$$y'' - 2y' - 3y = 0,$$
它的特征方程为
$$r^2 - 2r - 3 = 0,$$
其根 $r_1 = -1, r_2 = 3$. 而 $\lambda = 0$ 不是特征根, $f(x) = 3x+1$ 为一次多项式, 因此特解可设为
$$y^* = b_0 x + b_1,$$
将它代入所给方程, 得
$$-3b_0 x - 3b_1 - 2b_0 \equiv 3x+1,$$
比较等式两边 x 同次幂的系数, 得
$$\begin{cases} -3b_0 = 3, \\ -2b_0 - 3b_1 = 1. \end{cases}$$
由此求得 $b_0 = -1, b_1 = \dfrac{1}{3}$, 于是求得所给方程的一个特解为
$$y^* = -x + \frac{1}{3}.$$

例 2 求方程 $y'' - 3y' + 2y = 3xe^x$ 通解.

解 所给方程对应的齐次方程为
$$y'' - 3y' + 2y = 0,$$
它的特征方程为
$$r^2 - 3r + 2 = 0,$$

其根 $r_1=1, r_2=2$ 是两个不相等的实根，因此所求微分方程的通解为
$$Y=C_1e^x+C_2e^{2x},$$
由于 $f(x)=3xe^x, \lambda=1$ 为单特征根，所以其特解可设为
$$y^*=x(b_0x+b_1)e^x,$$
代入原方程得
$$-2b_0x-b_1+2b_0=3x,$$
比较系数得
$$b_0=-\frac{3}{2}, \quad b_1=-3,$$
故原方程的特解为
$$y^*=x\left(-\frac{3}{2}x-3\right)e^x=-3x\left(\frac{1}{2}x+1\right)e^x.$$
从而原方程的通解为
$$y=Y+y^*=C_1e^x+C_2e^{2x}-3x\left(\frac{1}{2}x+1\right)e^x.$$

二、$f(x)=e^{\lambda x}[P_l(x)\cos\omega x+P_n(x)\sin\omega x]$ 型

利用 Euler 公式
$$\cos\theta=\frac{e^{i\theta}+e^{-i\theta}}{2}, \quad \sin\theta=\frac{e^{i\theta}-e^{-i\theta}}{2i},$$
可以将 $f(x)$ 改写成
$$\begin{aligned}f(x)&=e^{\lambda x}[P_l(x)\cos\omega x+P_n(x)\sin\omega x]\\&=e^{\lambda x}\left[P_l(x)\frac{e^{i\omega x}+e^{-i\omega x}}{2}+P_n(x)\frac{e^{i\omega x}-e^{-i\omega x}}{2i}\right]\\&=P_m(x)e^{(\lambda+i\omega)x}+\overline{P}_m(x)e^{(\lambda-i\omega)x},\end{aligned}$$
其中 $P_m(x)=\frac{1}{2}(P_l-P_ni), \overline{P}_m(x)=\frac{1}{2}(P_l+P_ni), m=\max(l,n)$。

由第一部分的结论知，微分方程
$$y''+py'+qy=P_m(x)e^{(\lambda+i\omega)x}$$
的特解具有形式
$$y_1^*=x^kQ_m(x)e^{(\lambda+i\omega)x},$$
其中 $Q_m(x)$ 是与 $P_m(x)$ 同次的多项式，k 按 $\lambda+i\omega$ 不是特征根或是单重特征根依次取 0 或 1。

由微分方程解的定义和复数的运算容易证明：若 $y_1^*=x^kQ_m(x)e^{(\lambda+i\omega)x}$ 为微分

方程
$$y''+py'+qy=P_m(x)\mathrm{e}^{(\lambda+i\omega)x}$$
的特解,则 $y_2^*=\overline{y_1^*}=x^k\overline{Q}_m(x)\mathrm{e}^{(\lambda-i\omega)x}$ 必是微分方程
$$y''+py'+qy=\overline{P}_m(x)\mathrm{e}^{(\lambda-i\omega)x}$$
的特解.

于是,根据叠加原理(7.6 节定理 4),微分方程
$$y''+py'+qy=P_m(x)\mathrm{e}^{(\lambda+i\omega)x}+\overline{P}_m(x)\mathrm{e}^{(\lambda-i\omega)x}$$
的特解为
$$\begin{aligned}y^*&=x^kQ_m(x)\mathrm{e}^{(\lambda+i\omega)x}+x^k\overline{Q}_m(x)\mathrm{e}^{(\lambda-i\omega)x}\\ &=x^k\mathrm{e}^{\lambda x}[Q_m(x)(\cos\omega x+i\sin\omega x)+\overline{Q}_m(x)(\cos\omega x-i\sin\omega x)].\end{aligned}$$
由于括号内的项是互为共轭的,相加后无虚部,所以可以将 y^* 写成实函数形式
$$y^*=x^k\mathrm{e}^{\lambda x}[R_m^{(1)}(x)\cos\omega x+R_m^{(2)}(x)\sin\omega x],$$
其中 $R_m^{(1)}(x),R_m^{(2)}(x)$ 均为 m 次实系数多项式函数.

综上所述,二阶常系数线性非齐次微分方程
$$y''+py'+qy=\mathrm{e}^{\lambda x}[P_l(x)\cos\omega x+P_n(x)\sin\omega x]$$
的特解 y^* 具有形式
$$y^*=x^k\mathrm{e}^{\lambda x}[R_m^{(1)}(x)\cos\omega x+R_m^{(2)}(x)\sin\omega x],$$
其中 $R_m^{(1)}(x),R_m^{(2)}(x)$ 是 m 次多项式,$m=\max(l,n)$,k 按 $\lambda+i\omega$(或 $\lambda-i\omega$)不是特征根或是特征根分别取 0 或 1.

例 3 求微分方程 $y''+y=x\cos2x$ 的一个特解.

解 所给微分方程对应齐次方程的特征方程为
$$r^2+1=0,$$
其根 $r_{1,2}=\pm i$ 为一对共轭复根,由于这里 $\lambda\pm i\omega=\pm2i$ 不是特征方程的根,所以特解可设为
$$y^*=(ax+b)\cos2x+(cx+d)\sin2x,$$
把它代入所给方程,经整理后得
$$(-3ax-3b+4c)\cos2x-(3cx+3d+4a)\sin2x=x\cos2x,$$
比较两端同类项的系数,得
$$a=-\frac{1}{3},\quad b=c=0,\quad d=\frac{4}{9}.$$
于是求得一个特解为
$$y^*=-\frac{1}{3}x\cos2x+\frac{4}{9}\sin2x.$$

例 4 求微分方程 $y''+9y=18\cos3x-30\sin3x$ 的通解.

解 所给微分方程对应齐次方程的特征方程为
$$r^2+9=0,$$
特征根为 $r_{1,2}=\pm 3i$,故对应齐次方程的通解为
$$Y=C_1\cos 3x+C_2\sin 3x.$$
由于 $\pm 3i$ 是特征根,所以所给方程的特解应设为
$$y^*=x(a\cos 3x+b\sin 3x),$$
将 y^* 代入方程,经整理后得
$$6b\cos 3x-6a\sin 3x=18\cos 3x-30\sin 3x,$$
比较系数得
$$a=5, \quad b=3.$$
于是得到原方程的一个特解为
$$y^*=x(5\cos 3x+3\sin 3x),$$
所以原方程的通解为
$$y=C_1\cos 3x+C_2\sin 3x+x(5\cos 3x+3\sin 3x).$$

习 题 7.8

(A)

1. 写出下列方程的特解形式:
   (1) $y''-y'-6y=3e^{2x}$;
   (2) $y''+3y'+2y=3x^2 e^{-x}$;
   (3) $y''-2y'+2y=e^x \sin x$;
   (4) $y''+y=\dfrac{1}{2}x+\cos 2x$.

2. 求下列各微分方程的通解:
   (1) $y''-y'=3x^2$;
   (2) $y''+2y'-3y=e^{2x}$;
   (3) $y''+a^2 y=e^x, a>0$;
   (4) $y''-5y'+6y=xe^{2x}$;
   (5) $y''+4y=x\cos x$;
   (6) $y''-2y'+5y=e^x \sin 2x$.

3. 求下列各微分方程满足所给初值条件的特解:
   (1) $y''+y+\sin 2x=0, \quad y|_{x=\pi}=1, \quad y'|_{x=\pi}=1$;
   (2) $y''-4y'=5, \quad y|_{x=0}=1, \quad y'|_{x=0}=0$;
   (3) $y''-y=4xe^x, \quad y|_{x=0}=0, \quad y'|_{x=0}=1$.

(B)

解下列微分方程:
(1) $y''-y=\sin^2 x$;

(2) $y''+y=e^x+\cos x$;

(3) $y''+4y=4\sin 2x+x$.

7.9 二阶微分方程应用举例

用二阶微分方程解决实际问题,正如用一阶微分方程解决实际问题一样,首先是建立微分方程,并注意相应的初值条件.本节通过几个具体实例简单介绍如何把实际问题抽象为二阶微分方程的数学模型,然后求出微分方程的解.

例1(共生模型或物质数量相互影响问题) 设在同一水域中生存食草鱼与食鱼之鱼两种鱼,它们的数量分别为 $x(t)$ 与 $y(t)$,不妨设 $x(t),y(t)$ 均是连续变化的.其中鱼数 x 受 y 的影响而减少(大鱼吃了小鱼),减少的速率与 $y(t)$ 成正比;而鱼数 y 也受 x 的影响而减少(小鱼吃了大鱼卵),减少速率与 $x(t)$ 成正比.如果 $x(0)=x_0,y(0)=y_0$,试建立这一问题的数学模型,并求这两种鱼数量的变化规律.

解 设题中比例系数依次为 $k_1,k_2(k_1>0,k_2>0)$.依题意,此共生问题的数学模型为

$$\begin{cases} \dfrac{\mathrm{d}x}{\mathrm{d}t}=-k_1 y, & x|_{t=0}=x_0, \\ \dfrac{\mathrm{d}y}{\mathrm{d}t}=-k_2 x, & y|_{t=0}=y_0 \end{cases} \tag{7.40}$$

用消去法:对第一个方程求导,并代入第二个方程消去 y,得

$$x''-k_1 k_2=0,$$

此方程所对应的特征根为 $r_{1,2}=\pm\sqrt{k_1 k_2}$,因此(7.40)的通解为

$$x(t)=C_1 e^{\sqrt{k_1 k_2} t}+C_2 e^{-\sqrt{k_1 k_2} t},$$

$$y(t)=-\sqrt{\dfrac{k_2}{k_1}}\left(C_1 e^{\sqrt{k_1 k_2} t}-C_2 e^{-\sqrt{k_1 k_2} t}\right),$$

代入初始条件 $x(0)=x_0,y(0)=y_0$,解得

$$C_1=\dfrac{1}{2}\left(x_0-\sqrt{\dfrac{k_1}{k_2}}y_0\right),\quad C_2=\dfrac{1}{2}\left(x_0+\sqrt{\dfrac{k_1}{k_2}}y_0\right).$$

因此两种鱼数目的变化规律为

$$x(t)=\dfrac{1}{2}\left[\left(x_0-\sqrt{\dfrac{k_1}{k_2}}y_0\right)e^{\sqrt{k_1 k_2} t}+\left(x_0+\sqrt{\dfrac{k_1}{k_2}}y_0\right)e^{-\sqrt{k_1 k_2} t}\right], \tag{7.41}$$

$$y(t)=-\dfrac{1}{2}\sqrt{\dfrac{k_1}{k_2}}\left[\left(x_0-\sqrt{\dfrac{k_1}{k_2}}y_0\right)e^{\sqrt{k_1 k_2} t}-\left(x_0+\sqrt{\dfrac{k_1}{k_2}}y_0\right)e^{-\sqrt{k_1 k_2} t}\right]. \tag{7.42}$$

由(7.41)式和(7.42)式,我们可得出有关这两种鱼数量生态平衡问题的下述

结论：

(1) 当 $x_0 - \sqrt{\dfrac{k_1}{k_2}} y_0 > 0$ 时，鱼数 $x(t)$ 虽然减少，但最终不会消失；而 $y(t)$ 在足够长时间后将趋于零，即消失不存在了．

(2) 当 $x_0 - \sqrt{\dfrac{k_1}{k_2}} y_0 < 0$ 时，$x(t)$ 在足够长时间后，最终将趋于零（消失不存在），而 $y(t)$ 虽然减少，但不消失．

(3) $x_0 - \sqrt{\dfrac{k_1}{k_2}} y_0 = 0$ 时，即 $\dfrac{x_0^2}{y_0^2} = \dfrac{k_1}{k_2}$ 时，在足够长时间以后，这两种鱼最终都消失．

例 2 一质量为 m 的质点由静止开始沉入液体，当下沉时，液体的反作用力与下沉速度成正比，求此质点的运动规律．

解 设质点的运动规律为 $x = x(t)$．由题设及牛顿第二定律得

$$\begin{cases} m\dfrac{d^2 x}{dt^2} = mg - k\dfrac{dx}{dt}, \\ x\big|_{t=0} = 0, \dfrac{dx}{dt}\big|_{t=0} = 0 \end{cases} \quad (k > 0 \text{ 为比例系数}),$$

将方程整理后得

$$\dfrac{d^2 x}{dt^2} + \dfrac{k}{m}\dfrac{dx}{dt} = g,$$

对应的齐次方程的特征方程为

$$r^2 + \dfrac{k}{m} r = 0,$$

特征根为

$$r_1 = 0, \quad r_2 = -\dfrac{k}{m}.$$

故原方程所对应的齐次方程的通解为

$$X = C_1 + C_2 e^{-\frac{k}{m} t},$$

又因 $\lambda = 0$ 是单特征根，故可设 $x^* = at$，代入原方程，即得 $a = \dfrac{mg}{k}$，故 $x^* = \dfrac{mg}{k} t$，所以原方程的通解为

$$x = C_1 + C_2 e^{-\frac{k}{m} t} + \dfrac{mg}{k} t,$$

由初值条件得

$$C_1 = -\dfrac{m^2 g}{k^2}, \quad C_2 = \dfrac{m^2 g}{k^2},$$

因此质点的运动规律为
$$x(t)=\frac{mg}{k}t-\frac{m^2g}{k^2}\left(1-\mathrm{e}^{-\frac{k}{m}t}\right).$$

例3 设有一弹簧上端固定,下端挂一质量为 m 的物体,平衡位置为 O 点,若将物体拉下一段距离 s_0. 然后放开让其振动,设物体在运动过程中,还受到与运动速度成正比的阻力.

(1) 求物体的振动规律;

(2) 若在振动过程中,还受到一个周期性外力 $f=F_0\sin\omega t$ 的作用,求振动规律.

解 取平衡时物体的位置为坐标原点,建立坐标系如图(图 7.3).

设时刻 t 物体位移为 $s(t)$.

(1) 自由振动情况.

这时指物体不受外力作用,物体所受的力只有弹性恢复力 $f=-ks$(胡克定律,$k>0$)和阻力 $-h\dfrac{\mathrm{d}s}{\mathrm{d}t}(h>0)$.

根据牛顿第二定律,得
$$m\frac{\mathrm{d}^2s}{\mathrm{d}t^2}=-ks-h\frac{\mathrm{d}s}{\mathrm{d}t},$$
即
$$\frac{\mathrm{d}^2s}{\mathrm{d}t^2}+2n\frac{\mathrm{d}s}{\mathrm{d}t}+\omega_0^2 s=0, \tag{7.43}$$

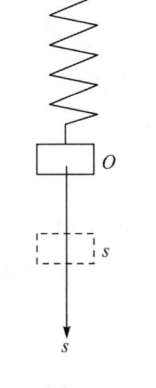

图 7.3

其中 $2n=\dfrac{h}{m}$, $\omega_0^2=\dfrac{k}{m}$,初值条件为 $s(0)=s_0$, $s'(0)=0$.

(a) 若不考虑空气阻力时,即 $n=0$,则方程(7.43)化为
$$\frac{\mathrm{d}^2s}{\mathrm{d}t^2}+\omega_0^2 s=0,$$

该方程的特征方程为 $r^2+\omega_0^2=0$,特征根为 $r_{1,2}=\pm\mathrm{i}\omega_0$,其通解为
$$s(t)=C_1\sin\omega_0 t+C_2\cos\omega_0 t=A\sin(\omega_0 t+\varphi) \quad \left(\text{其中 } A=\sqrt{C_1^2+C_2^2},\tan\varphi=\frac{C_2}{C_1}\right),$$
满足初值条件的解为
$$s(t)=s_0\cos\omega_0 t.$$

(b) 小阻力情形时,即 $n<\omega_0$,方程(7.43)的特征方程为 $r^2+2nr+\omega_0^2=0$,特征根为
$$r_{1,2}=-n\pm\sqrt{\omega_0^2-n^2}\,\mathrm{i},$$

其通解为

$$s(t) = e^{-nt}(C_1\cos\beta t + C_2\sin\beta t),\ (其中\ \beta = \sqrt{\omega_0^2 - n^2}),$$

满足初值条件的解是

$$s(t) = e^{-nt}\left(s_0\cos\beta t + \frac{ns_0}{\beta}\sin\beta t\right) = Ae^{-nt}\sin(\beta t + \varphi),$$

其中 $A = \sqrt{s_0^2 + \frac{(ns_0)^2}{\beta^2}} = \frac{s_0}{\beta}\sqrt{\beta^2 + n^2}$，$\varphi = \arctan\frac{\beta}{n}$，当 $t \to +\infty$ 时，振幅 $Ae^{-nt} \to 0$，$s(t) \to 0$，物体做衰减运动，最终趋于平衡位置.

(c) 临界阻尼情况时，即 $n = \omega_0$，方程(7.43)的特征方程为 $r^2 + 2nr + n^2 = 0$，特征根为 $r_{1,2} = -n$，其通解为

$$s = e^{-nt}(C_1 + C_2 t),$$

满足初值条件的解是

$$s = e^{-nt}(s_0 + ns_0 t) = s_0(1 + nt)e^{-nt},$$

无振动性质，但当 $t \to +\infty$ 时，$s(t) \to 0$.

(d) 大阻尼情形时，即 $n > \omega_0$，方程(7.43)的特征方程为 $r^2 + 2nr + \omega_0^2 = 0$，特征根为 $r_{1,2} = -n \pm \sqrt{n^2 - \omega_0^2}$，其通解为

$$s(t) = C_1 e^{(-n + \sqrt{n^2 - \omega_0^2})t} + C_2 e^{(-n - \sqrt{n^2 - \omega_0^2})t},$$

无振动性质，且 $t \to +\infty$ 时，$s(t) \to 0$.

(2) 强迫振动情况.

若物体在运动过程中还受外力 $f = F_0 \sin\omega t$ 的作用，令 $H = \frac{F_0}{m}$，则得强迫振动方程

$$\frac{d^2 s}{dt^2} + 2n\frac{ds}{dt} + \omega_0^2 s = H\sin\omega t, \tag{7.44}$$

(a) 若不考虑空气阻力时，即 $n = 0$，方程(7.44)的通解为

$$s(t) = \begin{cases} A\sin(\omega_0 t + \varphi) + \dfrac{H}{\omega_0^2 - \omega^2}\sin\omega t & (\omega \neq \omega_0), \\ A\sin(\omega_0 t + \varphi) - \dfrac{Ht}{2\omega}\cos\omega t & (\omega = \omega_0). \end{cases}$$

此解有两项，第一项以 ω_0 为角频率的简谐振动，第二项以 $\dfrac{H}{\omega_0^2 - \omega^2}$ 或 $\dfrac{Ht}{2\omega}$ 为振幅的强迫振动. 当 $|\omega - \omega_0| \ll 1$ 时，第二项的振幅 $\left|\dfrac{H}{\omega_0^2 - \omega^2}\right|$ 可以很大；当 $\omega = \omega_0$ 时，$\dfrac{Ht}{2\omega}$ 随 t 的增大而增大，这就产生了所谓的共振现象.

共振会使一个振动系统在不大的强迫力作用下产生振幅很大的振动，以致引起破坏性结果. 如 1831 年一队英国士兵正步通过 Manchester 附近的 Broughton

吊桥时,由于士兵步伐的频率与桥的自振频率相同,造成吊桥发生共振而倒塌.但在另外一些情形下,共振也能带来益处,如收音机的调频就是利用共振原理.

(b) 当 $0<n<\omega_0$ 时,方程(7.44)的通解为

$$s(t)=Ae^{-nt}\sin(\beta t+\omega)+\frac{H}{\sqrt{(\omega_0^2-\omega^2)+4n^2\omega^2}}\sin(\omega t+\psi),$$

其中 $\psi=\arctan\dfrac{2n\omega}{\omega_0^2-\omega^2}$.第一项是有阻尼的自由振动,振幅随时间的增加而衰减,工程上称为暂态量;第二项是外力引起的强迫振动,容易得到,对于固定的 ω_0 与 n,当 $\omega=\sqrt{\omega_0^2-2n^2}$ 时,振幅取最大值 $\dfrac{H}{2n\sqrt{\omega_0^2-n^2}}$.因此当阻尼很小,即 n 很小时,若 $|\omega-\omega_0|\ll 1$,则第二项的振幅可以很大.

习 题 7.9

(A)

1. 设一平面曲线的曲率处处为 1,求曲线方程.

2. 设有一质量为 m 的物体,在空中由静止开始下落,如果空气阻力为 $R=c^2v^2$(其中 c 为常数,v 为物体运动的速度),试求物体下落的距离 s 与时间 t 的函数关系.

3. 一个单位质量的质点在数轴上运动,开始时质点在原点 O 处且速度为 v_0,在运动过程中,它受到一个力的作用,这个力的大小与质点到原点的距离成正比(比例系数 $k_1>0$)而方向与初速度一致.又介质的阻力与速度成正比(比例系数 $k_2>0$).求反映这质点的运动规律的函数.

4. 一质点在一直线上,由静止状态开始运动,时刻 t 时质点的位置为 $s(t)$,其加速度 $a=-4s(t)+3\sin t$,求运动方程,并求离起点的最大距离.

5. 设圆柱形浮筒,直径为 0.5m,铅直放在水中,当稍向下压后突然放开,浮筒在水中上下振动的周期为 2s,求浮筒的质量.

6. 在 RLC 含源串联电路中,电动势为 E 的电源对电容器 C 充电.已知 $E=20\mathrm{V}$,$C=0.2\mu\mathrm{F}$,$L=0.1\mathrm{H}$,$R=1000\Omega$.试求开关合上后电流 $i(t)$ 及电压 $u_c(t)$.

(B)

1. 设有一均匀,柔软的绳索,两端固定,绳索仅受重力作用而下垂,问该绳索的平衡状态是怎样的曲线?

2. 一链条悬挂在一钉子上,开始滑动时一端离开钉子 8m,另一端离开钉子 12m,分别在以下两种情况下求链条滑下来所需要的时间.

(1) 若不计钉子对链条所产生的摩擦力;

(2) 如果摩擦力为链条 1m 长的重量.

7.10 欧 拉 方 程

前面我们利用待定系数方法解决了常系数线性微分方程的求解问题,但变系

数的微分方程,即使是线性微分方程一般说来都是不容易求解的. 但是有些特殊的变系数线性微分方程是可以通过变量代换化为常系数线性微分方程. 因而容易求解,欧拉方程就是其中的一种.

形如
$$x^n y^{(n)} + p_1 x^{n-1} y^{(n-1)} + \cdots + p_{n-1} x y' + p_n y = f(x) \tag{7.45}$$
的方程(其中 $p_1, p_2, \cdots, p_n$ 为常数),叫做**欧拉方程**.

作变换 $x = e^t$ 或 $t = \ln x$,将自变量 x 换做 t,我们有
$$\frac{dy}{dx} = \frac{dy}{dt} \cdot \frac{dt}{dx} = \frac{1}{x} \frac{dy}{dt},$$
$$\frac{d^2 y}{dx^2} = \frac{1}{x^2} \left(\frac{d^2 y}{dt^2} - \frac{dy}{dt} \right),$$
$$\frac{d^3 y}{dx^3} = \frac{1}{x^3} \left(\frac{d^3 y}{dt^3} - 3 \frac{d^2 y}{dt^2} + 2 \frac{dy}{dt} \right).$$

如果采用记号 D 表示对 t 求导的运算 $\frac{d}{dt}$,那么上述计算结果可以写成
$$xy' = Dy,$$
$$x^2 y'' = \frac{d^2 y}{dt^2} - \frac{dy}{dt} = \left(\frac{d^2}{dt^2} - \frac{d}{dt} \right) y = (D^2 - D) y = D(D-1) y,$$
$$x^3 y''' = \frac{d^3 y}{dt^3} - 3 \frac{d^2 y}{dt^2} + 2 \frac{dy}{dt} = (D^3 - 3D^2 + 2D) y = D(D-1)(D-2) y,$$
一般地,有
$$x^k y^{(k)} = D(D-1) \cdots (D-k+1) y.$$

把它代入欧拉方程(7.45),便得到一个以 t 为自变量的常系数线性微分方程. 在求出这个方程的解后,把 t 换成 $\ln x$,即得到原方程的解.

例 求欧拉方程 $x^2 y'' - 2x y' + 2y = \ln^2 x - 2\ln x$ 的通解.

解 令 $x = e^t$ 或 $t = \ln x$,原方程转化为
$$D(D-1) y - 2Dy + 2y = t^2 - 2t,$$
即
$$(D^2 - 3D + 2) y = t^2 - 2t,$$
或
$$\frac{d^2 y}{dt^2} - 3 \frac{dy}{dt} + 2y = t^2 - 2t. \tag{7.46}$$

对应的齐次方程的特征方程为
$$r^2 - 3r + 2 = 0,$$
其特征根为 $r_1 = 1, r_2 = 2$,则对应的齐次微分方程的通解为

$$Y = C_1 e^t + C_2 e^{2t}.$$

由于 $\lambda = 0$ 不是特征根,故特解可设为

$$y^* = At^2 + Bt + C,$$

代入方程(7.46)确定系数,得

$$y^* = \frac{1}{2}t^2 + \frac{1}{2}t + \frac{1}{4},$$

方程(7.46)的通解为

$$y = C_1 e^t + C_2 e^{2t} + \frac{1}{2}t^2 + \frac{1}{2}t + \frac{1}{4},$$

换元,可得原方程的通解为

$$y = C_1 x + C_2 x^2 + \frac{1}{2}\ln^2 x + \frac{1}{2}\ln x + \frac{1}{4}.$$

习 题 7.10

求下列欧拉方程的解:

(1) $x^2 y'' + xy' - y = 0$;

(2) $y'' - \dfrac{y'}{x} + \dfrac{y}{x^2} = \dfrac{2}{x}$;

(3) $x^2 y'' + xy' - 4y = x^3$;

(4) $x^3 y''' + 2xy' - 2y = x^2 \ln x + 3x$.

小 结

1. 本章主要内容为可分为三个部分:一阶方程;高阶微分方程;微分方程的应用等.

(1) 一阶微分方程及基本概念是本章的基础内容,重点介绍了:可分离变量的方程、齐次方程、一阶线性方程及可化为这些类型的一阶方程.其解法主要有:分离变量法、变量替换法、常数变易法等.这些方法又统称为初等积分法.

(2) 高阶微分方程又分为可降阶微分方程及高阶线性微分方程.对于可降阶的高阶微分方程,关键要学会区分类型,选择合适的变量代换来降阶求解,特别要能正确区分 $y'' = f(x, y')$ 与 $y'' = f(y, y')$ 的变量代换的不同;对于高阶线性微分方程,首先要掌握齐次和非齐次微分方程解的结构与性质,熟练掌握常系数齐次微分方程通解的求法,对于常系数非齐次线性微分方程的中自由项 $f(x)$ 的两种形式下,其特解的结构形式要能正确把握.

(3) 微分方程的应用,主要是指通过列微分方程,确定初值条件并求解初值问题这一方法和过程,去解决一些几何、物理、化学、经济管理等方面的实际问题.

依实际问题列微分方程的步骤大致如下:

① 根据实际问题,确定要研究的量是几何量还是物理量、化学量等,分清哪个是自变量,哪个是未知函数.

② 找出这些量所满足的规律,若是几何量,通常涉及切线斜率、曲率、弧长、面积、体积等量的表示,如物理量则常与速度、加速度、牛顿第二定律、动量守恒、弹性定律、回路电压定律等有关,化学问题则通常涉及浓度、反应速度等,而经济量一般与边际利润、边际成本、增长率等相关.

③ 运用这些规律列出微分方程,这些规律的表述有的本身就是微分方程(如牛顿第二定律、边际问题等),有的则需要利用变化率、微元法的思想去建立微分方程.

④ 利用反映事物个性的特殊状态确定定解条件.

在求得微分方程的解后,有时还需要检验它是否符合问题的实际意义.

2. 学习本章的重点要求是

(1) 理解并熟悉微分方程的一些基本概念;

(2) 掌握常见的一阶和高阶方程的各种方法;

(3) 熟悉线性方程的基本理论,掌握常系数二阶线性齐次与非齐次方程的解法;

(4) 会用微分方程解决一些简单的应用问题.

第 7 章习题课　　　　第 7 章课件

复习练习题 7

1. 填空题

(1) $x(y''')^2 + y' = \sqrt{xy}$ 是_____阶微分方程;

(2) 设 y_1, y_2 是一阶非齐次线性微分方程 $y' + P(x)y = Q(x)$ 的两个解,且 $\dfrac{y_2}{y_1} \neq$ 常数,则这方程的通解为_____;

(3) 以 $y = 3e^x \sin 2x$ 为一个特解的二阶常系数齐次线性微分方程为_____;

(4) 设方程 $y'' - 2y' - 3y = xe^{3x}$ 的一个特解是 y,其形式可为_____;

(5) 已知 $y = 1, y = x, y = x^2$ 是某二阶非齐次线性微分方程的三个解,则该方程的通解为_____.

2. 指出下列一阶微分方程的类型:

(1) $x\dfrac{\mathrm{d}y}{\mathrm{d}x}=y\ln\dfrac{y}{x}$； (2) $(\mathrm{e}^{x+y}-\mathrm{e}^x)\mathrm{d}x+(\mathrm{e}^{x+y}+\mathrm{e}^y)\mathrm{d}y=0$；

(3) $\dfrac{\mathrm{d}y}{\mathrm{d}x}=\dfrac{y}{y^2x^2-x}$； (4) $x\mathrm{d}y+y\mathrm{d}x=\sin x\mathrm{d}x$.

3. 求下列各微分方程的通解：

(1) $xy'+y=2\sqrt{xy}$；

(2) $xy'\ln x+y=ax(\ln x+1)$；

(3) $\dfrac{\mathrm{d}y}{\mathrm{d}x}=\dfrac{y}{2(\ln y-x)}$；

(4) $(x-y)\dfrac{\mathrm{d}y}{\mathrm{d}x}=x+y$；

(5) $\dfrac{\mathrm{d}y}{\mathrm{d}x}+xy-x^3y^3=0$；

(6) $(xy+x^3y)\mathrm{d}y=(1+y^2)\mathrm{d}x$；

(7) $(2y^2-xy)\mathrm{d}x+(x^2-xy+y^2)\mathrm{d}y=0$；

(8) $yy''-y'^2-1=0$；

(9) $xy''-y'=x^2$；

(10) $y''+2y'+5y=\sin 2x$.

4. 求下列各微分方程满足所给初值条件的特解：

(1) $y'=2(x^2+y)x$，$y|_{x=1}=-1$；

(2) $y^3\mathrm{d}x+2(x^2-xy^2)\mathrm{d}y=0$，$y|_{x=1}=1$；

(3) $2y''-\sin 2y=0$，$y|_{x=0}=\dfrac{\pi}{2}$，$y'|_{x=0}=1$；

(4) $y''+2y'+y=\cos x$，$y|_{x=0}=0$，$y'|_{x=0}=\dfrac{3}{2}$.

5. 解下列微分方程：

(1) $(y^4-3x^2)\mathrm{d}y+xy\mathrm{d}x=0$；

(2) $y'+x=\sqrt{x^2+y}$；

(3) $\mathrm{e}^y\dfrac{\mathrm{d}y}{\mathrm{d}x}+2x\mathrm{e}^y-x^3=0$；

(4) $y''-2y'+y=x+2x\mathrm{e}^x$；

(5) $y''-3y'+2y=16x+\sin 2x+\mathrm{e}^{2x}$；

(6) $y^{(4)}-2y'''+5y''=0$.

6. 求满足方程 $f(x)=x^2+\displaystyle\int_1^x\dfrac{f(t)}{t}\mathrm{d}t(x>0)$ 的函数 $f(x)$.

7. 求经过点 $(0,2)$ 的曲线，使对应于区间 $[0,x]$ 上曲边梯形的面积等于该弧长的两倍.

8. 已知曲线过点 $\left(\dfrac{1}{2},0\right)$，且满足关系式 $y'\arcsin x+\dfrac{y}{\sqrt{1-x^2}}=1$，求曲线方程.

9. 由牛顿冷却定律知，物体温度对时间的变化率正比于物体温度差. 现将 $100\,^{\circ}\!\mathrm{C}$ 的物体在温度保持为20℃的介质中浸泡10min后冷却到60℃,问此物体从100℃降到25℃需要经过多少时间?

10. 已知某车间的容积为 $30\times30\times6m^3$,其中的空气含 0.12% 的 CO_2(以容积计算).现以含 CO_2 0.04% 的新鲜空气输入,问每分钟应输入多少,才能在 30min 后使车间空气中 CO_2 的含量不超过 0.06%?(假定输入的新鲜空气与原有空气很快混合均匀后,以相同的流量排出)

11. 一质量为 m 的船以速度 v_0 行驶,在 $t=0$ 时,动力关闭.假设水的阻力正比于 v^n,其中 n 为一常数,v 为瞬时速度,求速度与滑行距离的函数关系.

12. 一个离地面很高的物体,受地球引力的作用由静止开始落向底面.求它落到地面时的速度和所需的时间(不计空气阻力).

13. 试求具有 $y_1=xe^x+e^{2x}, y_2=xe^x+e^{-x}, y_3=xe^x+e^{2x}+e^{-x}$ 为特解的二阶常系数线性非齐次方程.

14. 设曲线 $y=f(x)$ 过原点,在 $[0,+\infty)$ 上有二阶导数,且满足方程
$$\int_0^x f(t)dt + \frac{1}{3}\cos 3x = x^2 - f'(x),$$
求 $f(x)$.

15. 在上半平面求一条向上凹的曲线,其上任一点 $P(x,y)$ 处的曲率等于此曲线在该点的法线段 PQ 长度的倒数(Q 是法线与 x 轴的交点),且曲线在点 $(1,1)$ 处的切线与 x 轴平行.

附录1　Mathematica数学软件简介(上)

Mathematica 数学软件主要是为数学的教学与应用而设计的,它自问世以来功能不断改进,Mathematica 4 已经是很有用的版本. Mathematica 以符号运算为主,具有其他数学软件不可替代的功能. 例如,在 Fortran 或 C 语言中,公式 $(a+b)^2 = a^2 + 2ab + b^2$ 是没有意义的,因为无论是 Fortran 或 C 语言中,若字母没有被赋值,则无意义或被计算机当作零来处理. 但是在 Mathematica 中,只要输入 Expand[$(a+b)^2$],运行后就得到 $a^2 + 2ab + b^2$. 此外,Mathematica 还有较强的绘图功能等.

Mathematica 数学软件对学习高等数学的大学生来说,用处非常大. 主要体现在以下几点:(1) 能把抽象的数学具体化,使得学习数学的过程不再枯燥;(2) 能摆脱死记硬背的习惯,加深对数学公式的理解;(3) 能提高学习数学的效率,节省时间;(4) 能为将来所从事的科研工作打好基础.

一、Mathematica 基础

利用 Mathematica 光盘安装或直接在网上下载,它一般占用 150MB 的硬盘空间. Mathematica 启动后所得界面由主菜单、工作区窗口和基本输入模板组成,在工作区窗口内输入程序,然后运行,给文件起名保存,文件的后缀名为. nb.

例如,计算 $\sqrt{2}$ 的近似值. 我们在工作区窗口内输入 N[$\sqrt{2}$],其中 $\sqrt{2}$ 的输入方法是先按 Ctrl 加 2,再输入 2,在整个表达式后按 Shift 加 Enter 键,得到答案 1.41421. 如下所示:

In[1]:= N[$\sqrt{2}$]
Out[1]:=1.41421

其中"In[1]:="和"Out[1]:= 1.41421"是电脑输出的,"In[1]:= N[$\sqrt{2}$]"表示输入第一个语句 N[$\sqrt{2}$],"Out[1]:= 1.41421"表示第一个语句运行结果是 1.41421. 因为 Mathematica 是逐行编译的,所以我们在某行后按 Shift 加 Enter 键,就到该行的答案,若在整个程序的后面按 Shift 加 Enter 键,就得到每行的相应的答案.若某行是以分号";"结尾,则运行该行后,电脑会保留它的结果但不输出在屏幕上.例如,若输入 N[$\sqrt{2}$];N[$\sqrt{3}$],按 Shift 加 Enter 键,得到答案 1.73205. 如下所示：

In[2]:= N[$\sqrt{2}$];N[$\sqrt{3}$]
Out[3]:=1.73205.

1.1 数、变量、函数、算式的表示

输入法有两种:手工输入法和模板输入法,手工输入法比较快,但需要记忆,模板输入法比较慢,但无须记忆.

1.1.1 手工输入法

1. 常数 π、e 的输入

π 的输入:按 Esc,再输入 pi,再按 Esc;
e 的输入:按 Esc,再输入 ee,再按 Esc.

2. 分数的输入

$\frac{a}{b}$ 的输入:按 Ctrl 加 / 得到两个方框,分别表示分子,分母,分别输入 a 和 b.

3. 根式的输入

$\sqrt{a}$ 的输入:按 Ctrl 加 2,输入 a.
$\sqrt[n]{a}$ 的输入:按 Ctrl 加 2,再按 Ctrl 加 5,左上方框输入 n,点右下方框输入 a.

4. x^y 的输入:先输入字母 x,按 Ctrl 加 6,输入 y.

5. a_n 的输入:先输入字母 a,按 Ctrl 加 _,输入 n.

6. 导数的输入

一阶导数 f' 的输入:输入 f,按 Ctrl 加 6,按 Esc 键,输入 \prime 后,按 Esc 键.

7. 函数的输入

函数的输入:函数名[参数1,参数2,…]

数学函数名	Mathematica
$\|x\|$	Abs[x]
符号函数	Sign[x]
$\sin x$	Sin[x]
$\cos x$	Cos[x]
$\tan x$	Tan[x]
$\cot x$	Cot[x]

续表

数学函数名	Mathematica
$\sec x$	$\text{Sec}[x]$
$\csc x$	$\text{Csc}[x]$
$\arcsin x$	$\text{ArcSin}[x]$
$\arccos x$	$\text{ArcCos}[x]$
$\arctan x$	$\text{ArcTan}[x]$
$\text{arccot} x$	$\text{ArcCot}[x]$
$\text{arcsec} x$	$\text{ArcSec}[x]$
$\text{arccsc} x$	$\text{ArcCsc}[x]$
e^x	$\text{Exp}[x]$
$\ln x$	$\text{Log}[x]$
$\sqrt{x}$	$\text{Sqrt}[x]$
C_n^k	$\text{Binomial}[n,k]$
阶乘	$n!$
双阶乘	$n!!$
取小	$\text{Min}[a,b\cdots]$
取大	$\text{Max}[a,b\cdots]$
$\text{sh} x$	$\text{Sinh}[x]$
$\text{ch} x$	$\text{Cosh}[x]$
$\text{th} x$	$\text{Tanh}[x]$
取整 $[x]$	$\text{Floor}[x]$

注意 函数名的首字母必须大写.

例1 计算 $[\pi], \sqrt{4}, C_5^2$.

解 输入

Floor[π]

Sqrt[4]

Binomial[5,2]

运行结果

3

2

10

8. ∞的输入:按 Esc 键,输入 inf,按 Esc 键.

9. →的输入:按 Esc 键,输入—>,按 Esc 键.

注意　Mathematica 中,∞表示+∞,-∞必须有负号.

例 2　计算极限 $\lim\limits_{n\to\infty}\dfrac{n}{2n+1}$.

解　输入

Limit$\left[\dfrac{n}{2n+1}, n\to\infty\right]$

运行结果

$\dfrac{1}{2}$

1.1.2　模板输入法

模板输入法:打开文件菜单,找 Palettes(模板),再找 BasicInput,得到基本输入模板.例如要求输入 x^y,只需点击模板中的符号 O^O,分别输入 x,y 即可.

1.1.3　准确数与近似数

Mathamatica 一般是将数准确输出,要求近似值,必须用函数 N(numerical).

N[表达式]用于计算表达式的近似值,电脑规定的精度为有 16 位有效数字,但是按标准输出只显示前 6 位有效数字.

N[表达式,数字位数 n]用于计算表达式具有 n 位有效数字的近似值,其中 $n>16$.

NumberForm[N[表达式],数字位数 n]用于计算表达式具有 n 位有效数字近似值.

例 3　求 π 的近似值,分别精确到 6 位,10 位有效数字.

解　输入

N[π]

NumberForm[N[π],10]

运行结果

3.14159

3.141592654

注意　在 Mathematica 中,π 和 e 都表示准确数.

1.1.4　输入输出的提示

Mathematica 运行后会自动在输入的式子前面加上"In[1]:=",它说明的是输入.在输出的答案前面加上"Out[1]:=",它说明的是输出.而且都自动加上编号,使之一目了然.

1.1.5　执行与中断

注意 Mathematica 是逐行编译的,当输入整个程序后按 Shift 加 Enter 键,电脑就开始逐行编译,并逐行输出答案.若输入有误,电脑会提示有误之处,改正后

(不必重新整行输入),就能正常运行并得到答案.若某行以";"结尾,则电脑会保存该行的答案但不输出.还须注意不能用","将行与行隔开,否则会产生错误.Mathematica 中乘法可用"空格"或"＊"表示,例如 2 3,2＊3 均等于 6.

例 4 区别 N[π] N[π](一行)与 $\begin{array}{c}N[π]\\N[π]\end{array}$(两行)的结果.

解 N[π] N[π]= N[π]×N[π]=9.8696,而 $\begin{array}{c}N[π]\\N[π]\end{array}$ 的运行结果为

3.14159

3.14159

若计算过程太复杂,计算机不能及时完成,可通过键盘命令"Alt 加,"或"Alt 加."停止计算,后者将立即停止计算,前者则会出现对话框供选择.

1.1.6 表示输出的专用符号

％是一个重要的 Mathematica 符号,其用途如下:％表示上次输出的内容,％n 表示第 n 个(Out[n])输出的内容.显然利用符号％n 是方便的.

1.2 变量、函数的命名与赋值

1.2.1 变量的命名与赋值

变量必须以字母为开头的字母或数字组成(长度不限).而且区分大小写.例如 x,y,x1,y1,X1,Y1 均合法且是不同的变量.变量的赋值很简单,格式是

$$变量名=具体的值.$$

给多个变量赋值是

$$\{变量名 1,变量名 2,\cdots\}=\{值 1,值 2,\cdots\}.$$

若不再使用某一变量,可将其清除,格式是

Clear[x]清除 x 的值但保留变量 x. Remove[x] 清除变量 x.

1.2.2 自定义函数

当我们多次引用某一表达式时,最好将该表达式定义为一个函数.其格式是

一元函数:函数名[x_]:=x 的表达式.

二元函数:函数名[x_,y_]:=x,y 的表达式.多元函数的定义类似.其中 x_ 的输入法是输入 x,按 Shift 键加_.

例 5 定义函数 x^2+y^2,分别求 $x=1,y=1$ 及 $x=2,y=2$ 时的值.

解 输入

f[x_,y_]:=x^2+y^2;

f[1,1]

f[2,2]

运行结果

2

8

  注意 "："与"＝"的区别，输入

x＝3;

f[x_,y_]＝x²＋y²;

f[1,1]

f[2,2]

运行结果

10

13

输入

x：＝3;

f[x_,y_]：＝x²＋y²;

f[1,1]

f[2,2]

运行结果

2

8

  这说明"＝"定义的函数只认原来赋值的变量，而"：＝"定义的函数始终将输入的函数定义原样记忆。

1.2.3 算式

  一个字母不仅可以表示一个变量，还可以表示一个算式。例如，输入

p＝ab;a＝2;b＝3;

p

运行结果

6

  例如，输入

p＝ab;p/.{a→3,b→4}

运行结果

12

  其中"p/.{a→3,b→4}"表示对 p 中的变量进行替换，{a→3,b→4}表示将 $a＝3, b＝4$ 代入 p。

二、基本的符号运算

2.1 基本代数运算

2.1.1 化简函数

化简函数有两个：
Simplify[expr],使用变换化简表达式,后面可加一条件.
FullSimplify[expr],使用更广泛的变换化简表达式,后面可加一条件.

例 6 化简 $\dfrac{x^3-1}{x-1}$.

解 输入

simplify$\left[\dfrac{x^3-1}{x-1}\right]$

运行结果

$1+x+x^2$

又例如输入

simplify[$\sqrt{a^2}$,a>0]

运行结果

a

上例说明 Simplify[expr]中的表达式 expr 可以包含一个条件.

2.1.2 因式分解

因式分解的函数是

Factor[expr],用于和式的因式分解,也可以分解分式的分子、分母.

例 7 因式分解 x^4-1.

解 输入

Factor[x^4-1]

运行结果

$(-1+x)(1+x)(1+x^2)$

2.1.3 表达式的展开

表达式的展开函数是

Expand[expr]和 ExpandAll[expr],用于乘积的展开,前者只展开分子,后者将分子、分母均展开.

例 8 展开$(1+x)(2+x)(3+x)$.

解 输入

Expand[(1+x)(2+x)(3+x)]

运行结果

$6+11x+6x^2+x^3$

2.1.4 分式的化简与展开

合并、化简与展开函数是

Together[expr],用于通分并化简.

Cancel[expr],用于约去分子、分母的公因式.

Apart[expr],将有理式分解为最简分式的和.

例 9 化简 $\dfrac{x^2-4x}{x^2-x}+\dfrac{x^2+3x-4}{x^2-1}$.

解 输入

Together$\left[\dfrac{x^2-4x}{x^2-x}+\dfrac{x^2+3x-4}{x^2-1}\right]$

运行结果

$\dfrac{2(-4+x^2)}{(-1+x)(1+x)}$

例 10 将 $\dfrac{1}{(1+x)(2+x)(3+x)}$ 分解为最简分式的和.

解 输入

Apart$\left[\dfrac{1}{(1+x)(2+x)(3+x)}\right]$

运行结果

$\dfrac{1}{2(1+x)}-\dfrac{1}{2+x}+\dfrac{1}{2(3+x)}$

2.1.5 解方程(组)

解方程(组)

Solve[f(x)==0,x];

Solve[{f(x)==0,g(y)==0},{x,y}];

NSolve[f(x)==0,x],求方程的近似解.

例 11 解方程 $x^2-2x-3=0$.

解 输入

solve[x²-2x-3==0,x]

运行结果

{{x→-1},{x→3}}

其中 {x→-1},{x→3} 表示 $x=-1,3$.

例 12 解方程组 $\begin{cases} 2x+y=4, \\ 3x+5y=4. \end{cases}$

解 输入
solve[{2x+y==4,3x+5y==4},{x,y}]
运行结果
$\{\{x \to \frac{16}{7}, y \to -\frac{4}{7}\}\}$.

例 13 解方程 $x^3-4x^2+1=0$.

解 输入
NSolve[x³−4x²+1==0,x]
运行结果
{{x→−0.472834},{x→0.537402},{x→3.93543}}

2.1.6 解不等式(组)

解不等式(组)
InequalitySolve[不等式(组),变量组].

注意 Mathematica 没有解不等式的内部函数,但是它自带的外部函数有此功能,必须将含有此函数的程序文件调入后才能使用. 它位于:打开 Help 菜单,找 \AddOns\StandPackages\Algebra,将≪Algebra`InequalitySolve`拷贝到工作区窗口内,然后再输入 InequalitySolve[不等式(组),变量组]即可.

例 14 解不等式 $x^2-x-1<0$.

解 输入
≪Algebra`InequalitySolve`
InequalitySolve[x²−x−1<0,x]
运行结果
$\frac{1}{2}(1-\sqrt{5}) < x < \frac{1}{2}(1+\sqrt{5})$

2.2 微积分

2.2.1 求极限

Limit[$f(x), x \to x_0$],表示 $\lim_{x \to x_0} f(x)$.

例 15 求极限 $\lim_{x \to 1}\left(\frac{1}{1-x} - \frac{3}{1-x^3}\right)$.

解 输入
Limit$\left[\frac{1}{1-x} - \frac{3}{1-x^3}, x \to 1\right]$
运行结果

例 16 求极限 $\lim\limits_{x\to 0}\dfrac{1-\cos 2x}{x\sin x}$.

解 输入

$\text{Limit}\left[\dfrac{1-\text{Cos}[2\text{x}]}{\text{xSin}[\text{x}]},\text{x}\to 0\right]$

运行结果

2

例 17 求极限 $\lim\limits_{x\to\infty}\left(\dfrac{2x+3}{2x+1}\right)^{x+1}$.

解 输入

$\text{Limit}\left[\left(\dfrac{2\text{x}+3}{2\text{x}+1}\right)^{\text{x}},\text{x}\to\infty\right]$

运行结果

e

2.2.2 求导数

D[f,var],表示函数 f 对变量 var 求导数.

例 18 求 $\dfrac{1+\sin t}{1+\cos t}$ 的导数及 $x^2 e^{2x}$ 的 20 阶导数.

解 输入

$\text{D}\left[\dfrac{1+\text{Sin}[\text{t}]}{1+\text{Cos}[\text{t}]},\text{t}\right]$

$\text{Factor}[\text{D}[\text{x}^2\text{Exp}[2\text{x}],\{\text{x},20\}]]$

运行结果

$\dfrac{\text{Cos}[\text{t}]}{1+\text{Cos}[\text{t}]}+\dfrac{\text{Sin}[\text{t}](1+\text{Sin}[\text{t}])}{(1+\text{Cos}[\text{t}])^2}$

$1048576 e^{2\text{x}}(95+20\text{x}+\text{x}^2)$

2.2.3 求不定积分及定积分

打开 Mathematica 界面的主菜单 File\Palettes\BasicInput 得到基本输入模板,其内的表达式与高等数学的公式完全一样. 要注意的是:答案仅表示一个原函数,在答案后加上常数 C 后就是不定积分.

例 19 求下列不定积分：

$\displaystyle\int\dfrac{1}{1+\cos 2x}\mathrm{d}x$, $\displaystyle\int\dfrac{1}{e^x+e^{-x}}\mathrm{d}x$, $\displaystyle\int\cos^3 x\mathrm{d}x$, $\displaystyle\int\tan^3 x\sec x\mathrm{d}x$.

解 输入

Simplify$\left[\int \dfrac{1}{1+\text{Cos}[2\text{x}]}d\text{x}\right]$

Simplify$\left[\int \dfrac{1}{\text{Exp}[\text{x}]+\text{Exp}[-\text{x}]}d\text{x}\right]$

Simplify$\left[\int \text{Cos}[\text{x}]^3 d\text{x}\right]$

Simplify$\left[\int \text{Tan}[\text{x}]^3 \text{Sec}[\text{x}]d\text{x}\right]$

运行结果

$\dfrac{\text{Tan}[\text{x}]}{2}$

ArcTan$[e^x]$

$\dfrac{1}{12}(9\text{Sin}[\text{x}]+\text{Sin}[3\text{x}])$

$\dfrac{1}{3}\text{Sec}[\text{x}](-3+\text{Sec}[\text{x}]^2)$

例 20 求下列定积分：

$\int_0^{\frac{\pi}{2}} \dfrac{x+\sin x}{1+\cos x}dx$, $\int_0^{2\pi}|\sin x|dx$, $\int_0^{e^2}\dfrac{1}{x\sqrt{1+\ln x}}dx$, $\int_0^{\frac{\pi}{2}}\ln\sin x\,dx$,

$\int_0^{\frac{\pi}{4}}\ln(1+\sin x)dx.$

解 输入

$\int_0^{\frac{\pi}{2}} \dfrac{\text{x}+\text{Sin}[\text{x}]}{1+\text{Cos}[\text{x}]}d\text{x}$

$\int_0^{2\pi} \text{Abs}[\text{Sin}[\text{x}]]d\text{x}$

$\int_1^{e^2} \dfrac{1}{\text{x}\sqrt{1+\text{Log}[\text{x}]}}d\text{x}$

$\int_0^{\frac{\pi}{2}} \text{Log}[\text{Sin}[\text{x}]]d\text{x}$

FullSimplify$\left[\int_0^{\frac{\pi}{4}} \text{Log}[1+\text{Tan}[\text{x}]]d\text{x}\right]$

运行结果

$\dfrac{\pi}{2}$

4

$2(-1+\sqrt{3})$

$-\dfrac{1}{2}\pi\text{Log}[2]$

$\dfrac{1}{8}\pi\text{Log}[2]$

$\sqrt{14}$

2.2.4 微分方程

　　Mathematica 能求解微分方程(组)的准确解,功能强大,但不如人手动计算灵活,输出的结果与教材上的答案可能在形式上不同. 由于有的微分方程没有公式解,我们可以利用 Mathematica 求近似解,且可以作出解的图形,这是很重要的.

　　解微分方程(组)的格式是

DSolve[eqn,y[x],x],求方程 eqn 的通解,其中 x 是自变量.

DSolve[{eqn,y[x₀]==y₀},y[x],x],求满足初始条件 y[x₀]==y₀ 的解.

DSolve[{eqn₁,eqn₂,⋯},{y₁[x],y₂[x],⋯},x],求方程组的通解,其中 x 是自变量.

DSolve[{eqn₁,eqn₂,⋯,y₁[x₀]==y₁₀,y₂[x₀]==y₂₀,⋯},{y₁[x],y₂[x],⋯},x],求方程组满足初始条件的解.

1. 可分离变量的微分方程

　　例 21　求微分方程 $\dfrac{\mathrm{d}y}{\mathrm{d}x}=2xy$ 的通解.

　　解　输入

DSolve[y'[x]==2xy[x],y[x],x]

运行结果

{{y[x]→e^{x²}C[1]}}

其中 C[1] 表示任意常数.

　　例 22　求微分方程 $m\dfrac{\mathrm{d}v}{\mathrm{d}t}=mg-kv$ 满足初始条件 $v(0)=0$ 的特解.

　　解　输入

Simplify[DSolve[{mv'[t]==mg−kv[t],v[0]==0},v[t],t]]

运行结果

$\left\{\left\{v[t]\to\dfrac{(1-e^{-\frac{kt}{m}})gm}{k}\right\}\right\}$.

2. 齐次微分方程

　　例 23　求微分方程 $y^2+x^2\dfrac{\mathrm{d}y}{\mathrm{d}x}=xy\dfrac{\mathrm{d}y}{\mathrm{d}x}$ 的通解.

　　解　输入

DSolve[(y[x])² + x²y′[x] == xy[x]y′[x], y[x], x]

运行结果

$$\left\{\left\{y[x] \to -x\, \text{ProductLog}\left[-\frac{e^{-C[1]}}{x}\right]\right\}\right\}$$

我们不知道 ProductLog 是何含义，C[1]是任意常数. 输入

? ProductLog

运行结果

ProductLog[z] gives the principal solution for w in
z = w e^w. ProductLog[k, z] gives the kth solution. More

原来 ProductLog$\left[-\frac{e^C}{x}\right]$ 表示方程 $-\frac{e^C}{x} = we^w$ 的解 w. 则有 $y = -xw$, $-\frac{e^C}{x} = we^w$, 消去 w 得 $\ln y = \frac{y}{x} + C$.

3. 一阶线性微分方程

例 24　求微分方程 $\dfrac{\mathrm{d}y}{\mathrm{d}x} - \dfrac{2y}{x+1} = (x+1)^{5/2}$ 的通解.

解　输入

FullSimplify[DSolve[y′[x] − $\dfrac{2y[x]}{x+1}$ == (x+1)$^{\frac{5}{2}}$, y[x], x]]

运行结果

$$\left\{\left\{y[x] \to \frac{2}{3}(1+x)^{7/2} + (1+x)^2 C[1]\right\}\right\}$$

例 25　求微分方程 $\dfrac{\mathrm{d}y}{\mathrm{d}x} = \dfrac{1}{x+y}$ 的通解.

解　输入

FullSimplify[DSolve[y′[x] == $\dfrac{1}{y[x]+x}$, y[x], x]]

运行结果

{{y[x] → −1 − x − ProductLog[−e^{-1-x}C[1]]}}

由 ProductLog 的含义，得 $y = -1 - x - w$, $-Ce^{-1-x} = we^w$, 消去 w 得 $x = Ce^y - y - 1$.

4. 可降阶的高阶微分方程

例 26　求微分方程 $(1+x^2)y'' = xy'$ 满足初始条件 $y(0) = 1$, $y'(0) = 3$ 的特解.

解　输入

DSolve[{(1+x²)y″[x] == 2xy′[x], y[0] == 1, y′[0] == 3}, y[x], x]

运行结果

$\{\{y[x] \to 1+3x+x^3\}\}$

例 27 求微分方程 $yy''-(y')^2=0$ 的通解.

解 输入

DSolve[y[x]y''[x]−(y'[x])²==0,y[x],x]

运行结果

$\{\{y[x] \to e^{xC[1]}C[2]\}\}$.

5. 高阶线性微分方程

例 28 求微分方程 $y''-2y'+y=\dfrac{e^x}{x}$ 的通解.

解 输入

DSolve$\left[y''[x]-2y'[x]+y[x]==\dfrac{\text{Exp}[x]}{x},y[x],x\right]$

运行结果

$\{\{y[x] \to e^x C[1]+e^x xC[2]+e^x x(-1+\text{Log}[x])\}\}$

例 29 求微分方程 $y''-2y'+5y=0$ 的通解.

解 输入

DSolve[y''[x]−2y'[x]+5y[x]==0,y[x],x]

运行结果

$\{\{y[x] \to e^x C[2]\,\text{Cos}[2x]+e^x C[1]\,\text{Sin}[2x]\}\}$

例 30 求微分方程 $y''-5y'+6y=xe^{2x}$ 的通解.

解 输入

p=DSolve[{y''[x]−5y'[x]+6y[x]==xExp[2x]},y[x],x];

Apart[p]

运行结果

$\left\{\left\{y[x] \to -\dfrac{1}{2}e^{2x}(2+2x+x^2)+e^{2x}C[1]+e^{3x}C[2]\right\}\right\}$

例 31 求微分方程 $y''+y=x\cos 2x$ 的通解.

解 输入

FullSimplify[DSolve[y''[x]+y[x]==xCos[2x],y[x],x]]

运行结果

$\left\{\left\{y[x] \to C[1]\text{Cos}[x]-\dfrac{1}{3}x\text{Cos}[2x]+C[2]\text{Sin}[x]+\dfrac{4}{9}\text{Sin}[2x]\right\}\right\}$.

6. 微分方程组

例 32 求微分方程组 $\begin{cases} \dfrac{\mathrm{d}y}{\mathrm{d}x}=3y-2z, \\ \dfrac{\mathrm{d}z}{\mathrm{d}x}=2y-z \end{cases}$ 的通解.

解 输入
DSolve[{y′[x]==3y[x]−2z[x],z′[x]==2y[x]−z[x]},{y[x],z[x]},x]
运行结果
{{y[x]→e^x(1+2x)C[1]−2e^xxC[2],z[x]→2e^xxC[1]−e^x(−1+2x)C[2]}}

7. 微分方程(组)的近似解法

有的微分方程没有公式解,我们可以求出它的近似解,并可以画出它的图像.
格式如下:NDSolve[{eqn,initial conditions},y,{x,xmin,xmax}]及
NDSolve[{eqns,initial conditions},{y_1,y_2,…},{x,xmin,xmax}].
举例如下:

例 33 求微分方程 $y''' - y'' + y' = -y^3$ 满足 $y(0) = 0, y'(0) = y''(0) = 0$ 的近似解并画出它的图像.

解 输入
solution=NDSolve[{$y^{(3)}$[x]+y″[x]+y′[x]==−y[x]^3,
y[0]==1,y′[0]==y″[0]==0},y,{x,0,20}];
Plot[Evaluate[y[x]/. solution],{x,0,20}];
运行结果

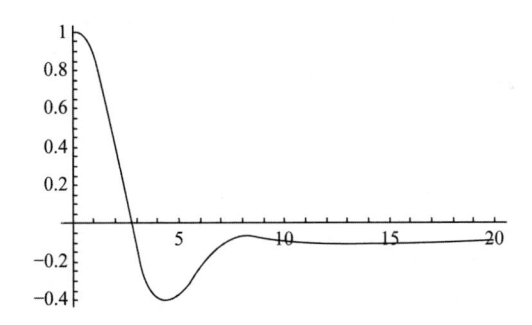

例 34 设阻尼系数为 c 的单摆的微分方程为 $x''(t)+cx'(t)+k\sin x=0$,($k>0$),分别画出 $c=0,0.1,0.2,0.3$ 的单摆的图像.

解 输入
For[c=0,c<0.4,c=c+0.1,
　　{solution=NDSolve[{x″[t]+cx′[t]+Sin[x[t]]==0,
　　x[0]==0,x′[0]==1},x,{t,0,5π}];
　　Plot[Evaluate[x[t]/. solution],{t,0,5π}]
　　}
]

运行结果

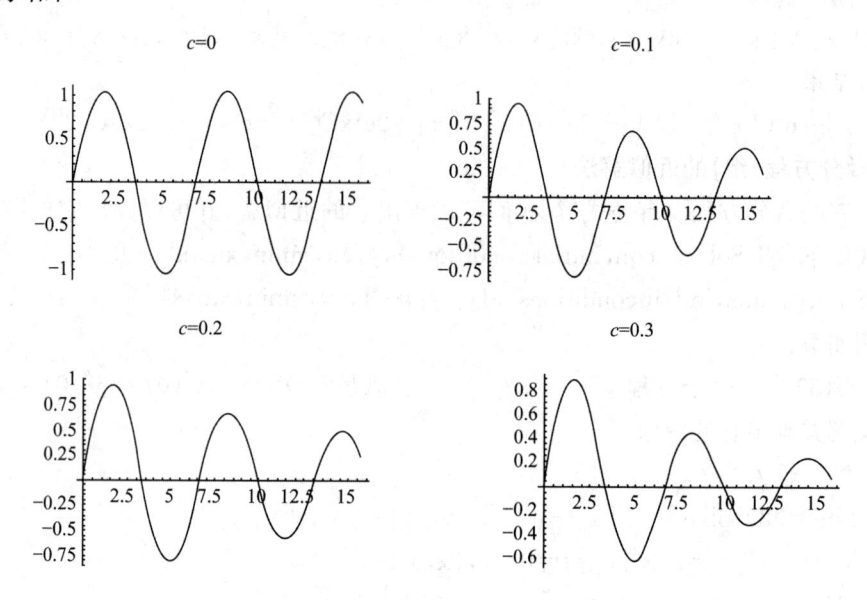

$c=0$

$c=0.1$

$c=0.2$

$c=0.3$

附录2　常用的数学公式

一、因式分解公式

$a^2 - b^2 = (a-b)(a+b)$,
$a^3 - b^3 = (a-b)(a^2+ab+b^2)$.

一般地有
$a^n - b^n = (a-b)(a^{n-1}+a^{n-2}b+\cdots+ab^{n-2}+b^{n-1})$　$(n \geqslant 2)$.

当 n 为奇数时
$a^n + b^n = (a+b)(a^{n-1}-a^{n-2}b+a^{n-3}b^2-\cdots-ab^{n-2}+b^{n-1})$.

二、三角公式

两角和与差公式：

$$\sin(\alpha \pm \beta) = \sin\alpha\cos\beta \pm \cos\alpha\sin\beta,$$
$$\cos(\alpha \pm \beta) = \cos\alpha\cos\beta \mp \sin\alpha\sin\beta,$$
$$\tan(\alpha \pm \beta) = \frac{\tan\alpha \pm \tan\beta}{1 \mp \tan\alpha\tan\beta}.$$

倍角公式：

$$\sin 2\alpha = 2\sin\alpha\cos\alpha,$$
$$\cos 2\alpha = \cos^2\alpha - \sin^2\alpha = 2\cos^2\alpha - 1 = 1 - 2\sin^2\alpha,$$
$$\tan 2\alpha = \frac{2\tan\alpha}{1-\tan^2\alpha}.$$

半角公式：

$$\sin\frac{\alpha}{2} = \pm\sqrt{\frac{1-\cos\alpha}{2}},$$

$$\cos\frac{\alpha}{2} = \pm\sqrt{\frac{1+\cos\alpha}{2}},$$

$$\tan\frac{\alpha}{2} = \pm\sqrt{\frac{1-\cos\alpha}{1+\cos\alpha}} = \frac{1-\cos\alpha}{\sin\alpha} = \frac{\sin\alpha}{1+\cos\alpha}.$$

积化和差公式：

$$\sin\alpha\cos\beta = \frac{1}{2}[\sin(\alpha+\beta) + \sin(\alpha-\beta)],$$

$$\cos\alpha\sin\beta = \frac{1}{2}[\sin(\alpha+\beta) - \sin(\alpha-\beta)],$$

$$\cos\alpha\cos\beta = \frac{1}{2}[\cos(\alpha+\beta) + \cos(\alpha-\beta)],$$

$$\sin\alpha\sin\beta = -\frac{1}{2}[\cos(\alpha+\beta) - \cos(\alpha-\beta)].$$

和差化积公式：

$$\sin\alpha + \sin\beta = 2\sin\frac{\alpha+\beta}{2}\cos\frac{\alpha-\beta}{2},$$

$$\sin\alpha - \sin\beta = 2\cos\frac{\alpha+\beta}{2}\sin\frac{\alpha-\beta}{2},$$

$$\cos\alpha + \cos\beta = 2\cos\frac{\alpha+\beta}{2}\cos\frac{\alpha-\beta}{2},$$

$$\cos\alpha - \cos\beta = -2\sin\frac{\alpha+\beta}{2}\sin\frac{\alpha-\beta}{2}.$$

万能公式：

$$\sin\alpha = \frac{2\tan\frac{\alpha}{2}}{1+\tan^2\frac{\alpha}{2}}, \quad \cos\alpha = \frac{1-\tan^2\frac{\alpha}{2}}{1+\tan^2\frac{\alpha}{2}}, \quad \tan\alpha = \frac{2\tan\frac{\alpha}{2}}{1-\tan^2\frac{\alpha}{2}}.$$

附录3　几种常用的曲线

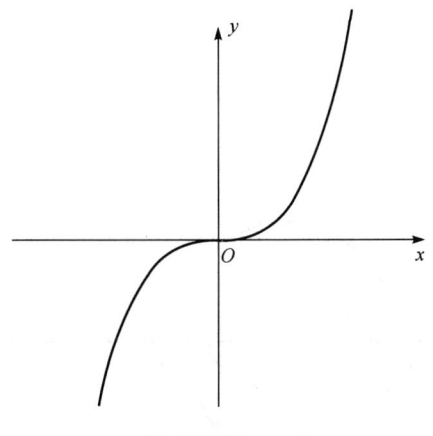

三次抛物线 $y=x^3$

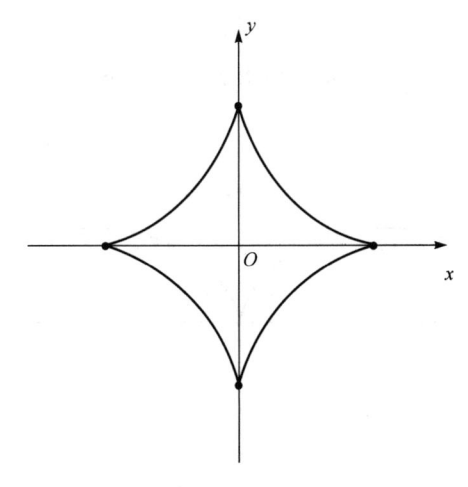

星形线 $x^{\frac{2}{3}}+y^{\frac{2}{3}}=z^{\frac{2}{3}}$，参数方程 $x=a\cos^3\theta, y=a\sin^3\theta$

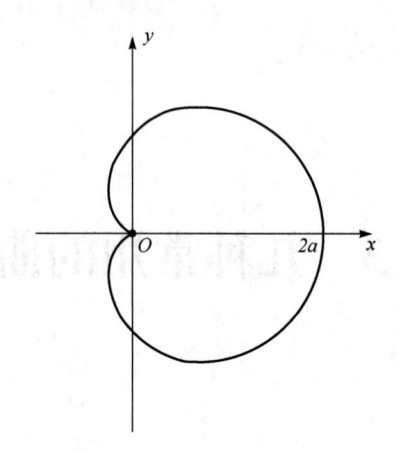

心形线　极坐标 $\rho=a(1+\cos\theta)$

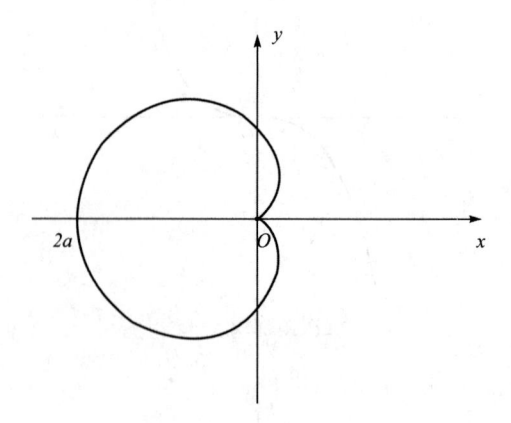

心形线　极坐标 $\rho=a(1-\cos\theta)$

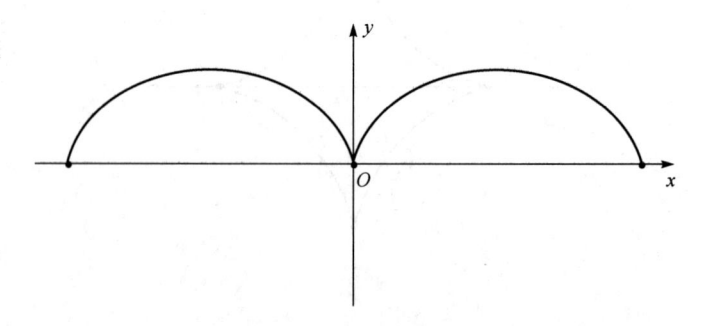

摆线　参数方程 $x=a(\theta-\sin\theta), y=a(1-\cos\theta)$

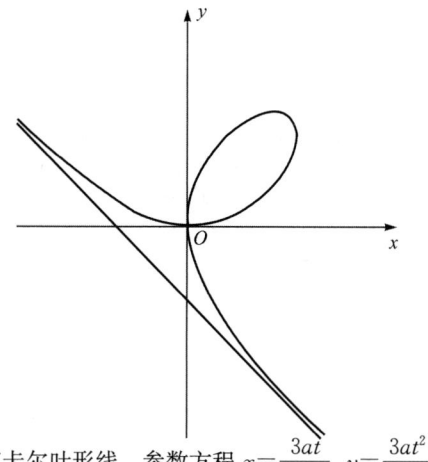

笛卡尔叶形线　参数方程 $x=\dfrac{3at}{1+t^3}, y=\dfrac{3at^2}{1+t^3}$

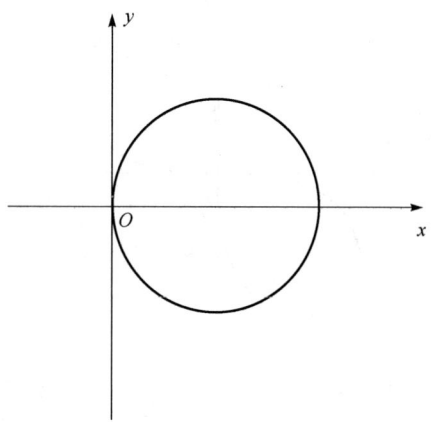

圆 $(x-a)^2+y^2=a^2$　极坐标 $\rho=2a\cos\theta$

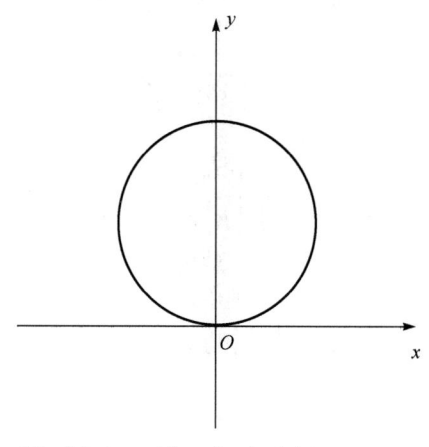

圆 $x^2+(y-a)^2=a^2$　极坐标 $\rho=2a\sin\theta$

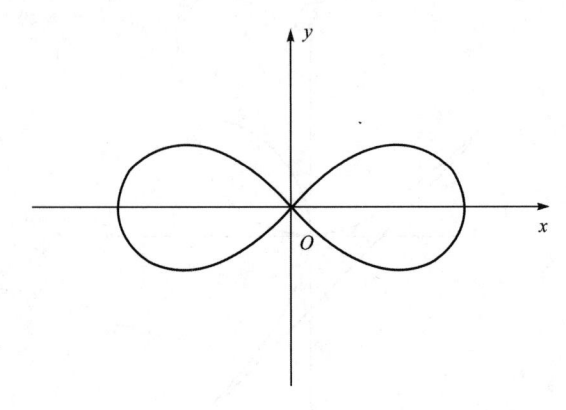

Bernoulli 双纽线 $(x^2+y^2)^2=2a^2xy$　极坐标 $\rho^2=a^2\sin2\theta$

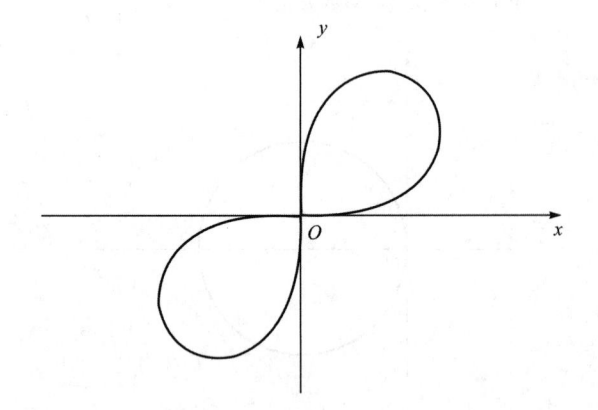

Bernoulli 双纽线 $(x^2+y^2)^2=a^2(x^2-y^2)$　极坐标 $\rho^2=a^2\cos2\theta$

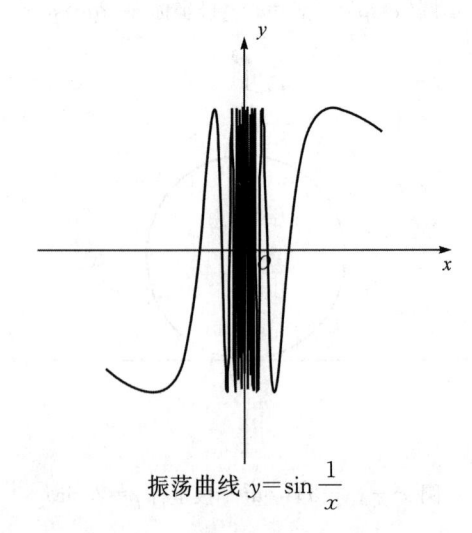

振荡曲线 $y=\sin\dfrac{1}{x}$

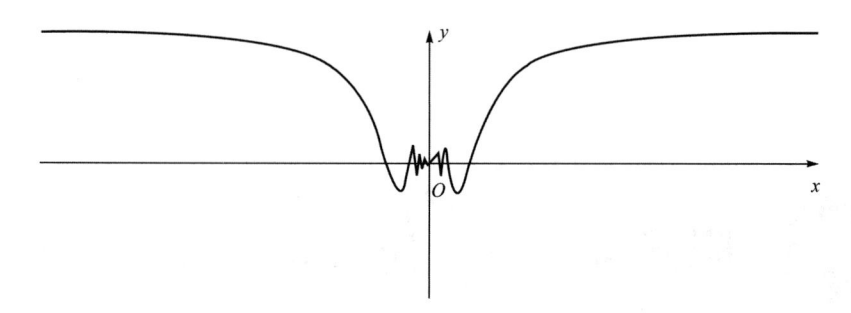

振荡曲线 $y = x\sin\dfrac{1}{x}$

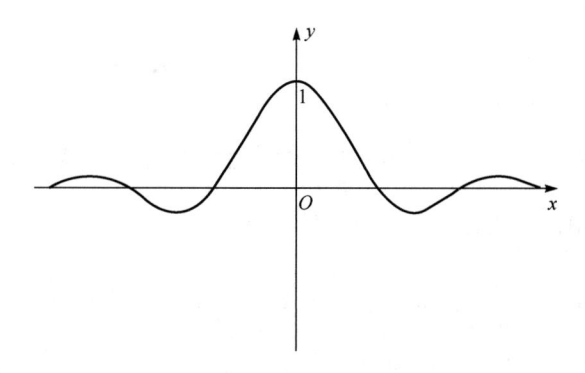

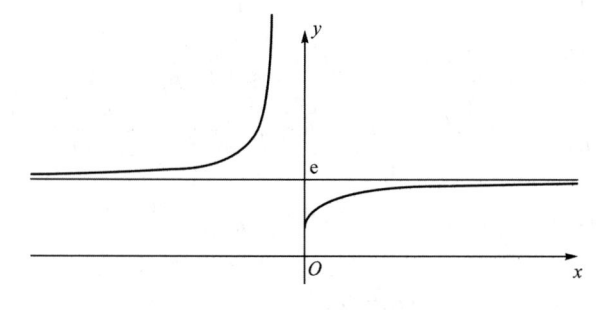

曲线 $y = \dfrac{\sin x}{x}$

曲线 $y = \left(1+\dfrac{1}{x}\right)^x$

附录4 积分表

(一) 含有 $ax+b\,(a\neq 0)$ 的积分

1. $\int \dfrac{\mathrm{d}x}{ax+b} = \dfrac{1}{a}\ln|ax+b|+C$

2. $\int (ax+b)^\mu \mathrm{d}x = \dfrac{1}{a(\mu+1)}(ax+b)^{\mu+1}+C \quad (\mu\neq -1)$

3. $\int \dfrac{x}{ax+b}\mathrm{d}x = \dfrac{1}{a^2}(ax+b-b\ln|ax+b|)+C$

4. $\int \dfrac{x^2}{ax+b}\mathrm{d}x = \dfrac{1}{a^3}\left[\dfrac{1}{2}(ax+b)^2-2b(ax+b)+b^2\ln|ax+b|\right]+C$

5. $\int \dfrac{\mathrm{d}x}{x(ax+b)} = -\dfrac{1}{b}\ln\left|\dfrac{ax+b}{x}\right|+C \quad (b\neq 0)$

6. $\int \dfrac{\mathrm{d}x}{x^2(ax+b)} = -\dfrac{1}{bx}+\dfrac{a}{b^2}\ln\left|\dfrac{ax+b}{x}\right|+C \quad (b\neq 0)$

7. $\int \dfrac{x}{(ax+b)^2}\mathrm{d}x = \dfrac{1}{a^2}\left(\ln|ax+b|+\dfrac{b}{ax+b}\right)+C$

8. $\int \dfrac{x^2}{(ax+b)^2}\mathrm{d}x = \dfrac{1}{a^3}\left(ax+b-2b\ln|ax+b|-\dfrac{b^2}{ax+b}\right)+C$

9. $\int \dfrac{\mathrm{d}x}{x(ax+b)^2} = \dfrac{1}{b(ax+b)}-\dfrac{1}{b^2}\ln\left|\dfrac{ax+b}{x}\right|+C \quad (b\neq 0)$

(二) 含有 $\sqrt{ax+b}\,(a\neq 0)$ 的积分

10. $\int \sqrt{ax+b}\,\mathrm{d}x = \dfrac{2}{3a}\sqrt{(ax+b)^3}+C$

11. $\int x\sqrt{ax+b}\,\mathrm{d}x = \dfrac{2}{15a^2}(3ax-2b)\sqrt{(ax+b)^3}+C$

12. $\int x^2\sqrt{ax+b}\,\mathrm{d}x = \dfrac{2}{105a^3}(15a^2x^2-12abx+8b^2)\sqrt{(ax+b)^3}+C$

13. $\int \dfrac{x}{\sqrt{ax+b}} \mathrm{d}x = \dfrac{2}{3a^2}(ax-2b)\sqrt{ax+b} + C$

14. $\int \dfrac{x^2}{\sqrt{ax+b}} \mathrm{d}x = \dfrac{2}{15a^3}(3a^2x^2-4abx+8b^2)\sqrt{ax+b} + C$

15. $\int \dfrac{\mathrm{d}x}{x\sqrt{ax+b}} = \begin{cases} \dfrac{1}{\sqrt{b}} \ln \left| \dfrac{\sqrt{ax+b}-\sqrt{b}}{\sqrt{ax+b}+\sqrt{b}} \right| + C & (b>0) \\ \dfrac{2}{\sqrt{-b}} \arctan \sqrt{\dfrac{ax+b}{-b}} + C & (b<0) \end{cases}$

16. $\int \dfrac{\mathrm{d}x}{x^2\sqrt{ax+b}} = -\dfrac{\sqrt{ax+b}}{bx} - \dfrac{a}{2b} \int \dfrac{\mathrm{d}x}{x\sqrt{ax+b}} \quad (b \neq 0)$

17. $\int \dfrac{\sqrt{ax+b}}{x} \mathrm{d}x = 2\sqrt{ax+b} + b \int \dfrac{\mathrm{d}x}{x\sqrt{ax+b}}$

18. $\int \dfrac{\sqrt{ax+b}}{x^2} \mathrm{d}x = -\dfrac{\sqrt{ax+b}}{x} + \dfrac{a}{2} \int \dfrac{\mathrm{d}x}{x\sqrt{ax+b}}$

(三) 含有 $x^2 \pm a^2 (a \neq 0)$ 的积分

19. $\int \dfrac{\mathrm{d}x}{x^2+a^2} = \dfrac{1}{a} \arctan \dfrac{x}{a} + C$

20. $\int \dfrac{\mathrm{d}x}{(x^2+a^2)^n} = \dfrac{x}{2(n-1)a^2(x^2+a^2)^{n-1}} + \dfrac{2n-3}{2(n-1)a^2} \int \dfrac{\mathrm{d}x}{(x^2+a^2)^{n-1}}$

21. $\int \dfrac{\mathrm{d}x}{x^2-a^2} = \dfrac{1}{2a} \ln \left| \dfrac{x-a}{x+a} \right| + C$

(四) 含有 $ax^2+b(a>0)$ 的积分

22. $\int \dfrac{\mathrm{d}x}{ax^2+b} = \begin{cases} \dfrac{1}{\sqrt{ab}} \arctan \sqrt{\dfrac{a}{b}} x + C & (b>0) \\ \dfrac{1}{2\sqrt{-ab}} \ln \left| \dfrac{\sqrt{a}x-\sqrt{-b}}{\sqrt{a}x+\sqrt{-b}} \right| + C & (b<0) \end{cases}$

23. $\int \dfrac{x}{ax^2+b} \mathrm{d}x = \dfrac{1}{2a} \ln |ax^2+b| + C$

24. $\int \dfrac{x^2}{ax^2+b} \mathrm{d}x = \dfrac{x}{a} - \dfrac{b}{a} \int \dfrac{\mathrm{d}x}{ax^2+b}$

25. $\int \dfrac{\mathrm{d}x}{x(ax^2+b)} = \dfrac{1}{2b} \ln \dfrac{x^2}{|ax^2+b|} + C \quad (b \neq 0)$

26. $\int \dfrac{\mathrm{d}x}{x^2(ax^2+b)} = -\dfrac{1}{bx} - \dfrac{a}{b}\int \dfrac{\mathrm{d}x}{ax^2+b}$ $(b \neq 0)$

27. $\int \dfrac{\mathrm{d}x}{x^3(ax^2+b)} = \dfrac{a}{2b^2}\ln\dfrac{|ax^2+b|}{x^2} - \dfrac{1}{2bx^2} + C$ $(b \neq 0)$

28. $\int \dfrac{\mathrm{d}x}{(ax^2+b)^2} = \dfrac{x}{2b(ax^2+b)} + \dfrac{1}{2b}\int \dfrac{\mathrm{d}x}{ax^2+b}$ $(b \neq 0)$

(五) 含有 $ax^2+bx+c\,(a>0)$ 的积分

29. $\int \dfrac{\mathrm{d}x}{ax^2+bx+c} = \begin{cases} \dfrac{2}{\sqrt{4ac-b^2}}\arctan\dfrac{2ax+b}{\sqrt{4ac-b^2}} + C & (b^2 < 4ac) \\[2ex] \dfrac{1}{\sqrt{b^2-4ac}}\ln\left|\dfrac{2ax+b-\sqrt{b^2-4ac}}{2ax+b+\sqrt{b^2-4ac}}\right| + C & (b^2 > 4ac) \end{cases}$

30. $\int \dfrac{x}{ax^2+bx+c}\mathrm{d}x = \dfrac{1}{2a}\ln|ax^2+bx+c| - \dfrac{b}{2a}\int \dfrac{\mathrm{d}x}{ax^2+bx+c}$

(六) 含有 $\sqrt{x^2+a^2}\,(a>0)$ 的积分

31. $\int \dfrac{\mathrm{d}x}{\sqrt{x^2+a^2}} = \operatorname{arsh}\dfrac{x}{a} + C_1 = \ln(x+\sqrt{x^2+a^2}) + C$

32. $\int \dfrac{\mathrm{d}x}{\sqrt{(x^2+a^2)^3}} = \dfrac{x}{a^2\sqrt{x^2+a^2}} + C$

33. $\int \dfrac{x}{\sqrt{x^2+a^2}}\mathrm{d}x = \sqrt{x^2+a^2} + C$

34. $\int \dfrac{x}{\sqrt{(x^2+a^2)^3}}\mathrm{d}x = -\dfrac{1}{\sqrt{x^2+a^2}} + C$

35. $\int \dfrac{x^2}{\sqrt{x^2+a^2}}\mathrm{d}x = \dfrac{x}{2}\sqrt{x^2+a^2} - \dfrac{a^2}{2}\ln(x+\sqrt{x^2+a^2}) + C$

36. $\int \dfrac{x^2}{\sqrt{(x^2+a^2)^3}}\mathrm{d}x = -\dfrac{x}{\sqrt{x^2+a^2}} + \ln(x+\sqrt{x^2+a^2}) + C$

37. $\int \dfrac{\mathrm{d}x}{x\sqrt{x^2+a^2}} = \dfrac{1}{a}\ln\dfrac{\sqrt{x^2+a^2}-a}{|x|} + C$

38. $\int \dfrac{\mathrm{d}x}{x^2\sqrt{x^2+a^2}} = -\dfrac{\sqrt{x^2+a^2}}{a^2 x} + C$

39. $\int \sqrt{x^2+a^2}\,\mathrm{d}x = \dfrac{x}{2}\sqrt{x^2+a^2} + \dfrac{a^2}{2}\ln(x+\sqrt{x^2+a^2}) + C$

40. $\int \sqrt{(x^2+a^2)^3}\,\mathrm{d}x = \dfrac{x}{8}(2x^2+5a^2)\sqrt{x^2+a^2} + \dfrac{3}{8}a^4\ln(x+\sqrt{x^2+a^2}) + C$

41. $\int x\sqrt{x^2+a^2}\,\mathrm{d}x = \dfrac{1}{3}\sqrt{(x^2+a^2)^3} + C$

42. $\int x^2\sqrt{x^2+a^2}\,\mathrm{d}x = \dfrac{x}{8}(2x^2+a^2)\sqrt{x^2+a^2} - \dfrac{a^4}{8}\ln(x+\sqrt{x^2+a^2}) + C$

43. $\int \dfrac{\sqrt{x^2+a^2}}{x}\,\mathrm{d}x = \sqrt{x^2+a^2} + a\ln\dfrac{\sqrt{x^2+a^2}-a}{|x|} + C$

44. $\int \dfrac{\sqrt{x^2+a^2}}{x^2}\,\mathrm{d}x = -\dfrac{\sqrt{x^2+a^2}}{x} + \ln(x+\sqrt{x^2+a^2}) + C$

(七) 含有 $\sqrt{x^2-a^2}\ (a>0)$ 的积分

45. $\int \dfrac{\mathrm{d}x}{\sqrt{x^2-a^2}} = \dfrac{x}{|x|}\mathrm{arch}\dfrac{|x|}{a} + C_1 = \ln|x+\sqrt{x^2-a^2}| + C$

46. $\int \dfrac{\mathrm{d}x}{\sqrt{(x^2-a^2)^3}} = -\dfrac{x}{a^2\sqrt{x^2-a^2}} + C$

47. $\int \dfrac{x}{\sqrt{x^2-a^2}}\,\mathrm{d}x = \sqrt{x^2-a^2} + C$

48. $\int \dfrac{x}{\sqrt{(x^2-a^2)^3}}\,\mathrm{d}x = -\dfrac{1}{\sqrt{x^2-a^2}} + C$

49. $\int \dfrac{x^2}{\sqrt{x^2-a^2}}\,\mathrm{d}x = \dfrac{x}{2}\sqrt{x^2-a^2} + \dfrac{a^2}{2}\ln|x+\sqrt{x^2-a^2}| + C$

50. $\int \dfrac{x^2}{\sqrt{(x^2-a^2)^3}}\,\mathrm{d}x = -\dfrac{x}{\sqrt{x^2-a^2}} + \ln|x+\sqrt{x^2-a^2}| + C$

51. $\int \dfrac{\mathrm{d}x}{x\sqrt{x^2-a^2}} = \dfrac{1}{a}\arccos\dfrac{a}{|x|} + C$

52. $\int \dfrac{\mathrm{d}x}{x^2\sqrt{x^2-a^2}} = \dfrac{\sqrt{x^2-a^2}}{a^2 x} + C$

53. $\int \sqrt{x^2-a^2}\,\mathrm{d}x = \dfrac{x}{2}\sqrt{x^2-a^2} - \dfrac{a^2}{2}\ln|x+\sqrt{x^2-a^2}| + C$

54. $\int \sqrt{(x^2-a^2)^3}\,\mathrm{d}x = \dfrac{x}{8}(2x^2-5a^2)\sqrt{x^2-a^2} + \dfrac{3}{8}a^4\ln|x+\sqrt{x^2-a^2}| + C$

55. $\int x\sqrt{x^2-a^2}\,\mathrm{d}x = \dfrac{1}{3}\sqrt{(x^2-a^2)^3} + C$

56. $\int x^2\sqrt{x^2-a^2}\,\mathrm{d}x = \dfrac{x}{8}(2x^2-a^2)\sqrt{x^2-a^2} - \dfrac{a^4}{8}\ln|x+\sqrt{x^2-a^2}| + C$

57. $\int \dfrac{\sqrt{x^2-a^2}}{x}\mathrm{d}x = \sqrt{x^2-a^2} - a\arccos\dfrac{a}{|x|} + C$

58. $\int \dfrac{\sqrt{x^2-a^2}}{x^2}\mathrm{d}x = -\dfrac{\sqrt{x^2-a^2}}{x} + \ln|x+\sqrt{x^2-a^2}| + C$

(八) 含有 $\sqrt{a^2-x^2}\,(a>0)$ 的积分

59. $\int \dfrac{\mathrm{d}x}{\sqrt{a^2-x^2}} = \arcsin\dfrac{x}{a} + C$

60. $\int \dfrac{\mathrm{d}x}{\sqrt{(a^2-x^2)^3}} = \dfrac{x}{a^2\sqrt{a^2-x^2}} + C$

61. $\int \dfrac{x}{\sqrt{a^2-x^2}}\mathrm{d}x = -\sqrt{a^2-x^2} + C$

62. $\int \dfrac{x}{\sqrt{(a^2-x^2)^3}}\mathrm{d}x = \dfrac{1}{\sqrt{a^2-x^2}} + C$

63. $\int \dfrac{x^2}{\sqrt{a^2-x^2}}\mathrm{d}x = -\dfrac{x}{2}\sqrt{a^2-x^2} + \dfrac{a^2}{2}\arcsin\dfrac{x}{a} + C$

64. $\int \dfrac{x^2}{\sqrt{(a^2-x^2)^3}}\mathrm{d}x = \dfrac{x}{\sqrt{a^2-x^2}} - \arcsin\dfrac{x}{a} + C$

65. $\int \dfrac{\mathrm{d}x}{x\sqrt{a^2-x^2}} = \dfrac{1}{a}\ln\dfrac{a-\sqrt{a^2-x^2}}{|x|} + C$

66. $\int \dfrac{\mathrm{d}x}{x^2\sqrt{a^2-x^2}} = -\dfrac{\sqrt{a^2-x^2}}{a^2 x} + C$

67. $\int \sqrt{a^2-x^2}\,\mathrm{d}x = \dfrac{x}{2}\sqrt{a^2-x^2} + \dfrac{a^2}{2}\arcsin\dfrac{x}{a} + C$

68. $\int \sqrt{(a^2-x^2)^3}\,\mathrm{d}x = \dfrac{x}{8}(5a^2-2x^2)\sqrt{a^2-x^2} + \dfrac{3}{8}a^4\arcsin\dfrac{x}{a} + C$

69. $\int x\sqrt{a^2-x^2}\,\mathrm{d}x = -\dfrac{1}{3}\sqrt{(a^2-x^2)^3} + C$

70. $\int x^2\sqrt{a^2-x^2}\,\mathrm{d}x = \dfrac{x}{8}(2x^2-a^2)\sqrt{a^2-x^2} + \dfrac{a^4}{8}\arcsin\dfrac{x}{a} + C$

71. $\int \dfrac{\sqrt{a^2-x^2}}{x}\mathrm{d}x = \sqrt{a^2-x^2} + a\ln\dfrac{a-\sqrt{a^2-x^2}}{|x|} + C$

72. $\int \dfrac{\sqrt{a^2-x^2}}{x^2}\mathrm{d}x = -\dfrac{\sqrt{a^2-x^2}}{x} - \arcsin\dfrac{x}{a} + C$

(九) 含有 $\sqrt{\pm ax^2+bx+c}\,(a>0)$ 的积分

73. $\displaystyle\int \frac{\mathrm{d}x}{\sqrt{ax^2+bx+c}} = \frac{1}{\sqrt{a}} \ln |\, 2ax+b+2\sqrt{a}\,\sqrt{ax^2+bx+c}\,| + C$

74. $\displaystyle\int \sqrt{ax^2+bx+c}\,\mathrm{d}x = \frac{2ax+b}{4a}\sqrt{ax^2+bx+c}$
    $+\dfrac{4ac-b^2}{8\sqrt{a^3}} \ln |\, 2ax+b+2\sqrt{a}\,\sqrt{ax^2+bx+c}\,| + C$

75. $\displaystyle\int \frac{x}{\sqrt{ax^2+bx+c}}\,\mathrm{d}x = \frac{1}{a}\sqrt{ax^2+bx+c}$
    $-\dfrac{b}{2\sqrt{a^3}} \ln |\, 2ax+b+2\sqrt{a}\,\sqrt{ax^2+bx+c}\,| + C$

76. $\displaystyle\int \frac{\mathrm{d}x}{\sqrt{c+bx-ax^2}} = -\frac{1}{\sqrt{a}} \arcsin \frac{2ax-b}{\sqrt{b^2+4ac}} + C$

77. $\displaystyle\int \sqrt{c+bx-ax^2}\,\mathrm{d}x = \frac{2ax-b}{4a}\sqrt{c+bx-ax^2} + \frac{b^2+4ac}{8\sqrt{a^3}} \arcsin \frac{2ax-b}{\sqrt{b^2+4ac}} + C$

78. $\displaystyle\int \frac{x}{\sqrt{c+bx-ax^2}}\,\mathrm{d}x = -\frac{1}{a}\sqrt{c+bx-ax^2} + \frac{b}{2\sqrt{a^3}} \arcsin \frac{2ax-b}{\sqrt{b^2+4ac}} + C$

(十) 含有 $\sqrt{\pm\dfrac{x-a}{x-b}}$ 或 $\sqrt{(x-a)(b-x)}$ 的积分

79. $\displaystyle\int \sqrt{\frac{x-a}{x-b}}\,\mathrm{d}x = (x-b)\sqrt{\frac{x-a}{x-b}} + (b-a)\ln(\sqrt{|x-a|} + \sqrt{|x-b|}) + C$

80. $\displaystyle\int \sqrt{\frac{x-a}{b-x}}\,\mathrm{d}x = (x-b)\sqrt{\frac{x-a}{b-a}} + (b-a)\arcsin\sqrt{\frac{x-a}{b-a}} + C$

81. $\displaystyle\int \frac{\mathrm{d}x}{\sqrt{(x-a)(b-x)}} = 2\arcsin\sqrt{\frac{x-a}{b-a}} + C \quad (a<b)$

82. $\displaystyle\int \sqrt{(x-a)(b-x)}\,\mathrm{d}x = \frac{2x-a-b}{4}\sqrt{(x-a)(b-x)}$
    $+\dfrac{(b-a)^2}{4}\arcsin\sqrt{\dfrac{x-a}{b-a}} + C \quad (a<b)$

(十一) 含有三角函数的积分

83. $\displaystyle\int \sin x\,\mathrm{d}x = -\cos x + C$

84. $\int \cos x \, dx = \sin x + C$

85. $\int \tan x \, dx = -\ln|\cos x| + C$

86. $\int \cot x \, dx = \ln|\sin x| + C$

87. $\int \sec x \, dx = \ln\left|\tan\left(\dfrac{\pi}{4} + \dfrac{x}{2}\right)\right| + C = \ln|\sec x + \tan x| + C$

88. $\int \csc x \, dx = \ln\left|\tan\dfrac{x}{2}\right| + C = \ln|\csc x - \cot x| + C$

89. $\int \sec^2 x \, dx = \tan x + C$

90. $\int \csc^2 x \, dx = -\cot x + C$

91. $\int \sec x \tan x \, dx = \sec x + C$

92. $\int \csc x \cot x \, dx = -\csc x + C$

93. $\int \sin^2 x \, dx = \dfrac{x}{2} - \dfrac{1}{4}\sin 2x + C$

94. $\int \cos^2 x \, dx = \dfrac{x}{2} + \dfrac{1}{4}\sin 2x + C$

95. $\int \sin^n x \, dx = -\dfrac{1}{n}\sin^{n-1} x \cos x + \dfrac{n-1}{n}\int \sin^{n-2} x \, dx \quad (n \geqslant 2, n \in \mathbf{Z})$

96. $\int \cos^n x \, dx = \dfrac{1}{n}\cos^{n-1} x \sin x + \dfrac{n-1}{n}\int \cos^{n-2} x \, dx \quad (n \geqslant 2, n \in \mathbf{Z})$

97. $\int \dfrac{dx}{\sin^n x} = -\dfrac{1}{n-1} \cdot \dfrac{\cos x}{\sin^{n-1} x} + \dfrac{n-2}{n-1}\int \dfrac{dx}{\sin^{n-2} x} \quad (n \geqslant 2, n \in \mathbf{Z})$

98. $\int \dfrac{dx}{\cos^n x} = \dfrac{1}{n-1} \cdot \dfrac{\sin x}{\cos^{n-1} x} + \dfrac{n-2}{n-1}\int \dfrac{dx}{\cos^{n-2} x} \quad (n \geqslant 2, n \in \mathbf{Z})$

99. $\int \cos^m x \sin^n x \, dx = \dfrac{1}{m+n}\cos^{m-1} x \sin^{n+1} x + \dfrac{m-1}{m+n}\int \cos^{m-2} x \sin^n x \, dx$

$= -\dfrac{1}{m+n}\cos^{m+1} x \sin^{n-1} x + \dfrac{n-1}{m+n}\int \cos^m x \sin^{n-2} x \, dx$

$(m, n \geqslant 2 \text{ 且 } m, n \in \mathbf{Z})$

100. $\int \sin ax \cos bx \, dx = -\dfrac{1}{2(a+b)}\cos(a+b)x - \dfrac{1}{2(a-b)}\cos(a-b)x + C \quad (a \neq \pm b)$

101. $\int \sin ax \sin bx \, dx = -\dfrac{1}{2(a+b)}\sin(a+b)x + \dfrac{1}{2(a-b)}\sin(a-b)x + C \quad (a \neq \pm b)$

102. $\int \cos ax \cos bx \, dx = \dfrac{1}{2(a+b)}\sin(a+b)x + \dfrac{1}{2(a-b)}\sin(a-b)x + C \quad (a \neq \pm b)$

103. $\int \dfrac{\mathrm{d}x}{a+b\sin x} = \dfrac{2}{\sqrt{a^2-b^2}} \arctan \dfrac{a\tan \dfrac{x}{2}+b}{\sqrt{a^2-b^2}} + C \quad (a^2 > b^2)$

104. $\int \dfrac{\mathrm{d}x}{a+b\sin x} = \dfrac{1}{\sqrt{b^2-a^2}} \ln \left| \dfrac{a\tan \dfrac{x}{2}+b-\sqrt{b^2-a^2}}{a\tan \dfrac{x}{2}+b+\sqrt{b^2-a^2}} \right| + C \quad (a^2 < b^2)$

105. $\int \dfrac{\mathrm{d}x}{a+b\cos x} = \dfrac{2}{a+b} \sqrt{\dfrac{a+b}{a-b}} \arctan \left(\sqrt{\dfrac{a-b}{a+b}} \tan \dfrac{x}{2} \right) + C \quad (a^2 > b^2)$

106. $\int \dfrac{\mathrm{d}x}{a+b\cos x} = \dfrac{1}{a+b} \sqrt{\dfrac{a+b}{b-a}} \ln \left| \dfrac{\tan \dfrac{x}{2}+\sqrt{\dfrac{a+b}{b-a}}}{\tan \dfrac{x}{2}-\sqrt{\dfrac{a+b}{b-a}}} \right| + C \quad (a^2 < b^2)$

107. $\int \dfrac{\mathrm{d}x}{a^2\cos^2 x + b^2 \sin^2 x} = \dfrac{1}{ab} \arctan \left(\dfrac{b}{a} \tan x \right) + C \quad (a,b \neq 0)$

108. $\int \dfrac{\mathrm{d}x}{a^2\cos^2 x - b^2 \sin^2 x} = \dfrac{1}{2ab} \ln \left| \dfrac{b\tan x + a}{b\tan x - a} \right| + C \quad (a,b \neq 0)$

109. $\int x\sin ax\,\mathrm{d}x = \dfrac{1}{a^2} \sin ax - \dfrac{1}{a} x\cos ax + C \quad (a \neq 0)$

110. $\int x^2 \sin ax\,\mathrm{d}x = -\dfrac{1}{a} x^2 \cos ax + \dfrac{2}{a^2} x\sin ax + \dfrac{2}{a^3} \cos ax + C \quad (a \neq 0)$

111. $\int x\cos ax\,\mathrm{d}x = \dfrac{1}{a^2} \cos ax + \dfrac{1}{a} x\sin ax + C \quad (a \neq 0)$

112. $\int x^2 \cos ax\,\mathrm{d}x = \dfrac{1}{a} x^2 \sin ax + \dfrac{2}{a^2} x\cos ax - \dfrac{2}{a^3} \sin ax + C \quad (a \neq 0)$

（十二）含有反三角函数的积分(其中 $a>0$)

113. $\int \arcsin \dfrac{x}{a}\,\mathrm{d}x = x\arcsin \dfrac{x}{a} + \sqrt{a^2-x^2} + C$

114. $\int x\arcsin \dfrac{x}{a}\,\mathrm{d}x = \left(\dfrac{x^2}{2} - \dfrac{a^2}{4} \right) \arcsin \dfrac{x}{a} + \dfrac{x}{4} \sqrt{a^2-x^2} + C$

115. $\int x^2 \arcsin \dfrac{x}{a}\,\mathrm{d}x = \dfrac{x^3}{3} \arcsin \dfrac{x}{a} + \dfrac{1}{9} (x^2+2a^2) \sqrt{a^2-x^2} + C$

116. $\int \arccos \dfrac{x}{a}\,\mathrm{d}x = x\arccos \dfrac{x}{a} - \sqrt{a^2-x^2} + C$

117. $\int x\arccos \dfrac{x}{a}\,\mathrm{d}x = \left(\dfrac{x^2}{2} - \dfrac{a^2}{4} \right) \arccos \dfrac{x}{a} - \dfrac{x}{4} \sqrt{a^2-x^2} + C$

118. $\int x^2 \arccos \dfrac{x}{a}\,\mathrm{d}x = \dfrac{x^3}{3} \arccos \dfrac{x}{a} - \dfrac{1}{9} (x^2+2a^2) \sqrt{a^2-x^2} + C$

119. $\int \arctan \dfrac{x}{a} \mathrm{d}x = x\arctan \dfrac{x}{a} - \dfrac{a}{2}\ln(a^2+x^2) + C$

120. $\int x\arctan \dfrac{x}{a} \mathrm{d}x = \dfrac{1}{2}(a^2+x^2)\arctan \dfrac{x}{a} - \dfrac{a}{2}x + C$

121. $\int x^2 \arctan \dfrac{x}{a} \mathrm{d}x = \dfrac{x^3}{3}\arctan \dfrac{x}{a} - \dfrac{a}{6}x^2 + \dfrac{a^3}{6}\ln(a^2+x^2) + C$

(十三) 含有指数函数的积分

122. $\int a^x \mathrm{d}x = \dfrac{1}{\ln a}a^x + C$

123. $\int \mathrm{e}^{ax} \mathrm{d}x = \dfrac{1}{a}\mathrm{e}^{ax} + C$

124. $\int x\mathrm{e}^{ax} \mathrm{d}x = \dfrac{1}{a^2}(ax-1)\mathrm{e}^{ax} + C$

125. $\int x^n \mathrm{e}^{ax} \mathrm{d}x = \dfrac{1}{a}x^n \mathrm{e}^{ax} - \dfrac{n}{a}\int x^{n-1}\mathrm{e}^{ax} \mathrm{d}x$

126. $\int xa^x \mathrm{d}x = \dfrac{x}{\ln a}a^x - \dfrac{1}{(\ln a)^2}a^x + C \quad (a>0, a\neq 1)$

127. $\int x^n a^x \mathrm{d}x = \dfrac{1}{\ln a}x^n a^x - \dfrac{n}{\ln a}\int x^{n-1}a^x \mathrm{d}x \quad (a>0, a\neq 1)$

128. $\int \mathrm{e}^{ax}\sin bx \mathrm{d}x = \dfrac{1}{a^2+b^2}\mathrm{e}^{ax}(a\sin bx - b\cos bx) + C \quad (a,b\text{ 不同时为 }0)$

129. $\int \mathrm{e}^{ax}\cos bx \mathrm{d}x = \dfrac{1}{a^2+b^2}\mathrm{e}^{ax}(b\sin bx + a\cos bx) + C \quad (a,b\text{ 不同时为 }0)$

130. $\int \mathrm{e}^{ax}\sin^n bx \mathrm{d}x = \dfrac{1}{a^2+b^2 n^2}\mathrm{e}^{ax}\sin^{n-1}bx(a\sin bx - nb\cos bx)$
$\qquad + \dfrac{n(n-1)b^2}{a^2+b^2 n^2}\int \mathrm{e}^{ax}\sin^{n-2}bx \mathrm{d}x \quad (a,b\text{ 不同时为 }0)$

131. $\int \mathrm{e}^{ax}\cos^n bx \mathrm{d}x = \dfrac{1}{a^2+b^2 n^2}\mathrm{e}^{ax}\cos^{n-1}bx(a\cos bx + nb\sin bx)$
$\qquad + \dfrac{n(n-1)b^2}{a^2+b^2 n^2}\int \mathrm{e}^{ax}\cos^{n-2}bx \mathrm{d}x \quad (a,b\text{ 不同时为 }0)$

(十四) 含有对数函数的积分

132. $\int \ln x \mathrm{d}x = x\ln x - x + C$

133. $\int \dfrac{\mathrm{d}x}{x\ln x} = \ln|\ln x| + C$

134. $\int x^n \ln x \, \mathrm{d}x = \dfrac{1}{n+1} x^{n+1}\left(\ln x - \dfrac{1}{n+1}\right) + C$

135. $\int (\ln x)^n \mathrm{d}x = x(\ln x)^n - n\int (\ln x)^{n-1}\mathrm{d}x$

136. $\int x^m (\ln x)^n \mathrm{d}x = \dfrac{1}{m+1} x^{m+1}(\ln x)^n - \dfrac{n}{m+1}\int x^m (\ln x)^{n-1}\mathrm{d}x$

(十五) 含有双曲函数的积分

137. $\int \mathrm{sh}x \, \mathrm{d}x = \mathrm{ch}x + C$

138. $\int \mathrm{ch}x \, \mathrm{d}x = \mathrm{sh}x + C$

139. $\int \mathrm{th}x \, \mathrm{d}x = \ln\mathrm{ch}x + C$

140. $\int \mathrm{sh}^2 x \, \mathrm{d}x = -\dfrac{x}{2} + \dfrac{1}{4}\mathrm{sh}2x + C$

141. $\int \mathrm{ch}^2 x \, \mathrm{d}x = \dfrac{x}{2} + \dfrac{1}{4}\mathrm{sh}2x + C$

(十六) 定积分

142. $\int_{-\pi}^{\pi} \cos nx \, \mathrm{d}x = \int_{-\pi}^{\pi} \sin nx \, \mathrm{d}x = 0$

143. $\int_{-\pi}^{\pi} \cos mx \sin nx \, \mathrm{d}x = 0$

144. $\int_{-\pi}^{\pi} \cos mx \cos nx \, \mathrm{d}x = \begin{cases} 0, & m \neq n \\ \pi, & m = n \end{cases}$

145. $\int_{-\pi}^{\pi} \sin mx \sin nx \, \mathrm{d}x = \begin{cases} 0, & m \neq n \\ \pi, & m = n \end{cases}$

146. $\int_{0}^{\pi} \sin mx \sin nx \, \mathrm{d}x = \int_{0}^{\pi} \cos mx \cos nx \, \mathrm{d}x = \begin{cases} 0, & m \neq n \\ \dfrac{\pi}{2}, & m = n \end{cases}$

147. $I_n = \int_0^{\frac{\pi}{2}} \sin^n x \, dx = \int_0^{\frac{\pi}{2}} \cos^n x \, dx$

$I_n = \dfrac{n-1}{n} I_{n-2}$

$I_n = \begin{cases} \dfrac{n-1}{n} \cdot \dfrac{n-3}{n-2} \cdot \cdots \cdot \dfrac{4}{5} \cdot \dfrac{2}{3} & (n \text{ 为大于 1 的正奇数}), I_1 = 1 \\ \dfrac{n-1}{n} \cdot \dfrac{n-3}{n-2} \cdot \cdots \cdot \dfrac{3}{4} \cdot \dfrac{1}{2} \cdot \dfrac{\pi}{2} & (n \text{ 为正偶数}), I_0 = \dfrac{\pi}{2} \end{cases}$

习题解答与提示

第 0 章 预备知识

复习练习题

1. (1) 不正确； (2) 不正确； (3) 不正确； (4) 不正确； (5) 正确； (6) 正确.

2. (1) 不相等； (2) 不相等； (3) 相等； (4) 相等； (5) 相等； (6) 不相等.

3. (1) $[-2,-1) \cup (-1,1) \cup (1,+\infty)$； (2) $[-1,0) \cup (0,1]$； (3) $(-2,2)$；
   (4) $(-\infty,1) \cup (1,2) \cup (2,+\infty)$； (5) $(-\infty,0) \cup (0,3]$； (6) $(-\infty,0) \cup (0,+\infty)$.

4. $\dfrac{1}{2}, \dfrac{\sqrt{2}}{2}, \dfrac{\sqrt{2}}{2}, 0$. 6. $2x^2-1$. 7. $\dfrac{1+x}{2+x}, \dfrac{2+x}{3+2x}$.

9. (1) $y=x^3-1$； (2) $y=\dfrac{1-x}{1+x}$； (3) $y=\dfrac{-\mathrm{d}x+b}{cx-a}$； (4) $y=\begin{cases} x+1, & x\leqslant -1, \\ \ln x, & x>1. \end{cases}$

10. (1) $y=\ln(x^2-3), (-\infty,-\sqrt{3}) \cup (\sqrt{3},+\infty)$； (2) $y=\arcsin \mathrm{e}^x, (-\infty,0]$.

11. (1) $y=\arcsin u, u=\dfrac{1}{v}, v=\sqrt{t}, t=1+x^2$； (2) $y=\dfrac{1}{3}u, u=v^3, v=\ln t, t=x^2-1$.

12. (1) 是； (2) 是； (3) 不是； (4) 不是； (5) 是.

13. (1) $[-1,1]$； (2) $[-a,1-a]$； (3) 当 $0<a\leqslant \dfrac{1}{2}$ 时, $D=[a,1-a]$; 当 $a>\dfrac{1}{2}$ 时, $D=\varnothing$.

14. $f[g(x)]=\begin{cases} 1, & x<0, \\ 0, & x=0, \\ -1, & x>0, \end{cases}$ $g[f(x)]=\begin{cases} \mathrm{e}, & |x|<1, \\ 1, & |x|=1, \\ \mathrm{e}^{-1}, & |x|>1. \end{cases}$

16. $f(x)=\begin{cases} \dfrac{1}{2}x^2, & 0\leqslant x\leqslant 1, \\ 1-\dfrac{1}{2}(2-x)^2, & 1<x\leqslant 2. \end{cases}$

17. (1) $x=1, y=3$； (2) $x=-22, y=17$.

18. (1) -12； (2) ab.

第1章 极限与连续函数

习题 1.1

(A)

1. (1) 0； (2) 2； (3) 1； (4) 1； (5) 不存在.

习题 1.3

(A)

1. (1) 错； (2) 错； (3) 错； (4) 错.

2. (1) -9；(2) 0； (3) 0； (4) $2x$； (5) 2； (6) $\frac{1}{2}$； (7) 0； (8) $\frac{a}{2}$；
(9) $\sqrt{2}$； (10) $-\frac{1}{2}$；(11) -1； (12) $\frac{1}{5}$； (13) $-\frac{1}{2}$； (14) $\frac{1}{3}$； (15) 2.

3. (1) ∞； (2) ∞； (3) ∞.

(B)

1. (1) 0； (2) 0.

2. (1) 对,用反证法可证； (2) 错； (3) 错.

3. $a=1, b=-1$.

习题 1.4

(A)

1. (1) 0； (2) 1. 2. 2.

3. (1) t； (2) 3； (3) $\frac{2}{5}$； (4) $\frac{1}{2}$； (5) 2； (6) $\frac{1}{2}$； (7) 1； (8) $\frac{2}{\pi}$； (9) π.

4. (1) e^{-1}； (2) e^2； (3) e^2； (4) $e^{\frac{1}{2}}$； (5) e^3.

(B)

1. $\frac{1}{3}$. 2. 1. 3. (1) $\frac{1}{4\sqrt{2}}$； (2) $e^{\frac{1}{2}}$； (3) e^2； (4) e^2. 4. 错,正确结论为-1.

习题 1.5

(A)

1. (1) 同阶； (2) 低阶； (3) 高阶； (4) 高阶. 2. (1) 同阶不等价； (2) 等价.

4. (1) $\frac{3}{2}$； (2) 1； (3) $\frac{1}{2}$； (4) $\frac{1}{2}$； (5) $\frac{1}{2}$.

习题 1.6

(A)

1. -1 处不连续, 1 处连续.

2. (1) $(-\infty, 2], 1$； (2) $[-4, 6], 2$； (3) $(0, 1], \ln\frac{\pi}{6}$. 3. $\frac{3}{2}$. 4. 否；不连续.

5. (1) $x=1$ 连续, $x=0$ 连续； (2) $x=1$ 为第一类可去间断点. $x=2$ 为第二类间断点；
(3) $x=0$ 为第一类跳跃间断点； (4) $x=0$ 为第二类间断点.

6. (1) $\sqrt{5}$； (2) $\frac{\pi}{4}$； (3) $\frac{2}{3}$； (4) 2； (5) $\cos a$； (6) 1； (7) -2； (8) e^4.

7. $a=1$.

(B)

1. (1) e^{x+1}； (2) e^2.

2. $a=2, b=-\frac{3}{2}$. 3. $f(x)=\begin{cases} x, & |x|<1, \\ 0, & |x|=1, \\ -x, & |x|>1, \end{cases}$ $x=\pm 1$ 为第一类间断点.

8. 提示：用反证法证明 $|f(x)|$ 在 $[a,b]$ 上最小值点 ξ 处有 $|f(\xi)|=0$，从而有 $f(\xi)=0$.

复习练习题 1

1. (1) 1； (2) e^6； (3) $\ln 2$； (4) e. 2. (1) D； (2) D； (3) A； (4) A.

3. (1) 0； (2) $\frac{1}{2}$； (3) 1； (4) $\frac{2}{\pi}$； (5) $\sqrt[3]{abc}$； (6) $\frac{1}{2}$. 4. 3. 5. $\sqrt[3]{a}$.

6. $a=b$ 连续. 7. $f(x)=\begin{cases} 1, & x<0, \\ 0, & x=0, \\ -1, & x>0, \end{cases}$ $x=0$ 间断.

8. $10\ln 3$. 9. $a=-1, b=0$.

第 2 章 导数与微分

习题 2.1

(A)

1. (1) a； (2) $\frac{1}{2\sqrt{x}}$. 2. (1) $-f'(x_0)$； (2) $f'(x_0)$； (3) $2f'(x_0)$. 3. 12.

4. $x-y+1=0, x+y-1=0$. 5. $(1,2), (-1,-2)$. 6. (1) 连续不可导； (2) 连续且可导.

8. 不可导. 9. $f'(x)=\begin{cases} \cos x, & x<0, \\ 1, & x\geq 0. \end{cases}$ 10. $a=2, b=-1$.

(B)

2. $\varphi(a)$. 3. $e^{\frac{f'(a)}{f(a)}}$. 4. 0. 5. $b=1, c=1$.

习题 2.2

(A)

1. (1) $6x+2\sin x$； (2) $\frac{2}{3} \cdot \frac{1}{\sqrt[3]{x^2}} + \frac{5}{6} \cdot \frac{1}{\sqrt[6]{x}}$； (3) $15x^2 - 2^x \ln 2$； (4) $e^x(x^2-x-2)$；

(5) $\frac{1}{x}\left(1-\frac{2}{\ln 10}+\frac{3}{\ln 2}\right)$； (6) $\sec x(2\sec x + \tan x)$； (7) $-\frac{2}{x(1+\ln x)^2}$；

(8) $-\frac{2}{(x-1)^2}$； (9) $\frac{e^x(x-2)}{x^3}$； (10) $-4\csc 2x \cot 2x$； (11) $-\frac{1+2x}{(1+x+x^2)^2}$；

(12) $\frac{-2\csc x[(1+x^2)\cot x + 2x]}{(1+x^2)^2}$.

2. (1) $6(2x+5)^2$; (2) $3\sin(4-3x)$; (3) $-6xe^{-3x^2}$; (4) $\dfrac{2x}{1+x^2}$;

(5) $\dfrac{e^x}{1+e^{2x}}$; (6) $\cot x$; (7) $4^{\sin x}\ln 4\cos x$; (8) $-\dfrac{1}{1+x^2}$;

(9) $-\dfrac{4}{x^3}\sin\dfrac{2}{x^2}$; (10) $2x\sin\dfrac{1}{x}-\cos\dfrac{1}{x}$; (11) $\dfrac{1}{|x|\sqrt{x^2-1}}$; (12) $\dfrac{2\arcsin\dfrac{x}{2}}{\sqrt{4-x^2}}$;

(13) $\dfrac{1}{\sqrt{x^2-a^2}}$; (14) $\csc x$; (15) $\dfrac{\ln x}{x\sqrt{1+\ln^2 x}}$; (16) $\dfrac{e^{\arctan\sqrt{x}}}{2\sqrt{x}(1+x)}$;

(17) $n\sin^{n-1}x\cos(n+1)x$; (18) $\dfrac{1}{x\ln x\ln(\ln x)}$;

(19) $\dfrac{\pi}{2\sqrt{1-x^2}(\arccos x)^2}$; (20) $-\dfrac{1}{(1+x)\sqrt{2x(1-x)}}$;

(21) $e^x+x^x(\ln x+1)$; (22) $\text{sh}(\text{sh}x)\text{ch}x$;

(23) $e^{\text{ch}x}(\text{ch}x+\text{sh}^2 x)$.

3. (1) $2xf'(x^2)$; (2) $[f'(\sin^2 x)-f'(\cos^2 x)]\sin 2x$.

4. $a=3, b=-1, c=1, d=3$.

(B)

1. (1) $\dfrac{1}{2}(x+\sqrt{x+\sqrt{x}})^{-\frac{1}{2}}\left[1+\dfrac{1}{2}(x+\sqrt{x})^{-\frac{1}{2}}\cdot\left(1+\dfrac{1}{2}x^{-\frac{1}{2}}\right)\right]$; (2) $-\dfrac{\sin 2x\sin(\sin^2 x)}{2\sqrt{\cos(\sin^2 x)}}$;

(3) $\dfrac{3x-2}{x^2-x}$; (4) $\dfrac{1}{x}-\dfrac{x}{1-x^2}+\cot x$; (5) $\dfrac{\ln 2}{2\sqrt{x}(1+x)}2^{\arctan\sqrt{x}}$.

2. (1) $\dfrac{2xf(x)-x^2 f'(x)}{[f(x)]^2}$; (2) $\dfrac{xf(x)+2x^2 f'(x)-1}{2x\sqrt{x}}$; (3) $\dfrac{f(x)f'(x)+g(x)g'(x)}{\sqrt{f^2(x)+g^2(x)}}$;

(4) $f'(e^x)e^{g(x)+1}+f(e^x)e^{g(x)}g'(x)$.

4. (1) $n>0$; (2) $n>1$; (3) $n>2$.

习题 2.3

(A)

1. (1) $4-\dfrac{1}{x^2}$; (2) $-2e^{-t}\cos t$; (3) $-\dfrac{2(1+x^2)}{(1-x^2)^2}$; (4) $2xe^{x^2}(3+2x^2)$.

2. (1) $2f'(x^2)+4x^2 f''(x^2)$; (2) $\dfrac{f''(x)f(x)-[f'(x)]^2}{[f(x)]^2}$.

3. $64, 0, -384, 0$. 4. 4.

5. (1) $2^{n-1}\sin\left[2x+(n-1)\dfrac{\pi}{2}\right]$; (2) $(-1)^n\dfrac{(n-2)!}{x^{n-1}}$ $(n\geqslant 2)$;

(3) $(-1)^n n!\left[\dfrac{1}{(x-2)^{n+1}}-\dfrac{1}{(x-1)^{n+1}}\right]$.

(B)

1. $P(x)=x^2-x+3$.

3. (1) $-4e^x\cos x$； (2) $x\text{sh}x+100\text{ch}x$； (3) $e^x(x+n)$；

(4) $2^{50}\left(-x^2\sin 2x+50x\cos 2x+\dfrac{1225}{2}\sin 2x\right)$.

习题 2.4

(A)

1. (1) $\dfrac{y-2x}{2y-x}$； (2) $\dfrac{y}{y-1}$； (3) $\dfrac{\cos(x+y)}{1-\cos(x+y)}$； (4) $-\sqrt{\dfrac{y}{x}}$.

2. (1) $-\dfrac{1}{y^3}$； (2) $-2\csc^2(x+y)\cot^3(x+y)$； (3) $\dfrac{e^{2y}(3-y)}{(2-y)^3}$.

3. (1) $\dfrac{3b}{2a}t$； (2) $\dfrac{\cos\theta-\theta\sin\theta}{1-\sin\theta-\theta\cos\theta}$.

4. (1) $\dfrac{1}{t^3}$； (2) $\dfrac{4}{9}e^{3t}$.

5. 切线方程：$2\sqrt{2}x+y-2=0$，法线方程：$\sqrt{2}x-4y-1=0$.

(B)

1. (1) $-\dfrac{3}{8t^5}(1+t^2)$； (2) $\dfrac{1}{f''(t)}$. 2. e^π.

3. $4^{n-1}\cos\left(4x+n\cdot\dfrac{\pi}{2}\right)$. 4. $x-y+e^\pi=0$.

习题 2.5

(A)

1. 当 $\Delta x=0.1$ 时 $\Delta y=1.161$, $dy=1.1$, $\Delta y-dy=0.061$；当 $\Delta x=0.01$ 时 $\Delta y=0.110601$, $dy=0.11$, $\Delta y-dy=0.000601$.

2. (1) $(\ln x-2x+1)dx$； (2) $e^{-ax}(b\cos bx-a\sin bx)dx$； (3) $\dfrac{2\ln(1-x)}{x-1}dx$； (4) $\csc x dx$；

(5) $x^{\sin x}\left(\cos x\ln x+\dfrac{\sin x}{x}\right)dx$.

3. (1) $2x+c$； (2) $-\dfrac{1}{2}e^{-2x}+c$； (3) $\sin t+c$； (4) $\dfrac{1}{3}\tan 3x+c$；

(5) $\ln(1+x)+c$； (6) $\dfrac{1}{2}e^{x^2}+c$； (7) $2\sqrt{x}+c$； (8) $\dfrac{1}{2}\ln^2|x|+c$.

4. (1) 0.485； (2) -0.1； (3) 2.0017； (4) 0.7954.

(B)

1. (1) $\sin 2x[f'(\sin^2 x)-f'(\cos^2 x)]dx$； (2) $\psi'[x^2+\varphi(x)][2x+\varphi'(x)]dx$.

2. $-\dfrac{y^2e^x+\sin y}{2ye^x+x\cos y}$. 3. $\dfrac{e^y\cos t}{(1-e^y\sin t)(6t+2)}dx$.

*习题 2.6

1. $\dfrac{1}{50\pi}$厘米/分.

2. 50 千米/时.

3. $\dfrac{16}{25\pi} \approx 0.204 \, (\text{m/min})$.

复习练习题 2

1. 不正确. $f'(x) = \begin{cases} 2x, & x<1, \\ 2x^2, & x>1, \end{cases}$ $f'(1)$ 不存在.

2. (1) $-\sqrt{3}$； (2) $-a$； (3) $e^{2x}(1+2x)$； (4) $\dfrac{1}{2x\sqrt{1-x^2}}$.

3. (1) D； (2) A； (3) D； (4) D.

4. (1) $\cos x \cdot \ln x^2 + \dfrac{2\sin x}{x}$； (2) $\dfrac{6x^2}{(2x^3-1)[1+\ln^2(2x^3-1)]}$； (3) $\dfrac{1}{1+x^2}$；

  (4) $\sin x \ln \tan x$.

5. (1) $-2\cos 2x \cdot \ln x - \dfrac{2\sin 2x}{x} - \dfrac{\cos^2 x}{x^2}$； (2) $\dfrac{3x}{(1-x^2)^{\frac{5}{2}}}$.

6. $x+2y-8=0, 2x-y-1=0$. 7. $\dfrac{1}{t}, -\dfrac{1+t^2}{t^3}$.

第 3 章 微分中值定理与导数应用

习题 3.1

(A)

1. (1) $\xi = \dfrac{\pi}{4}$； (2) $\xi = 0$； (3) $\xi = \dfrac{\pi}{4}, \dfrac{5\pi}{4}$； (4) $\xi = 0$.

3. $\xi = 2\arctan\left(\dfrac{4}{\pi} - 1\right)$.

4. 共有分属于区间 $(1,2), (2,3)$ 和 $(3,4)$ 内的三个实根.

(B)

3. 提示：构造辅助函数 $\varphi(x) = f(x)e^{-x}$，先证明 $\varphi(x)$ 为常数.

习题 3.2

(A)

1. (1) -1； (2) 36； (3) $\dfrac{1}{3} 4^{-\frac{1}{3}}$； (4) 2； (5) 2； (6) $-\dfrac{1}{6}$； (7) $\dfrac{1}{3}$； (8) $+\infty$；

  (9) 0； (10) $-\dfrac{1}{2}$； (11) 0； (12) 1； (13) 1； (14) e^3.

(B)

1. (1) 0； (2) 0； (3) $e^{-\frac{1}{2}}$； (4) $\dfrac{3}{4}$.

3. $a = g'(0), f'(0) = \dfrac{1}{2}g''(0)$.

习题 3.3

(A)

1. (1) $-3+4(x-1)+8(x-1)^2+10(x-1)^3+5(x-1)^4+(x-1)^5$;

   (2) $1+\dfrac{1}{2}(x-1)-\dfrac{1}{8}(x-1)^2+\dfrac{1}{16}(x-1)^3-\cdots+(-1)^{n+1}\dfrac{(2n-3)!}{2^n n!}(x-1)^n+R_n(x)$;

   (3) $e^{-5}\left[1-(x-5)+\dfrac{1}{2!}(x-5)^2-\dfrac{1}{3!}(x-5)^3+\cdots+(-1)^{n-1}\dfrac{1}{n!}(x-5)^n\right]+R_n(x)$;

   (4) $\ln\dfrac{1}{2}-2\left(x-\dfrac{1}{2}\right)-\dfrac{2^2}{2}\left(x-\dfrac{1}{2}\right)^2-\dfrac{2^3}{3}\left(x-\dfrac{1}{2}\right)^3-\cdots-\dfrac{2^n}{n}\left(x-\dfrac{1}{2}\right)^n+R_n(x)$.

2. (1) $-x^2+o(x^2)$;   (2) $x-x^2+\dfrac{1}{2!}x^3-\cdots+\dfrac{(-1)^{n-1}}{(n-1)!}x^n+o(x^{n+1})$;

   (3) $1+x+\dfrac{1\cdot 3}{2!}x^2+\dfrac{1\cdot 3\cdot 5}{3!}x^3+\cdots+\dfrac{(2n-1)!!}{n!}x^n+o(x^n)$.

3. $4\ln 2+2(2\ln 2+1)(x-2)+\dfrac{2\ln 2+3}{2!}(x-2)^2+\dfrac{1}{3!}(x-2)^3-\dfrac{2}{4!\,\xi^2}(x-2)^4$.

(ξ 介于 2 与 x 之间)

(B)

1. (1) $\dfrac{1}{2}$;   (2) $\dfrac{1}{6}$;   (3) $\dfrac{3}{2}$;   (4) $-\dfrac{1}{24}$.

4. (1) $\sqrt{30}\approx 3.10724, |R_3|<1.88\times 10^{-5}$;

   (2) $\sin 18°\approx 0.3090, |R_3|<1.3\times 10^{-4}$.

习题 3.4

(A)

1. 单调递增.

2. (1) $\left(-\infty,-\dfrac{\sqrt{3}}{3}\right),\left(\dfrac{\sqrt{3}}{3},+\infty\right)$ 单调递增,$\left(-\dfrac{\sqrt{3}}{3},\dfrac{\sqrt{3}}{3}\right)$ 单调递减;

   (2) $[-1,0],[1,+\infty)$ 单调递增,$(-\infty,-1],[0,1]$ 单调递减;

   (3) $[0,1]$ 单调递增,$[1,2]$ 单调递减;

   (4) $(-\infty,0],[2,+\infty)$ 单调递增,$[0,1),(1,2]$ 单调递减;

   (5) $\left(0,\dfrac{3}{4}\right)$ 单调递增,$\left(\dfrac{3}{4},1\right)$ 单调递减;   (6) $(-\infty,+\infty)$ 单调递增;

   (7) $(0,2)$ 单调递增,$(-\infty,0),(2,+\infty)$ 单调递减;   (8) $(-\infty,+\infty)$ 单调递增.

5. (1) $(-\infty,-1]$ 凸,$[-1,+\infty)$ 凹,拐点 $(-1,1)$;

   (2) $(-\infty,2]$ 凸,$[2,+\infty)$ 凹,拐点 $\left(2,\dfrac{2}{e^2}\right)$;

   (3) $(-\infty,2]$ 凸,$[2,+\infty)$ 凹,拐点 $(2,0)$;

   (4) $(-\infty,+\infty)$ 凹,没有拐点;

   (5) $[-3a,0],[3a,+\infty)$ 凸,$(-\infty,-3a],[0,3a]$ 凹,拐点 $(0,0)$,$\left(-3a,-\dfrac{9}{4}a\right),\left(3a,\dfrac{9}{4}a\right)$.

(6) $\left[2k\pi+\dfrac{\pi}{2}, 2k\pi+\dfrac{3}{2}\pi\right]$ 凸, $\left[2k\pi-\dfrac{\pi}{2}, 2k\pi+\dfrac{\pi}{2}\right]$ 凹, 拐点 $\left(2k\pi+\dfrac{\pi}{2}, 2k\pi+\dfrac{\pi}{2}\right)$.

6. 拐点为 $(1,3)$, 切线方程为 $21x-y-18=0$, 法线方程为 $x+21y-64=0$.

7. $a=-\dfrac{1}{2}, b=\dfrac{3}{2}$.

(B)

2. (1) $a>\dfrac{1}{e}$ 时没有实根, (2) $0<a<\dfrac{1}{e}$ 时有两个实根,

(3) $a=\dfrac{1}{e}$ 时只有 $x=e$ 一个实根.

习题 3.5

(A)

1. (1) $x=0$ 是极小值点, $x=4$ 是极大值点;

(2) $x=-2$ 是极小值点, $x=3$ 是极大值点.

2. (1) 极大值 $y(0)=0$, 极小值 $y\left(\dfrac{2}{5}\right)=-\dfrac{108}{3125}$;

(2) 极小值 $y(1)=-3$, 极大值 $y(0)=0$;

(3) 极小值 $y(1)=2$, 极大值 $y(-1)=-2$;

(4) 极小值 $y\left(\dfrac{\pi}{3}\right)=\dfrac{\pi}{3}-\sqrt{3}$, 极大值 $y\left(\dfrac{5}{3}\pi\right)=\sqrt{3}+\dfrac{5}{3}\pi$;

(5) 极小值 $y(-1)=-\dfrac{1}{2}$, 极大值 $y(1)=\dfrac{1}{2}$;

(6) 极小值 $y(16)=25$, 极大值 $y(4)=1$;

(7) 极小值 $y(0)=0$;

(8) 极小值 $y\left[(2k+1)\pi+\dfrac{\pi}{4}\right]=-\dfrac{\sqrt{2}}{2}e^{(2k+1)\pi+\frac{\pi}{4}}$,

极大值 $y\left[2k\pi+\dfrac{\pi}{4}\right]=\dfrac{\sqrt{2}}{2}e^{2k\pi+\frac{\pi}{4}}$ $(k=0,\pm 1,\pm 2\cdots)$;

(9) 极小值 $y\left(\dfrac{1}{2e^2}\right)=-\dfrac{\sqrt{2}}{e}$;

(10) 极大值 $y(1)=\dfrac{\pi}{4}-\dfrac{1}{2}\ln 2$;

(11) 极小值 $y(0)=0$, 极大值 $y(2)=4e^{-2}$;

(12) 极小值 $y\left(k\pi+\dfrac{\pi}{2}\right)=\dfrac{1}{2}$, 极大值 $y(k\pi)=1$ $(k=0,\pm 1,\pm 2\cdots)$.

3. (1) 最小值 $y(2)=-14$, 最大值 $y(3)=11$;

(2) 最小值 $y(1)=y(0)=1$, 最大值 $y\left(\dfrac{3}{4}\right)=\dfrac{5}{4}$;

(3) 最小值 $y(-3)=27$, 没有最大值;

(4) 最小值 $y(1)=y(2)=0$, 最大值 $y(-3)=20$;

(5) 最大值 $y\left(\dfrac{\pi}{4}\right)=\sqrt{2}$，最小值 $y\left(\dfrac{5}{4}\pi\right)=-\sqrt{2}$；

(6) 最大值 $y(e)=e^{\frac{1}{e}}$，无最小值.

4. $a=\dfrac{1}{4}$，$b=-\dfrac{3}{4}$，$c=0$，$d=1$.

5. 当 $a\geqslant 2$ 时，最短距离为 $2\sqrt{a-1}$，当 $0<a<2$ 时，最短距离为 a.

6. $x+y-2=0$.

7. $\dfrac{l}{6}$. 8. 圆锥的高为 $\dfrac{4}{3}R$. 9. $1:2$. 10. $2\pi-\dfrac{2}{3}\sqrt{6}\pi$.

11. C 点应选在公路右方 $\dfrac{9}{7}\sqrt{7}$ 公里处，赶到车站的最短时间为 $\dfrac{1}{8}(\sqrt{7}+9)$ 小时.

(B)

2. 极大值 $y(x_0)=x_0+a\cos x_0=\pi$，其中 $x_0=\arcsin\dfrac{1}{a}$.

3. $x=y=6$ 时，x^3+y^3 最小. 6. 腰长 $\dfrac{2}{3}l$，最大面积为 $\dfrac{\sqrt{3}}{9}l^2$.

习题 3.6

1. (1) $y=1, x=0$； (2) $y=x$； (3) $y=x$； (4) $y=x+2, x=1$.

3. (1) $K=2, R=\dfrac{1}{2}$； (2) $K=\dfrac{\sqrt{2}}{2}, R=\sqrt{2}$； (3) $K=\dfrac{1}{\sqrt{2}}, R=\sqrt{2}$；

(4) $K=\dfrac{2}{3|a|}, R=\dfrac{3}{2}|a|$.

4. $R=a\text{ch}^2\dfrac{x}{a}$，$R_{\min}=2a$. 5. $\left(\dfrac{\sqrt{2}}{2},-\dfrac{1}{2}\ln 2\right)$ 点处曲率半径有最小值 $\dfrac{3}{2}\sqrt{3}$.

6. $K=2, R=\dfrac{1}{2}$. 7. $a=-3, b=3$. 8. $a=\dfrac{1}{2}, b=1, c=1$. 9. 约 1246 牛.

复习练习题 3

1. (1) √； (2) √； (3) ×； (4) ×； (5) ×； (6) √； (7) ×； (8) ×； (9) √.

6. 提示：作辅助函数 $F(x)=f(x)e^{-kx}$，利用罗尔定理证明之.

7. (1) -1； (2) 1； (3) 1； (4) $e^{\frac{2}{\pi}}$； (5) e^{-1}； (6) $a-b$.

9. 极小值 $f(e^{-1})=e^{-\frac{2}{e}}$，极大值 $f(0)=2$.

11. (1) $x=0$； (2) $g(x)$ 在 $(-\infty,+\infty)$ 凹.

13. $4x=\dfrac{960}{\pi+4}$，$2\pi r=\dfrac{240\pi}{\pi+4}$.

第 4 章 不定积分

习题 4.1

(A)

1. $-2e^{-2x+1}$. 2. $(x^2+3x+1)\ln x$. 3. $-\cos x+1+\dfrac{\sqrt{3}}{2}$.

4. (1) $-2x^{-\frac{1}{2}}-\dfrac{2}{3}x^{\frac{3}{2}}+C$; (2) $e^x+2\arcsin x+C$; (3) $-\dfrac{1}{x}+\arctan x+C$;

(4) $\arcsin x+C$; (5) $\dfrac{4^x e^{x-4}}{2\ln 2+1}+C$; (6) $x-\arctan x+C$;

(7) $\sin x+\cos x+C$; (8) $\dfrac{1}{2}\tan x+C$; (9) $\tan x-\sec x+C$; (10) $-\cot x-x+C$;

(11) $-\cos\theta+\theta+C$; (12) $x^3-x+\arctan x+C$.

5. $y=\ln|x|+2$. 6. $s=\dfrac{3}{2}t^2-2t+5$.

习题 4.2

(A)

1. (1) $-\cos x+C$; (2) $\tan x+C$; (3) $e^{2x}+C$; (4) $2\sqrt{x}+C$; (5) $\dfrac{1}{1-x}+C$;

(6) $\arcsin x+C$.

2. (1) $\sqrt{x^2+1}+C$; (2) $\dfrac{2}{9}(5+x^3)^{\frac{3}{2}}+C$; (3) $2\arctan\sqrt{x}+C$; (4) $\ln x-\arctan(\ln x)+C$;

(5) $e^{-\frac{1}{x}}+C$; (6) $\dfrac{1}{2}\ln\left|\dfrac{x-1}{x+1}\right|$; (7) $\dfrac{1}{2}\arcsin\dfrac{2}{5}x+C$; (8) $\ln|x+\cos x|+C$;

(9) $\tan x-2\ln|\cos x|+C$; (10) $2\sqrt{x}-2\ln(1+\sqrt{x})+C$; (11) $\ln\left|\dfrac{\sqrt{x+2}-1}{\sqrt{x+2}+1}\right|+C$;

(12) $\sqrt{x^2-9}-3\arccos\dfrac{3}{x}+C$; (13) $\dfrac{(4-x^2)^{\frac{3}{2}}}{3}-4\sqrt{4-x^2}+C$; (14) $-\dfrac{\sqrt{x^2+9}}{9x}+C$;

(15) $\dfrac{\tan^3 x}{3}+\tan x+C$; (16) $e^x-\ln(1+e^x)+C$.

(B)

(1) $x-\ln(1+e^x)+C$; (2) $\ln|\tan x|+C$; (3) $-2\sqrt{\dfrac{1+x}{x}}+\ln\left|\dfrac{\sqrt{1+x}+\sqrt{x}}{\sqrt{1+x}-\sqrt{x}}\right|+C$;

(4) $\dfrac{1}{2}\ln|x|-\dfrac{1}{14}\ln|x^7+2|+C$; (5) $\ln|\ln\ln x|+C$; (6) $\dfrac{1}{2}(\ln\tan x)^2+C$;

(7) $\dfrac{1}{4}\sin 2x-\dfrac{1}{24}\sin 12x+C$; (8) $\dfrac{a^2}{2}\left(\arcsin\dfrac{x}{a}-\dfrac{x}{a^2}\sqrt{a^2-x^2}\right)+C$;

(9) $\arccos\dfrac{1}{|x|}+C$; (10) $\arcsin x-\dfrac{x}{1+\sqrt{1-x^2}}+C$;

(11) $\dfrac{1}{2}(\arcsin x+\ln|x+\sqrt{1-x^2}|)+C$; (12) $\dfrac{1}{2}\left(\dfrac{x+1}{x^2+1}+\ln(x^2+1)+\arctan x\right)+C$.

习题 4.3

(A)

(1) $\dfrac{x\cdot 2^x}{\ln 2}-\dfrac{2^x}{\ln^2 2}+C$; (2) $\dfrac{x}{2}\sin 2x+\dfrac{1}{4}\cos 2x+C$; (3) $x\ln(x+1)-x+\ln(x+1)+C$;

(4) $x\arcsin x+\sqrt{1-x^2}+C$; (5) $-\dfrac{1}{x}(\ln x+1)+C$; (6) $x\tan x+\ln|\cos x|+C$;

(7) $\dfrac{1}{3}x^3\ln x-\dfrac{x^3}{9}+C$; (8) $-\dfrac{2}{17}e^{-2x}\left(\cos\dfrac{x}{2}+4\sin\dfrac{x}{2}\right)+C$;

(9) $-\dfrac{1}{2}x^2+x\tan x+\ln|\cos x|+C$; (10) $\dfrac{1}{2}(x^2-1)\ln(x-1)-\dfrac{1}{4}x^2-\dfrac{1}{2}x+C$.

(B)

1. (1) $\dfrac{1}{2}e^{-x}(\sin x-\cos x)+C$; (2) $\dfrac{x}{2}[\cos(\ln x)+\sin(\ln x)]+C$;

(3) $3e^{\sqrt[3]{x}}(\sqrt[3]{x^2}-2\sqrt[3]{x}+2)+C$; (4) $x(\arcsin x)^2+2\sqrt{1-x^2}\arcsin x-2x+C$;

(5) $\dfrac{1}{2}e^x-\dfrac{1}{5}e^x\sin 2x-\dfrac{1}{10}e^x\cos 2x+C$; (6) $\dfrac{1}{2}x^2\left(\ln^2 x-\ln x+\dfrac{1}{2}\right)+C$.

2. $-\sin x-\dfrac{2\cos x}{x}+C$.

习题 4.4

(A)

1. (1) $\dfrac{1}{2}\ln\left|\dfrac{x+1}{\sqrt{x^2+1}}\right|+\dfrac{1}{2}\arctan x+C$; (2) $\ln|(x+5)(x-2)|+C$;

(3) $-\dfrac{1}{2}\cot\dfrac{x}{2}+\dfrac{1}{2}\ln\left|\tan\dfrac{x}{2}\right|+C$; (4) $\dfrac{2}{\sqrt{3}}\arctan\dfrac{2\tan\dfrac{x}{2}+1}{\sqrt{3}}+C$;

(5) $\dfrac{2}{5}\ln|1+2x|-\dfrac{1}{5}\ln(1+x^2)+\dfrac{1}{5}\arctan x+C$; (6) $\dfrac{1}{4}\ln\left|\dfrac{x-1}{x+1}\right|-\dfrac{1}{2}\arctan x+C$;

(7) $\arctan x-\dfrac{1}{x^2+1}+C$; (8) $\dfrac{1}{2\sqrt{3}}\arctan\dfrac{2\tan x}{\sqrt{3}}+C$.

2. (1) $\cos(\ln x)+C$; (2) $\dfrac{1}{2}\ln(1+x^2)+\dfrac{1}{3}(\arctan x)^3+C$;

(3) $2(\sqrt{e^x-1}-x)+C$; (4) $\dfrac{x}{4\sqrt{4-x^2}}+C$;

(5) $\dfrac{x^2}{4}+\dfrac{x\sin 4x}{8}+\dfrac{\cos 4x}{32}+C$; (6) $\dfrac{\tan^5 x}{5}+\dfrac{2\tan^3 x}{3}+\tan x+C$.

(B)

(1) $\ln|\sin x+\cos x|+C$;   (2) $(2x-4)\sqrt{1+e^x}-2\ln\left|\dfrac{\sqrt{1+e^x}-1}{\sqrt{1+e^x}+1}\right|+C$;

(3) $-\dfrac{\sqrt{1+x^2}}{x^3}+\dfrac{2}{3}\dfrac{\sqrt{(1+x^2)^3}}{x^3}+C$;   (4) $(4-2x)\cos\sqrt{x}+4\sqrt{x}\sin\sqrt{x}+C$;

(5) $\dfrac{1}{a^2+b^2}\tan\left(x-\arctan\dfrac{a}{b}\right)+C$ 或 $-\dfrac{\cos x}{a(a\sin x+b\cos x)}+C$;

(6) $\ln|\tan x|-\dfrac{1}{2\sin^2 x}+C$.

复习练习题 4

1. (1) D;   (2) D;   (3) B;   (4) D.

2. (1) $-\dfrac{x}{2}+\dfrac{\sin 2x}{4}+C$ 或 $\dfrac{x}{2}-\dfrac{\sin 2x}{4}+C$;   (2) $\dfrac{1}{\ln x}+C$;   (3) $x-2\ln|x+1|+C$;

(4) $-\dfrac{x^2}{2}+C$.

3. (1) $2\ln|x^2+3x-8|+C$;   (2) $\dfrac{1}{3}\sqrt{(4-x^2)^3}-4\sqrt{4-x^2}+C$;

(3) $\dfrac{x^2}{2}+x+\dfrac{1}{x}+\ln\left|\dfrac{(x-1)^2}{x}\right|+C$;   (4) $\dfrac{xa^x}{\ln a}-\dfrac{a^x}{\ln^2 a}+C$;   (5) $\left(\dfrac{x^4}{2}-x^2+1\right)e^{x^2}+C$;

(6) $\dfrac{1}{2}e^{2x}-e^x+x+C$;   (7) $x-\ln(1+e^x)+\dfrac{1}{1+e^x}+C$;   (8) $x\ln^2 x-2x\ln x+2x+C$;

(9) $x\ln(1+x^2)-2x+2\arctan x+C$;   (10) $\dfrac{1}{ab}\arctan\left(\dfrac{b}{a}\tan x\right)+C$;   (11) $x\tan\dfrac{x}{2}+C$;

(12) $\dfrac{1}{3}\tan^3 x+\tan x+C$;   (13) $x^2\sin x+2x\cos x-2\sin x+C$;

(14) $-\dfrac{1}{2}x^2+x\tan x+\ln|\cos x|+C$;   (15) $\dfrac{1}{3}x^3\arctan x-\dfrac{1}{6}x^2+\dfrac{1}{6}\ln(1+x^2)+C$;

(16) $x(\arcsin x)^2+2\sqrt{1-x^2}\arcsin x-2x+C$.

4. $-\dfrac{\sqrt{(x^2-1)^3}}{3x^3}+\dfrac{\sqrt{x^2-1}}{x}+C$.

5. $\arccos\dfrac{1}{x}+C$ 或 $\arctan\sqrt{x^2-1}+C$.

第 5 章 定积分

习题 5.1

(A)

1. (1) 2;   (2) $e-1$.   2. (1) $\dfrac{1}{2}$;   (2) $\dfrac{\pi a^2}{4}$;   (3) 0.

3. (1) $\displaystyle\int_1^2 x^2\,dx<\int_1^2 x^3\,dx$;   (2) $\displaystyle\int_1^2 \ln x\,dx>\int_1^2 (\ln x)^2\,dx$.

4. (1) $2\leqslant\displaystyle\int_1^2(x^2+1)\,dx\leqslant 5$;   (2) $\dfrac{1}{2}\leqslant\displaystyle\int_1^2\dfrac{1}{x}\,dx\leqslant 1$;   (3) $-3\leqslant\displaystyle\int_{-3}^0(x^2+2x)\,dx\leqslant 9$.

(B)

1. (1) $\int_0^1 e^x dx > \int_0^1 (1+x)dx$; (2) $\int_0^1 \ln(1+x)dx < \int_0^1 x dx$.

习题 5.2

(A)

1. (1) $\dfrac{17}{6}$; (2) $45\dfrac{1}{6}$; (3) $\dfrac{2^8}{\ln 2}$; (4) $\dfrac{\pi}{3}$; (5) 2; (6) 4.

2. (1) $\sqrt{1+2x}$; (2) $2x\sqrt{1+x^6}$; (3) $-\cos(x^2)$; (4) $\dfrac{2}{x^3}\sin^3\dfrac{1}{x^2}$;

(5) $\dfrac{3(9x^2-1)}{9x^2+1} - \dfrac{2(4x^2-1)}{4x^2+1}$; (6) $\dfrac{3x^2}{\sqrt{1+x^{12}}} - \dfrac{2x}{\sqrt{1+x^8}}$.

3. e^{-2t^2}. 4. $\sqrt{257}$. 5. $x=0$ 时. 6 (1) 1; (2) 2. 7. 略; 8. 略.

(B)

1. $-\dfrac{\cos^2 x}{y e^y}$. 2. $\Phi(x) = \begin{cases} \dfrac{1}{3}x^3, & x \in [0,1], \\ \dfrac{1}{2}x^2 - \dfrac{1}{6}, & x \in [1,2]. \end{cases}$

习题 5.3

(A)

1. (1) $\dfrac{14}{9}$; (2) $\dfrac{7}{72}$; (3) $\dfrac{1}{4}$; (4) $\dfrac{\pi}{4}$; (5) $\dfrac{1}{2}\left(1-\dfrac{1}{e}\right)$; (6) $\dfrac{1}{5}$; (7) $\dfrac{1}{4}\ln\dfrac{32}{17}$;

(8) $1-\dfrac{\pi}{4}$; (9) $\dfrac{\pi}{16}a^4$; (10) $\sqrt{2}-\dfrac{2\sqrt{3}}{3}$; (11) $\dfrac{1}{6}$; (12) $2+2\ln\dfrac{2}{3}$;

(13) $1-2\ln 2$; (14) $\ln\dfrac{2+\sqrt{3}}{\sqrt{2}+1}$; (15) $(\sqrt{3}-1)a$; (16) $1-e^{-\frac{1}{2}}$; (17) $2(\sqrt{3}-1)$;

(18) $\dfrac{\pi}{4}+\dfrac{1}{2}$; (19) $\dfrac{\pi}{2}$; (20) $4\sqrt{2}$.

2. (1) $\dfrac{3\pi}{8}$; (2) π; (3) 0; (4) 0.

5. (1) $1-\dfrac{2}{e}$; (2) $\dfrac{1}{4}(e^2+1)$; (3) $\dfrac{1}{2} - \dfrac{1}{2}\ln 2$; (4) 1;

(5) $\left(\dfrac{1}{4} - \dfrac{\sqrt{3}}{9}\right)\pi + \dfrac{1}{2}\ln\dfrac{3}{2}$; (6) $\dfrac{\pi}{4} - \dfrac{1}{2}$.

(B)

1. (1) $\dfrac{\pi^2}{4}$; (2) $\ln\dfrac{3}{2}$; (3) $\dfrac{4}{3}$; (4) $2\sqrt{2}$. 2. (1) 略; (2) 证明略,$2\sqrt{2}n$.

5. (1) $4e^3$; (2) $\dfrac{1}{5}(e^\pi - 2)$; (3) $2\left(1-\dfrac{1}{e}\right)$;

(4) $\begin{cases} \dfrac{1\cdot 3\cdot 5\cdot\cdots\cdot m}{2\cdot 4\cdot 6\cdot\cdots\cdot (m+1)}\cdot\dfrac{\pi}{2}, & m\text{ 为奇数,} \\ \dfrac{2\cdot 4\cdot 6\cdot\cdots\cdot m}{1\cdot 3\cdot 5\cdot\cdots\cdot (m+1)}, & m\text{ 为偶数;} \end{cases}$ (5) $\left(\dfrac{1}{4}-\dfrac{\sqrt{3}}{9}\right)\pi+\dfrac{1}{2}\ln\dfrac{3}{2}$;

(6) $4(2\ln2-1)$;   (7) $\dfrac{1}{2}(\text{esin}1-\text{ecos}1+1)$;   (8) $\dfrac{\pi^3}{6}-\dfrac{\pi}{4}$.

习题 5.4

(A)

(1) $\dfrac{1}{2}$;   (2) 发散;   (3) $\dfrac{1}{a}$;   (4) $\dfrac{1}{2}$;   (5) 2;   (6) 1;   (7) π;   (8) 发散;

(9) 发散;   (10) $\dfrac{8}{3}$;   (11) $\dfrac{\pi}{2}$;   (12) 发散.

(B)

1. 当 $k>1$ 时收敛于 $\dfrac{1}{(k-1)(\ln2)^{k-1}}$；当 $k\geqslant 1$ 时发散，当 $k=1-\dfrac{1}{\ln\ln 2}$ 时取最小值.

2. $n!$.

*3. (1) $\dfrac{1}{n}\Gamma\left(\dfrac{1}{n}\right)$;   (2) $\dfrac{1}{|n|}\Gamma\left(\dfrac{m+1}{n}\right)$;   (3) $\Gamma(p+1)$.

复习练习题 5

1. (1) $\ln 10$;   (2) $\dfrac{4}{3}$;   (3) $\dfrac{\pi}{24}+\dfrac{\sqrt{3}}{8}-\dfrac{1}{4}$;   (4) 7.

2. (1) $\dfrac{2}{3}(2\sqrt{2}-1)$;   (2) $\dfrac{2}{3}$;   (3) $\dfrac{1}{1+p}$;   (4) $\dfrac{\pi^2}{4}$;   (5) $af(a)$.

3. (1) $\dfrac{4097}{45}$;   (2) $-\dfrac{1}{2}(\ln2)^2$;   (3) $\dfrac{4}{3}\pi-\sqrt{3}$;   (4) $2\sqrt{2}-2$;   (5) $\dfrac{\pi}{2\sqrt{2}}$;   (6) $\dfrac{\pi}{2}$.

4. 略；   5. (1) $\dfrac{\pi}{4}$;   (2) 1.

6. 略.   7. 略.   8. $\dfrac{1}{2}\ln2-\dfrac{1}{4}$.   9. (1) $\dfrac{\pi}{4}+\dfrac{1}{2}\ln2$;   (2) $\dfrac{\pi}{2}+\ln(2+\sqrt{3})$.

10. 略.   11. $1+\ln(1+e^{-1})$.

第 6 章 定积分的应用

习题 6.2

(A)

1. (1) $\dfrac{3}{8}$;   (2) $\dfrac{1}{2}$;   (3) $b-a$;   (4) $\dfrac{3}{2}-\ln 2$;   (5) $\dfrac{16}{3}$;   (6) $\dfrac{8}{3}$.

2. 6.   3. $\dfrac{3}{8}\pi a^2$.   4. $3\pi a^2$.

5. (1) πa^2;   (2) $\dfrac{1}{4}\pi a^2$;   (3) $6\pi a^2$.

6. $\dfrac{a^2}{4}(e^{2\pi}-e^{-2\pi})$.

7. $\dfrac{\sqrt{3}}{3}\times 10^3$.   8. $\dfrac{\pi}{2}R^2 h$.   9. 4.

10. (1) $\dfrac{\pi}{2},\dfrac{4\pi}{5}$;   (2) $\dfrac{48}{5}\pi,\dfrac{24}{5}\pi$;   (3) $\dfrac{5}{6}\pi$;   (4) $160\pi^2$.

11. $12\dfrac{2}{3}$.   12. $1+\dfrac{1}{2}\ln\dfrac{3}{2}$.   13. $\dfrac{14}{3}$.

14. (1) $4+\dfrac{1}{2}\ln\dfrac{3}{2}$;   (2) $\sqrt{2}(e^{\frac{\pi}{2}}-1)$;   (3) $\ln\dfrac{3}{2}+\dfrac{5}{12}$.

15. $6a$.   16. $\dfrac{\sqrt{1+a^2}}{a}(e^{a\varphi}-1)$.

(B)

1. $\dfrac{9}{4}$.   2. $\dfrac{16}{3}p^2$.   3. (1) $2\left(\dfrac{4}{3}\pi-\sqrt{3}\right)$;   (2) $\dfrac{5}{4}\pi$;   (3) $\dfrac{\pi}{6}+\dfrac{1-\sqrt{3}}{2}$.   4. $\dfrac{e}{2}$.

5. $2\pi^2 a^2 b^2$.   7. $2\pi^2$.   8. $\dfrac{4}{3}\pi+\sqrt{3}$.   9. $\dfrac{3}{2}\pi a$.

习题 6.3

(A)

1. 1.4(J).   2. $800\pi\ln 2$(J).   3. 5.773×10^7(J).   4. 96693(N).   5. 176400(N).

6. 205.8(KN).

(B)

1. 1.65(N).   2. 引力的大小为 $\dfrac{2Gm\rho l}{a}\cdot\dfrac{1}{\sqrt{4a^2+l^2}}$.

复习练习题 6

1. (1) $\dfrac{1}{3}$;   (2) 18;   (3) $\dfrac{2\pi}{15}$;   (4) $\sqrt{2}$.   2. $a=-2$ 或 $a=4$.   3. $a=-\dfrac{5}{3},b=2,c=0$.

4. $4\pi^2$.   5. $\sqrt{6}+\ln(\sqrt{2}+\sqrt{3})$.   6. 4.   7. $\dfrac{4}{3}\pi r^4 g$.   8. $1633\pi r^2 h^2$(J).

9. (1) 2.509×10^6(N);   (2) 5.018×10^6(N).

第7章 常微分方程

习题 7.1

(A)

1. (1) 一阶;   (2) 二阶;   (3) 三阶;   (4) 二阶.

2. (1) 是,是特解;   (2) 是,是通解;   (3) 不是;   (4) 是,是通解.

3. $y=3e^{-x}+x-1$.

4. $y=xe^{2x}$.

(B)

1. (1) $y'=x^2$; (2) $yy'+2x=0$.
2. $s=2\sin t+10-\sqrt{2}$.
3. $e^y-\dfrac{15}{16}=\left(x+\dfrac{1}{4}\right)^2$ 或 $y=\ln\left[\left(x+\dfrac{1}{4}\right)^2+\dfrac{15}{16}\right]$.

习题 7.2

(A)

1. (1) $(1-x)(1+y)=C$; (2) $\ln|\ln y|=\ln|x|+C$; (3) $y=\dfrac{b}{a}-Ce^{-ax}$;

   (4) $\arcsin y=\arcsin x+C$; (5) $\ln(1+e^{x+y})=y-C$; (6) $\ln\left|\tan\dfrac{y}{2}\right|=-2\sin x+C$.

2. (1) $y^2=2\ln(1+e^x)+1-2\ln 2$; (2) $y=\dfrac{1}{2}e^{\sqrt{1-x^2}}$; (3) $\cos x=\sqrt{2}\cos y$.

3. (1) $y=Ce^{\frac{x}{y}}$; (2) $y=xe^{Cx+1}$; (3) $x^3-2y^3=Cx$; (4) $y+\sqrt{y^2-x^2}=Cx^2$.

4. (1) $y^2-x^2=y^3$; (2) $y=x\sqrt{2(1+\ln x)}$.

(B)

1. (1) $\dfrac{y}{\sqrt{y^2+1}}=Cx$; (2) $\tan x\tan y=C$; (3) $(x-4)y^4=Cx$.

2. (1) $x(y-x)=Cy$; (2) $xy^2-x^2y-x^3=C$; (3) $x+2ye^{\frac{x}{y}}=C$.

习题 7.3

(A)

1. (1) $y=e^{-x}(x+C)$; (2) $y=(1+x^2)(x+C)$; (3) $y=e^{-\sin x}(x+C)$;

   (4) $y=e^{x^2}(\sin x+C)$; (5) $y=\dfrac{1}{x^2-1}(\sin x+C)$; (6) $\rho=\dfrac{2}{3}+Ce^{-3\theta}$;

   (7) $y=2+Ce^{-x^2}$; (8) $y=(x-2)^3+C(x-2)$.

2. (1) $y=\dfrac{x}{\cos x}$; (2) $y=\dfrac{1}{x}(\sin x+\pi)$; (3) $y=\dfrac{1}{\sin x}(-5e^{\cos x}+1)$;

   (4) $y=\dfrac{1}{2}x^3\left(1-e^{\frac{1}{x^2}-1}\right)$.

3. (1) $\dfrac{1}{y}=Ce^{-\frac{3}{2}x^2}-\dfrac{1}{3}$; (2) $yx\left[C-\dfrac{a}{2}(\ln x)^2\right]=1$; (3) $y=x^4\left(C+\dfrac{1}{2}\ln|x|\right)^2$;

   (4) $y^2=Ce^{2x}+2x+1$.

(B)

1. (1) $y=\dfrac{1}{x^2}\left(\dfrac{1}{3}x^3\ln x-\dfrac{1}{9}x^3+C\right)$; (2) $x=Ce^y-y-1$; (3) $y^2=x^2(\ln^2 x+C)$;

   (4) $\dfrac{1}{y}=x\left(-\dfrac{x^2}{2}+C\right)$.

2. $f(x)=\dfrac{1}{2}(\cos x+\sin x-e^{-x})$.

习题 7.4

(A)

1. $xy=6$.

2. 10s.

3. $R=R_0 e^{-\frac{\ln 2}{1000}t}=R_0 e^{-0.000433t}$.

4. $v=\dfrac{k_1}{k_2}t-\dfrac{k_1 m}{k_2^2}\left(1-e^{-\frac{k_2}{m}t}\right)$.

5. 上午 2:16.

6. $i=e^{-5t}+\sqrt{2}\sin\left(5t-\dfrac{\pi}{4}\right)$.

(B)

1. $y=x(1-4\ln x)$. 2. $x(30)=260-\dfrac{1.5\times 10^4}{13^2}$.

习题 7.5

(A)

1. (1) $y=x\arctan x-\dfrac{1}{2}\ln(1+x^2)+C_1 x+C_2$;

 (2) $y=\dfrac{1}{8}e^{2x}+\sin x+C_1 x^2+C_2 x+C_3$;

 (3) $y=C_1 e^x-\dfrac{1}{2}x^2-x+C_2$; (4) $y=(\arcsin x)^2+C_1\arcsin x+C_2$;

 (5) $y=C_2 e^{C_1 x}$; (6) $C_1 y^2=(C_1 x+C_2)^2+1$.

2. (1) $y=\dfrac{e^{ax}}{a^3}-\dfrac{e^a x^2}{2a}+\dfrac{e^a(a-1)x}{a^2}-\dfrac{e^a(2a-a^2-2)}{2a^3}$; (2) $y=\dfrac{1}{8}x^4+\dfrac{1}{4}x^2+\dfrac{5}{8}$;

 (3) $y=-\ln\cos x$; (4) $y=\left(\dfrac{1}{2}x+1\right)^4$.

(B)

(1) $y=\dfrac{1}{4}x^2(\ln x)^2-\dfrac{3}{4}x^2\ln x+\left(\dfrac{7}{8}+\dfrac{1}{2}C_1\right)x^2+C_2 x+C_3$;

(2) $x=\pm\left[\dfrac{2}{3}(\sqrt{y}+C_1)^{\frac{3}{2}}-2C_1\sqrt{\sqrt{y}+C_1}\right]+C_2$; (3) $y=\arcsin C_2 e^x+C_1$.

习题 7.6

(A)

1. (1) 线性无关; (2) 线性相关; (3) 线性无关; (4) 线性无关; (5) 线性相关;
 (6) 线性无关.

2. $y=C_1 y_1(x)+C_2 y_2(x)$ 不是解; $y=C_1 y_1(x)+C_3 y_3(x)$ 是解.

3. $y=(C_1+C_2 x)e^x$.

4. $y=C_1 e^x+C_2 e^{2x}+\dfrac{1}{12}e^{5x}$ 是方程的解, 且 e^x 与 e^{2x} 线性无关, 且解当中含有两个任意常数, 故该解为原方程的通解.

5. 解法同 4.

6. 解法同 4.

(B)

1. $y=2e^{2x}-e^x$.

2. $y_2(x)=x^2$; $y=C_1x^3+C_2x^2$.

习题 7.7

(A)

1. (1) $y=C_1e^{-x}+C_2e^{3x}$; (2) $y=C_1+C_2e^{4x}$; (3) $y=(C_1+C_2x)e^{5x}$;

   (4) $y=C_1\cos x+C_2\sin x$; (5) $y=e^x(C_1\sin 2x+C_2\cos 2x)$; (6) $x=(C_1+C_2t)e^{\frac{5}{2}t}$.

2. (1) $y=4e^x+2e^{3x}$; (2) $y=3e^{-2x}\sin 5x$; (3) $y=(2+x)e^{-\frac{x}{2}}$.

(B)

(1) $y=C_1e^x+C_2e^{-x}+C_3\cos x+C_4\sin x$; (2) $y=C_1+C_2x+C_3e^x+C_4xe^x$;

(3) $y=(C_1+C_3x)\cos x+(C_2+C_4x)\sin x$.

习题 7.8

(A)

1. (1) $y^*=ae^{2x}$; (2) $y^*=(ax^2+bx+c)xe^{-x}$; (3) $y^*=xe^x(a\sin x+b\cos x)$;

   (4) $y^*=a\sin 2x+b\cos 2x+cx+d$.

2. (1) $y=C_1+C_2e^x-(x^2+3x+6)x$; (2) $y=C_1e^{-3x}+C_2e^x+\frac{1}{5}e^{2x}$;

   (3) $y=C_1\cos ax+C_2\sin ax+\frac{e^x}{1+a^2}$; (4) $y=C_1e^{2x}+C_2e^{3x}-\frac{1}{2}(x^2+2x)e^{2x}$;

   (5) $y=C_1\cos 2x+C_2\sin 2x+\frac{2}{9}\sin x+\frac{1}{3}x\cos x$;

   (6) $y=e^x(C_1\cos 2x+C_2\sin 2x)-\frac{1}{4}xe^x\cos 2x$.

3. (1) $y=-\cos x-\frac{1}{3}\sin x+\frac{1}{3}\sin 2x$; (2) $y=\frac{1}{16}(11+5e^{4x})-\frac{5}{4}x$;

   (3) $y=e^x-e^{-x}+xe^x(x-1)$.

(B)

(1) $y=C_1e^{-x}+C_2e^x+\frac{1}{10}\cos 2x-\frac{1}{2}$; (2) $y=C_1\cos x+C_2\sin x+\frac{1}{2}e^x+\frac{x}{2}\sin x$;

(3) $y=C_1\cos 2x+C_2\sin 2x+\frac{1}{4}x-x\cos 2x$.

习题 7.9

(A)

1. $(x+C_1)^2+(y+C_2)^2=1$.

2. $s=\frac{m}{c^2}\ln\text{ch}\left(c\sqrt{\frac{g}{m}}t\right)$.

3. $x = \dfrac{v_0}{\sqrt{k_2^2+4k_1}}\left(e^{\frac{-k_2+\sqrt{k_2^2+4k_1}}{2}t} - e^{\frac{-k_2-\sqrt{k_2^2+4k_1}}{2}t}\right)$.

4. $s''+4s=3\sin t$；最大距离 $s=\dfrac{3\sqrt{3}}{4}$.

5. $m = \dfrac{\rho g S}{\pi^2} = \dfrac{1000 \times 9.8 \times 0.5^2}{4\pi} = 195 \text{kg}$.

6. $i(t) = 4 \times 10^{-2} e^{-5 \times 10^3 t} \sin(5 \times 10^3 t)$ (A); $u_c(t) = 20 - 204 e^{-5 \times 10^3 t}[\cos(5 \times 10^3 t) + \sin(5 \times 10^3 t)]$ (V).

(B)

1. $y = \dfrac{a}{2}\left(e^{\frac{x}{a}} + e^{-\frac{x}{a}}\right)$.

2. (1) $t = \sqrt{\dfrac{10}{g}} \ln(5+2\sqrt{6})$；(2) $t = \sqrt{\dfrac{10}{g}} \ln\left(\dfrac{19+4\sqrt{22}}{3}\right)$.

习题 7.10

(1) $y = C_1 x + \dfrac{C_2}{x}$;

(2) $y = x(C_1 + C_2 \ln|x|) + x \ln^2|x|$;

(3) $y = C_1 x^2 + C_2 x^{-2} + \dfrac{1}{5} x^3$;

(4) $y = C_1 x + x[C_2 \cos(\ln x) + C_3 \sin(\ln x)] + \dfrac{1}{2} x^2 (\ln x - 2) + 3x \ln x$.

复习练习题 7

1. (1) 3; (2) $y = C(y_2 - y_1) + y_1$; (3) $y'' - 2y' + 5y = 0$; (4) $y = x(Ax+B)e^{3x}$;
   (5) $y = C_1(x-1) + C_2(x^2-1) + 1$.

2. (1) 齐次方程; (2) 可分离变量方程; (3) 伯努利方程(以 x 为未知函数);
   (4) 线性方程.

3. (1) $y = \dfrac{(x+C)^2}{x}$; (2) $y = ax + \dfrac{C}{\ln x}$; (3) $x = \ln y - \dfrac{1}{2} + \dfrac{C}{y^2}$;

   (4) $\arctan \dfrac{y}{x} - \dfrac{1}{2} \ln(x^2+y^2) = C$; (5) $y^{-2} = Ce^{x^2} + x^2 + 1$;

   (6) $(1+y^2)(1+x^2) = Cx^2$; (7) $(y-x)^2 = Cy(y-2x)^3$;

   (8) $y = \dfrac{1}{C_1} \text{ch}(\pm x + C_2)$; (9) $y = \dfrac{1}{3} x^3 + C_1 x^2 + C_2$;

   (10) $y = e^{-x}(C_1 \cos 2x + C_2 \sin 2x) - \dfrac{4}{17} \cos 2x + \dfrac{1}{17} \sin 2x$.

4. (1) $y = e^{x^2-1} - x^2 - 1$; (2) $y^2 = x(2\ln y + 1)$; (3) $x = \dfrac{1}{2} \ln \dfrac{1-\cos y}{1+\cos y}$;

   (4) $y = xe^{-x} + \dfrac{1}{2} \sin x$.

5. (1) $x^2 = y^6(y^{-2}+C)$; (2) $2\sqrt{(x^2+y)^3} - 2x^3 - 3xy = C$; (3) $e^y = Ce^{-x^2} + \dfrac{x^2-1}{2}$;

(4) $y = (C_1 + C_2 x)e^x + \dfrac{1}{3}x^3 e^x + x + 2$; (5) $8 + 12x + \dfrac{3}{20}\cos 2x - \dfrac{1}{20}\sin 2x + xe^{2x}$;

(6) $y = C_1 + C_2 x + e^x(C_3 \cos 2x + C_4 \sin 2x)$.

6. $f(x) = -x + 2x^2$.

7. $y = e^x + e^{-x}$.

8. $y\arcsin x = \dfrac{1}{2} + x$.

9. 40min.

10. 250m³.

11. $v = v_0 e^{-kx/m}$.

12. $t\big|_{y=R} = \dfrac{1}{R}\sqrt{\dfrac{l}{2g}}\left(\sqrt{lR-R^2} + l\arccos\sqrt{\dfrac{R}{l}}\right)$.

13. $y'' - y' - 2y = e^x(1-2x)$.

14. $f(x) = 2x - \dfrac{1}{8}\sin 3x - \dfrac{47}{24}\sin x$.

15. $y = \dfrac{1}{2}\left(e^{x-1} + e^{-(x-1)}\right)$.